Heinz Richard Baumgart
Erinnerungen
1957 – 1968

Nordwind aus Flensburg

Schiffbau und christliche Seefahrt

Der Autor berichtet mit seinen Erinnerungen an den langen Weg zum C6/CI-Patent. Bei der Flensburger Schiffsbau-Gesellschaft absolviert er eine Maschinenschlosser-Lehre unter väterlichen Meistern, freundlichen Ausbildern und grandiosen Grandis! Bald kennt er alle Winkel der Bau- und Ausrüstungswerft. Er erlebt die Probefahrt auf M.S. „Nordwind" und genießt in diversen Abteilungen die Faszination der Entstehung großer Handelsschiffe.
Es folgen zwei Jahre Seefahrt als Ingenieur-Assistent. Ein Wunder: Die „Nordwind" ist sein erstes Schiff. Auf „Großer Fahrt" geht es in die Ostsee und über Westeuropa dreimal nach Brasilien, dort Küste runter und wieder rauf mit Karneval, Copacabana und Maracana-Stadion in Rio.
Mit M.S. „Ludwigsburg" fährt er „Levante", erlebt Orient, Griechenland und das Schwarze Meer.
Die betagte und charmante Dame S.S. „Breitenburg" bringt ihn nach St. Petersburg beschert ihm Kesselschäden und damit fünf Nothäfen in Nordafrika. Es folgen monatelanges Aufliegen im Hamburger Segelschiffhafen, Ruderausfall bei schwerer See und Einfrieren im Kattegatt.
Der Besuch der „Staatlichen Schiffsingenieurschule" in Flensburg eröffnet ihm die innere Welt von Kraftmaschinen. Mit Thermodynamik, Chemie, Mathe und viel mehr wird der Autor fit gemacht für eigentlich alles, was man mit Bordmitteln sonst nicht schaffen würde. Zum Aufzählen der Unterrichtsfächer benötigt man die Finger von fünf Händen.
Nach Erwerb des Schiffsingenieur-Zeugnisses erlebt er mit M.S. „Nordstern" Orkan im Nordatlantik und Hitler in Argentinien. Eine Afrikaumrundung endet mit dem Schiffsverkauf nach Südkorea. Der Autor fährt mit, bleibt einziger Europäer an Bord und schult koreanische Kollegen.
Mit M.S. „Nordmeer" fährt er nach USA, Indien, Süd- und Ostafrika, Hudson-Bay und St. Lorenz-Strom, havariert danach mitten in Nordamerika. Auf einem Riff des Lake Huron, 175 Meter über dem Meeresspiegel, reißt es den Kiel auf. Vorschiff und Maschinenraum fluten in wenigen Minuten.
M.S. „Nordwind" bringt im Winter Weizen aus Kanada über den wilden Nordatlantik und fährt dann nach Pakistan und Indien. Die Heimreise endet mit dem Erlebnis des Sechstagekrieges Israel gegen Ägypten. Der Autor bleibt zehn Wochen im Großen Bittersee an Bord gefangen. Die „Nordwind" aus Flensburg ist nicht nur seine erste, sondern auch seine letzte Heuer. Das Schicksal wollte, dass er dreimal ohne Schiff heimkehrt.
Nahtlos schließt sich das C6-Studium in Flensburg an. Nach baldiger Geburt des Sohnes folgt eine unbeschwerte Zeit. Sie endet glücklich mit Abschluss des letzten C6-Semesters. Das Ziel ist erreicht!

Mit Freude begegnet der Autor vielen Menschen, die seinen Werdegang begleiteten, ihm Türen und Herzen öffneten. Allen gilt sein herzlicher Dank. Leser können sich selbst, Verwandte, oder Bekannte entdecken.

veröffentlicht 2020, überarbeitet 2021
ISBN Softcover: 9789403631356, Hardcover: 9789403601090 und eBook: 9789403601151
Erhältlich: www.Heinz_Richard_Baumgart-Bookmundo Direct, portofrei mit DHL
oder im Buchhandel
Covergestaltung: BookDesigns unter Verwendung, eines Bildes von Freepik.com
und einem Foto von H.R. Baumgart „M.S. Nordwind, Karachi Reede, Mai 1967".
Diese Publikation ist in der Bibliografie der Deutschen Nationalbibliothek verzeichnet.

Inhalt

Lehre bei der
Flensburger Schiffsbau-Gesellschaft 3

Ingenieur-Assistent
auf See

M.S. „Nordwind“ 38

M.S. „Ludwigsburg“ 89

S.S. „Breitenburg“ 100

Studium C5 119

Ingenieur
auf See

M.S. „Nordstern“ 125

M.S. „Nordmeer“ 160

M.S. „Nordwind“ 229

Studium C6 252

Lehre bei der Flensburger Schiffsbau-Gesellschaft

01.April 1957 - 30. September 1960

Wir lernen feilen. Im Schraubstock ist ein Eisenstück eingespannt. Die dunkle, glatte Oberfläche sollen wir abtragen. Zunächst nehmen wir die Schruppfeile. Die ist exakt waagerecht zu führen, nach vorne und zurück. Das Ergebnis unserer Mühe sehen wir beim Auflegen des langen Schenkels unseres Winkels. Das Problem erkennen wir schnell. Die vorher ebene Fläche ist jetzt ein flacher Hügel geworden. Also weiter feilen und die Richtung wechseln, auch seitlich am Schraubstock stehen.
Unsere Werkbänke sind so angeordnet, dass niemand die Fensterfront im Rücken hat. Jeder kann verfolgen, wie der Kran immer noch einen Gegenstand an Bord hievt, damit das Frachtschiff Stück für Stück fertiggestellt werden kann. Die Ausrüstungspier liegt vor unseren Fenstern. Nichts kann die Sicht versperren. Die Werkstatt im Obergeschoss könnte keine bessere Lage haben. Wir sind Lehrlinge für Metallberufe und Elektriker bei der Flensburger Schiffsbau-Gesellschaft.
An den Wänden sieht man kein Schiffsgemälde und auch keine Mona Lisa. Nein, hier hängen Hinweise, wie „Helft Unfälle verhüten“ und „Entferne den Grat“.
Unser Meister, Herr Grell, hat uns heute begrüßt und auch gleichzeitig zu diesem Ausbildungsplatz beglückwünscht. Ein hellbrauner Kittel ziert seinen knorrigen Körper. Dann sind da noch unsere Ausbilder in Grau. Herr Bendixen ist einen Kopf größer als der Meister und Herr Christiansen deutlich kleiner, ohne Haare, aber mit ständigem Lächeln.
Zum Arbeiten benötigt man Werkzeuge. Die liegen fein ausgerichtet vor uns auf den Werkbänken. Sie wurden uns erklärt. Es sind Hammer, Schruppfeile, Schlichtfeile, Drahtbürste, Meißel, Säge, Körner und Reißnadel. Maßband und Anschlagwinkel benötigen wir zum Anzeichnen und Prüfen. Am wichtigsten ist der Schraubstock, der fest mit der Werkbank verbunden ist.
Und das sollen wir uns merken. Nach dem Gebrauch liegt jedes Teil wieder genau an dem vorgesehenen Platz, auch wenn wir die Arbeit nur für einen flüchtigen Moment unterbrechen.
Mit der Schruppfeile produziere ich feine Späne. Das ist beinahe wie Holzraspeln, nur mühseliger. Ich kontrolliere wieder und sehe, dass mein Ergebnis nicht plan ist. Der lange Schenkel des Winkels liegt auf einem Hügel. Links und rechts sehe ich einen Lichtspalt in Richtung Fenster. Ich feile weiter. Die Wölbung der Fläche ist hartnäckig. Da hilft nur eins. Ich muss die Feile exakt führen. Jeder hat das inzwischen begriffen. Wir beginnen zögerlich miteinander zu sprechen. Zufrieden ist niemand mit dem Ergebnis. Das Geschehen draußen darf uns nicht ablenken. Wir konzentrieren uns auf das Werkstück und kämpfen gegen die Wölbung. So ganz nebenbei spüren wir, was Disziplin bedeutet.
Die Wölbung ist nicht das einzige Problem. Wird die Feile nicht oft genug mit der Drahtbürste gesäubert, entstehen Riefen auf dem Werkstück. Unsere Ausbilder weisen uns darauf hin und sehen auch, wenn jemand eine falsche Haltung eingenommen hat. Das Stillstehen kennen wir nicht. Unsere jungen Körper wollen sich bewegen. Ich verlagere das Gewicht wechselnd von einem aufs andere Bein.

Pause! Gott sei Dank! Praktisch sind die vielen Handwaschbecken hinter unseren Spinden. Ich sitze jetzt mit meinem Frühstücksbrot auf der Werkbank und lasse die Füße baumeln. „Bei Krupp müssen die Lehrlinge mit Hammer und Meißel einen Eisenklumpen bearbeiten und eine ebene Fläche zustande bringen.“ Das und andere Gesprächsfetzen kommen bei mir an. Vielleicht wäre es einfacher mit dem Meißel, denke ich. „Dann haben sie blutige Knöchel, weil sie nicht sicher treffen.“ Also doch lieber hier auf der Werft lernen! Sitzen scheint nicht die ideale Erholung zu sein. Ich rutsche vom hohen Platz hinunter und gehe hin und her. Die meisten bewegen sich in der Nähe der Fenster und schauen hinaus. Da sind zwei zierliche Gestalten. Es sind die Hoffmann-Zwillinge. Das weiß ich durch das Aufrufen unserer Namen bei der Begrüßung. Sie wollen Elektriker werden. Ja, sie sind gleich groß, haben dunkle Haare mit gleichem Schnitt. Und auch an der Kleidung kann man sie nicht unterscheiden. Ihre Gesichter muss ich bei Gelegenheit länger studieren, um einen Unterschied zu entdecken.
Zwanzig Minuten sind schnell vorbei. Jetzt heißt es wieder feilen, Feile säubern, Winkel anlegen, feilen und so weiter mit Geduld und Disziplin. Meine Mühe wird belohnt. Die Wölbung schwindet. Herr Christiansen kommt hinzu. Hat er eine zufriedene Regung bei mir erkannt? Er schaut auch auf den Spalt zwischen Winkel und Fläche. Ich meine, sein Lächeln würde dabei noch etwas freundlicher. „Du kannst jetzt die Schlichtfeile nehmen.“ Natürlich lege ich die Schruppfeile korrekt auf die dafür vorgesehene Stelle. Schon nach wenigen Strichen mit der anderen Feile ändert sich die Schattierung der Oberfläche von Grau in Richtung Silber. Das ist interessant, beinahe spannend. Aber die Anstrengung bleibt. Ich muss die Feile immer schön gerade führen, sonst kommt die Wölbung wieder, trotz des silbernen Schimmers.
Eine halbe Stunde Mittagspause wird ausgerufen. Wir dürfen nicht auf dem Gelände herumlaufen. Wer noch nicht auf der Toilette war, soll sich den Weg zeigen lassen und bald wiederkommen. Die Pause gilt gleichzeitig für alle Werftarbeiter. Vor unserer Werkstatt eilen viele zum Tor am Holm & Molzen-Kohlelager. Dahinter soll sich die Stadtküche befinden, wo man essen kann. Am Neubau und auf dem Gelände bewegt sich niemand.
Wir essen unsere Brote und unterhalten uns. Einige haben Verwandte oder Bekannte, die hier arbeiten. Sie sind gefragte Informanten. Günter sagt, dass man an den Ladebäumen abzählen kann, wie viele Millionen das Schiff kostet. Und wir wären jetzt Grandis. Warum die Werftarbeiter diesen Namen erhielten, weiß er nicht. Aber ehrlich, wenn man so genau arbeitet, ist man nicht einfacher Arbeiter. Grandi muss in etwa Werft-Spezialist bedeuten.
Und dann wird wieder gefeilt. Im Laufe des Nachmittags schaffen alle die Hürde zur Schlichtfeile. Da draußen liegt ein riesiges Schiff, und wir feilen mit einer Genauigkeit von einem zehntel Millimeter! Dieser erste Schritt zum Grandi ist mühselig. Das Feilen nimmt kein Ende. Wir kämpfen gegen kleinste Unebenheiten. Unsere Ausbilder ermuntern. Auch Meister Grell geht durch die Reihen. Einer meint, er habe die geforderte Genauigkeit erreicht und zeigt ihm sein Werkstück. „Wenn das Haarlineal überall aufliegt und kein Spalt zu sehen ist, bist du fertig mit dieser Arbeit“. Der Meister greift bedächtig in die Kitteltasche. Jetzt werden wir ein Haarlineal zu sehen bekommen. Die Hand kommt wieder zum Vorschein als geschlossene Faust, die sich langsam öffnet. Ist das ein Haarlineal? Nein! Das ist ein Bleistift, ein Omen. Das Werkstück ist noch nicht würdig für den Einsatz des geheimnisvollen Lineals. „Das kann was werden. Mach weiter so“! Heute sehen wir kein Haarlineal. Aber morgen werden wir es schaffen!

In der Werkzeugausgabe ist ein Lehrling des zweiten Jahrgangs tätig. Durch den Maschendraht sehen wir allerlei Werkzeuge und Dinge, die wir nicht kennen. Ein Haarlineal hat er nicht. Aber wir können Sinalco Brause für 22 Pfennig kaufen. Und dann zeigt er uns eine Schieblehre. Mit ihr kann man zehntel Millimeter messen und sogar die Hälfte eines Zehntels. Junge, Junge, so genau misst man hier!
„Feierabend, Werkzeuge verstauen!", ruft Herr Bendixen. Und dann kommt das Werkzeugarrangement in die Schublade unter der Arbeitsplatte. Dort soll es genauso ausgerichtet wie auf der Werkbank liegen. Alle folgen dem Befehl. Die Laden bleiben offen. Unsere Ausbilder kontrollieren lückenlos. Nach einigen Korrekturen befinden sich unsere Werkzeuge akkurat in Feierabendposition. Vorsichtig schieben wir die Lade hinein, damit die Ordnung nicht leidet.
Gemeinsames Händewaschen und munteres Plaudern folgen. Hinter der Wand der Umkleidespinde sind wir unter uns. Während der Arbeit hat sich jeder mehr oder weniger verbissen mit Werkstück und Feile beschäftigt. Wir ziehen unsere blaue Arbeitskleidung aus. Ich habe einen Overall und mache ungewohnte Akrobatik. Dass das Ding so heißt, erfahre ich erst später.

Wir poltern die Treppe hinunter und gehen in kleinen Gruppen zum Ausgang, der wie ein Tunnel durch das Verwaltungsgebäude führt. Ein Wachmann schaut in Aktentaschen, die alle Grandis beim Hinausgehen geöffnet hinhalten. Bald bin ich allein und bewege mich in Richtung ZOB. Schiffbau, Hafen und mein Gang passen zueinander. Irgendwie gehe ich anders. Das ständige Stehen am Schraubstock hat die Knie steif werden lassen. Vielleicht wie bei Seeleuten, die sich gegen die Wellenbewegung stemmen?
Hier in der Stadt ist so viel Neues zu sehen. Auch das Bahnfahren ist eine andere Welt. Erst als ich den Söruper Bahnhof mit meinem Fahrrad verlasse, ist alles vertraut. Obwohl mein persönlicher Ernst des Lebens begonnen hat, bin ich froh. Die geheimnisvolle Entstehung großer Schiffe reizt mich. Freudig trete ich in die Pedale und genieße die frische Luft.
Zu Hause berichte ich aus meiner neuen Welt. Die hartnäckige „Wölbung" liegt oben auf. Beim Schlafengehen fällt mir der Werftgrandi ein und lässt mir keine Ruhe. Im Duden finde ich Werftarbeiter. Also suche ich nach Grandi. Den gibt es nicht, aber grandios steht da für großartig und überwältigend. In Flensburg werden die Schiffe grandios gebaut! Das gefällt mir. Zufrieden schlafe ich ein.

In den nächsten Tagen schaffen alle die Hürde der Wölbung. Mit mehr oder weniger Wohlwollen werden unsere Arbeiten akzeptiert. Das Haarlineal aus unmittelbarer Nähe zu sehen, ist unser Lohn.
Der nächste Schritt ist das Absägen einer Scheibe von unserem Werkstück. Wir wissen, dass danach eine weitere plane Fläche im rechten Winkel zur bearbeiteten Seite entstehen soll. Je genauer der Sägeschnitt gelingt, desto einfacher ist die Vollendung der Aufgabe. Also sorgfältig mit Winkel und Reißnadel anzeichnen, oben und an den Seiten. Das Sägeblatt darf nicht hüpfen und Riefen bilden. An der abweisenden Kante beginnen wir den gewünschten sauberen Schnitt. Kurze Hübe, schräg nach unten gerichtet, neben dem Daumennagel geführt, kann es gelingen. Jetzt heißt es, an den Linien exakt entlang sägen. Auch feine Korrektur der Sägeblattstellung, Vorsicht und Geduld zahlen sich aus. Wer schief absägt, hat mehr mit der Feile auszugleichen.
Wie man auch sägt, ein Grat entsteht immer, an dem man sich verletzen kann. Unser Meister erklärt, wie wir die scharfen Kanten mit der Schlichtfeile beseitigen können. Jetzt begreifen wir das Plakat „Entferne den Grat" und auch gleich „Helft Unfälle

verhüten". Das können wir, indem wir Gefahrenquellen beseitigen oder Kollegen darauf hinweisen. Wir erfahren auch, dass es eine „Verbandstube" auf dem Werftgelände gibt. Dorthin sollen wir gehen, wenn wir eine Wunde haben, damit sie steril versorgt wird.
Während der Pausen lernen wir uns kennen. Uns sind die Vornamen wichtig, denn beim Aufrufen werden, ausgenommen die Hoffmann-Zwillinge, nur die Nachnamen verwendet. Zwei heißen Hans Jürgen. Da sie uns gleich ihre Spitznamen verraten, Buba und Jenki, sind Verwechslungen von vornherein ausgeschlossen. Die meisten sind aus Flensburg oder der näheren Umgebung. Klaus kommt aus Steinberghaff und hat Unterkunft im Jugendwohnheim nur wenige Straßenbahnminuten von der Werft entfernt. Meine Situation ist aufwendiger. Mama weckt mich um Viertel vor fünf und hat dann schon mein Frühstücksbrot fertig. Ich brauche gut zwanzig Minuten mit dem Rad von Sterup nach Sörup. Mein Zug kommt um halb sechs und ist um sechs Uhr in Flensburg. So habe ich eine Stunde Zeit, zu Fuß zur Werft zu gehen. Jeder Tag ist anders und beschert neue Eindrücke. Und ich habe die Wahl, entweder am Hafen entlang oder durch die Große Straße und Norderstraße zu gehen. Das gilt auch für den Heimweg. Die Schülermonatskarte nach Flensburg kostet 12 Mark. Falls es regnet, kann ich die Straßenbahn nehmen. Die kostet aber 30 Pfennig und schmälert mein Taschengeld.
Erst kürzlich wurde die Fünftagewoche eingeführt, eine wunderbare Sache. Zwei Tage frei, jede Woche! Zweimal richtig ausschlafen!

Die Berufsschule ist schon vor dem Betreten des Gebäudes dem Ansturm kaum gewachsen. Auf dem kleinen Hof herrscht Enge, auf den Gängen folgt Gedränge. Auch im Klassenzimmer sind zu viele untergebracht. Es erinnert mich an meine ersten Schuljahre. Wir Flüchtlingskinder verdoppelten die Schülerzahl. Dem Unterricht zu folgen, ist nicht schwer. In Fachkunde erlebe ich ersehntes Neuland. Und dann ein Gerücht: Eine neue Berufsschule soll fertig sein. Bald darauf folgt Gewissheit. Wir besichtigen den Neubau an der Schützenkuhle und bekommen dort nützliche Informationen. Es gibt eine Förderklasse: Maschinenkunde für Lehrlinge mit Realschulabschluss ist für mich maßgeschneidert. Am Ende des 3. Lehrjahres kann die Fachschulreife erworben werden. Herr Feiler ist unser Klassenlehrer. Wir von der Werft sind die größte Gruppe. Klaus, Buba und Jenki sind auch darunter.
Der Unterricht fordert jetzt deutlich mehr Konzentration. Wir ergründen die Geheimnisse der Maschinentechnik und beginnen bei der Roheisengewinnung, einer spannenden Angelegenheit. Physik und Chemie tauchen in einem neuen Gewand auf. Das Fachsimpeln in den Pausen ergänzt den Unterricht. Interessant sind dabei auch Berichte aus anderen Firmen.

Franz Felix Xaver ist ein Lehrkollege mit Attributen. Er ist Esperantist und Buddhist. Das mit der Esperanto Sprache ist recht einfach zu verstehen. Männliche Namen enden mit o. Also heißt er Franzo Felixo Xavero! Das mit dem Buddhismus ist für mich nicht ganz so einfach zu begreifen. Ich bekomme aber bald einen Einblick. Wir planen eine gemeinsame Reise nach Süden. Er will in den Alpen kraxeln. Ich möchte eine Cousine in Offenburg besuchen und den Rheinfall von Schaffhausen sehen. Es soll eine Radtour werden. Es gibt viel zu besprechen. Da reichen flüchtige Pausenkontakte nicht. Auf dem Heimweg gehe ich flott in Richtung Bahnhof. Er radelt neben mir auf der Straße. Wir unterhalten uns so gut es der laute Verkehr erlaubt. Plötzlich ist er nicht mehr neben mir. Es scheppert. Einige Meter vor mir hält ein Motorrad mit Beiwagen. Franzo Felixo Xavero liegt mit dem Rücken auf dem Gefährt und fummelt seine unten steckenden Beine hervor. Dann zieht er ruhig sein

Fahrrad unter dem Beiwagen heraus. Die Motorradfahrer wollen sich um FFX bemühen. Vergeblich, mein Begleiter schüttelt seine Beine zurecht und richtet Schutzbleche. Mit eindeutiger Geste wünscht er den Schweden gute Reise. Diese dramatische Szene ist nach zwei Minuten vorbei. Wir unterhalten uns, als wäre nichts geschehen!

Unsere Radtour im Jahr 1958 dauert vier Wochen und führt zu den gewünschten Zielen. Die Pausen verbringt FFX stets unmittelbar an der Straße. Mir ist das zu laut. Ich suche Abstand und Ruhe. Wenn ich zurück bin, sitzt FFX immer noch am Straßenrand. Er ist versunken und entspannt, während der Verkehr an ihm vorbei braust. Als ich dies Bild wiederholt nach meiner Pause sehe, verweile ich wie immer, bis er aufsteht. „Wie hältst du das Rattern der Straße aus?“ „Ich meditiere.“ „Denkst du an Schönes oder ist dein Kopf leer?“ „Nein, ich konzentriere mich. Ich erlebe, wie sich mein Körper von unten nach oben auflöst. Den Kopf brauche ich, um die Loslösung vom Körper und seinen Beschwerden zu erleben. Wenn ich das schaffe, sind alle Anstrengungen vergessen.“ Einen Tag bevor wir meine Cousine in Offenburg erreichen wollen, verabschiedet er sich. Er möchte voll in die Pedale treten und so für die Berge trainieren. Als ich am Abend bei Hildegard und Egon ankomme, hat FFX schon lange das Paket mit seiner Bergausrüstung abgeholt und ist in Richtung Schauinsland weitergefahren.
Während meiner Rückfahrt ab dem Rheinfall regnet es beinahe immer. Da ich allein unterwegs bin, kann ich die Etappen nach meinem Gutdünken einteilen. Unangenehm ist das schwere Zelt auf dem Gepäckträger. Ich klatsche es nass zusammen und baue es auch nass wieder auf.

Dieser Abstecher zum Rheinfall ergab sich aus einem Erlebnis auf dem Arbeitsweg. Ich bleibe bei dem Thema mit weiteren Begebenheiten und eile auch der Zeit voraus. Mein Arbeitsweg ist ein wichtiger Teil der Lehre. Auf dem Hinweg denke ich an die vor mir liegende Arbeit und tüftle oft an einer Strategie. Auf dem Heimweg fällt mir ein, was ich falsch machte und wie es besser sein sollte. Aber es gibt auch Überraschungen.
An einem Morgen sehe ich auf dem Holm die Straßenbahn ein ganzes Stück vor mir. Warum fährt sie nicht weiter? Als ich an ihr vorbeigehe, blutet mein Herz. Ein Borgward-Isabella-Coupe hängt mit verbogener Stoßstange an der Straßenbahn. Die Fahrertüre ist offen. Eine Dame sitzt schräg am Lenker. Ihre Füße befinden sich auf dem Pflaster. Das sieht lässig aus, würden meine Kollegen sagen. Schläft sie? Nein, sie ruckelt sich bequemer und wartet. In der Straßenbahn sehe ich niemanden. Warum passiert da nichts?
Der 8. Mai ist für mich ein besonderer Tag. Er erinnert daran, wie ich in Pommern vom Ende des Krieges erfuhr. Ich renne zu meiner Mutter. „Mama, der Krieg ist vorbei, wir haben jetzt Frieden, immer Frieden!“ Das Datum wiederholt sich auch im Jahre 1959. Ich habe Feierabend und gehe die Große Straße entlang, will zum Bahnhof. Da kommt mir eine Klassenkameradin entgegen. Ich gratuliere ihr zum Geburtstag und gehe eilig weiter. Um rechtzeitig auf dem Bahnhof zu sein? Oder verhaspele ich mich in der Erinnerung? Im Zug sitze ich zwischen vielen fremden Leuten. Ich habe heute meinen nachdenklichen Tag. Mein Leben hat sich seit der Ausbildung wesentlich geändert. Von meiner vertrauten Schulklasse sehe ich nur sporadisch zufällig jemanden. Wie mag es den anderen gehen? Warum habe ich Luise nicht gefragt und keine Minute mit ihr geschnackt?
Eine freudige Überraschung erlebe ich eines Tages beim Warten auf den Zug nach dem Abendunterricht der Berufsschule. Ich kann schon eine halbe Stunde früher den

Westerland-Sonderzug nehmen. Es ist sehr lustig. Junge Frauen haben nicht nur Sonnenbrand. Sie machen auch alberne Witze und singen immer wieder „Mutti Soraya kriegt kein Kind..." Ich passe nicht so recht in diese Ausgelassenheit und weiß nicht, wie ich den Anzüglichkeiten begegnen soll. Nicht schlimm, denn schon bald steige ich aus. Was ist denn das? Der Zug fährt am Söruper Bahnhof vorbei. Der Schaffner ist nach hinten gegangen. Ich sause los. „Wir halten in Süderbrarup", höre ich. Na ja, besser als Kiel. Das wird ein weiter Weg, 15 Kilometer und ohne Fahrrad. Ich steige aus und werde überschwänglich verabschiedet, auch noch als ich auf dem Bahnsteig bin. Ich winke dem abfahrenden Zug hinterher. Jetzt hilft kein Klagen. Marschieren ist die einzige Lösung. Wenn ich mich spute, könnte ich um eins zu Hause sein.

In einem der letzten Häuser brennt Licht. Ich sehe die offene Tür. Zu dieser Zeit als Fremder etwas zu wünschen, ist ungewöhnlich, denke ich. Deshalb stehe ich drei Schritte von der Tür entfernt und melde mich: „Ist da jemand?". Eine Frau erscheint. „Ich bitte um Entschuldigung. Ich habe den falschen Zug genommen. Der fuhr an Sörup vorbei. Ich muss nach Sterup. Schön, wenn ich ein Fahrrad leihen könnte." Es ist, als würde die Frau mich in diesem Moment adoptieren. Wir gehen zum Schuppen. Ich bekomme das Rad. „Ich kann es erst übermorgen am Sonnabend zurückbringen, weil ich morgen arbeite. Ich gebe Ihnen meinen Personalausweis." „Dann bis Sonnabend, gute Fahrt!" Am Sonnabend bringe ich das Rad mit frisch gefetteter Kette und einer Tafel Schokolade zurück.

In welchem Winter ich besonders hart gegen Schnee kämpfte, weiß ich nicht. Ich hatte Abendschule und bin erst etwa um elf Uhr in Sörup. Ich verlasse wie immer den Bahnhof mit dem Fahrrad. Am Ortsausgang bleibe ich in einer flachen Schneewehe stecken. Ich hebe das Rad, wate weiter und steige wieder auf. Der Wind kommt von Norden und bläst den pulvrigen Schnee quer über die Straße. Durch das sich lang hinziehende Tal spüre ich den eisigen Wind und strample kräftig gegen an. Einige Mal muss ich absteigen, erreiche dann wieder freien Asphalt. Das ist in Bremholm vorbei. Ich kann das Rad kaum schieben, Schnee hat sich im Windschatten der Knicks zur Ruhe gelegt. Er wird tiefer und tiefer. Ich trage das Rad. Hinter der Brücke von Langmaak komme ich von der Straße ab und rutsche in noch tieferen Schnee. Ich bin auf der Wiese und schaffe es nicht zurück. Das Rad hochhaltend, pflüge ich durch den lockeren Schnee in Richtung Tankstelle Matzen. Jemand folgt mir, kommt näher. Ich spüre den Zaun als hartnäckigen Widerstand. Den muss ich überwinden. Als ich das geschafft habe, reicht mir der Unbekannte das zurückgelassene Rad. Im Schneetreiben erkenne ich ihn nicht. Er wendet sich nach rechts und verschwindet. Ich bin jetzt wieder auf der Straße und stapfe nach Hause.

Am folgenden Morgen geht es früher aus den Federn. Zu Fuß kämpfe ich mich zum Bahnhof durch. Der Zug fährt pünktlich.

Wegen Schnee vermitteln meine Eltern ein Quartier in Harrislee. Das ist eine Lösung, aber nicht so gut wie gedacht. Das Aufstehen morgens ist eine Zitterpartie. Es ist lausig kalt im Haus. Meine Gastgeberin steht mit mir auf und versorgt mich mit Frühstück und Pausenbrot. Jetzt merke ich, wie Mama mich verwöhnt. Sie hat dann schon die Küche warm und unterhält sich mit mir. Auch hier habe ich mit frisch gefallenem Schnee zu kämpfen, wenn ich um halb sieben mit dem Rad starte. Nach einer Woche ist das vorbei. Ich schlafe wieder zu Hause.

Ich erfahre, dass jemand täglich von Sterup mit dem Auto zur Werft fährt und frage, ob ich gelegentlich mitfahren kann. Ja, das geht. Ich soll mich dann bitte mit einer Mark beteiligen. Das ist prima. Wenn ich später ins Bett komme, laufe ich morgens zu ihm und fahre mit.

Es gibt auch eine wunderbare Überraschung. Beim Mühsamen bergauf strampeln im fahlen ersten Licht der Morgendämmerung fällt mir im Dunkel des Knicks ein Glimmen auf. Ist es ein Glühwürmchen? Wie immer bin ich in Eile, steige dennoch ab. Es glimmt wie eine Zigarette, macht eine Pause und glimmt wieder. Es muss ein Glühwürmchen sein, denn ich bin hier mutterseelenallein! Da hat niemand einen Glimmstängel fortgeworfen. Auch danach achte ich täglich nicht nur an dieser Stelle auf eine Wiederholung. Vergeblich. Gut, dass ich abgestiegen war und das seltene Ereignis beobachtet habe!

Ich bin schon 18 Jahre alt und wegen der verlorenen Kriegsjahre spät ins Berufsleben gestartet. Jetzt genieße ich das Geburtstagsgeschenk meiner Eltern. Ich darf den Führerschein machen! Es hat mich erstaunt, denn meine Eltern leben sparsam und zielstrebig. Dass mein Führerschein im Haushaltsplan auftaucht, überrascht mich. Zu Hause heißt es, die Zeiten ändern sich schnell. Ein Auto wird nicht nur ein Traum bleiben.
Der Januar scheint nicht die rechte Zeit dafür zu sein. Das mache ich besser nach Schulabschluss. So habe ich Zeit, mich zu erkundigen. Klasse 1 und 3 berechtigen zum Fahren von Motorrädern und Personenautos. Fahrschule Bock hat einen Borgward Isabella TS mit 65 PS. An einem Sonnabend im August lasse ich mich zu Hause abholen. Die erste Fahrstunde findet auf der Straße nach Ahneby statt. Danach holt Herr Bock mich nach Feierabend am Werft-Tor ab. Ich bin schon ein bisschen stolz, wenn meine Kollegen sehen, wie ich mich hinter das Lenkrad des noblen Autos setze und losfahre. Das mit dem Abholen an der Werft behalten wir bei. Es geht durch den Stadtverkehr und auch auf die Nordstraße. Bei der theoretischen Prüfung darf ich die Funktion einer Auflaufbremse erklären. Der Prüfer ist zufrieden. Am 19. September 1957 ist es so weit. Die Fahrprüfung ist fällig. Ich habe 11 Fahrstunden hinter mir und bin mit dem Auto vertraut. Nach der praktischen Prüfung steigen wir aus. Der Prüfer will mich auch noch auf einem Motorrad sehen. Bisher bin ich nur als Sozius mitgefahren. Das ist für mich Neuland. Ein Mariner, der mit uns am Bahnhof ankam, bockt einen Motorroller auf und steigt ins Auto. Er wird auch geprüft, stelle ich fest. Mit dem Roller soll ich dem Auto folgen. „Wo ist die Kopfbedeckung?" Das möchte der Prüfer wissen. Herr Bock sagt dem Mariner, dass er im Auto nichts auf dem Kopf haben müsste. Die drei fahren los. Da stehe ich nun am Roller mit der Marine-Flatterband Mütze auf dem Kopf. Bis ich das unbekannte Wesen in Gang bekomme, ist meine Isabella TS schon am Deutschen Haus vorbei und außer Sicht. Ich schlenkere los und kann ungezwungen üben. Nur nicht zu schnell, sage ich mir! Denn das Prüfungsauto hole ich niemals ein. Am ZOB biege ich in die Rathausstraße und fahre den Holm entlang. Meine Ungewissheit quält. Ist jetzt alles vermasselt? An den Arkaden, wo sich das Marco Polo-Geschäft befindet, halte ich und warte. Und siehe da. Die Isabella kommt. Ich starte den Motor und fahre hinterher. Am Bahnhof bekommt der Marinesoldat seine Mütze mit Dank zurück. Der Prüfer reicht mir die Hand. „Gratuliere, Sie haben die Prüfung bestanden!" Das höre ich dann auch gleich noch von Herrn Bock. Das Leben ist schön!

Überraschend kündigt Meister Grell eine Busreise an. Wir fahren nach Dänemark zu den Düppeler Schanzen bei Sonderburg. An dieser historischen Stätte hat der Deutsche Bund das dänische Königreich besiegt, erfahren wir beim Vortrag eines kundigen Herrn. Danach gibt es Kartoffelsalat mit Wiener Würstchen und Limonade. Wir sind fröhlich und genießen den schönen Tag.

In der Lehrwerkstatt folgen auf genaues Feilen Arbeiten mit Messing- und Kupferblech. Das Klopfen mit dem Kugelhammer ist im Gegensatz zur akkuraten Führung der Feile wie eine Befreiung. Bei diesen Treibarbeiten entstehen Schalen und Halbkugeln. Diese Wölbungen wecken offenbar allerlei Inspiration zur Vollkommenheit! Es entstehen kleine Gießkannen mit kugelförmigem Körper. Griffe und Tüllen fertigen wir aus geschwungenen Rohren. Die Teile werden mit Weichlot verbunden. Wir dürfen auch von der Vorlage abweichen und selbst etwas entwerfen. Mir fällt eine Maler-Palette als Aschenbecher ein. Die klassische ovale Form mit Einbuchtung zum Anfassen und einem Loch zum Durchstecken der Pinsel sieht gefällig aus. Das Hämmern zur Gewinnung der Mulde erschwere ich erheblich, denn ich möchte einen schmalen, nicht gehämmerten Rand. Da muss ich fix achtgeben, damit kein Ausrutscher eine Delle an unerwünschter Stelle erzeugt. Das Material für Schale und Pinselstiel ist Messing. Pinselquaste und die Farbklekse fertige ich aus Kupfer. Die Quaste ist einfach zu formen. Für die Farbklekse bohre ich Löcher. Hier kommen Kupferscheiben hinein. Der flach durchgesteckte Pinsel bildet ein langes Bein. Die beiden anderen sind kurz und kaum sichtbar. Je weiter mein Werk der Vollendung naht, umso mehr Freude habe ich daran. Nur nicht am Ende Murks machen! Und dann kommt das Schönste. Wir dürfen unsere Erzeugnisse nach Hause nehmen und behalten! Da wird Papa sich aber freuen, denn ich rauche nicht. Und es passt so gut: Weihnachten steht vor der Tür!

Die Lehrlings-Weihnachtsfeier in „NEUE HARMONIE“ ist eine wunderbare Veranstaltung im festlichen Saal. Lehrlinge haben sich zu einer Band vereint und unterhalten mit aktueller Musik. Ich bewundere unsere Künstler, ohne dass die Melodien mein Gemüt beflügeln. Wir singen dann auch gemeinsam bekannte Lieder. Meister Grell liest eine Kurzgeschichte. Zum Abschied erhalten wir eine Weihnachtstüte. Da wird der Lehrling zum Kind!

Es gibt nicht nur Hausaufgaben für die Berufsschule, sondern auch für unsere Ausbilder. Ein Berichtsheft ist nach Ablauf der 30. Ausbildungswoche zu führen. Für jede Woche schauen uns zwei leere Seiten an. Tägliche Arbeit und Arbeitszeit sind aufzuschreiben. Aus den verschiedenen Tätigkeiten beschreiben wir eine ausführlich und erstellen eine erläuternde Zeichnung. Unsere Berichte werden von unserem Meister Korrektur gelesen und rot abgezeichnet. Auch unser Klassenlehrer, Herr Feiler, zeichnet rot. Mein Vater darf dann als Letzter seine Kenntnisnahme in bescheidenem Blau bekunden.

Das Beobachten des Montagekrans beim Transport vieler verschiedener Teile ist immer wieder interessant. Es kommt vor, dass etwas von Bord an Land gehievt wird. Einmal ist es ein dickes Kupferrohr mit Krümmer und etlichen Anschlüssen. Das sehen wir dann bald wieder an Bord schweben. Vermutlich war nachzubessern.

Aufregung breitet sich aus. Auf einer Transportplatte liegt jemand. Zwei Kollegen knien bei ihm. Langsam schwenkt der Kran vom Schiff zur Pier. Ein Krankenwagen kommt, hält sich zurück und fährt dann passend an den Verletzten, als der abgesetzt ist. Etliche Grandis eilen herbei, wollen helfen und versperren uns die Sicht. Nach wenigen Minuten startet der Krankenwagen.
Immer schön achtgeben ist der Inhalt der folgenden Diskussion. Meister Grell sagt, man kann nie zu viel aufpassen, manchmal fällt aus Versehen etwas herunter und kann jemanden verletzen. Deshalb trägt jeder an Bord einen Helm.

Uhrenkontrolle ist ein Leckerbissen. Ja, Arbeit kann sehr gut schmecken! Gleich morgens besuche ich die feine Dame der Telefonzentrale. Sie ist schlank, schick gekleidet und hat die Lippen rot geschminkt. Nach der freundlichen Begrüßung lässt sie sich per Telefon die sekundengenaue Uhrzeit nach Zeitzeichen geben. Ich korrigiere meine Konfirmationsuhr und mache mich auf den Weg. Zuerst betrete ich ehrfürchtig die beiden Büros der Direktoren und justiere die Wanduhren. Ich erlaube mir stets eine Minute und betrachte Schiffsmodelle. Mich interessieren Linien des Rumpfes und Details der Deckaufbauten. Danach schließe ich leise die Türen, als säßen die Herren an ihren Schreibtischen. In der Verwaltung beginnt die Routine der Stempeluhren-Kontrolle. Dann folgt ein Rundgang durch Werkstätten und Hallen. Dass auch die Neubauwerft betreut wird, ist eine zusätzliche Freude. Über ein Dutzend Uhren sind zu kontrollieren. Ich habe Stempelkarten dabei und kann beim Probestempeln Abweichungen feststellen. Datum, Stunde und Minute müssen korrekt sein. Der Stempel soll exakt das richtige Kästchen treffen. Die Farbe muss ab 07:00 Uhr von Blau nach Rot wechseln. Wenn etwas nicht stimmt, taste ich mich zunächst mit Probieren heran. Wenn sich Erfolg einstellt, ist es ein Vergnügen. Bald habe ich das Innenleben der Uhren begriffen und kann auch abgenutzte Farbbänder austauschen.
Die Kontrollgänge variiere ich so, dass ich Gelände, Hallen und Werkstätten beider Werften kennenlerne. Auf der Ausrüstungswerft schaue ich jeden Tag in die Maschinenbauhalle. Hier warten komplette Hilfsdieselmotoren, Generatoren, Teile der Hauptmotoren, Pumpen und vieles, was mir noch unbekannt ist, auf den Einbau. Mit einem der Werftschlepper, sie heißen Flensburg und Schleswig, fahre ich zur Bau-Werft. Dort lasse ich die Halle, wo Spanten gebogen werden, nie aus. Hier muss das Glück helfen, zum rechten Moment da zu sein. Wenn das Spant glühend als gerader Träger aus dem Ofen kommt, wird es auf dem Schnürboden in korrekte Position gebracht. Mehrere mit Pressluft angetriebene Geräte, die in Löcher des eisernen Bodens greifen, drücken das Spant vor sich her, bis es überall an den eingesteckten Blöcken anliegt und so die gewünschte Form annimmt. Spante des Vor- und Achterschiffs erhalten zusätzlich eine Schmiege. Die wird mit schweren Hämmern geformt. Das Ganze dauert nur zwei oder drei Minuten. Hier sind starke Männer mit Augenmaß am Werk.
Bald weiß ich auch, wo das gleichmäßige laute Werftgeräusch herkommt, das jedem Flensburger vertraut ist. Auf den Außengerüsten des Neubaus sind viele Männer emsig. Einige erweitern mit konischem Werkzeug vorgefertigte Löcher der Platten, die zu verbinden sind. So entstehen deckungsgleiche Bohrungen. Das geschieht mit Pressluftbohrmaschinen an langen Hebeln. Wenn das Werkzeug klemmt, versucht die Maschine den Mann anzuheben. Dabei könnte er abstürzen. Konzentration und Vorsicht sind bei dieser Arbeit geboten. Das Heulen des Bohrens wird übertönt von vielen Niethämmern. Auf kleinen Essen erhitzt man die Niete, die dann glühend zum Einsatzort geworfen und dort mit einem Holzkasten aus der Luft gefangen werden. Schnell packt ihn eine Zange und hält ihn ans Loch. Mithilfe des Presslufthammers verschwindet der Niet vollends in der Bohrung. Jetzt ist es richtig laut. Denn auch im Schiffsinneren wird der glühende Niet mit einem Presslufthammer, der mit einem Kopfsetzer bestückt ist, bearbeitet. Zwei Außenhautplatten werden so miteinander absolut wasserdicht verbunden. Das geschieht über mehrere Etagen auf beiden Seiten des Neubaus gleichzeitig. Ich bin gefangen von dieser technischen Musik und den exotischen Bewegungen der Männer.
Die Außenhautplatten, die hier miteinander vernietet werden, kommen aus einer Halle, wo Schneidbrenner punktgenau Löcher und Schnitte erzeugen. Ich bin

beeindruckt von diesem unglaublichen Vorgang. Der Mann schaut mich heute nach meinem „Moin“ an und beantwortet meine nicht gestellte Frage. „Ich stelle mir immer vor, wo die Platten hinkommen. Diese wird achtern backbord eingebaut. Sie wird auch noch gebogen, bevor sie vernietet wird. Die Markierungen dafür mache ich nach Plan.“ Sein Finger tupft auf eine große Zeichnung. Ich bin dankbar und erstaunt. Die Welt der Grandis fasziniert mich.
Der Uhren-Kontrollgang endet nach etwa drei Stunden. Meine Frühstückspause findet an wechselnden Orten und zu unterschiedlichen Zeiten statt, dort, wo ich Arbeitsabläufe beobachten kann. Das Zurückfahren auf dem Schlepper ist immer wieder ein Moment der Besinnung. Ich sitze und denke darüber nach, was ich nächstes Mal anschauen könnte oder träume ein wenig. Bin ich Lehrling oder schon auf See?

Vor unserer Lehrwerkstatt wird wieder ein Neubau nach dem Stapellauf festgemacht. Es ist die „Nordwind“. Der Name ist mir sympathisch, ein Stückgutfrachter, der auch Getreide als Schüttgut laden kann. Er hat A-Masten, eine neue Generation ohne Wanten. Es ist ein schönes Schiff. Da sind wir uns einig. Es sind nicht allein die Masten, nein, es ist das Profil. Die Ausrüstung dieses Neubaus verfolgen wir mit besonderer Aufmerksamkeit.
Schwellenbleche in großer Zahl sind anzufertigen. Sie werden zum Schutz von Türschwellen verwendet. Wir zeichnen mit der Reißnadel an und lassen uns in der Blechschlosserei zeigen, wie wir sie an der großen, von einer Transmission angetriebenen Schere zuschneiden können. Wir zwei Lehrlinge haben das bald begriffen und dürfen allein arbeiten. Dann bekommt jeder einige Bleche zum Entgraten und Bohren. Auf der Oberseite werden die Kanten abgeschrägt. Das muss gleichmäßig erfolgen und verlangt Konzentration. Löcher mit Versenkungen müssen so genau werden, dass die Schraubenköpfe nach der Montage bündig mit der Oberfläche sind. Nach dem Polieren an der Schwabbel-Scheibe kann man sich in den Messingschwellen spiegeln. Die „Nordwind“ wird ein schönes Schiff mit eleganten Türschwellen.
Ich bekomme danach eine Aufgabe, die mir Respekt einflößt. Auf meiner Werkbank liegen Vierkantstahl, Rohre und Messingblech. Die Zeichnungen, nach denen ich arbeiten soll, sehen recht künstlerisch aus. Geschwungene und ineinander verschlungene Bögen bilden eine Rosette, die eine flache Deckenlampe einrahmen wird. Und Wandlampen sollen auch angefertigt werden. Zuerst biege ich die Vierkantstähle nach der Vorlage. Das Material lässt sich kalt im Schraubstock formen. Die fertigen Teile füllen nach und nach die Zeichnung, die ich im Maßstab 1:1 erhielt. Nach dem Biegen gehe ich in die Kesselschmiede. Ein Schweißer verbindet die Einzelteile miteinander. Das geht flott mit Lichtbogentechnik. Da muss ich mir eine Hand vor die Augen halten, damit sie nicht „verblitzen“. Das soll schon mehreren Arbeitern passiert sein. Die Lampen erfordern Tüftelei. Zum Teil sind die Arbeiten neu für mich. Aber es macht richtig Spaß. Die gebogenen Röhrchen sind für die Aufnahme von Kabeln bestimmt. Sie werden auf einer Messingplatte fest gelötet, wo auch der Keramikkörper für den Stromanschluss angeschraubt ist. Eine gebogene Kappe verdeckt die Lötstellen und den Anschluss des Kabels. Am Ende werden Glühlampenfassungen aufgeschraubt. Nachdem ich alles poliert habe, liefere ich die Arbeit ab. Meister und Ausbilder sind zufrieden. Diese Arbeiten werden über die Weltmeere reisen.

Und dann erlebe ich am 21. Februar 1958 ein wahres Wunder. Ich darf die Werftprobefahrt miterleben! Auf M.S. „Nordwind“ habe ich keine Arbeiten zu verrichten. Es ist ein richtiger Ausflug mit vielen Eindrücken.
Ich gehe die schöne Gangway hinauf und bin in einer Art Eingangshalle. Von hier erreiche ich an Steuerbordseite das Maschinenbüro und die Ingenieurkammern. Weiter achtern befinden sich die Kammern der Ing.-Assistenten und das Hospital. An Backbord liegen vorn Pantry, der Eingang zur Offiziersmesse und die Kammer des 3. Ing. Achtern sind Unteroffizierskammern und die Unteroffiziersmesse. Oberhalb von einigen breiten Stufen führen zwei symmetrische Treppen nach oben. Dort befindet sich der riesige Salon.
Hier wohnen auch nautische Offiziere, der erste Steward und der Lotse. Das darüber befindliche Deck wird über gleiche symmetrische Treppen erreicht. Dort wohnen Kapitän, Leitender Ingenieur, 1. Offizier und Funker. Auch eine Unterkunft für den Schiffseigner gibt es hier. Darüber befindet sich die Kommandobrücke.
Ich bin neugierig und schaue durch offene Türen. Schilder verraten mir, was sich dahinter verbirgt oder wer hier wohnen wird. Tischler und Elektriker arbeiten in den Kabinen. Ich muss achtgeben, nicht im Wege zu stehen. Einige Kabinen kann ich betreten, ohne zu stören. Hier kann man gut und schön wohnen. Aber es gibt Unterschiede in Kabinengröße und Ausstattung. Die Ingenieurassistenten wohnen in Doppelkabinen direkt am Steuerbordeingang zum Maschinenraum. Es bietet sich an, einen Blick hinein zu werfen. Lärm erschreckt mich, als ich das Schott öffne. Von oben sehe ich sieben gewaltige Zylinderdeckel. Weiter unten herrscht Gewusel. Ich will nach der Lehre als Ing.-Assistent fahren. Lärm mag ich nicht. Aber ich muss mich schon seelisch darauf einstellen. Ich schließe das Maschinenschott und schaue in die beiden Assistenten-Kammern. Die sind recht klein und je für zwei Mann. Die Betten sind übereinander angeordnet. Während die Mittschiffs-Kabinen der Ingenieure z. T. mit Mahagoni getäfelt sind, sieht man hier ausschließlich weißen Lack. In der Kabine für den 2. Ing. gibt es ein Ecksofa und eine schicke Mahagoni-Eckvitrine. Da könnte ich gleich einziehen. Aber zuerst steht das Wohnen in einer Assistentenkammer auf dem Plan.
Ich bin dann auch draußen und sehe oben schöne Holzdecks. Natürlich möchte ich gern auf die Kommandobrücke. Ich beobachte das Geschehen von der Steuerbord-Nock. Tatsächlich, das ist Herr Callsen aus Sterup, Kapitän Callsen! Er trägt Uniform mit vier goldfarbenen Armringen. Er ist mit mehreren Leuten im Gespräch. Da darf ich nicht stören, obwohl ich ihn gut kenne. Er hat aus unserem Garten schon mehrmals Fußballspiele verfolgt.
Wir fahren aus der Förde hinaus. Das Wichtigste bei der Werftprobefahrt sind Maschinentests. Dazu gehört die Erreichung der geforderten Reisegeschwindigkeit, der Test der Ruderanlage und Ankermanöver. Damit ist meine Weisheit am Ende.

Achtern in der Mannschaftsmesse gibt es mittags Suppe und Wurst. Einige trinken Bier. Das macht ein Lehrling nicht. Die Matrosenkammern sind Doppelkabinen und befinden sich unter der Mannschaftsmesse, also unter Deck.
Der ganze Tag ist spannend. Ich kann überall herumstromern und steige hinauf bis zum Schornsteindeck. Dann gehe ich mittschiffs alle Decks ab. Aus dem Salon dringen Stimmen. Die Türe ist offen. Ich kann hineinschauen. Große rechteckige Bullaugen lassen viel Licht herein. Dabei entdecke ich die von mir angefertigte Lampenumrandungen. In der Offiziersmesse finde ich später auch die Wandlampen. Ich freue mich über das Wiedersehen meiner Arbeit.
Auf der Back staune ich über die gewaltige Ankerwinde und die dicke Kette. Was beim Krantransport aus der Distanz niedlich aussah, flößt jetzt Respekt ein.

Auf dem Vorschiff spüre ich die Hauptmaschine. Ein sanftes dumm - dumm - dumm höre ich und fühle es auch unter den Füßen. Auf dem Achterschiff ist das ganz anders. Dort höre ich ein rasselndes Gemisch verschiedener Tonhöhen.
Auf der Rückreise finde ich Zeit, auch mal auf die Ostsee zu schauen. Ich genieße die langsam näherkommende Küste auf der Reise durch die Flensburger Förde. Ein ganz außergewöhnliches Erlebnis liegt hinter mir, als ich die Gangway hinuntergehe.

Unsere Aufgaben wechseln. Die Arbeiten mit Blechen sind eine Art von Entspannung. Aber die genauen Schlosserarbeiten kommen immer wieder. Das Anfertigen einer quadratischen Platte aus 4 mm dickem Stahlblech hat einen hohen Schwierigkeitsgrad. Die vier rechten Winkel müssen sehr genau sein. Das ist eine wahre Geduldsarbeit. Und dann dürfen wir eine Eisensäge fertigen. Bügel und maschinell vorgefertigte Rohlinge liegen vor uns. Unsere Säge ist das Muster, an dem wir sehen, wie jedes Teil am Ende auszusehen hat. Sogar die Flügelmutter zum Spannen des Sägeblatts sollen wir feilen! Wir schaffen auch das und staunen über unsere Möglichkeiten. Das Verbinden des Bügels mit dem Heft-Kloben geschieht durch Hartlöten. Dafür gehen wir in eine Werkstatt, wo ein Schweißer das erledigt. Nicht nur das ist wieder etwas Neues, sondern auch der Weg dorthin. Überall sind Teile für den Neubau zu sehen. Die Maschinenbauhalle ist ein Magnet, der mich fasziniert. Hier befinden sich allerlei Motorteile, die auf die Montage warten. Hoffentlich kann ich bald an Bord arbeiten und sehen, wie alles zusammengebaut wird.
Nachdem das Heft, so nennt der Fachmann den Holzgriff, mit Scheibe und Vernietung fest mit dem Sägebügel verbunden ist, wird der Spann-Kloben mit zwei Nieten befestigt. Wir sind fertig und können ein Sägeblatt einspannen. Das Arbeiten mit der selbst angefertigten Säge ist großartig!

Die „Nordwind" ist vollendet. Heute soll sie an die Reederei Mackprang/Hamburg übergeben werden. In den letzten Tagen sind Männer der Besatzung mit großen Koffern oder Seesäcken gekommen und über die Mahagonistufen der eleganten Gangway an Bord gegangen. Ich denke, dass es schön wäre, wenn auch ich auf so einem Schiff anmustern könnte.
Es schneit leicht bei schwachem Wind. Ein Hauch von Weiß ziert das Pflaster. Und dann schiebt sich ein Personenzug heran. Ja, ein richtiger Personenzug, ein ungewohntes Bild. Wo sonst Maschinen auf offenen Ladeflächen ankommen, sehen wir einen ganz besonderen Zug, nur Erste-Klasse-Waggons, also ein Salon-Zug. Diese große Festgesellschaft ist im Salon der „Nordwind" nicht unterzubringen. Im Zwischendeck eines Laderaumes hat man Tische und Stühle aufgestellt und rundherum elektrische Heizstrahler. Dass wir jetzt vollzählig an der Fensterflucht stehen und schauen, wird akzeptiert. Meister Grell und unsere Lehrgesellen kommen auch zu uns. Jeder findet direkt am Fenster einen Platz. Am Mast weht die Reedereiflagge, ein rotes M in weißer Raute auf blauem Grund. Dieses Emblem schmückt auch den Schornstein. Die Nationale, also die Fahne der Bundesrepublik, ist achtern gehisst. Uns Grandis verbindet Abschiedsschmerz. Wiederholt sind laute Kommandos aus den Bordlautsprechern zu hören. „Klar vorn und achtern!" Die „Nordwind" wird von den Schleppern „Flensburg" und „Schleswig" von der Kaimauer frei gezogen. Aus dem Schornstein steigt jetzt der Rauch der Hauptmaschine. Das dumpfe Dröhnen klingt schwach zu uns. Schraubenwasser bildet achtern weiße Wellenberge. Unsere schicke Dame nimmt Fahrt auf und verabschiedet sich mit langen Hornsignalen, die unter die Haut gehen. Von der Nock, dem Bootsdeck, der Back und dem Achterdeck winken Mannschaft und Gäste. Auch auf dem

Werftgelände wird gejubelt. Viele haben ihre Arbeitsplätze in den Hallen verlassen und verabschieden das mit ihrem Geschick angefertigte Schiff. Hier entstehen durch sorgfältige Arbeit aus Stahl, Holz und vielen anderen Dingen solide Handelsschiffe. Das Starten der Dieselgeneratoren flößt ihnen Odem ein und verwandelt sie zu lebenden Wesen. Gemeinsam mit Mannschaften werden Ozeane überwunden und viele Tausend Tonnen Ladung transportiert. Allzeit gute Reise und glückliche Heimkehr, schöne „Nordwind"!
Meine Sehnsucht reicht weit in die Zukunft und reist mit auf große Fahrt. Ich wohne in der Kammer des 2. Ingenieurs, wo ich schon mal probeweise auf dem Ecksofa saß.

Herr Bendixen bringt ein Kupferrohr. Daraus soll eine Kassette entstehen für Urkunden, die im Fundament der neuen Helling auf die Entdeckung durch spätere Generationen warten sollen. Dafür sind Boden und Deckel anzufertigen. Der Deckel soll einen schönen Messingknopf bekommen. Seine Form darf ich mir ausdenken. Als ich mit dem edlen Rohr allein bin, messe ich es für das Berichtsheft. Der Außendurchmesser beträgt 160, die Länge 312 und die Wandstärke 3 mm. Das Blech für Boden und Deckel erhalte ich auch. Ich bekomme eine dicke Stahlscheibe mit passendem Durchmesser und bördele darauf beide Teile. Der Boden wird angelötet. Das geschieht sorgfältig, denn die Naht muss nicht nur gut aussehen, sondern auch luftdicht sein. Mein Entwurf des Messingknopfes wird akzeptiert. Ich verniete ihn genau mittig im Deckel. Und jetzt soll das edle Gefäß auf Hochglanz poliert werden. Das geschieht an der Schwabbel-Scheibe, die sich sehr schnell dreht und mit Politur versehen ist.
Am Tag darauf, es ist der 25. April 1958, gehen Herr Bendixen und ich mit der Kassette und Lötwerkzeug in die Verwaltung. Dort haben sich etliche Herren versammelt. Herren sage ich wegen der Schlipse und dunklen Anzüge. Nur einer spricht laut. Wir warten artig und stellen nach freundlicher Aufforderung unser rot-goldenes Gefäß auf einen Tisch. Schon sind alle nähergetreten. Herr Bendixen und ich machen Platz. Wir sind zum Löten da. Erst nach dem feierlichen Akt der Befüllung werden wir gebraucht. Sehen kann ich davon nichts, denn die Gesellschaft umringt den Tisch. Bald ist es so weit. Jetzt sind wir allein am Tisch und zünden die Heizflamme des Lötkolbens. Mit unserer mobilen Ausrüstung kann nur geheftet werden. Die perfekte Naht soll in der Lehrwerkstatt entstehen. Ein junger Herr begleitet uns und bleibt bei der Kassette, bis sie gelötet, abgekühlt und nachpoliert ist. Was sie enthält, kann ich leider nicht verraten. Aber es klappert beim Bewegen. Ist es das Geräusch von Münzen? Vielleicht ist ein Heiermann (5 Mark) dabei?

Ich darf mein erstes Gewinde bohren. Herr Christiansen erklärt mir die fremdartigen Dinger. Es sind drei Stück mit leicht konischem Gewinde und senkrechten Schlitzen. Sie sind am zylindrischen Ende gekennzeichnet mit einem, zwei und drei Ringen als Angabe für die Reihenfolge des Einsatzes. „Nimm einen Tropfen Öl dazu".
In unserer Werkstatt befinden sich einige Maschinen zum Bearbeiten von Metall. Mit der Schwabbel-Scheibe sind wir längst vertraut. Dann sind noch Ständer-Bohrmaschine, Drehbank und eine Hobelmaschine da, die unter Grandis Schepping heißt. Auf das Arbeiten mit diesen unbekannten Wesen bin ich neugierig. Jetzt ist der Moment gekommen. Ich gehe zur Bohrmaschine und spanne das Werkstück ein. Herr Christiansen steht plötzlich neben mir, als ich den Spiralbohrer, mit dem ich das Kernloch bohrte, herausnehme und den Gewindebohrer mit einem Ring einspanne. Sein stets freundliches Gesicht ist zusätzlich heiter. Er lacht. „Das wird mit der Hand gemacht!" Ja, unsere Sonne lacht über meine Naivität. An meinem Schraubstock

erklärt er mir, wie ich mit einem Aufsteck-Knebel ganz vorsichtig ein Gewinde schneide.
Es hat gar nicht lange gedauert, bis wir ihn unter uns Sonne nennen. Das hat mit seiner sympathischen Glatze zu tun und dem runden Gesicht, das immer zu lächeln scheint. Herr Bendixen ist und bleibt Herr Bendixen. Wir könnten ihn auch Kumpel nennen. Aber das fällt keinem ein. Herrn Grell nennen wir mit seinem Vornamen Oskar. Das darf er nicht hören.
Herr Bendixen hat wieder eine Überraschung. Drei Riefen verschandeln die sonst makellos spiegelnde Oberfläche der Stoßstange des Direktoren-Mercedes. Was das Auto schick aussehen lässt, wirkt auf der Werkbank wie ein Respekt einflößendes Monstrum. Mit der Schlichtfeile soll ich so lange arbeiten, bis die Riefen verschwinden. Unter der Verchromung kommt Kupfer zum Vorschein. Und dann gleich Stahl. Der ist so hart, dass die Feile darüber gleitet, ohne einen Spahn mitzunehmen, auch wenn ich mich noch so anstrenge. Der Stahl ist härter als das Werkzeug. Ich bin enttäuscht und melde das Problem im Meisterbüro. Das Fachsimpeln im Angesicht der Stoßstange führt zur Entscheidung. „Das muss in der Schlosserei geschliffen werden". Auch wenn ich keinen Erfolg hatte, war es ein lehrreicher Vorgang.

Schon wieder etwas Neues. Ich bin in der Lehrschlosserei. Den morgendlichen Uhren-Kontrollgang soll ich auch von hier starten. Am ersten Tag bin ich pünktlich um sieben Uhr an meinem neuen Arbeitsplatz anstatt auf dem Weg zur Telefonzentrale. Die nette Dame weiß, dass ich heute später komme. Die Werkstatt erscheint mir wie eine Klüterkammer. Der Raum ist nicht groß und hoch wie die Halle nebenan. Ringsum sehe ich Werkzeuge und viele Dinge, die irgendwo übrig blieben, aber vielleicht doch noch gebraucht werden könnten. Ich fühle mich gleich geborgen. Herr Raaf begrüßt mich freundlich. Er ist Herrscher über das Sammelsurium. Statur und flinke Augen verraten, dass er für das Feine und nicht für das Grobe zuständig ist. Das unterstreicht eine mir unbekannte Handlung. Aus einer kleinen Glasflasche mit klarem Inhalt träufelt er ein wenig in eine Handfläche und massiert gründlich. „Das kannst du auch machen. Öl hält die Haut geschmeidig".
Nach der Uhrenkontrolle soll ich einen Vierkant auf einen Türgriff feilen. Aha, ein Test. Da kann er sehen, was ich aus der Lehrwerkstatt mitbringe. Wir Lehrlinge kennen inzwischen das Loben unserer Ausbilder. Sagt er „das kann was werden", ist noch nachzubessern. Sagt er nichts, ist es gut und fertig. Gut ist selbstverständlich! Warum soll man das erwähnen? Bald erfahre ich, dass Herr Raaf an vielen Orten kniffelige Sachen erledigt. Er ist der Pfiffikus der Werft.
In den folgenden Tagen trägt er mir verschiedene Arbeiten auf. Das geschieht mit wenigen Worten und schon ist er fort. So bin ich meist allein und kann tüfteln, wenn es nötig ist. Heute gibt er mir eine Zeichnung. Ich soll versuchen, den Mechanismus zu verstehen. KLUBTISCH-VERSTELL VORRICHTUNG steht unten auf dem großen Papierbogen. Soviel Schenkel, Hebel und Gelenke in einem Apparat! Wenn ich das nicht schwarz auf weiß vor mir hätte, würde ich meinen zu träumen. Die Verbindung der Bezeichnung zur Realität kann ich nicht finden. „Mit dem Ding kann man einen Klubtisch verstellen?", frage ich Herrn Raaf, als er wiederkommt. „Nein, so ist das nicht gemeint, mit dem Apparat kann man eine Schreibmaschine versenken!"
Aha, die verschwindet dann im Klubtisch! „Diese Vorrichtungen wurden hier gebaut. Da sind auch noch einige Teile." Die Suche danach hat Erfolg.
Morgen soll ich mich mit geeignetem Werkzeug und feinem Öl im Büro melden. Vor dem Einschlafen und auf der morgendlichen Fahrt nach Flensburg verfolgt mich dieses technische Wunderwerk. Nach der Uhrenkontrolle ist noch Zeit, die Zeichnung

weiter zu studieren. Aha, diese dünnen Linien deuten ein Brett an, das ein Teil der Tischplatte sein muss. Auf der Unterseite verbirgt sich die Schreibmaschine solange, bis sie hochgeklappt wird. So müsste es sein! Herr Raaf bestätigt meine Erkenntnis.

Mit diesem Expertenwissen melde ich mich in der Verwaltung. „Guten Tag!" Mein schüchterner Gruß wird freundlich erwidert. Und schon stehe ich vor dem KLUBTISCH. Es ist ein besonderer Tisch. Wo der Stuhl steht, fehlt ein Stück der Tischplatte. Die Schreibmaschine hängt senkrecht. Das Gebilde schaut mich herausfordernd an. Das ist ein Fall für mich, ganz klar. Leider bin ich mit der Tüftelei nicht allein. Da stehe ich nun zwischen einem halben Dutzend Damen, die mich erwartungsvoll, aber eher amüsiert anschauen. Das ist genau, was ich nicht brauche! Am liebsten würde ich vom Erdboden verschwinden. Ich erkenne meine Chance und krieche unter den Tisch. Das Amüsement der Damen wird hörbar. Das Kichern und die vielen Beine passen nicht zu meiner Mission. Ich muss unter Beobachtung arbeiten. Kein Werftgrandi hat es jetzt schwerer als ich! Also nicht auf die Beine schauen, sondern auf die hängende Schreibmaschine und das mechanische Wunderwerk. In glucksendes Kichern mischt sich das schabende Geräusch, das ich mit dem Bewegen der Klappe verursache. Ein Problem erkenne ich gleich. Die Gelenke sind knochentrocken und betteln um Öl. Die Vorrichtung ist mir wohlgesonnen, zeigt mit einem heraushängenden Hebel, wo der Fehler liegt. Da hat sich eine Schraubenmutter gelöst. So konnte der Hebel von der Welle rutschten. Die fehlende Mutter und auch eine Unterlegscheibe habe ich dabei. Alle anderen Verschraubungen ziehe ich vorsorglich fest. Das wurde auch Zeit. Ich bewege die Klappe hin und her. Das Öl gelangt an die Stellen, wo es gebraucht wird. Das Schwingen wird leise. Klack! Der Schnapper greift. Jetzt ist die Schreibtischplatte komplett. Ich ziehe den Schnapper aus der Arretierung und wieder klack. Jetzt steht die Schreibmaschine bereit. Ich verlasse die Etage der Damenbeine und wippenden Röcke. Oben angekommen, ernte ich Beifall und höre lobende Worte. Das tut gut. Ich genieße die heitere Atmosphäre, stehe aber verlegen da. Ich komme mit meiner Tüftelei zurecht, aber nicht mit der Frauenwelt. Von der jungen Dame, die hier ihren Arbeitsplatz hat, sehe ich nach ihren Strümpfen und Schuhen auch alles Weitere. Sie lässt jetzt selbst die Schreibmaschine klacken. Zufrieden lobt sie das Ergebnis. „Da gibt es noch etwas", sagt sie. „Nach dem Umschalten auf Großschreiben muss ich die Taste zurückziehen, sonst gibt es nur noch Großbuchstaben. Da wird wohl etwas klemmen." Sie hat recht. Das Problem ist schnell behoben. „Auf Wiedersehen!" Die Erwiderung klingt wie ein mehrfaches Echo in meinen Ohren.
Am folgenden Tag erreicht mich ein schwerer Locher aus dem fröhlichen Büro. In sicherer Entfernung von kichernden Damen kann ich ihn in vertrauter Umgebung flott machen.

Diverse Arbeiten sorgen für Abwechslung. Es sind stets kleinere Teile. Z. B. Pendeltürgriffe für Stahltüren an Deck und Messingklinken für Innentüren und Schlüssel. Ein Großbaumbeschlag und zwei Poller für eine Jacht sind ramponiert und werden mithilfe einer Feile, feinem Schmirgelpapier und Politur wieder optisch ansehnlich. Die Anfertigung einer kardanischen Aufhängung für einen Spirituskocher ist eine besonders schöne Aufgabe.
Diese Arbeiten für eine Segeljacht erinnern mich an einen Wunsch, der beim Bau der Modelljacht „Falkenau" aufkam. Das 80 Zentimeter lange Schiff war für Innenausbau nicht vorgesehen. Mein Wunsch zum Bau einer größeren Jacht nimmt in den kommenden Wochen Gestalt an. Ich beginne zu Hause mit dem Bau einer amerikanischen Jacht im Maßstab 1:10. Mein Schiff wird 160 Zentimeter lang und

erhält einen geteilten Lateral-Plan. Es wird gut aussehen, wenn das Boot auf einem Ständer ruht. Natürlich soll das Schiff auch schwimmen. Auf der Werft bekomme ich jeden nötigen Rat und am Nordermarkt bei Meesenburg viele kleine Schräubchen. Mahagoni-Planken lasse ich wieder in der Tischlerei Knutzen in Sterup sägen.

Eine Aufgabe ist zunächst geheimnisvoll. Herr Raaf geht mit mir an Bord. Wir klettern auf eine Stellage, die ganz oben innerhalb eines Laderaumes über dem Abgrund zu schweben scheint. Herr Raaf hat ein Blatt Papier dabei, ich Hammer und Nutenmeißel. „Das ist die Versicherungsnummer. Die schlägst du hier hinein in dieser Größe." Schon hat er die erste Zahl mit zarten Schlägen angedeutet. „Die Nuten sollen fünf Millimeter tief sein." Und schon ist er fort. Ich bin mit meinen beiden Werkzeugen allein hier im hinteren Laderaum. Es ist still. Das merke ich beim Hämmern auf den Meißel. Jeder Schlag schallt aus der Tiefe des dunklen Raumes mit Nachhall zurück. Nachdem die erste Zahl fertig ist, ritze ich alle anderen ein. Das Gesamtbild soll gefällig sein. Nach einigen Korrekturen schlage ich alle Zahlen oberflächlich vor. Da liegen zwei bis drei Stunden Konzentration vor mir, denke ich. Der Begriff Versicherungsnummer flößt mir Respekt ein. Nur keinen Murks machen. Der Meißel darf nicht abrutschen. Das ist keine Schiefertafel, wo man sagt: Schwamm drüber. Dass Entspannungspausen notwendig sind, merke ich schnell, denn ich schlage nicht bequem von oben nach unten, sondern waagerecht in Kopfhöhe. Langsam löst der Meißel mehr und mehr raupenförmige Kringel aus der Stahlfläche. So entstehen die gewünschten Zahlen. Ich habe das Gefühl, als würde ich dem Schiff seinen Namen einhämmern. Das ist wahrlich ein ehrenvoller Auftrag!

Nach diesen drei abwechslungsreichen Wochen bin ich wieder in der Werkzeugausgabe der Lehrwerkstatt. Den Uhren-Kontrollgang darf ich weiterhin ausüben.
Wir bilden Freundschaften. Dazu gehören auch Verabredungen. Ein Treffpunkt ist die neu eröffnete Milchbar. Ich staune, wie Jungs den Mädchen imponieren wollen. Sie haben sich schick angezogen und singen englische Texte. Am besten gefällt mir der „Banana Boat Song" von Harry Belafonte. Wer Texte der Musikbox mitsingen kann, ist fein raus. Günter ist hier eine Größe. Auf der Werft ist er eine graue Maus wie alle Lehrlinge. Er hat ein Kofferradio dabei. Diese Rarität beeindruckt enorm. Ich habe nichts dergleichen vorzuweisen. Mir fällt dann auch etwas ein. „Ich werde eine Deutschlandfahrt mit einem Ford Taunus machen!" Das Thema kommt an. Ich habe schließlich einen Führerschein. Günter meint irgendwann, dass es sicherlich gut wäre, wenn wir unterwegs auch Musik hören könnten und bietet mir sein Kofferradio an!
Im August 1958 starte ich mit meinem Schulfreund Peter Jacobsen und seinen beiden Schwestern nebst Freundin. Das Auto hat die ältere Schwester von ihrer Firma kostenfrei geliehen. Sie arbeitet bei Ford in Flensburg. Im Kombi finden wir genug Platz für Zelte, Küchenkram und Koffer. Wir haben Zeit und sehen viel. Z. B. München, Starnberger See, Rheinfall von Schaffhausen und Rothenburg ob der Tauber. Ein unterhaltsamer Begleiter ist das Kofferradio. Am lustigsten ist ein Milchtransport. Wir haben unsere Zelte aufgebaut und fahren einkaufen. Es gibt Milch aus einer großen Kanne. Wie können wir die mitnehmen? Im Auto haben wir außer einer großen Schüssel kein weiteres Gefäß. Wir sind schlau und füllen sie nur halb. Ich bin mit Fahren an der Reihe. Ille hat die Schüssel auf dem Schoß, eine vorbeugende Methode zum Abfedern der Autobewegungen, denken wir. „Langsam, ganz langsam!" „Du musst gleichmäßiger fahren!" „Ich bin schon ganz nass, nicht

bremsen!“ So kommt es dreistimmig bei mir an. Peter sagt nichts. Er kann nur lachen.

Kaum glücklich zu Hause bin ich wieder auf der Werft. Wir haben uns viel zu erzählen.
Ein Reeder wünscht für den Salon einen Gong. Nach dem Anfertigen von zwei Formen kann ich die Messingschalen mit einem Kugelhammer treiben, wie wir Grandis das inzwischen fachkundig nennen. Für den Ständer sind Messingrohre zu biegen. Der auf Hochglanz polierte Gong ist jetzt ein Schatz, der an anderer Stelle bis zur Schiffsübergabe sicher aufbewahrt wird.

Im September 1958 verlasse ich fünf Monate nach den anderen die Lehrwerkstatt. Man hatte mir die Werkzeugausgabe anvertraut. Es gibt eine generelle Aufteilung in Schiffbau, Blechschlosserei, Maschinenbau und Elektrotechnik. Ich freue mich über die Fortsetzung der Ausbildung in der Abteilung Maschinenbau. Dort treffe ich einige Kollegen meines Jahrgangs wieder. Sie sind schon seit April in verschiedenen Werkstätten beschäftigt. Auch meine Freunde „Buba“ Schacht und „Jenki“ Jahnke sind darunter. Es beginnt eine neue Epoche. Jeder hat seinen Lehrgesellen und arbeitet unter dessen Anleitung. Diese Partnerschaften sind effizient. Es entstehen keine Unsicherheiten bei der Ausführung unserer Arbeit. Fachkundlicher Rat kann jederzeit abgefragt werden. Dann ist da Meister Larsen. Bei ihm erhalten wir Magazinscheine zum Abholen von Schrauben und anderen Teilen, auch Bleche und Profile aus verschiedenen Werkstoffen. Er ist immer im Büro, es sei denn, er macht einen Kontrollgang in Sichtweite. Die Werkzeugausgabe ist eine zentrale Anlaufstelle. Und schon wieder ziehe ich das Glückslos. Meine Lehrlingsnummer, hinten mit einer 22, hat mich erfreut und nun sagt der Werkzeugausgeber: *„Dien Nummer is tachuntachuntich.“*
Wie ein Schlüsselbund liegt der Ring mit zehn Werkzeugmarken vor mir auf der Blechplatte der Ausgabe. 88 steht auf den Marken. Wenn ich etwas abhole oder abgebe, werde ich mit *„Moin Tachuntachuntich“* begrüßt.
Natürlich gibt es auch ein Klo. Da geht man hin, wenn man muss, aber nicht in der Pause, eigentlich. Bald erhalte ich einen Hinweis. Es ist mehr eine Einladung. Lehrlinge dürfen am Arbeitsplatz nicht rauchen. Das machen sie in der Pause auf dem Klo. Ich bin überzeugter Nichtraucher, will aber die aktuellen Informationen der Gruppengespräche miterleben. Da kommt so einiges zusammen aus verschiedenen Werkstätten. Es ist eine muntere Runde, wo gern gelacht wird. Wir schreiben das Jahr 1958. Ich bin 19 Jahre alt und Nichtraucher! Und das als Lehrling auf der Werft! Das passt nicht zusammen! Mein Außenseiterdasein beende ich nach einigen Monaten und quäle mir das Rauchen an. Rauchen auf dem Klo erlauben wir uns einfach, besser gesagt, nehmen wir uns heraus. Aber das Benutzen der Klos ist unerwünscht. Kein Geselle kommt und stört. Es ist schließlich Arbeitspause. Wenn wir uns verquatschen, taucht Meister Larsen auf. Mit seinem gutmütigen, unverständlichen, aber unmissverständlichen Öö, Öö bringt er uns auf Trab.

Viele Grandis, auch Lehrlinge, essen in der Stadtküche. Die ist schnell erreicht. Wir beeilen uns, denn Sitzplätze sind knapp. Wer zu spät kommt, muss sich dazwischen zwängen oder sich auf kreative Art zu helfen wissen. Nach jeder Mittagspause betreten Buba, Jenki und ich minutengenau die Maschinenbauhalle. „Schön und kaffeebraun sind alle Fraun von Kingstentown!“, erschallt unser Jubelgesang durch die riesige Halle. Das geht so über viele Monate. Niemals äußert jemand Kritik. Meine beiden Freunde hatten das Ritual schon eingeführt, bevor ich dazukam. Ich

war das erste Mal erschrocken, stimmte am folgenden Tag mit ein. Für mich war es ein Ausdruck von Freude, das Zentrum der Ausrüstungswerft betreten zu dürfen. Alle diese Apparate und Maschinenteile werden um die Welt reisen. Das möchte ich auch!
Mein erster Lehrgeselle in der Halle ist Hans Ganter. Seinen wahren Nachnamen habe ich nicht erfahren. Gelacht hat er nie. Aber zum Kichern hat er mich oft gebracht! Er spricht immer Platt, wie man so sagt. Also tue ich es auch. Nach meinen ersten Sätzen fragt er: *„Bist du ut Sterup?"* Ich bin irritiert. *„Ja, over woran markt man dat?" „Dat hört man!"* Das ist schon erstaunlich. Wenn ich mit meinem Ostpreußendialekt Angeliter Platt schnacke, ist das für die anderen eine Belustigung. Ich grüble darüber und komme zu dem Schluss, dass es in Sterup eine verräterische Vokabel geben muss. Ob ich die aus ihm herausbekomme? Nein!
Die erste Arbeit ist ein Blumenstrauß verschiedener Tätigkeiten. Hilfsdieselmotoren für die Stromversorgung werden nicht direkt auf dem Schiffsboden, sondern auf einem Fundament montiert, das dann mit dem Schiff verbunden wird. Motor und Fundament werden miteinander verschraubt. Damit die Bohrungen aufeinanderpassen, wird eine Schablone aus Holz angefertigt. In die Auflageflächen des Diesels schneiden wir nach dem Bohren Gewinde. Zwischen Motor und Fundament kommen später Passstücke. Die Auflageflächen dafür werden auf dem Fundament sauber geschliffen und tuschiert. So nennt man das Erstellen einer exakt ebenen Fläche mit Tuschierplatte, Tusche und Schaber. Dann geht es an Bord weiter. Nachdem das Fundament mit dem Schiffsboden verbunden ist, werden Motor, Schwungrad, Generator und ein Kompressor aufgesetzt. Alles wird mit Druckschrauben, für die wir Gewinde in die Auflageflächen geschnitten haben, ausgerichtet. Dabei wird zwischen den Wangen der Dieselkurbelwelle eine Mikrometeruhr beobachtet, die hundertstel Millimeter anzeigt. Hans Ganter beherrscht den geheimnisvollen Zusammenhang zwischen Messuhr und Druckschraubendrehung rechts- oder linksherum. Das ist kompliziert. Als alles stimmt, werden nach unseren „Tastermaßen" Passstücke gehobelt. Das machen Hobel-Spezialisten. Drei Dieselgeneratoren stellen wir auf. Den Abschluss bilden Schutzbleche an rotierenden Teilen. Da habe ich wirklich etwas ganz Tolles in der Halle und an Bord erlebt!

Es gibt eine Arbeit, die von einem Helfer ausgeführt wird. Sie ist einfach und kann nach kurzer Erklärung von beinahe jedermann erledigt werden. Das geschieht in einer staubigen Ecke, denn die Arbeit produziert Staub. Der fleißige Mann hat Urlaub, eine gute Gelegenheit für uns Lehrlinge, das auch mal zu machen, meint der Meister. Ja, Herr Larsen muss dafür sorgen, dass alle Arbeiten rechtzeitig erledigt werden. Schon ist ein Kollege meines Jahrgangs mit Schleifhexe dabei, den beim Gießen eingebrannten Formsand von Ventilkästen abzuschleifen. Das muss außen herum und auch innen geschehen. Das Arbeiten mit Schutzbrille, Atemmaske und dicken Handschuhen sind wir nicht gewohnt. Im Vorbeigehen spreche ich mit meinem Kollegen. „Kannst dich schon freuen. Alle kommen ran." Freuen tue ich mich nicht. Aber das muss sein. Nachdem er eine Woche geschliffen hat, löse ich ihn ab. Die Kästen sind verschieden. Ich habe einen Vierer mit dem Kettenzug auf den Bock gehoben. Wie es gemacht wird, habe ich mitbekommen, kann also gleich wie ein Schleifexperte starten. Das schlimmste sind Staub und Funkenflug. Der Lohn ist eine schöne metallische Oberfläche. Der Kasten ist etwa achtzig Zentimeter lang, zwanzig breit und hoch. Oben sind vier Öffnungen für Ventileinsätze. Das Schleifen innerhalb des Kastens erfordert Sorgfalt wegen der Ecken, die man nicht leicht erreicht. Meister Larsen kommt auf einem seiner Rundgänge an meinen Arbeitsplatz, als ich den ersten Kasten nach etwa drei Stunden fertig habe. „Ist es innen auch gut?", frage ich. „Öö, Öö, komm mit." In der Maschinenbauhalle liegt der Schaft eines Ruderblattes. Das lange Ende, das im Schiffsinneren in Lagern geführt wird und bis in die Rudermaschine reicht, ist schon fertig auf der Bank auf Maß gedreht und glänzt. Das abgewinkelte Ende, das im Ruderblatt verschweißt werden soll, sieht noch so roh aus wie ein ungeschliffener Ventilkasten. „Das kannst du putzen. Die Nasen machst mit dem Meißel weg." „Jetzt?" „Öö, Öö!" Mit einer so angenehmen Überraschung konnte ich nicht rechnen. Ich bin immer wieder gern in dieser Halle. Und so einen Brocken polieren darf man nicht alle Tage. Das schrumpelige Monstrum aus Schmiedestahl werde ich zum Glänzen bringen. Ich arbeite sehr gründlich. Richtig gründlich geht nicht schnell. „Öö, Öö, jetzt ist gut!" Ja, Herr Larsen hat recht. Es ist schon lange gut. Aber fertig bin ich nicht. Mithilfe des Krans gelangt die andere Seite nach oben. Vielleicht wird die noch schöner?

Es kommen diverse weitere Arbeiten auf mich zu. Auch im Reparaturbetrieb werde ich eingesetzt. M.S. „Forelle" liegt im Schwimmdock. Ein Flansch wird mit Druckschrauben auf einen Schiffswellenkonus gepresst. Die Welle war zur Lagerreparatur demontiert worden. Nachdem ich das Stevenrohr geputzt habe, erfolgt die Montage der Schwanzwelle. „Was ist das da drinnen?" „Die Welle läuft in Pockholz." Da staunt der Lehrling. Die Schiffswelle läuft in ölgeschmierten Weißmetalllagern und die Schwanzwelle in Holz! Auch an der Reparatur des Ruders bin ich beteiligt und habe so Gelegenheit, das Montieren der Schiffsschraube zu verfolgen. Seewasserfilter werden erneuert. Schon wechselt die Arbeit von tonnenschwerem, präzise bearbeitetem Stahl zu leichten Filterkörben aus durchlöchertem Blech.
Ein Fundamentbolzen ist jemandem bei der Demontage aus der Hand gefallen und liegt unter dem Dieselmotor, wo ihn niemand erreichen kann. Das ist etwas für einen Lehrling. Da kann er sich reinknien im wahrsten Sinne des Wortes, wie man so sagt. Und ich Lehrling sitze und grüble. Der Bolzen ist nicht zu sehen. Der Schelm versteckt sich hinter einer der Bodenwrangen, die den Schiffsboden versteifen. *„Wat sützt du dor to Kucholn dreien?"*, fragt Hans Ganter. Er weiß noch nicht, dass ich beim Popeln gute Einfälle habe. Ich werde das Problem in der Werkzeugausgabe besprechen.
„Moin!" „Moin Tachuntachuntich". Nach dieser netten Begrüßung und meiner Schilderung erhalte ich Dinge, die ich jetzt erst kennenlerne. Ein Schweißspiegel und ein kräftiger Magnet, beide an flexiblen Stielen, liegen vor mir. Der flexible Stiel des Magneten könnte lang genug sein. Für den Spiegel benötige ich eine Verlängerung. Dass ich Gelegenheit zum Herumstromern hatte und so gut wie jeden Arbeitsplatz kenne, zahlt sich jetzt aus. Herr Fliegel ist Autogenschweißer. Von ihm erhalte ich einige Schweißdrähte. Die Jagd nach dem Bolzen beginnt mit einem Problem. Das allgemeine Licht im Maschinenraum von „M.S. Forelle" wirft unter dem Dieselmotor Schatten. Ich brauche eine Taschenlampe, deren Lichtstrahl ich auf den Spiegel richten kann. Die erhalte ich vom Bordmaschinisten. Ich sehe jetzt den Bolzen im Spiegel. „Dich habe ich gleich", denke ich. Aber der Magnet will nicht so wie ich. Er haftet unten am Schiffsboden oder oben am Dieselfundament. Der flexible Stiel ist zu weich für dieses Vorhaben. Das Umwickeln mit einem Schweißdraht schafft Abhilfe. Der Bolzen ist hartnäckig, will nicht über die Bodenwrange. Stur wehrt er sich. Mein Fummeln in liegender Stellung hat zwei Schaulustige angelockt. „Ich habe ihn!" Mit Geduld kann man Fliegen fangen oder einen Bolzen angeln.

Die Werft hat Schätze im Verborgenen. Wer weiß schon von Dieselmotoren, die in einer verschlossenen Halle auf einen späteren Neubau warten? Heute soll ich sie turnen, damit die Lager mit Öl versorgt werden. Das klingt fachmännisch. Turnen ist das englische Wort für Drehen. Mein Schulenglisch bewährt sich das erste Mal im Berufsleben. Ich bin inzwischen mit Hilfsdieseln vertraut, was Montage unter Berücksichtigung der Kurbelwellen-Ausrichtung angeht. Dafür muss immer wieder getörnt werden unter Beobachtung der Mikrometeruhr. Hans Ganter hat mir die Halle genannt, aber nicht, wie ich hineinkomme. Das zweiflügelige Tor ist mit Kette und Vorhängeschloss gesichert. Das bedeutet, hier darf kein Unbefugter hinein. Da stehe ich nun. Ich darf, ja, ich soll hinein. Ich habe einen Auftrag und bin befugt. Es ist, als hätte ich einen Schlüssel. Ich schaffe es, die beiden Torflügel dank der lockeren Kette so weit zu öffnen, dass ich mich mit Anstrengung hindurchzwängen kann. Mehrere Aggregate erwarten mich. Sie sind so hoch und lang, wie ich groß bin. Die Handhebel der angebauten Ölpumpen wollen kräftig hin und her bewegt werden. Während mit der anderen Hand und einer Turnstange, die in Löchern des Schwungrades einrastet, gehebelt und somit die Kurbelwelle gedreht wird. Das mache ich sehr gründlich und nicht nur heute und stets ohne Schlüssel für das Vorhängeschloss. Auch Hans Ganter hat keinen. Ein wohliges Gefühl erfüllt mich. Mein bulliger Lehrgeselle kann also nicht in die Halle. Hans Ganter verlässt sich auf mich. Er vertraut mir!
Er traut mir sehr viel zu, stellte ich bald fest. Ich soll in die Kesselschmiede gehen und einen Doppel-T-Träger holen mit den Maßen 150 x 150 mm und fünf Meter lang. Der Lagerarbeiter bekommt meinen Abholschein und manövriert den Träger mit einem Laufkran zum Abschneiden auf eine Platte. Er misst, zeichnet an und schiebt eine Apparatur mit einer Scheibe genau auf die Schnittstelle. Er schaltet ein und schon jault ein Heulton los. In weniger als einer Minute ist der Schnitt geschafft. Ich erkundige mich, wie das möglich ist. Es sind keine Zähne an der Scheibe. „Die macht viele Tausend Umdrehungen in der Minute. Dabei schmilzt der Stahl.“ Aha und noch einmal aha. Junge, Junge, was es alles gibt! „Wohin soll der Träger gebracht werden?“ Ich gehe zu Hans Ganter. *„De Dräger ward bald bröcht“*, berichte ich. Mit einem *„kumm“* ist er auch schon unterwegs. Wir gehen in die Kesselschmiede. Mein Lehrgeselle hebt den Träger an einem Ende und legt ihn auf meine Schulter. Ich könnte schreien. So ein Gewicht! Er nimmt das andere Ende und marschiert los. Ich sehe seine urige Gestalt gebeugt vor mir. Er hat schwer zu tragen und ich dürres Bürschlein auch. Ich habe Schmerzen und bin tapfer. Dass wir etwas völlig Unnötiges machen, ist mir bewusst. Jeder Schritt ist eine Qual. Als wir endlich in der Maschinenbauhalle ankommen, setzt Hans Ganter sein Ende ab. *„Lech hen!“ „Ik kann nich!“* Er kommt zu mir und hilft beim Absetzen. Und da plumpse ich schon auf den Träger, will sitzen. Der Rücken will liegen. Ich erhole mich nur langsam. So kaputt war ich noch nie, dazu auch Schmerzen von der Schulter bis zu den Knien. In diesem Moment gibt es keinen Hans Ganter, nur noch einen Ganter wie in Ostpreußen, wo ich Steppke von solch einem Biest verfolgt wurde. Über die Ursache dieser Strapaze denke ich nach und finde sie in angeborener, perfekter, zügiger Arbeitsabwicklung, die keine Verzögerung duldet. Ja, so bin ich auch! Das versöhnt mich langsam. Damit kehrt auch der Hans zum Ganter zurück. Aber eine Wiederholung gibt es nicht!
Im Heizkraftwerk sind Lager eines Förderbandes mit Molykote zu schmieren und Befestigungen eines Elektromotors zu erneuern. Hitze und Staub sind mir sehr unangenehm. Es ist meine erste Arbeitserfahrung in einem laufenden Betrieb. Notwendigkeit diktiert Aufgaben und fordert auch Einsatz unter schwierigen Bedingungen.

Und dann vertiefe ich meine Erkenntnisse im Aufstellen von Dieselgeneratoren.

Die Berufsschule besuchen wir jeden Mittwoch. Herr Feiler ist auch im zweiten Lehrjahr unser Klassenlehrer. Es scheint, dass er mit uns so zufrieden ist wie wir mit ihm. Der Unterricht ist vielseitig. Es geht oft tief in die Materie. Meine Vorkenntnisse in Mathe, Physik und Chemie sind hilfreich. Bürgerkunde ist ein sehr interessantes Fach. Es gibt etwas, das man wissen sollte, obwohl es nirgendwo schriftlich aufzufinden ist und keiner darüber spricht. Das ist die „Endlösung der Judenfrage." Wir sind alle erschrocken und können die Berichte kaum glauben. Es gibt auch einen Pastor, der uns den Weg nach ganz oben zeigt.
Der Unterricht wird nach einem Jahr mit Abendschule am Donnerstag erweitert. Externe Lehrer, sie kommen meistens vom Gymnasium, unterrichten z. B. Deutsch, Physik und Mathe. Das Ziel ist die Fachschulreife. Die habe ich schon. Aber so bleibe ich fit.
Wenn ich Abendunterricht habe, darf ich die Zeit nach Arbeitsende bei Klaus Schneider im Jugendwohnheim überbrücken. Am Ostseebadweg, der Straßenbahn-Endstation, befindet sich ein Kiosk. Dort kaufe ich Limo und Kuchen, gerne auch eine Rumkugel, wenn noch eine da ist. Klaus und ich fahren dann mit der Straßenbahn bis zum Südermarkt. Von dort gehen wir keine zehn Minuten zur Berufsschule.
Ich komme dann erst gegen Mitternacht ins Bett und muss schon nach kaum fünf Stunden wieder aus den Federn. Im Sommer und Herbst schaffe ich das. Im Winter überrascht mich an einem Freitagmorgen Neuschnee. Ich komme zwei Stunden zu spät. Meister Larsen empfiehlt, den Ingenieur anzusprechen. Er hat schon weitergedacht, als es mir je hätte einfallen können. Herr Hobracken erlaubt, dass ich jeden Freitag den zweiten Zug nehmen darf und eine Stunde später komme. Ich kann dann beinahe zwei Stunden länger schlafen! Dass er ohne Wenn und Aber schnell entscheidet, ist bekannt. Ich bin erleichtert und berichte. Meister Larsen freut sich mit mir. Da bin ich ganz sicher!

Im Januar 1959 wechsele ich zur Bordmontage. M.S. „Linzertor" liegt an der Ausrüstungspier und soll vollendet werden. Mein Lehrgeselle ist Herr Hansen. Er kennt sich bestens im Maschinenraum aus und weiß, wie alles funktioniert, auch die Bedeutung installierter Rohrleitungen. Ich hole Flachmessing, lasse nach einer Liste Texte gravieren, z. B. „Wasser an Deck Vorschiff" oder „von Ballastwasser-Tank IV BB". Danach werden die gravierten Bänder lackiert. Ich bohre dann pro Schild zwei Löcher, bevor sie geschliffen, poliert und abgeschnitten werden. Jetzt sieht man den Kontrast der schwarzen Schrift im leuchtenden Messing. Jedes Schild erhält eine kleine Brücke, auf die es geschraubt wird. Diese werden an Bord angeschweißt. Es gibt auch verschiedene andere Varianten zum Anbringen an Rohrflansche. Herr Hansen weiß, wo jedes Schild seinen endgültigen Platz bekommen muss, weist einen Schweißer ein und mich zum Anschrauben. In dieser Phase der Schiffsfertigung sind viele Männer gleichzeitig im Maschinenraum tätig, oft nahe beieinander. Alle nehmen Rücksicht und konzentrieren sich so auf die eigene und die Arbeit der Kollegen. Ich staune, wie das funktioniert. Es blitzt vom Elektroschweißen, hämmert und qualmt zeitweise, wenn ein kleines Feuer gelöscht wird. Ein Mann hält die Böden sauber, so gut das möglich ist. Etwa jeden Tag kehrt er alle Etagen des Maschinenraumes! Er achtet stets darauf, dass er niemanden stört. Manch einer erleichtert ihm die Arbeit, indem er eine kleine Pause einlegt und den Rücken streckt.

Wir stellen Maschinen auf. Das Ausrichten und Verankern der Turnvorrichtung des Hauptmotors ist eine robuste, aber gleichzeitig auch präzise Arbeit. Das Aufreiben der Befestigungspasslöcher ist in Knieposition anstrengend. Die ersten Zentimeter erfordern hohe Konzentration. Es kommt darauf an, dass die Reibahle exakt die Bohrung an allen Seiten gleich stark erweitert und keinesfalls schief startet. Auch zwei Drehbänke werden in der Maschinenraum-Werkstatt aufgestellt. Das Befestigen von Ersatzteilen an Schotts (stählerne Maschinenraumwände) erfordert die Anfertigung passender Halterungen, die angeschweißt werden und durch Lösen von Schrauben die Entnahme der Ersatzteile erlauben. Die Arbeit ist abwechslungsreich. Stehen keine „dicke Brocken" an, fertige und montiere ich Schilder, Messleitungen und Manometer. Auch Hilfsdieselschalldämpfer, Vorwärmer und Rückkühler sind dicke Brocken.
Auf die Pobefahrt der „Linzertor" am 24. Februar 1959 darf ich mit und bekomme Aufgaben im Maschinenraum erklärt. Das ist genau, was ich mir wünsche! Das erste Mal kommt mir die Maschinenanlage wie neu vor. Sonst lagen überall Metallreste und Stummel von Schweißelektroden in einem Teppich von abgeklopfter Schweißschlacke. Die Flurplatten wurden mit Dieseltreibstoff eingerieben und glänzen. Herr Hansen ist schon an Bord, als ich eintreffe. Er kennt sich nicht nur mit Montage aus, er versteht auch was vom Maschinenbetrieb und ist in seinem Element. So erfahre ich, dass Rohrleitungen jetzt „auf Hafenbetrieb" geschaltet sind. Die Brennstofffilter des Hauptmotors sind noch nicht entlüftet. Nach genauer Erklärung bin ich allein am Doppelfilter. Herr Hansen öffnet irgendwo das Ventil der Brennstoffzufuhr. Wie angekündigt, pustet es aus der Entlüftung. Es pustet und pustet und pustet sanft auf meinen „Kontrollfinger". Der Lärm der Hilfsdiesel stört mich, denn ich kann kein Entlüftungsgeräusch hören. Das übernimmt der fühlende Finger. Plötzlich bekommt der einen Stoß. Der Strahl des Dieselöls schießt unvermittelt mit voller Wucht aus dem Entlüftungshahn. Nach einer Schrecksekunde, wohl eher drei als nur eine Sekunde, schließe ich den Hahn. Der dunkle Strahl erhebt sich mehr als einen Meter senkrecht über meinen Kopf, beschreibt einen Bogen und landet auf dem schwarzen Jackett eines feinen Herren eine Etage unter mir! Er zieht das edle, jetzt ölige Stück aus und hängt es über ein Geländer. So schnell kann ich gar nicht auf glimpflichen Ausgang hoffen, wie er erledigt zu sein scheint. Und er ist erledigt! Ich empfinde es wie ein Wunder. Ich beichte Herrn Hansen. „Bei der Werftprobefahrt müssen alle mit so was rechnen", antwortet er. Mein Opfer bildet mit einigen Herren in feinem Zwirn eine kleine Gruppe, die wie eine Dekoration zwischen den Arbeitskleidungen wirkt. Sie wollen den Ur-Start der Hauptmaschine miterleben.
Die Verständigung erfolgt durch unmittelbares Hineinsprechen in das Ohr des Gesprächspartners. Das Beobachten eines Dialogs sieht lustig aus, wenn gegenseitig abwechselnd das Ohr des anderen angesteuert wird. Das Zurufen klappt nur einsilbig. Ein lautes, helles „Hu!", dringt bis in den letzten Winkel. Wenn ich herausgefunden habe, dass ich gemeint bin, gehe ich zu Herrn Hansen und bin ganz Ohr an seinem Mund. Ich erhalte verschiedene Aufträge und bin unterwegs, während mein Geselle an seine Arbeit gebunden ist. Leute, die sich auskennen, arbeiten konzentriert.
Nach längerem Entlüften der Einspritzpumpen wird das Druckluftventil an einem der beiden gewaltigen Behälter geöffnet. Auch Ventile an den Zylinderdeckeln sind jetzt offen. Am Fahrstand löst sich das Knäuel diskutierender Männer auf. Bis auf einen treten alle etwas zurück. Auf der Zylinderkopfstation müssen alle in Deckung gehen. Es könnte etwas aus den Zylindern herausgeschleudert werden, z. B. Kühlwasser. Der Manöver-Fahrer schaltet den Luftweg in die Zylinder frei. Mit 30 Atmosphären

schießt die Luft in den Diesel. Es faucht, als wolle man die Hölle ankündigen. Es ist ein Dauerfauchen mit momentanen zusätzlichen Lärmbergen. Die Zylinder werden entsprechend der Zündfolge nacheinander mit Luft gefüllt. Kurbelwelle und Schiffsschraube machen einige Umdrehungen. Nach vielleicht 10 Sekunden ist der Spuk vorbei. Es scheint Stille zu herrschen. Dass das ein Irrtum ist, merke ich bald. Der Lärm der beiden Hilfsdiesel hämmert immer noch tief in die Ohren hinein.
Das Schließen der Ausblasventile geht so schwer wie das Öffnen. Eine starke Federkraft ist nach Aufstecken eines Hebels zu überwinden. Und dann wird die riesige Maschine gestartet. Ich höre, wie die Startluft in die Zylinder zischt. Schon nach kaum fünf Sekunden erfolgt die Selbstzündung. Die Luft wird abgeschaltet, der Diesel läuft mit 30 Umdrehungen pro Minute.
Mein Tagesablauf verläuft wie gewohnt mit Pausen zur rechten Zeit. Meine Aufgabe besteht hauptsächlich in Kontrolle von Flanschverbindungen an Ventilkästen, Filtern, Pumpen und Apparaten, die ich nicht kenne. Kein Tropfen darf austreten. Meine Sorgfalt spürt keine Leckage auf. Es wurde erstklassig gearbeitet! Herr Hansen schickt mich ab und an auch außerhalb der Pausen nach oben. So kann ich mittschiffs und an Deck herumstromern, mich dort umschauen, wohin es mich lockt und den ungewohnten Lärm für eine Weile hinter mir lassen.

Einige Tage später verlässt die „Linzertor" die Werft. An diese Schiffsübergabe erinnert man sich noch in Österreich, als ich dort im Juli eintreffe. Diese Reise hat ihren Ursprung in unserem Garten in Sterup. Mein Freund Willi lernt Kältetechnik bei „Gebrüder Klaus" in Flensburg. Er besuchte mich an einem besonders schönen Sommersonntag. Ich holte unser Radio an langem Kabel in die Laube. Wir hörten Wiener Walzer. Die Musik gefiel uns beiden so sehr, dass wir von Wien zu träumen begannen. In unserer Fantasie entstand ein Plan. Wir sollten Schreibfreundinnen in Wien finden wegen ortskundiger Führung. Alles Weitere könnten wir planen, wenn das klappt.
Nach mehreren Briefwechseln sind sich vier junge Menschen einig. Die Reise wird einfacher als gedacht. Von Hamburg fährt ein Jugendsonderzug nach München. Auch an- und weiterreisen können wir zum Sonderpreis. So können wir bequem von Sörup bis Salzburg fahren. Nach einer wunderbaren Fahrradtour durch die Wachau radeln wir weiter nach Osten. Unsere erste Übernachtung findet auf einer Blumenwiese mit schöner Aussicht statt. Das Zelt steht gut, die Sonne senkt sich. Die Suppe blubbert im Topf. Ein wunderbarer Abend! Wir schlafen gut. Geweckt werden wir mit unverständlichen Worten. „Schimpft da jemand?" Ich schaue aus einer Ritze hinaus. „Da steht ein wütender Bauer mit Heugabel!" Schnell ziehen wir uns an, bauen das Zelt ab und packen unsere Sachen. Der aufgebrachte Mann rammt ungeduldig wiederholt die langen Zinken in den Boden und schimpft immer wieder unverständlich. Wir haben ein Abenteuer erlebt. Das gehört dazu, nicht wahr?
Nach einigen weiteren erlaubten Zeltübernachtungen auf Bergwiesen erreichen wir Böheimkirchen, 75 Kilometer vor Wien. Cilly, Rosemarie, Eltern und Brüder begrüßen uns jubelnd. Ein schönes Zimmer wartet auf uns. Wir sind Gäste von Draußen, wie man hier anstatt Ausland sagt, und dann auch noch vom Meer. Und Heinz hat die „Linzertor" gebaut! Das feiern wir gründlich auf dem Kirtag. Auch Strohrum muss sein, meint ein Bruder.
Nach Wien geht es mit der Bahn. Rosemarie hat sich Tage freigenommen und führt uns durch ihre Stadt. Es ist wunderbar. Spanische Hofreitschule und Schönbrunn sind Höhepunkte. Die Mariahilferstraße ist ein Stadtspazierweg in feiner Gegend. Im Kaufhaus Gerngross kann man sich verlaufen. Es ist riesig!

Wir helfen Cillys Eltern bei der Kornernte. Es wird mit der Sense gemäht und mit Strohbüscheln gebunden. Willi und ich kennen das. Es ist wie in Angeln. Das Aufsetzen von Hocken zum Trocknen wird ein Spaß. Unsere sind anders als die Wiener. So stellen wir abwechselnd Wiener- und Ostsee-Hocken auf. Die Aufmerksamkeit der *Gössen,* das sind blutrünstige Mücken, gefällt uns nicht, aber das urige Essen mit Brot, Wurst, Speck und dazu *Moscht*, ist eine Wonne nach fleißigem Tag unter heißer Sonne.

Lautes Rufen lockt uns aus dem Haus. „Der Bach kommt!" Und tatsächlich kommt er. Wir sehen, wie er sich ausbreitet. Das Wasser steigt die zwei Eingangsstufen hoch bis fünf Zentimeter unter die Türschwelle. Männer sind dabei, dicke Baumstämme, die aufgestapelt auf den Abtransport warteten, am Fortschwimmen zu hindern. Einige treiben davon. Die an Ställen und anderen kleinen Hütten vorbeizuleiten, ist eine schwierige und gefährliche Aufgabe! Willi und ich sind mit unseren Rädern und den Hühnern in der Küche. Wir sollen nicht helfen. Nach etwa zwei Stunden zieht sich das Wasser zurück. Jetzt können in die Hände spucken und Schlamm schaufeln.

Auf der Heimfahrt ist der Katschberg eine Tortur. Wir schieben schnaufend hinauf und gehen bei 23 Prozent Steigung neben dem Hinterrad. Es ist schon Mitternacht. Wegen der Hitze sind wir am Abend aufgebrochen. Der Duft roter Johannisbeeren verführt zu einer Verschnaufpause. Wir lehnen die Räder an eine Hecke. Jemand kommt heraus, hat uns gehört. Wir erwidern den freundlichen Gruß. *„Ah, ihr seits von Draußn!"* „Ja wir kommen von der Ostsee." Der Mann ist vorübergehender Strohwitwer. Er bittet uns ins Haus und bereitet uns Rührei zu Brot. Auch Bierflaschen stellt er auf den Tisch. Seine Gastfreundschaft ist eine Wohltat! Er hat viele Fragen und hört gern zu. So vergehen drei angeregte Stunden. Beim Fortgehen lobe ich den Duft der Beeren. Zu dritt ertasten wir am Busch die Trauben. Bald ist ein stattlicher Beutel gefüllt.

Das bergab fahren geschieht in der Morgendämmerung. Willi saust hinunter. Ich befürchte das Schlimmste. Er hat eine normale Handbremse mit Gummiklotz, der auf den Vorderreifen gedrückt wird, und eine Rücktrittbremse. Die qualmt, als ich ihn erreiche. Er hat es irgendwie geschafft, anzuhalten. Nein, so geht das nicht. Ich finde in meinem Zeltsack Spannleinen. Damit verbinden wir unsere Räder. Jetzt fährt Willi vor mir von der Leine gehalten. Ich habe ein Stricker-Rad ohne Rücktritt, aber vorn und hinten Felgenbremsen, die auf dem Aluminium gut packen. So radeln wir beinahe gemütlich ins Tal.

In einem großen Ort sind die Giebel mit schönen Bildern geschmückt. Auch gepflegte Gärten verwöhnen das Auge. Urlauber sind willkommen, hören wir. Während wir plaudern, vergrößert sich unsere Gesprächsrunde durch Passanten, die sich hinzugesellen. Ob wir Lust zum Übernachten hätten. Es ist schon Nachmittag. Hm, eigentlich wollen wir noch fünfzig Kilometer schaffen. „Bei uns wird heute bald Hochzeit gefeiert, ihr könnt im Garten das Zelt aufstellen. Das wäre ein Spaß für alle und ihr seid unsere Gäste!" Es wird schön. Am Morgen bekommen wir frisches Wasser zum Waschen in den Garten gebracht. Drinnen gibt es üppiges Frühstück.

Die Wanderung neben dem Fahrrad, den Großglockner hinauf, unterbrechen wir immer, wenn ein Rinnsal vom Hang herunterkommt. Dann heißt es, Socken aus und Füße ins kühle Wasser. Die Abfahrt erfolgt nach der Katschberg-Methode.

In Salzburg lernen wir Sandy kennen, einen Amerikaner aus Kalifornien. Er ist an Kultur interessiert und deshalb hier. Wir sehen mit ihm den Film Aida, nicht schlecht, oder? Wir erlauben uns einen Besuch des Mozart-Gartens. Ein gefaltetes Blatt liegt auf dem Tisch. Ich erkenne nur Wasser. Alles andere ist mir fremd. Dahinter steht der kleinste Preis. Das erste Mal trinke ich für Geld Wasser anstatt Limonade. Die gibt es hier auch nicht oder sie heißt auf Französisch anders. Auf der Werft lerne ich viel. Aber das hier ist eine andere Welt als die der Arbeit. Diese heißt Genuss. Nach Fleiß kann ich bescheiden genießen.

Wieder auf der Werft ist schon längst das nächste Schiff vom Stapel gelaufen und liegt unter dem dreibeinigen Kran vor der Maschinenbauhalle. Ich erlebe, wie die Hauptmaschine aus vielen Teilen an Bord aufgebaut wird. Nach und nach werden die einzelnen Komponenten aus der Halle unter den Kran gefahren und ins Schiff gehievt. Ich kann den Beginn gut und ohne Gefahr von oben beobachten. Bei der Montage eines Typhons schaue ich über den Rand des Schornsteins.
Die Turnmaschine wird gleichzeitig mit den Kurbelwannen-Elementen eingebaut, den untersten Teilen der Hauptmaschine. Auf dem Schiffsboden sind Tragflächen durch Auftragsschweißen, Schleifen und Tuschieren vorbereitet. Zwischen ihnen und den Auflageflächen der Maschine werden Passstücke eingemessen. Hier, an der Basis, muss alles stimmen. Nachdem die Kurbelwelle in die Lagerschalen gelegt und das Schwungrad mit der Turnverzahnung angekuppelt ist, beginnen Herr Hansen und ich mit dem Ausrichten der Turnmaschine. Auch wir messen Passstücke aus, lassen sie anfertigen und montieren sie.
Diverse Arbeiten an Bord erlauben mir das Beobachten des Zusammenfügens des MAN-Diesels. Die komplette Antriebseinheit ist etwa 14 Meter lang und gut 7 hoch. Unser Chef über Werkstätten und Bordmontage ist ständig unterwegs. Herr Hobracken ist Rheinländer und unterhält sich mit Monteuren aus Bayern und anderen Regionen. So erlebe ich Hochdeutsch in verschiedenen Färbungen, verstehe nicht alles und wundere mich, dass stets schnell geklärt ist, wie es weiter geht. Unser Ingenieur hat die Zeichnungen im Kopf und weiß, wie alles endgültig sein soll!
Meine Aufgaben richten sich nach dem Fortschritt verschiedener Arbeiten. So können z. B. Schilder mit Bezeichnungen von Tanks gleich angebracht werden, für Rohrleitungen entsprechend später. Dünne Rohre für pneumatische Steuerung werden auf angeschweißten Böcken mit passenden angeschraubten Schellen montiert. Nach Anfertigung in der Werkstatt erfolgt die Montage an Bord. Ich halte den Bock, auch Brücke genannt, mit einer Zange. Während geschweißt wird, muss ich stets rechtzeitig die Augen schließen, um sie vor dem grellen Lichtbogen zu schützen. Das allein ist keine lustige Unterhaltung. Aber was über, unter und neben mir passiert, ist immer spannend.
Ich darf einen Krängungsanzeiger für die Kommandobrücke anfertigen. Ein stummeliger Zeiger, zu träge für eigene Pendelschwingungen, zeigt später im Seegang die momentane Schlagseite an und ist im Hafen Orientierung für gleichmäßiges Beladen. Der Zeiger ist aus fünf, die Skala aus zwei Millimeter dickem Messingblech herausgeschnitten, geschliffen und poliert. Junge, Junge, das sieht schick aus! Ich darf drei Stück anfertigen, also auch für die beiden Folgeschiffe.
Mit dem Wechsel der Schiffe wiederholen sich einige Arbeiten. Dabei vertiefen sich Kenntnis und Fertigkeit. Wir montieren Turnmaschine, Schalldämpfer für Dieselgeneratoren und Vorwärmer. Eine größere Arbeit ist die Anbringung einer Laufkatze über dem Maschinenraum. Mit ihr sollen tonnenschwere Teile der Hauptmaschine gehoben werden. Das sind z. B. Zylinderkopfdeckel, Kolben und Laufbuchsen. Dazu gehören Handantriebe, die über Ketten betätigt werden für Längs- und Querversatz, zum Anheben und auch für Feststellvorrichtungen, die jeder Kettenantrieb benötigt, damit sich bei Seegang nichts bewegen kann. Für den

Maschinentelegraf bauen wir einen Bock, der am Fahrstand fest geschweißt wird. Neu ist für mich auch ein flacher Schrank für sechs Manometer und drei Thermometer, ebenfalls für den Fahrstand.
Es gibt eine Reparaturkolonne für Arbeitsmaschinen und technische Einrichtungen. Am Bohrwerk sind mehrere Arbeiten durchzuführen und verschlissene Teile auszutauschen. Ein Laie würde keinen Mangel erkennen. Auf den Hinweis des Bedieners zeigen nur Messungen der Spezialisten, was auszuwechseln oder nachzubessern ist. Dass ich während meiner einwöchigen Zeit in dieser Gruppe ausgerechnet in das Monstrum schauen kann, das riesige Löcher präzise bohrt, ist ein glücklicher Zufall. Schon immer hatte ich Respekt, wenn ich daran vorbeiging.

Es folgt eine Woche autogenes Brennschneiden mit Handgerät und Maschine. Das Einstellen der passenden Acetylen- und Sauerstoffmenge will wirklich gelernt sein! Auch das Führen des Schneidstrahls wird keinem in die Wiege gelegt. Aber Lernfleiß und Sorgfalt zahlen sich aus. Wer kann denn sonst noch dicke Stahlplatten schneiden?
Und dann 10 Wochen Schulung und Üben im Elektroschweißen. Das Thema beginnt mit Theorie. Am Schweißumformer ist die passende Stromstärke einzustellen. Dafür muss man das Aggregat kennen und die Bedienung. Sicherheit ist wie überall auch hier, ein wesentlicher Faktor. Der Schweißer muss sich mit Handschild, Lederhandschuhen, Lederschürze und feuerfester Kleidung schützen. Auch der Helm ist wie immer zu tragen. Und dann geht es los. Eine Hand hält den Schirm mit gefärbtem Sichtfenster vor das Gesicht, die andere führt die Schweißzange mit ummanteltem Draht. Die saubere Naht, die beim Zuschauen aus dem Handgelenk zu fließen scheint, lässt auf sich warten. Es kommt immer wieder vor, dass die Elektrode festbrennt. Buba und ich üben gemeinsam in einer Kabine auf der Bau-Werft. In unseren Tankanzügen mit Schürze sehen wir aus wie erfahrene Grandis. Aber wir merken bald, dass noch viel Übung erforderlich ist, wenn die Nähte für den Schiffbau taugen sollen. Und wir üben und üben. Unser Ausbilder ist perfekter Schweißer. Er kommt etwa zweimal täglich und erklärt diverse Anwendungen. Nach Kehlnaht und Stehnaht ist die Überkopfnaht eine hohe Steigerung der Schwierigkeit. Unsere Nähte sollen nicht nur akzeptabel aussehen, sondern auch beanspruchbar sein. Es gibt ein Labor für Festigkeitsprüfung. Die von uns zusammengeschweißten 10 Millimeter dicken Bleche sind für den Test vorzubereiten. Sie werden in Streifen geschnitten und auf der Drehbank kalibriert.
Dann dürfen wir zuschauen bei Zerreiß- und Biegeprobe. Der Prüfer erklärt Maschinen und Vorgänge. Wir erfahren, dass hier alle Stähle vor der Verarbeitung getestet werden. Aus der Dreherei werden pro Lieferung und Qualität mehrere Stahlproben angeliefert, die in der Mitte exaktes Maß haben. Diese werden nach einem Programm getestet. Alles wird dokumentiert. Das hier ist die wissenschaftliche Abteilung.

Heute ist Stapellauf. Wir sind unter dem Neubau gewesen und haben Gleitschiene und Schlitten gesehen. Wir erfahren, dass grüne Seife gebraucht wird. Nach dem Lösen einer Sperre erfolgt ein Anschub unterhalb des Bugs. Damit verhindert man, dass das Schiff nicht irgendwann zufällig zu kriechen beginnt und erst Fahrt aufnimmt, wenn niemand mehr Lust zum Schauen hat. Vor Beginn der Schiffstaufe mit berstender Sektflasche ist das Werkstor für die Bevölkerung offen. Mama will kommen. Ich freue mich. Und sie kommt tatsächlich. Ich habe sie in der Menge noch gar nicht erkannt, als sie schon auf mich zukommt. Das erstaunt mich, denn Grandis sehen alle gleich aus in ihren Tankanzügen. Sie sind nur unterschiedlich groß. Mama sagt, sie hätte mich gleich an der Haltung erkannt. Gemeinsam erleben wir Taufe und den beeindruckenden Stapellauf, der von Signalhörnern der Werftschlepper und weiterer Schiffe begleitet wird. Das Getöse und der immer schneller werdende Neubau faszinieren die Schaulustigen. Wir sehen dem Schiff hinterher, staunen über die Qualmwolke, das Entstehen von Wellen und das schwimmende Holz der Schlittenanlage vor dem sich entfernenden Bug. Ich will Mama noch eine große Überraschung bereiten. Buba und ich werden gleich auf den Kran und seinen Ausleger klettern. Dann sind wir 52 Meter über der Helling. Das erschreckt Mama. Ich kann sie beruhigen, denn diese Expedition wurde uns gestattet. Ich verabschiede Mama, denn die Schaulustigen gehen schon Richtung Tor, das bald geschlossen wird.

Vom Kranführer erhielten wir einen Tipp. Es gibt nur wenige Kranstillstände während der Arbeitszeit. Auf jeden Fall während und kurz nach dem Stapellauf. Bewaffnet mit dieser Kenntnis, unserer Begeisterung und der Vermutung, dass Herr Mosch nicht gern Nein sagt, warten wir auf eine Gelegenheit. Und dann scheint er zu spüren, wie es in uns kribbelt und lässt uns während eines ausführlichen Vortrags über Gefahren zappeln. Wir müssen sehr vorsichtig sein, hören wir noch, bevor er seinen Weg fortsetzt. Wir schauen Herrn Mosch hinterher. Dabei fällt der Groschen. Er hat uns eindringlich auf Gefahren hingewiesen und erlaubt den Aufstieg. Meine Freude weiß ich nicht auszudrücken, aber Halleluja könnte passen.

Wir steigen hinauf und werden im Häuschen vom Kranführer empfangen. Wir sollen den steil gestellten Ausleger eher kriechend hinaufsteigen, damit wir Seitenschutz durch das flache Geländer haben. Jeder Rat ist kostbar. Wir verhalten uns vorbildlich. Dass wir beobachtet werden, merke ich erst, als ich Mama am Tor erkenne. Wir halten uns nicht auf. Mir ist das Hinabschauen von hohen Bäumen vertraut. Auch den Blick vom Scheersbergturm und vom Marineehrenmal in Laboe auf platt aussehende Menschen kenne ich. Aber das hier ist anders. Unter uns ist nichts, gar nichts! Weit unten liegt die nackte Helling ohne das hohe Schiff. Das ist auf der Förde zur Ruhe gekommen. Ein Anker hat es gebremst, um zu verhindern, dass es unkontrolliert weiter schwimmt. Die Werftschlepper sind schon bereit, den Neubau zur Ausrüstungswerft zu bringen. Es sieht alles niedlich aus von hier oben. Unsere Position ist für das Betrachten der fernen Umgebung komfortabel. Nur der Blick nach unten lässt den Bauch kribbeln. Beim Hinabsteigen konzentriere ich mich auf die Sprossen. Jeden Fuß exakt setzen beim rückwärts Kriechen. Dabei immer wechselnd unter dem Bauch hinunter schauen und auch wieder nach den Händen. Der Kranführer plaudert mit uns und sagt, dass wir noch nicht unten sind. „Weiter aufpassen und danke für den Besuch!“ Unser Meister empfängt uns. „Das gibt es nur einmal!“ Wir hatten auch damit gerechnet, dass wir nicht jeden Tag aufsteigen dürfen. Einmalige Erlebnisse gibt es nur einmal.

Am Abend höre ich Mamas Sorge. Ich soll nicht übermütig sein. So denken Mütter!

Wie die Schweißer-Helden auf der Helling und in den Hallen erhalten auch wir täglich Vollmilch. Ich bin Milchfreund und genieße es. Es gibt weitere Genüsse. Das ist das Herumstreifen während der offiziellen Pausen, zusätzlich dürfen wir die Arme ausschütteln und fragen uns, warum nicht auch die Beine? So sind wir jeden Tag mehrmals unterwegs. Auf der anderen Seite der Helling ist ein winziger Strand. Die Sonne scheint vom blauen Himmel. Buba ist ein Freund von logischem Denken. Schon liegt er da und sonnt sich. Mir erscheint diese Logik unlogisch. „Komm, leg dich auch hin. So ein schönes Wetter heute!“ Jetzt liege ich auch auf dem Rücken, schließe die Augen und schaue dann doch wieder. Es ist mir zu langweilig, hier herumzuliegen. Buba liegt da wie ein Wesen aus einer anderen Welt. Der monströse

Tankanzug macht ihn dick. Der Schutzhelm liegt daneben wie ein zweiter Kopf. Ich schließe die Augen und versuche nichts zu denken. Das kann ich nicht. Wenn jetzt jemand kommen würde, denke ich, ohne denken zu wollen und erschrecke durch einen Schatten auf den geschlossenen Augenlidern. „Euch scheint es gutzugehen, an die Arbeit!“ Wir kennen den Mann nicht, aber sein Arbeitsanzug sagt uns, dass er Meister ist. Also aufspringen und ab in die Schweißkabine. Als unser Meister routinemäßig erscheint, geht uns die Muffe. So nennen wir bedrohliche Situationen. Es folgt kein Tadel, auch nicht von unserem Ausbilder.
Wir schweißen munter weiter, jetzt eine mehrlagige V-Naht. Danach schneiden wir mit dem Schneidbrenner Streifen, die in der mechanischen Werkstatt für das Prüflabor vorbereitet werden.
Unser Mut zum Übermut bleibt seit dem Stranderlebnis gedämpft. Unsere Streifzüge über das Gelände und durch die Hallen unternehmen wir weiterhin mit gutem Gewissen. Wir schauen uns Arbeitsabläufe an und treffen gelegentlich Amo. Er heißt Artur Mosch, ist Schiffbauingenieur und Betreuer der Schiffbaulehrlinge. Die halten große Stücke auf ihn, wie wir inzwischen auch. Er wird seit Lehrlingsgenerationen so genannt. In diesem Fall ist es kein Spitzname, sondern ein Kompliment. Er erklärt sehr genau und verständnisvoll, findet mit seinen Fragen den Weg zu Unsicherheiten, die er ausräumt. Ich habe im Nachhinein den Eindruck, mit einem Freund gesprochen zu haben und nicht mit einer Respektsperson.
Segmentbauweise ist für uns ein neuer Begriff. Er bedeutet, dass Teile des Neubaus seitlich der Helling entstehen. Der Bug wird in einer Halle gebaut. Wir wissen jetzt, dass dabei gleichmäßige Temperatur herrschen muss, damit keine unsymmetrische Verspannung entsteht. Zugluft darf nicht sein. Deshalb ist die Halle stets geschlossen.
Auch heute wollen wir den Fortschritt der Arbeiten am Steven verfolgen. Das machen wir, gehen um das gigantische Gebilde herum und fachsimpeln, wie sich das für gescheite Lehrlinge gehört. Beim Verlassen der Halle klemmt mich die schwere Stahltür unvermittelt ein. Ich spüre, wie mein Oberkörper gepresst wird. Als ich begreife, was geschieht, lässt mich das Tor wieder frei. Was ist passiert? Das elektrisch angetriebene Tor wird mit Tastendruck bewegt. Nach dem Verlassen der Halle wird es durch Betätigen des Außentasters geschlossen. Buba hat seit Tagen schon einen pfiffigen Trick. Wollen wir die Halle verlassen, öffnet er das Tor am Innentaster etwa einen halben Meter. Ich gehe vor ihm hinaus und er betätigt den Taster erneut. Während das Tor zufährt, flitzt er hinaus. Heute gehe ich nicht vor, sondern hinter ihm. Ich habe nicht mitbekommen, dass er den Taster gedrückt hat. Zum Glück wollte Buba beobachten, wie ich mit seinem Spaß klarkomme. Noch gerade rechtzeitig erkennt er die Gefahr und drückt den Außentaster. Dem Himmel sei Dank! So schnell konnte ich gar nicht denken. Ich hätte mich nicht befreien können. Schreck und Körperanspannung gegen den Druck des tonnenschweren Tors blockieren mein Hirn. Auch Buba ist erschrocken und fragt, ob mir etwas passiert ist. „Ich glaube nicht“, ist meine gehauchte Antwort. Nicht nur einige Tage, sondern Wochen, verspüre ich beim Biegen des Oberkörpers Schmerzen.

Wir dürfen an Bord nach Profilschablone Flächen aufschweißen. Raupe an Raupe, etwa dreißig Zentimeter im Quadrat und bis zu vier Lagen übereinander. Wir wissen, dass diese Arbeit um die Welt reisen wird, ein gutes Gefühl! Die sich aus dem Maschinenraum erhebenden Flächen werden in der Ausrüstungswerft geschliffen und bilden dann die Auflagen der Passstücke, die später die Hauptmaschine tragen.

Nach erlebnisreichen Wochen auf der Bauwerft lerne ich Autogenschweißen bei Herrn Fliegel. Seinen Arbeitsplatz in einer Ecke der Kesselschmiede kenne ich schon. Er schweißt zarte Gebilde und hilft auch der Lehrwerkstatt. Sieben Wochen sind dafür vorgesehen. Schon in den ersten Tagen wird es spannend. Drei Millimeter dicke Bleche übe ich zusammenzuschweißen. Perfekte Anleitung führt zu brauchbaren Ergebnissen. „Wir machen einen Versuch. Dabei kannst Du sehen, wie gut Deine Nähte sind.“ Also fertige ich sechs Bleche an, 15 x 15 Zentimeter und drei Millimeter dick. Daraus entsteht ein würfelförmiger Behälter, den wir Probetank nennen. Anschlüsse zur Wasserdruckprobe erlauben den Test. Bei neun atü löst sich ein zwei Zentimeter langes Stück einer Naht. Das Ergebnis ist nicht schlecht, aber auch nicht gut genug. Ich schweiße die Schadstelle neu und bessere weitere Nähte nach. Jetzt werden 14 Atü geschafft, ohne einen Tropfen Wasser zu verlieren. Das Ergebnis ist gebrauchsfähig, aber die Nähte müssen besser aussehen, schön gleichmäßig. Also weiter geduldig üben! Jetzt folgen „nützliche Arbeiten“. Ich darf Sachen anfertigen und reparieren. Das sind z. B. Leckölwannen, Schutzbleche für Wasserstandgläser und Öltropfrinnen. Auch Elektroschweißarbeiten fallen an. Dass ich das geübt habe, passt jetzt gut zu den unterschiedlichen Aufträgen, die wie aus einer Wundertüte kommen. Auftragsschweißung einer verschlissenen Welle, die dann auf der Drehbank wieder ihren ursprünglichen Durchmesser erhält, riesige Kompensatoren der Hauptmotorenabgasleitung, Rahmen für Schweißtische und Verlängerung von Rohren durch Zusammenschweißen von Resten und weitere abwechslungsreiche Arbeiten, traut Herr Fliegel mir zu. Dass nichts schiefläuft, ist sichergestellt, denn alles wird fachkundig kontrolliert. Die genannten Arbeiten sind nur ein Teil meiner Erlebnisse in dieser turbulenten Ecke der Halle. Viele zarte Aufträge schweißt Herr Fliegel selbst. Die Ausführung dauert oft nur eine viertel Stunde. Da bleiben die Überbringer bis zur Vollendung. Ich erlebe typische Grandigespräche und höre Witze, die ich als Lehrling offiziell nicht kennen darf, aber doch mitbekommen soll, denn ich bin auf dem Weg zum Grandi. Herr Fliegel ist keiner, der laut lacht. Das würde nicht zu seiner präzisen Arbeit passen. Nein, er lächelt und bringt nach dem Witz eine kurze, dezente Bemerkung, die eine weitere Belustigung auslöst. Mir wird an diesem erstaunlich leisen Arbeitsplatz bewusst, dass die Männer sich gut verstehen und auf diese Weise zu heiterer Grundstimmung beitragen. So läuft die Arbeit umso leichter.

Rrrruuummss!!! Klirrr!!! Vielleicht zehn Meter von mir entfernt scheint jemand stehend rückwärts zu fliegen. Scherben regnen klirrend auf den Betonboden. Eine Staubwolke verleiht der Szene Dramatik. Es dauert, bis sie sich gesetzt hat. Der Erschrockene ist Lehrling des Abschlussjahrgangs. Vor ihm ist die Frontplatte der Schublade auf dem Boden gelandet. Ein Autogenschweißbrenner liegt bei weiteren Einzelteilen der Lade an der Werkbank. Sein Kollege steht etwas entfernt. Alle Männer, die in der Halle arbeiten, kommen angelaufen. Die beiden wollten wissen, wie schön es knallt, wenn man Schweißgas in einem Schubfach anzündet. Die Werkzeugbank unter dem Fenster hat nur einen Hüpfer gemacht. Aber die Lade hat sich in ihre Einzelteile aufgelöst. Der mutige Anzünder hatte Glück. Die Frontplatte hat ihn zurückgeschleudert, bevor ihn herunterkommende Scherben treffen konnten. Die beiden Experten stehen immer noch erschrocken da, als der Meister erscheint. „Sauber machen!“, höre ich. Und schon löst sich der Pulk auf. Alle gehen wieder an ihre Arbeit. Die Lehrlinge wissen, wo Besen und Schaufel sind und beseitigen das Chaos. Solche Experimente sind nichts für mich. Es ist noch einmal gut gegangen. Schadenfreude darf sein! Schon am Tag darauf werden die Scheiben des geborstenen Fensters ersetzt. Mir gefallen die hohen, oben halbrunden Hallenfenster

aus Gusseisen mit Sprossenteilung. Die Lehrlinge haben in der Schreinerei die Lade selber sauber verleimt und schieben sie in ihre Position. Alles sieht aus wie vorher. Nein, die neuen Scheiben sind glasklar. Wer putzt auf der Werft Fensterscheiben? Niemand! Ich bin im dritten Lehrjahr und lerne mein Fach, so gut ich es vermag. Es ist nicht das Handwerk allein. Die Reaktion des nach dem Schaden hinzugekommenen Meisters macht mich nachdenklich. Mit seinen zwei Worten hat er alles erledigt. Es gab keine Gardinenpredigt wie in der Schule und keine Strafe. Das scheint zu funktionieren. Das merke ich mir!
Es ist Winter, Januar 1960. Der Frost kneift in die Ohren. Wo wäre mein liebster Arbeitsplatz auf der Werft in Flensburg? Natürlich auf dem Schlepper Flensburg! Genauer gesagt, im Maschinenraum. Nachdem ich erfahren hatte, worauf ich zu achten habe, sitze ich zunächst und schaue mich um, betrachte Details. Die vordere Begrenzung des Raumes bildet der Dampfkessel. Das Feuer schimmert durch Ritzen der Klappe. Eine liegende Kolbenpumpe ist so leise, dass ich sie nur zu hören meine, wenn ich hinschaue. Die Stille ist hörbar durch gelegentliches Glucksen an der Bordwand. Diese Heimeligkeit umarmt mich. Messingschilder glänzen. Die soll ich putzen und von Glanz auf Hochglanz polieren. Ich beobachte das Wasserstandglas des Kessels. Erst wenn der maximale Stand erreicht ist, soll ich die Pumpe abstellen. Der Pegel steigt ganz langsam, angenehm langsam. Die Wärme des Raumes ist wohltuend. Das offene Triebwerk unter den Zylindern mit Kreuzköpfen, Kolbenstangen, Pleuel und Kurbelwelle ist ein technisches Kunstwerk. Alle Metallteile glänzen blank durch einen Ölfilm. Es ist so weit. Ich schließe Dampf- und Wasserventil. Ist die Stille noch stiller? Nein! Jetzt wird poliert. Der Glanz lässt sich tatsächlich steigern. Die schwarze Schrift bildet einen markanten Kontrast zum Metall.
Mein Ausbilder ist Maschinist und gleichzeitig Heizer. Er ist auch noch Schlosser und hat Werkstattarbeit zu erledigen. Deshalb kommt er nur sporadisch und zeigt mir nach dem Aufspeisen des Kessels auch das Aufbänken. Es ist das Einwerfen der Kohle in die Feuerbuchse. Wenn die Klappe geöffnet ist, schlägt mir die Hitze entgegen. Nun muss die Kohle nach rechts, links und in die Mitte geworfen werden, immer schön gleichmäßig. Schlacke ziehen, Kohle übernehmen und Wasservorrat ergänzen kann ich bald selbstständig oder ich bin beteiligt.
Der Schlepper befindet sich in Bereitschaft für unverhoffte Einsätze. Er wird für diverse Aufgaben gebraucht. So erlebe ich zwei Probefahrten der Schulfregatte „Raule". Wir begleiten sie zur Absicherung. Ich darf die Dampfmaschine bedienen, denn der Maschinist ist immer dabei. Das sind lange Tage von etwa 15 Stunden. Es gibt einen Matratzenraum über dem Kessel. Da kann ich ein Nickerchen machen. Hier könnte eine kleine Schiffsmannschaft untergebracht werden, z. B. nach einer Havarie. Ich habe das Empfinden, zur See zu fahren.
Auch Schleppvorgänge mit Bugsieren erlebe ich. Schulfregatte „Raule" wird ins Dock geschleppt und M.S. „Finnborg" aus dem Hafen. Bei diesen Manövern wird mehrfach von Voraus über Stopp auf Zurück umgeschaltet. Dabei beobachte ich die Klugsche Umsteuerung. Ein robuster Mechanismus bewegt sich eindrucksvoll und schaltet die Ansteuerung der Schieberstangen um. Der Maschinist scheint übermütig zu sein. Die Maschine macht volle Drehzahl. Dabei pendelt seine Hand im Rhythmus der Kurbelwelle zu den Kurbellagern. „Was machen Sie da?" „Ich fühle die Lagertemperatur. Die darf nicht zu hoch sein." Aha, das können nur Experten. Während dieser Kraftanstrengungen der „Flensburg" muss fleißig aufgebänkt werden. Das angemessen zu schaffen, ist eine Sache von Erfahrung. Es muss schnell gehandelt werden nach dem Motto: Immer genug Kohle, aber nicht zu viel, denn das Überdruck-Sicherheitsventil soll nicht ansprechen. Wenn das Horn unserer

„Flensburg“ ertönt, ist das wie ein Gruß von uns aus dem Maschinenraum, obwohl das Signal auf der Brücke ausgelöst wird.
M.S. „Alterani“ wird zur Standprobe mit dem Bug an die Kaimauer manövriert.
Am Tag darauf, vom Bahnhof kommend, rieche ich am Deutschen Haus Moder. Je weiter ich gehe, desto intensiver wird der Geruch. Der muss aus der Förde kommen. Also gehe ich weiter Richtung ZOB und bin dann auch gleich am Hafenbecken. Das Wasser ist pechschwarz und matt. Ich gehe weiter und erkenne zunehmend Wellenbewegungen. Über dem Tor am Holm & Molzen-Kohlelager sehe ich die „Alterani“. Jetzt höre ich auch ihren Dieselmotor. Ach ja, gestern haben wir sie so bugsiert. Als ich auf dem Werftgelände bin, mache ich einen Schlenker und sehe, dass die Schraube wie ein riesiger Quirl im schwarzen, moderigen Wasser wühlt. Mit dieser „Standprobe“ wird die Förde gründlich umgerührt. Ich bin dann auch gleich wieder auf „meiner“ „Flensburg“. Die Standprobe ist für mich ein einmaliges Ereignis dieser Art während der Lehre.

Maschinenpflege und Sauberkeit sind die Gebote des Maschinisten. Während Metallteile des Triebwerks blank unter Öl glänzen, werden lackierte Flächen abgewaschen. Das gilt auch für die Blende der Feuerbuchen und Schotten (Wände). Flurplatten, Kondensator und Niedergänge wasche ich mit Dieselkraftstoff. Wir verwenden ihn nur zum Putzen. Schmierung ist das A und O. Fettstopfbuchsen sind regelmäßig nachzudrehen und bei Bedarf neu zu füllen. Dochtöler müssen immer genug Öl enthalten.
Es kommen auch Überholungsarbeiten vor. Das sind z. B. Stopfbuchsen von Kolbenstangen, Ruderanlage und Wellenlager. Für die beiden Positionslampen werden neue Kabel durch Wände geführt. Ich darf für die Durchführungsöffnungen spritzwasserdichte Blenden konstruieren und anbringen. Ich kenne mich auf der Werft aus wie zu Hause, finde das nötige Blech in einer Abfallkiste, Werkzeug und auch den Arbeitsplatz zum Anfertigen.
Zum Abschied putze ich den Maschinenraum besonders pingelig. So möchte ich Danke sagen für diese wunderbare Zeit. Es ist auch ein Abschied aus einem stillen Werftzipfel. Hier entstehen Rettungsboote und Tauwerk. Auf dem Rickerboden wird gespleißt und erzählt. Hier tragen die Männer blau-weiß gestreifte Seemannshemden und Mützen anstatt Helme. Es sind echte Seeleute. Die kennen die Welt. Einer wird „Dröge Appelsin“ genannt. Wenn er von anderen Kontinenten erzählt, setze ich dahinter ein Fragezeichen. Kann das überhaupt sein? Ich glaube, dass ich selber losfahren sollte, um das herauszufinden.

In der Berufsschule läuft bald die schriftliche Prüfung zur Fachschulreife. Die ist einer der Meilensteine zum Besuch einer Ingenieurschule. Ich will gut vorbereitet sein. Mein Kopf füllt sich mit Mathe, Physik und Chemie. Zu Hause und auch im Zug lerne ich. Inzwischen habe ich begriffen, dass ich als Raucher im Nichtraucherabteil sitzen kann. Die verqualmten Abteile sind furchtbar.
Am 19. März 1960 bestehe ich die Prüfung. Das vierte Lehrjahr beginnt und damit rückt auch das Ende der Lehre näher. Meine große Modelljacht mit Kajüte ist fertig. Mir fallen mehrere Namen für sie ein. Aber der Richtige ist nicht darunter.
Ich beginne mich für das Leben nach der Lehre zu orientieren. Ziel ist Anmustern auf einem Frachtschiff als Ingenieurassistent.

Buba hat ein Segelboot mit Kajüte. Ich darf bei einigen Törns dabei sein. Wir segeln nach Egernsund und haben allerlei Spaß.

Eine winzige Fähre überquert die Förde. Ich habe auf der anderen Seite nichts zu erledigen und fahre dennoch hinüber. Ruderboot mit Dampfmaschine ist eine knappe treffende Beschreibung. Aber da fehlt noch der Pfiff des Schiffchens. Es ist nicht irgendeine Dampfmaschine, sondern eine V-Maschine. Die unten gelagerte Kurbelwelle wird von zwei Pleueln angetrieben, die von Kreuzköpfen an Back- und Steuerbordseite herunter strampeln. Darüber stehen die Zylinder, aus denen die Kolbenstangen heraus boxen. Das dynamische Schauspiel dieses technischen Kleinodes verleitet zum Schmunzeln.
Die Arbeiten auf der Werft bieten immer wieder Neuland und sind spannend wie am Anfang. Bei der Vormontage der Befestigungselemente eines Ruderblattes wird ein Helfer gebraucht. Man hat mich auserkoren. Das Monstrum, so groß wie ein Scheunentor, hat einen stromlinienförmigen Querschnitt. Zwei konische Lagerzapfen sind zu montieren. Diese werden vor der Montage am Schiff probeweise in der Halle eingesetzt, eine Präzisionsarbeit großer schwerer Teile. Die Bolzen können wir nur zu zweit einführen. Das muss sorgfältig geschehen, damit das Gewinde nicht leidet.
In der Maschinenbauhalle ist ein Sternmotor von Napier angekommen. Wir staunen. Das niedliche Ding ist kaum größer als ein Hilfsdiesel und leistet wie ein Frachtschiff-Hauptmotor 4000 PS. Er hat drei Kurbelwellen und viele Zylinder und soll bald eine Fregatte der Bundesmarine antreiben.

Es folgen 10 Wochen in der mechanischen Abteilung. Hier stehen viele Werkzeugmaschinen, an denen emsig konzentriert gearbeitet wird. Ich lerne drehen, hobeln und fräsen, zunächst mit Übungsteilen. Bald darf ich für den Neubau arbeiten. Z. B. Wellen auf Maß drehen. Dabei soll am Ende auch die Oberfläche die geforderte Glätte erreichen. Gemessen wird mit einer Genauigkeit von hundertstel Millimeter. Auch das Gewindeschneiden mit Teilkopf erfordert Konzentration. Das Hobeln von Grauguss-Passstücken für den Hauptmotor erfolgt nach an Bord genommenen Maßen. So entstehen keilförmige Platten, etwa fünf Zentimeter dick und größer als ein DIN-A4-Blatt. Das Problem sind vier verschieden hohe Eckenmaße. Es geht um Zehntelmillimeter. Das Einspannen zum Hobeln ist das wichtigste und schwierigste dieser Arbeit. Es gibt auch einfache Aufgaben an Knebelgriffen für wasserdichte Stahltüren. Das sind ein paar Dutzend. Es soll auch flott gehen. Das ist beinahe wie ein sportliches Training am Turngerät. Eine Arbeit sieht recht harmlos aus. Da steht eine Kiste. „Das sind 600 Maschinenschrauben ½ Zoll. Die sind 35 Millimeter lang. Wir brauchen aber 30 Millimeter.“ Also ran an die Arbeit. Bis zum Rundlauf für das Abstechen mit dem entsprechenden scharfen Widia-Stahl, abgeleitet von „wie Diamant“, muss ich länger am Spannfutter fummeln. Das Abstechen funktioniert nur mit kleinem Vorschub. Sonst droht die Schraube aus dem Futter zu springen. Das ist gefährlich. Nach zehn Schrauben ist über eine Stunde vergangen. Mit Kopfrechnen komme ich auf etwa acht Arbeitstage! Wenn ich so viel Zeit habe, kann ich eine oder zwei Stunden für das Anfertigen einer Einspannhülse opfern. Die Zeichnung entsteht schon im Kopf. Und wenn die Hülse so lang wird, dass sie etwa dem Fertigmaß der Schraube entspricht, muss ich beim Kürzen gar nicht messen. In der Abfallkiste für Buntmetalle scheint ein Stückchen Rundmessing auf mich zu warten. Es ist 30 Millimeter dick. Schon habe ich es im Spannfutter der Drehbank. Einen passenden Bohrer bekomme ich schnell. *„Moin!“ „Moin Tachuntuntich!“* Ich lege eine meiner Werkzeugmarken mit der schönen 88 auf die Platte. „Ich brauche einen 13 Millimeter Bohrer mit Konus.“ Und gleich liegt der Bohrer vor mir. Meine Marke hängt jetzt am Fach für Konusbohrer. Zunächst steche ich eine Stirnseite schön ab, zeichne 25 Millimeter Länge an und stecke dann das Rundmessing anders herum ins Futter. Auch dieses Ende wird abgestochen. Jetzt bohre ich mit einem zur Drehbank

gehörenden 4 Millimeter Bohrer ein axiales Loch ganz hindurch. Nach dem Vorbohren folgt das Fertigbohren. Ich habe die entstandene Hülse in der Hand und stecke eine Schraube hindurch. Sie passt locker in die Bohrung und schaut 10 Millimeter heraus. Den Umfang teile ich durch drei und ritze mit der Reißnadel drei Linien jeweils über die ganze Länge der Hülse. Auf einer Hobelbank wird ein Schlitz bis in den Hohlraum hinein gehobelt. An den beiden anderen Linien säge ich von Hand Schlitze, nicht ganz bis zur Bohrung. Jetzt ist eine elastische Spannhülse entstanden. Wie eine Wonne genieße ich das flotte Abstechen der Schrauben! Bald habe ich das richtige Augenmaß für das Kürzen des herausschauenden Stummels. Ich brauche keine zwei Tage für die 600 Stück. In dieser Werkstatt sind oft viele gleiche Teile zu bearbeiten. Das erfordert dennoch Konzentration, weil die Wiederholung wiederkehrender Handgriffe zur Unaufmerksamkeit verleitet. Also immer schön aufpassen.
Die Schneidwerkzeuge sind generell scharf und die entstehenden Späne erst recht. Gefährlich können lange sich schraubenförmig wickelnde Drehbankspäne sein. Kenntnis der Maschinen und deren korrekte Bedienung sind Ziel der Ausbildung. Die Funktion des Teilkopfes zum Schneiden von diversen Gewindetypen zu begreifen, ist nicht so ganz einfach. Er hat seine Geheimnisse. Die verrät er nur bei echtem Interesse. Alles, was die Werkstatt verlässt, muss maßhaltig sein. Es wäre fatal, würden Teile bei der Montage nicht passen.

Ich bin dann wieder auf Bordmontage. Für den Hauptmotor sind noch einige aufgeschweißte Flächen zu schleifen. Zum Erreichen einer gleichmäßigen Auflagefläche wird tuschiert. Als ich den aktuellen Eintrag im Berichtsheft mache, blättere ich zurück. Vor 9 Wochen habe ich Passstücke gehobelt, die dann sofort montiert wurden. Jetzt ist schon der nächste Neubau hier und wartet auf den Einbau des Hauptmotors! Wie schnell die Schiffe aufeinanderfolgen können!

Ein besonderer Auftrag ist das Einschleifen von Grafit-Segmenten einer Dampfturbinen-Wellendichtung. Wir fahren mit Schlepper „Flensburg“ nach Mürwik und finden die „kranke Bundeswehr-Fregatte“. Diese mühselige Arbeit wird belohnt. Es gibt zeitig Abendessen. Wir sitzen mit der Marinebesatzung am großen Tisch. Um uns herum verlaufen Rohre und Kabel. Es ist eng, aber gemütlich. „Möchte noch jemand Wurst?“ „Ja ich!“ Und schon kommt sie angeflogen vom anderen Ende des Tisches. Damit habe ich nicht gerechnet. Sie knallt an meine Brust. Ich erwische sie noch auf dem Schoß, bevor sie herunterfallen kann.

Ein Geselle will seine Arbeit nach der Pause fortsetzen. Die elektrische Bohrmaschine lief vorhin noch. Er merkt nicht, dass er von mehreren Seiten beobachtet wird. Fachmännisch prüft er den Stecker. Der sitzt richtig. Er zieht ihn und steckt ihn mit einem Ruck wieder in die Dose der Verlängerungsschnur hinein. Die Maschine läuft nicht. Jetzt wird der Stecker aus der Wandsteckdose gezogen und auch mit Ruck hineingeschoben. Die Maschine läuft immer noch nicht. Er trennt sie vom Verlängerungskabel. Während seine Kollegen wie immer ihrer Arbeit nachgehen, verschwindet er damit und kommt sogleich zurück. Alle arbeiten emsig weiter. Auch die andere Maschine läuft nicht. „Hattest du nicht zwei Verlängerungen?“ „Nein diese ist lang genug!“ „Schau doch mal nach. Vielleicht hast du doch zwei.“ Tatsächlich ist wie von Geisterhand eine zweite Verlängerungsschnur aufgetaucht, die mit der ersten nicht verbunden ist. Alle lachen laut, auch der Gehänselte. Er wird sich bald etwas Besseres einfallen lassen.

Auf dem Südermarkt gab es Spanferkel, heute auch in unserer Werkstatt! Eine nackte Maus am Spieß steht auf einem Bock halb im Wege. Der Winzling ist nicht zu übersehen. Mein Gott, wer zieht einer Maus das Fell ab und spießt sie auf? Das Blut lässt einen erschauern. *„Wer mokt denn sowat?“* Es wird diskutiert. Das macht man nicht. Es ist nicht nur igittigitt, sondern geschmacklos. Keiner schaut aus nächster Nähe auf den rohen Braten. Er ist eklig abstoßend. Es dauert, bis jemand die angemalte Knetmasse entlarvt!

Die letzten Monate wechsele ich mehrmals zwischen Maschinenbau und Bordmontage. Neu ist das Gießen von Weißmetall-Lagerschalen. Die werden z. B. für die Lagerung der Schiffswelle benötigt. Bei der Montage eines Vorwärmers verletze ich mich an einer Hand. Ich hätte besser achtgeben müssen.

„Wem gehört eigentlich die Werft?“, frage ich Herrn Hansen. „Baron von Thyssen. Er wohnt in der Schweiz.“ Aha, denke ich mir. Der Herr wohnt also in der Schweiz und sieht gar nicht, wie fleißig wir sind. Irgendwann steht ein auffallendes schickes Auto an der Verwaltung. Es ist nicht schwarz, sondern grau. Meine Neugier ist geweckt. Es ist ein Chrysler mit Schweizer Nummernschild. Ob unser Chef gekommen ist?

Auf der Bauwerft erlebe ich eine Belegschaftsversammlung. Unsere Direktoren sind da und berichten von einem Podium herunter. Alle hören gespannt zu. Wir sind an die tausend Menschen. Dann folgt eine Diskussion. Was ist denn das? Eine Beschwerde folgt der anderen. Es wird auch geschimpft. Ich verstehe davon nichts. In der folgenden Zeit kümmert sich ein Gewerkschaftler um uns Lehrlinge. Wir sollten auch Mitglied werden. Gemeinsam könne man eher Forderungen durchsetzen. „Welche Forderungen? Es ist doch so schön auf der Werft!“ „Du hast noch keine Familie zu versorgen. Dann denkst du anders.“ Aber vor mir liegt ein geplanter langer Weg. Ich werde die Werft nach der Lehre verlassen.

Auch außerhalb des Schiffbau-Geländes ist es spannend. Jeden Freitag warten viele Frauen vor dem Tor, warum? Dann erhält jeder Grandi seine Lohntüte, auch wir Lehrlinge. Die Tüten sind durchsichtig. Man kann vor dem Aufreißen das Geld zählen. Am Monatsende ist auch der Lohnstreifen dabei. Dieser Brief ist eine große Kostbarkeit für die Familie. Bevor der Inhalt in der Kneipe schwindet, ist es ganz gut, wenn die Ehefrau Scheine abholt. Wir Lehrlinge werden nicht bedrängt. In unserer Wochentüte sind am Ende der Lehrzeit etwas über 10 Mark.

Auf der Kreuzung Rathausstraße-Holm regelt ein Polizist den Verkehr. Einer ist besonders beliebt. Passanten verweilen und genießen seine Gestik und Sprüche wie eine Theateraufführung, ich auch. „Euch Weibern sollte man den Arsch abfahren!“ Es wird gelacht und Beifall gespendet. Vielleicht liegt es an diesem Polizisten, dass auf dieser Kreuzung zu Weihnachten viele Leute Geschenke ablegen. Pralinen, Schokolade und Zigaretten umgeben den Polizisten, als stünde er auf einem bunten Teppich.

„Ik ma di ni lien!“ Das höre ich wiederholt hinter mir in der Straßenbahn. Bin ich gemeint? Ich schaue nach hinten. Tatsächlich sieht mich der hinter mir Sitzende böse an. *„Ik ma di ni lien!“* Das sagt er mir jetzt direkt ins Gesicht. Es scheint für die anderen eine Belustigung zu sein. Der Auslöser für diesen Zorn ist diese dummerhaftige Neuzeit. Ich habe meine Haare kurz schneiden lassen. Wir nennen den Schnitt Bibob und der gestörte Herr mit wucherndem Schopf und Bart ist unser Tippelbruder.

Ich habe eine Freundin. Auf dem Feuerwehrfest in Schorrehy habe ich Jutta kennengelernt. Sie ist Zahnarzthelferin und arbeitet in Kappeln. Wir haben uns sandfarbige Jeans gekauft und bummeln durch Flensburg. Ich zeige ihr einen großen Teil meines Arbeitswegs. Vom ZOB geht es am Hafen entlang bis zur Werft. Dann zurück durch das Nordertor und immer geradeaus zum Südermarkt. Vor der Rückfahrt belohnen wir uns im ZOB-Restaurant.
Wie alle Verliebten haben wir unsere Geheimnisse wie seit Menschengedenken. Jutta und ich werden zusätzlich verwöhnt. Wir wandern im Spätherbst gerne lange unterm Sternenhimmel in und um Wippendorf, Ost-Angeln. Mehrmals erleben wir intensives Nordlicht. Wechselnde Formen und Farben wachsen wallend wie Märchenzauber vom Horizont hinauf ins Gefunkel der Sterne.

Einige möchten, wie ich Schiffsingenieur werden und wollen als Ing.-Assi zur See fahren. Wir schreiben Bewerbungen an bekannte Reedereien, die auch Dampfschiffe betreiben, denn für die Zulassung zur Ingenieurschule sind sechs von 24 Monaten Fahrzeit auf einem Dampfschiff nachzuweisen. Es hagelt Absagen, denn es gibt nur wenige Dampfschiffe. Was nun? Mir hilft ein glücklicher Zufall. Kapitän Callsen hat Urlaub. Das spricht sich immer schnell in Sterup herum. Er hatte Bauaufsicht auf der „Nordwind" und übernahm sie als Kapitän. Er ist Besitzer vom Steruper „BANHOFSHOTEL". Ich gehe in den Gastraum. Er ist da. Ich erkläre mein Problem. Erst mal losfahren mit solidem Schiff bei guter Reederei, meint er. Er könnte Frau Mackprang anrufen. „Guten Tag gnädige Frau. Hier ist ein junger Mann, der bei uns als Assi fahren möchte. Er lernt noch auf der Werft in Flensburg und kann im Oktober einsteigen." Es dauert nur einige Tage, bis ich erfahre, dass ich vor Weihnachten in Bremen auf der „Nordwind" anmustern kann. Es ist wunderbar, kaum zu glauben! Die Reise soll über Hamburg, einige Ostseehäfen und Le Havre nach Südamerika gehen. Wiederkehrend im Takt von vier Monaten fährt die „Nordwind" die brasilianische Küste runter und wieder rauf. Die weite Welt ist plötzlich so nah!

Meine Abschlussprüfung läuft gut. Auf der Industrie- und Handelskammer erhalte ich einen Buchpreis. Wir sind nur fünf Lehrlinge. Zwei sind von meiner Schule, dem Aufbauzug Sterup!

Auf der Werft gibt es eine kleine Feier. Auch Herr Direktor Baumgärtner ist da. Er fragt, was ich mit den dreißig Mark machen will, die die Werft mir als Belohnung für das Prüfungsergebnis schenkt. „Schuhe werde ich kaufen." Mein Gott, bin ich aufgeregt. Aber das freundliche Gespräch beruhigt mich. Dann möchte ich bitte einige Worte zur Lehrzeit sagen. Gut ist, dass ich keine Zeit zum Nachdenken habe. So kommen die Worte nicht aus dem Kopf, sondern aus dem Bauch. Sinngemäß sage ich, dass es prima war und wir viel gelernt haben. Dass wir helfen können, gute Schiffe zu bauen. Dass aber nicht alle bleiben, sondern zur See fahren wollen. Und den letzten Satz habe ich noch genau in Erinnerung: „Und, wenn es uns mal schlecht geht, möchten wir gerne wiederkommen!"

Zur Information
Während meiner Lehre wurden 16 Motorschiffe von 8500 bis 10800 BRT abgeliefert: STAD GOUDA, STAD UTRECHT, COOLSINGEL, STRATENSINGEL, NORDWIND, PROVENIERSINGEL, MARIE LEONHARDT, AUGUST LEONHARDT, INDUS, MAGDALENA OLDENDORFF, LINZERTOR, MAAS, HAVCAT, STRAAT CLEMENT, ALTERANI und STAD MAASTRICHT.

Ingenieurassistent auf M.S. „Nordwind" 8656 BRT
Große Fahrt

Dezember 1960 - Dezember 1961

Bremen und Hamburg

Am 3. Dezember 1960 beginnt ein neuer Lebensabschnitt. In Bremen mustere ich auf M.S. „Nordwind" als Ingenieur-Assistent an. Als sie die Flensburger Schiffbau-Gesellschaft nach Übergabe an die „Nordstern" Reederei verließ, schaute ich aus der Lehrwerkstatt voller Sehnsucht diesem schönen Neubau hinterher. Dass sich der damalige Traum erfüllt, ist ein Wunder. Jetzt stehe ich an Deck und bin verunsichert. Am Schornstein ist nicht die Reedereiflagge abgebildet, ein rotes M für Mackprang in weißer Raute auf blauem Grund. Nein, er ist oben schwarz und unten weiß. Ich lasse mir das von einem Herrn in Uniform erklären. „Wir fahren Charter für Lloyd Brasileiro." „Aha."

Arbeiten und wohnen auf dem Schiff hat für mich diverse Vorteile. Der Arbeitsweg mit Fahrrad bergauf gegen Wind, bei Regen und Schneetreiben, dazu noch Bahnfahrt und ein weiter Fußweg bis zur Werft entfällt. Unterkunft, Verpflegung und Arbeit liegen nahe beieinander. Wir Ingenieur-Assistenten werden Assi genannt. Wir wohnen gleich am Eingang zum Maschinenraum in Zweibett-Kammern. Alle Unterkünfte nennen wir Kammern. Assis genießen ein Privileg. Sie sind Mitglieder der Offiziersmesse, gemeinsam mit Ingenieuren und Nautikern. Dreimal am Tag sitzen wir am Tisch und lassen uns vom Steward bedienen. Auch unsere Kammer wird täglich geputzt.

Horst ist mein Mitbewohner. Er ist schon längere Zeit an Bord und kennt sich bestens aus. Er führt mich in den Hafenwachdienst ein. Schon nach einer Vierstundenwache gehe ich nach einer Pause von acht Stunden die nächste Wache ab 12 Uhr mittags allein. Am Tage werden diverse Arbeiten im Maschinenraum, kurz Maschine genannt, erledigt. Da kann ich zur Abwechslung zuschauen. Ich muss darauf achten, dass Temperaturen und Drücke stimmen auf Undichtigkeiten und alles, was ungewöhnlich ist. In den folgenden Tagen kommen Aufgaben hinzu, z. B. separieren von Brennstoff und Motoröl mit Zentrifuge.

Die Umstellung ist enorm. Ich bin die ganze Zeit auf den Beinen. Hinsetzen ist ausgeschlossen. Es gibt keine Möglichkeit dafür. Wir Assis gehen täglich zweimal vier Stunden Wache. Das sind 56 Stunden in der Woche. Ich bin Neuling und gehe traditionell die Hundewache. So nennen wir die Wache von 12 bis 4 Uhr oder einfach Zwölf-Vier. Das klingt besser.

Horst ist ein angenehmer Zeitgenosse. Wir haben ähnliche Gewohnheiten, lesen gerne und stören den Schlafenden nicht. Zufällig ist auch er Ostpreuße.

Am übernächsten Tag verlassen wir Bremen in Richtung Hamburg. Als wir die Nordsee erreichen, beginnt eine ungeahnte Schaukelei, schon bevor meine Wache anfängt. Das Umkleiden ist eine akrobatische Übung. Dass ein großes Schiff so heftig und ruckartig schaukelt, möchte ich nicht glauben, muss es aber! Es ist so stark, dass ich auf den Flurplatten rutsche. Mir wird übel. Kommt das aus dem Bauch? Ich meine, der Kopf ist auch beleidigt. Schlitternd bewege ich mich um die Hauptmaschine, halte mich an Rohren und Geländern und brauche bald die Foolbrass (Abfalleimer). Die steht eingeklemmt in der Separatoren-Station, weil sie dort oft gebraucht wird. Ich beuge mich darüber. Die aus dem Brennstoff herausgefilterten Verunreinigungen riechen abstoßend. Wenn nichts daneben gehen soll, muss ich mich weit hinunterbücken. Der Eimer kotzt mich an! Der Ekel hält alles in mir zurück. Ich schlucke und schlucke. Was hinaus wollte, bleibt drinnen. Aber nur gegen meinen Schluckwiderstand.

Herr Kolditz, 3. Ing. ist mein Wachingenieur. Er kommt aus Flensburg und hat schon mehrere Brasilienreisen auf der „Nordwind" erlebt, ist erfahrener Lehrmeister und weiß, worauf es ankommt. Er empfiehlt, im Wellentunnel ganz nach achtern zu gehen. Gleich nachdem ich durch das offene Schott bin, kommt mir frische Luft entgegen. Das ist schon mal eine bescheidene Wohltat. Allerdings wird das Stampfen wesentlich stärker. Der Fahrstuhleffekt ist enorm. Das Sausen nach oben erzeugt eine Beschleunigung, die mich bleischwer macht. Im Umkehrpunkt scheint der Boden unter den Füßen zu versinken. Und dann falle ich in ein Loch, in dem ich unten hart lande. Die Seekühlwasserleitung der Schiffswellenlager ist ein gutes Geländer, das mir Halt erlaubt. Das hinauf- und hinuntersausen mit markanten Wendepunkten und seitlichem Rütteln ist für mich eine Sensation. Auf der Kirmes ist das so nicht zu haben. Die Auseinandersetzung mit dem Phänomen Seegang beschäftigt mich. Über mir wohnen Matrosen. Fallen sie aus der Koje? Der Brechreiz schwindet. Langsam gehe ich zurück, sehr langsam. Die Beschleunigung nimmt ab, das seitliche Rütteln bleibt. Ich bin wieder im Maschinenraum, schaue auf die widerliche Foolbrass. Von mir bekommst du nichts! Nie wieder werde ich seekrank! Aber von „Eine Seefahrt die ist lustig ...", bin ich weit entfernt. Gegen den Uhrzeigersinn beginne ich die Hauptmaschine zu umrunden. Die Posaunenrohre der Kolbenkühlung sausen lebhaft rauf und runter, als wäre die Welt in Ordnung. An der zweiten Linkskurve steigt das zwanzig Zentimeter dicke Zylinderkühlwasserrohr am Motor nach oben. In Augenhöhe befindet sich ein Thermometer. Es zeigt die richtige Temperatur. Es sollen immer 61 Grad sein. Ich lege die rechte Handfläche auf das blank geputzte Kupferrohr. Nach einer Sekunde muss ich loslassen. Obwohl ich durchgerüttelt bin, spüre ich Schmerz. Auch die anderen vier Sinne funktionieren. Soweit ist also alles in Ordnung. Aber im Bauch scheint ein sechster Sinn zu wohnen, der sich bei Seegang meldet. Man muss stets eine Hand am Geländer haben oder einen festen Gegenstand fassen, um nicht zu schlittern. Die geriffelten Flurplatten sind mit Diesel gewischt. Das ist gut für die Platten, aber nicht sehr praktisch, wenn es heftig schaukelt. Die Dieselbehandlung geschah nach Plan. Im Heimathafen soll alles glänzen. Diese raue See darf den Endspurt nach Hamburg nicht trüben.

Beschäftigung ist bei Seegang besonders wichtig. Kontrollen sind die wesentlichen Aufgaben des Wachpersonals. Ich kenne schon den Routinerundgang. Meistens umrunde ich den Hauptmotor. Das sind etwa 35 Meter. Im Halbstundenrhythmus geht es auf die beiden oberen Decks. Dort sind die Geländer zum Festhalten näher. Nach der Wache bin ich bald in der Koje und liege auf dem Bauch, eine Hand unter der Ecke der Matratze, Ellenbogen und gewinkeltes Knie stützen sich am Schlingerbrett, das zwischen Matratze und Rahmen eingesteckt werden kann. Horst hat mir gesagt, dass ich es unter der Matratze finde. Von hier oben im Schlaf runterzuknallen, wäre nicht lustig. Der sechste Sinn befiehlt auch während des Schlafs: „Halte dich fest!"

Als ich um 23:40 Uhr zur Nachtwache geweckt werde, liegt meine „Nordwind" ruhig wie auf der Weser. Na klar, wir sind inzwischen auf der Elbe und sollen etwa um zwei in Hamburg festmachen.

Morgens kommen Verwandte und Freunde der Besatzung an Bord. Welch ein Jubel! Viele kennen sich. Im geräumigen Treppenhaus knubbeln sich Mannschaft und Besucher. In der Offiziersmesse erlebe ich die Begrüßung wie ein Familientreffen. Aufmerksamkeiten aus Brasilien kommen zum Vorschein. Die meisten der Besatzung sind schon Jahre bei der Reederei. Ihre Frauen und Kinder gehören zur großen Mackprang-Familie.
Beim Schiffsausrüster darf ich mich einkleiden lassen. Der Weg dorthin führt über Wasser. Mit einer Barkasse und Auskünften einiger Passanten komme ich ans Ziel. Eine Kakiuniform, Mütze und Hemden füllen eine große Tüte. Wieder an Bord ziehe ich die neuen Sachen an. Jetzt gehöre ich eindeutig zur Mannschaft, bin nicht mehr der Neue in Zivil. Schulterstücke mit Zahnrad sind Symbol für technischen Dienst. Nautiker erkennt man am Stern.

Rostock
Am nächsten Tag verlassen wir Hamburg in Richtung Ostsee. In Rostock weht heftiger Wind. Deshalb dürfen die Kräne nicht arbeiten. Damit habe ich nichts zu tun. Aber ich erkenne, dass die längere Liegezeit Landgang ermöglichen könnte. Die Vorbereitungen dafür sind nicht so ganz einfach. Ich Deutscher bin Ausländer in Deutschland! Mit Unterstützung des 1. Offiziers bekomme ich Kontakt zu einem DDR-Beamten an Bord. Ich erhalte ein Dokument und Uhrzeit für den folgenden Tag. Das Wetter ist gut. Der Wind hat sich gelegt. Ich verlasse das Schiff und gehe zum Tor, das auch Zollgrenze ist. Mein Dokument wird gründlich geprüft. „Sie können einsteigen." Kein Auto, kein Bus. „Wann kann ich einsteigen?" „Die Türe ist offen, Sie können sofort einsteigen." Das merkwürdige Gebilde hatte ich für einen LKw gehalten, auf dem eine riesige Holzkiste liegt. Hinten ist tatsächlich eine Türe offen. Ich muss etwa einen knappen Meter ohne Stufen hinauf hüpfen. „In der Stadtmitte können Sie aussteigen. Nach zwei Stunden werden Sie genau dort abgeholt." Die Türe wird geschlossen. Es wird dunkel, nein beinahe. Was ist das? Die Türe hat innen keine Klinke. Sie ist von außen verriegelt. Eine kleine Fensterscheibe im oberen Bereich erlaubt das Hinausschauen. Das Auto ruckelt los. Meine Position kann ich nicht beibehalten. Nirgendwo gibt es eine Möglichkeit zum Festhalten. Die Fahrt wird flotter. Ich torkele herum, erkenne, dass ich mich setzen muss. Ich lehne mich gegenüber der Tür mit dem Rücken in Fahrtrichtung an die Wand. Das Holz riecht wie frisch gesägt. Hat man das Ding extra für mich zusammengenagelt? Meine Augen gewöhnen sich an das Dämmerlicht. Ich finde keine Festhaltemöglichkeit, auch kein Astloch! Dass ich gefangen bin, ist mir bewusst. Aber das ist bestimmt keine böse Absicht. Man schenkt mir ein Abenteuer, eine bleibende Erinnerung! Meine weite und geheimnisvolle Welt beginnt in Rostock. Die Kurven sind die i-Tüpfelchen, die sich zu dem ständigen Bollern des harten Bodens hinzugesellen. Das Ding hat spürbar keine Federung. Jede kleinste Unebenheit knallt mir eine ins Gesäß und lässt mich hüpfen. Das wäre was für „Fox tönende Wochenschau"!
Nach etwa einer halben Stunde werde ich befreit. Ich reibe die Augen, als käme ich aus einem Sack. Beim Türöffner erkundige ich mich wegen der Rückfahrt. „Ja, genau hier um 11 Uhr." Die Helligkeit blendet. Ich bin also mitten in Rostock. Das ist prima! Los geht es. Die großen stattlichen Gebäude zeigen z. T. noch Spuren des Krieges wie auch in Bremen und Hamburg. Ich laufe einige Kilometer durch kaum belebte Straßen, entdecke ein Café und bin einziger Gast. Die Bedienung bringt den gewünschten Kaffee. Nein, nicht ganz wie gewünscht, stelle ich fest. Der Geschmack ist in Ordnung, aber ich spüre grobes Pulver im Mund. Das schadet nicht. Natürlich habe ich noch Ostmark, als ich weitergehe. In einem Papierwarengeschäft ist die junge Dame genauso freundlich wie im Café. Ich frage nach Ansichtskarten. „Von

Rostock?“ „Ja.“ Ich darf aussuchen. Die Karten liegen vor mir, ich zahle. „Ich hätte gern eine Tüte für die Karten.“ Hier muss ich darum bitten. Bei uns ist es üblich, wohl wegen des Hochglanzes der Bilder. Die Bedienung fragt eine ältere Dame. Für sie ein Anlass, mich in Augenschein zu nehmen. „Kommen Sie aus der BRD?“ Das irritiert mich. Der Bauch ist mein Berater und hilft, eine passende Antwort zu finden. „Ich komme von Hamburg.“ Man gibt mir ein Kuvert aus grobem, hellbraunem Papier. Man könnte das Material als künstlerisch und edel einstufen. Jawohl, so ist es. Meine Zeit ist bald abgelaufen. Ich bin zufrieden und gehe an meinem Treffpunkt vorbei in die Richtung, aus der ich wohl angeliefert wurde. Ein größerer Platz taucht auf mit mehreren Gleisen und Weichen. Straßenbahnen rumpeln heran, Leute steigen aus. Dann kreischen die Bahnen durch Kurven und verschwinden. Die Gleise könnten ein neues Bett gebrauchen. Ich sehe, wie sie hinter den Tramwagen gequält hochkommen und wieder ihre bequeme, lockere Schlafposition einnehmen. Dies soll keine Kritik sein. Aber die Hamburger waren nach dem Krieg schneller beim Gleisbettbau!

Die Rückfahrt muss ich nicht beschreiben. Auf dem Spazierweg zum Schiff sehe ich einen LKW mit einer Planierraupe auf der Ladefläche. Die schwebt jetzt empor und wird an Deck der „Nordwind“ abgesetzt. An Bord treffe ich den uniformierten DDR-Beamten und bedanke mich artig. Er sagt, dass hier im neuen Hafen manches noch provisorisch sei. Aber das Verladen schwerer Güter habe Vorrang gehabt. Man müsse sich darauf einrichten, dass ausländische Schiffe neue Exportgüter abholen würden. Es gäbe Befürchtungen, dass raubeinige Matrosen aus dem Westen in der Nacht lärmend durch die Straßen ziehen könnten. Man sei auf der Hut. Ich verabschiede mich freundlich. Ich bin keiner von den Raubeinen, die man kräftig durchmischen muss, um sie zur Vernunft zu bringen.

Kopenhagen

Kopenhagen ist der nächste Hafen. Schon bald nach dem Abendessen soll der Landgang starten. Wir sind mehrere und warten, bis unser Koch Feierabend hat. Wir nennen ihn Porky. Bis Mitternacht habe ich Zeit. Natürlich wollen wir ins "TIVOLI“. Der Vergnügungspark hat nicht geöffnet. Es könnte daran liegen, dass Ende Dezember der Sommer längst vorüber ist. Wir laufen und fahren mit einer Stadtbahn weit herum. Eine Gruppe junger Damen ist fröhlich wie wir. Dass wir Deutsche sind, wird schnell bemerkt. Deutsche Begrüßung und auch einige verständliche Worte vereinen uns. Die Damen kennen sich aus in Kopenhagen und wollen in eine Bar. Das wird teuer, nein lieber nicht! Porky hat einen genialen Gedanken. „Die können uns begleiten und den Rückweg zeigen!“, sagt er zu uns. Den Damen versichert er, dass er viel kaltes Bier an Bord hat. Er lädt sie zum Probieren ein.
Man möchte es nicht glauben. Porky öffnet sein Allerheiligstes. Er schließt die schwere isolierte Türe auf. Im Gemüseraum haben die Frauen den Eindruck, dass es uns gut geht, schon allein wegen der vielen Eier. Hier stehen auch diverse Biersorten mit der richtigen Temperatur. Eine weitere Tür führt in den Tiefkühlraum. Stolz steht unser Chefkoch vor hängenden Rinder- und Schweinehälften. Bei 22 Grad unter null reicht eine Minute. Der Vortrag über die gesunde Ernährung von deutschen Seeleuten erfolgt, als wir wieder im Gemüseraum sind. Bei 7 Grad über null können wir es mit unseren Mänteln und Jacken aushalten. Hier ist es wärmer als in den Kopenhagener Straßen.
Dann geht es weiter zwei Treppen hinauf in die Kombüse. Porky beginnt seinen zweiten Vortrag damit, dass er Wolfgang heißt. Eine junge Dame hat mir über Liebe und Leid berichtet. Ich möchte bitte einen Brief an ihren deutschen Freund schreiben.

Er weiß noch nicht, dass sie beim letzten Miteinander schwanger wurde. In holperigem Deutsch erklärt sie mir die schönen Umstände vor den anderen Umständen. *„Ich brauche ein Brief. Kannst du machen jetzt?"* Sie pikst mir in die Seite. Da ich bald Wache habe, wird es wirklich Zeit. Warum das ausgerechnet meine Aufgabe ist, weiß nur Inga. Alles, was ich bisher geschrieben habe, passt nicht zum Inhalt dieses Briefes. Mit dieser Aufgabe betrete ich Neuland. Ich bin jetzt in meiner Kammer, heiße Inga und schreibe an Peter, liebe ihn unendlich und freue mich auf unser Kind. Meiner Fantasie lasse ich freien Lauf. Als die Seite beinahe voll ist, kommt der Schluss. „Ich liebe Dich innig und freue mich, wenn Du bald kommst. Deine Inga." Und dann noch: „PS, eine deutsche Freundin hat mir bei diesem Brief geholfen." Bevor ich den Aufgang zur Kombüse erreiche, komme ich an der offenen Türe der Unteroffiziersmesse vorbei. Hier wird das Bier probiert. Inga ist gleich bei mir. Ich lese langsam vor. *„Das haben du gut macht. Menget tak!"* Und schon kleide ich mich um und sause hinunter zur Wachablösung um Mitternacht. Ich bin jetzt wieder Hein in der Maschine und nicht Inga in Hoffnung.

Weihnachten in Hamburg

Dann geht es bald nach Gdingen in Polen und wieder nach Hamburg. Dort treffen wir am 22. Dezember ein. Weihnachten in Hamburg, dem Heimathafen der „Nordwind"! Das ist etwas Großartiges! Wer freibekommen kann und in der Nähe wohnt, geht von Bord. Wer Dienst hat, lässt sich besuchen. Es sind mehr Leute an Bord als auf See. Einige haben Tagesbesuch, einige Nautiker und Ingenieure, die in Einzelkammern wohnen, haben ihre Frauen da. Die können bis Auslaufen Bremen bleiben oder auch länger, eine Woche oder mehr. Ich erlebe ein weihnachtliches Familienfest ohne meine Familie, spüre aber meine Neue an Bord. Das sind Mannschaft und deren Angehörige! Die Küche gibt alles her, was das Herz begehrt, Stollen satt. Und dann bekommt jeder noch einen auf die Kammer. Mittags gibt es immer etwas Besonderes. Am ersten Weihnachtstag laufen wir aus nach Bremen. Es gibt Gänsebraten. Am Schulauer Fährhaus werden wir verabschiedet. Es ist Seefahrerromantik, aber auch Seelen streichelnde Zeremonie. „Das Motorschiff Nordwind fährt mit Stückgut nach Südamerika! Muss i denn muss i denn zum Städtele hinaus...", so klingt es aus dem Lautsprecher.
Der Wachdienst fordert Verzicht auf Schlaf. Das liegt an Revierfahrten in Küstennähe, z. B. im Nord-Ostsee-Kanal sowie auf Elbe und Weser. Zwei Stunden vor und nach der regulären Wache müssen wir Assis für den Fall des Falles in der Maschine sein. Das strengt nicht weiter an. Wir machen uns nützlich, indem wir das Manöverbuch führen. Aber auch dabei wird man müde.
Vom zweiten Weihnachtstag bis zum 30. Dezember sind wir in Bremen.

Le Havre

Silvester ist ein ruhiger Tag auf See. An Neujahr 1961 machen wir gegen 00:45 Uhr in Le Havre fest. Und gleich darauf erhalten wir die Information „Maschine fertig". Schon sauen wir los und stellen um auf Hafenbetrieb. Das dauert etwa eine Viertelstunde. Ist das geschafft, verabschieden sich der Wachingenieur und Manöverassi. Jetzt bin ich also allein unten, während oben das Jahr 1961 begrüßt wird.
Und ich erlebe wieder etwas Neues. Wir Assis wechseln von See- auf Hafen-Wachrhythmus. Anstatt 2 Mal 4, gehe ich am 2. Januar ab null Uhr, 8 Stunden am Stück. Das gilt aber nur für zwei Tage. Und was mache ich mit der freien Zeit? Ich schlafe gleich nach dem Frühstück ein und werde erst um 16 Uhr wach.

Dann geht es an Land, ins unbekannte Frankreich. Die Stadt ist zu Fuß in 20 Minuten zu erreichen. Ich sehe breite Straßen, stattliche Häuserreihen, viele Bars und finde lange keinen Briefkasten. Ich gehe weit und umrunde dabei einige Häuserblöcke. Meine Gedanken sind gemischt. Hier bin ich Ausländer in einem Land, das Kriegsgegner war und schuldlos darunter litt. Ich darf unbehelligt herumlaufen. Etwas kommt mir merkwürdig vor. Ein ganz junges Mädchen, eher ein Kind, begegnet einem erwachsenen Mann. Der umarmt und küsst das feine Wesen. Kennen sie sich? Oder ist das ein Kompliment an junge Schönheit? Als wäre das eine ganz alltägliche Sache, setzen Mann und Mädchen ihre Wege fort.

Meine Gedanken gehen aber auch aufs weite Meer hinaus. Wir werden morgen auslaufen und zwei Wochen auf See sein, bevor wir Brasilien erreichen. Viel Wasser liegt vor mir bis zum entfernten Kontinent. Hoffentlich ist die See ruhig.
Die dicken Holzbalken der Kaianlage, die das Schiff vor dem Beton der Mauer schützen sollen, imponieren mir. Aber auch das lenkt meine Gedanken nicht ab. Ich hoffe, das andere Ufer des Ozeans ohne Schramme zu erreichen.
Eine wichtige Vorbereitung für die Atlantiküberquerung sind Sicherheitsübungen. Es geht los mit Rettungsbootsmanöver. Jeder hat seinen Platz in einem der zwei Boote. Meins ist das auf Steuerbordseite. Das Rudern ist Aufgabe der Matrosen, die auf die Boote verteilt sind. Dann gibt es Feueralarm. Wir von der Maschine lernen Kenntnis über die Feuerlöschanlage, mit der man einen Brand im Maschinenraum ersticken kann. Alle müssen wissen, wo sich Handfeuerlöscher befinden und wie man sie bedient. Jeder hat seine „Sicherheitsrolle". Ich erkenne, dass man aus Erfahrung diese Vorschriften erlassen hat, weil sie notwendig sind. Auf See müssen wir mit allen Problemen selber zurechtkommen.

Ich schreibe noch fleißig. Abschied von zu Hause, von Deutschland, vom Kontinent. So schwirrt es im Kopf herum. Die Post kann ich beim 1. Steward abgeben. Morgen startet die Seereise. Ich bin auf „Großer Fahrt" mit der „Nordwind"! Das habe ich mir gewünscht! Was soll der Bammel?
Der Abreisetag beginnt nach acht Stunden Wache mit gemütlichem Frühstück. Der Steward bringt Ei nach Wunsch. Heute ist es Rührei mit Speck, Zwiebeln und Tomaten. Ich bin allein in der Offiziersmesse. Alle anderen haben schon gefrühstückt. Mein Sessel befindet sich gegenüber der Wandlampe, die ich als Lehrling auf der Werft in Flensburg angefertigt habe. Damals freute ich mich, dass meine Arbeit um die Welt reisen würde. Dass ich sie jemals wiedersehe, ja mitreise, konnte ich nur träumen. Ich habe einen Teil der Entstehung dieses Schiffes miterlebt und sogar die Probefahrt mitmachen dürfen. Als die „Nordwind" die Werft verließ, begleiteten sie meine Träume. Ich empfinde es als großes Geschenk des Schicksals, dass meine Seereisen auf diesem Schiff beginnen.
Ich bin unruhig. Eigentlich müsste ich mich in die Koje legen. Gestern hatte ich wenig Schlaf und dann die lange Wache nach Mitternacht. Unregelmäßigkeit kenne ich kaum. Ich gehe über Deck. Überall sind sperrige Maschinen kreuz und quer platzsparend verzurrt. Auf dem Vorschiff ist kein Spaziergang möglich. Um zur Back zu gelangen, muss ich einige Hindernisse überwinden. Achtern ist an Steuerbord eine Gasse geblieben. Na klar, hier muss der Smutje der Mannschaft das Essen bringen. Und überhaupt ist eine gefahrlose Verbindung zwischen dem Wohnquartier der Matrosen und mittschiffs nötig.
Mittags esse ich zeitig und löse den Assi ab, der von 8 bis 16 Uhr Wache hat, damit auch er satt wird. Danach geht es in die Koje. Ich lasse mich zum Auslaufen wecken.

Erste Atlantiküberquerung
Es ist so weit. Heute ist der 3. Januar. Um 17 Uhr beginnt die große Reise. Gemischte Gefühle kribbeln mir im Bauch, als sich die „Nordwind“ langsam vom Kai entfernt. Die Sonne scheint. Frischer Wind mit Stärke 9 bläst mir ins Gesicht. Auf dem Bootsdeck finde ich Windschatten und kann die schöne Aussicht genießen. Porky sieht mich und kommt aus der Kombüse. Er meint, dass wir einen auf den Sack kriegen. Ich sollte besser nicht mehr rauchen, keinen Speck essen und auch keinen Kaffee trinken. Das werde ich machen. Den Rat eines erfahrenen Schiffskochs sollte ich zu schätzen wissen! Ich nutze die Zeit an Deck bis zum Abendessen. Bis auf die Männer die Wache haben, sind alle da, auch die beiden Nautiker. Ja, in der Biskaya wird es mächtig schaukeln. Das Sturmtief steht dort noch einige Tage. Nach dieser Nachricht verschwinde ich in der Koje und spüre schon die Bewegungen. Wir fahren gegen die Wellen. Kopf und Füße hoch, wechseln sich rhythmisch ab.
Die Wache ab Mitternacht bestärkt meine Überzeugung, dass ich nicht seekrank werde. Wir haben die See von vorn. Ich erschrecke über das Getöse der Maschine. Die Schraube taucht beim Übersteigen jeder Welle aus dem Wasser. Der Regler drosselt dann den Brennstoff, damit die Maschine nicht über 120 Umdrehungen pro Minute kommt und Schaden nimmt. Das schrille Hochjubeln der Drehzahl nach dumpfem, gequältem Wühlen bei eingetauchter Schraube wiederholt sich im Takt von 15 Sekunden. Dass der Motor das aushält!
Nach der Wache schaue ich vom Bootsdeck auf das Meer. Die riesigen Wellen glänzen in der Nacht, beeindrucken mich. Die Naturgewalt ist geheimnisvolle Weise schön. Ich schlafe gut.

Das Frühstück lasse ich ausfallen, ich verschlafe es. Aber mittags gibt es ein leckeres Schnitzel. Was ist das? Wir wechseln den Kurs. Die See kommt nicht mehr von vorn, sondern seitlich. Nach dem Essen halte ich mich an den Handläufen fest und schlenkere den Gang entlang. Das Wetter setzt mir zu. Ich wollte nicht mehr seekrank werden. Aber es grummelt im Bauch. Ich kleide mich für die Wache um. Bald bin ich unten, aber ohne das gute Schnitzel. Das blieb im Bad. Die Foolbrass bekommt nichts! Der Trick mit dem Wellentunnel hilft auch heute. Nach der halben Wache habe ich den Eindruck, dass ich mich an das Schaukeln gewöhne. Dieser Kurs bringt uns gut voran. Wir machen 13 Knoten. Das sind etwa 24 Kilometer pro Stunde. Der Regler ist nicht mehr in Betrieb. Die Schiffsschraube bleibt bei Rollbewegung stets im Wasser. Das Pendel zeigt abwechselnd 15 Grad Backbord und dann Steuerbord. Ich muss mich ständig festhalten.
Als ich aus der Maschine an Deck gehe, um frische Luft zu schnuppern, sehe ich einen dicken Tanker an Steuerbord entgegenkommen.
In der Offiziersmesse gebe ich meinen Einstand. Jeder trinkt eine Flasche Bier. Das ist aber auch genug. Wir sind auf See und nicht in der Kneipe!

Am 7. Januar sehe ich am Nachmittag das bizarre Profil von Madeira. Die Luft ist seidig, die See glatt mit leichter Dünung. Die Seewassertemperatur ist auf 20 Grad gestiegen. Wir machen mit 14,2 Knoten volle Fahrt, etwas mehr als 26 Kilometer pro Stunde und mehr als 600 pro Tag. Der 3. Ing. hat von jedem Zylinder der Hauptmaschine ein Leistungsdiagramm gezogen. Nach der Wache werten wir sie aus. Mit dem Planimeter fahre ich die Linien entlang und ermittle so die Diagrammfläche, die ein Maß für die Zylinderleistung ist. Wir machen also auch Theorie. Ich vermisse Rechenschieber und Logarithmentafel. Auf der nächsten Reise werde ich alles dabeihaben.

Die Heizung ist abgestellt, nachts bleiben die Bullaugen offen. Die Bettdecke ist nicht mehr nötig. Alle tragen plötzlich kurze Hosen. Dabei ist immer noch Winter!
Am Tag darauf, es ist Sonntag, passieren wir die Kanaren, Gran Canaria mit Las Palmas haben wir um 11 Uhr querab. Vier Stunden später sind wir an dieser letzten Kanaren-Insel vorbei. Sie versinkt langsam unter dem Horizont.
Der Nachthimmel ist klar und glitzert mit Millionen Sternen auf mich herab. Die Mondsichel verrät mir nicht, ob sie zu oder abnimmt. Sie liegt auf dem Rücken. Den Polarstern entdecke ich ganz weit unten am Horizont. Diese Nächte haben einen betörenden Zauber.
Die Zeitumstellung erfolgt in Etappen und immer nur eine Stunde pro Tag. Sie wird ehrlich aufgeteilt in je 20 Minuten pro Wachmannschaft und zwar nachts. Das heißt, auf der Reise nach Westen dauert die Wache länger, zurück ist es umgekehrt. Ein tägliches Ereignis ist das Typhonsignal um 12 Uhr mittags zum allgemeinen Uhrenvergleich. Gleichzeitig erfolgt auf der Brücke die exakte Bestimmung der Position. Dabei wird mit dem Sextanten „die Sonne geschossen".
Auf den Kapverden wird gebunkert. Außer den Menschen, die an Bord eine Aufgabe wahrnehmen, kommen auch Händler mit allerlei handwerklichen Erzeugnissen. Ich kaufe einen Hai, geschnitzt aus dem Horn eines Rindes. Er sieht erstaunlich echt aus.
Einige haben Sonnenbrand. Die Tropen zeigen sich mit hoher Temperatur und Fliegenden Fischen. Die Sonne schafft es bis an den Fahrstand tief unten in der Maschine, wenn sie mittags im Zenit steht. Ich schneide meine Leinenhose ab. So fühle ich mich in der Maschine wohler. Auf Freiwache tragen wir Shorts und Unterhemden. Aber nicht in der Messe. Da gehören sich auch keine Sandalen, sondern Schuhe mit Socken.
Es gibt nicht nur Sonnenschein. Kurze heftige Regenschauer werden von der Kommandobrücke in der Maschine angekündigt. Dann sause ich nach oben und schließe mit Kettenziehen über Mechanik beide Skylights.
Ein Wort ist nicht beliebt: ZUTÖRNEN. Es gilt auch Arbeiten zu erledigen, die man nicht in der Maschine ausführen darf. Das sind z.B. Schweißen mit Flamme und Schmieden. Ausgerechnet am Freitag, den 13. törne ich das erste Mal zu. Schmieden steht an. Der 3. Ing. und ich haben die Esse im Schatten eines Deckshauses auf dem Achterschiff aufgebaut. Drei Stunden sind vorgesehen von 08:30 bis 11:30 Uhr. Ich habe kaum zweieinhalb Stunden schlafen können und bin noch nicht ganz da. Und so fängt es auch weniger gut an. Ich stolpere über den Pressluftschlauch. Es tut weh. Das Einregulieren der Luft zum Anfachen der Kohle gelingt ungeschickt. Das Knebelventil ruckelt und öffnet zu weit. Und schon hat der 3. Ing. Staub in den Augen. Mein Gott, das wäre übel bei glühenden Kohlen. Die Tücke des Ventils erkenne ich zu spät. Aber es hätte schlimmer kommen können. Mein Fuß schmerzt. Ich humpele möglichst dezent und beiße die Zähne zusammen, wie man sagt. Es kommt noch ein Missgeschick. Der erste Stahl glüht sehr schön. Dass wir gleißendes Licht haben und er schon zu viel Hitze hat, merken wir zu spät. Beim ersten Hammerschlag zerbröselt er. Jetzt ist nicht nur die Tropenhitze zu ertragen, sondern auch die Glut. Danach raus aus der Arbeitskleidung, duschen und korrekte Kleidung für die O-Messe anziehen, essen und umkleiden für die Wache. Der Fuß ist geschwollen und schmerzt. Wenn ich ausfalle, müssen meine Kollegen meinen Dienst übernehmen. Das wäre blöd wegen Stolpern an Deck. Ich halte das aus, bekomme Erleichterung in der Maschine. Irgendwo findet sich ein Hocker. Meine Runden im Halbstundenrhythmus schaffe ich nach dem ruhig halten des Fußes.
Nach jeder Seewache wird die Ruderanlage kontrolliert. Den Weg durch die schwüle Nachmittagshitze kann ich langsam gehen. Die AEG – Drehflügel-Anlage klingt

kerngesund. Nirgendwo zeigt sich ausgetretenes Öl. Ich hänge den Schlüssel in der Maschine auf den Haken, Feierabend!
Die Wache ab Mitternacht fällt mir schon leichter. Ein besonderes Ereignis steht an. Um 02:31 Uhr überqueren wir den Äquator.
Das Trinken in der schweißtreibenden Luft ist wichtig. Das Wasser aus unseren Tanks schmeckt mir gut. Ich experimentiere mit Zuckerzusatz. Es scheint mir zu bekommen. Jetzt gibt es auch Kujampel, einen süßen Früchtetee, der vom Schiffsausrüster angeboten wird. Woher der Name kommt, erfahre ich nicht, auch nicht, ob der Erfinder schon mal in den Tropen Maschinenwachdienst hatte und dabei Kujampel ersann. Ich wechsele zwischen Wasser und Tee. Wenn man zu viel trinkt, kommt es nicht nur unten raus, sondern quillt auch aus allen Poren.
Als ich nach der Wache von der Rudermaschine zurückkomme, hat der 3. Ing. schon kühles Bier geholt. Der Äquator liegt hinter uns und Bier steht vor uns auf der Ladeluke. Prost und willkommen auf der südlichen Halbkugel. Und jetzt kommt die Taufe. Es beginnt zu regnen, ein Grund in den überdachten Seitengang zu flüchten. Diese Zeit bis zum Sonnenaufgang ist wunderbar. Der Fahrtwind kühlt die feuchte Haut. Wenn sich die Sonne zeigt, ist es ein schöner Moment. 20 Minuten später wird sie zur Plage. Ab unter die Seewasserdusche. 32 Grad in großer Menge ist ein Genuss. Dann nur noch mit Trinkwasser kurz abspülen und erfrischt in die Koje legen!
Und wieder zutörnen, für mich unerfreulich. Aber die allgemeine Stimmung steigt, denn morgen erreichen wir Brasilien. Nach der Mittagswache warte ich auf das Abendessen um halb sechs. Ich mache beinahe immer einen Spaziergang, soweit die Decksladung das zulässt, nach vorn und achtern. Auf dem Vorschiff ist es Slalom und auch Steigen über Ladung. Die werden wir hoffentlich bald abliefern. Ein Albatros begleitet uns. Beinahe bewegungslos segelt er etwa zwei Meter über dem vorderen Schanzkleid der Steuerbordnock. Den am Mittschiffs-Haus aufsteigenden Wind nutzt er geschickt aus und kann ohne Anstrengung Ausschau halten. Heute gibt es zwei Gründe zum Biertrinken. Es ist Sonnabend und Ende der Matrosen-Arbeitswoche und dann ist da auch noch der Äquator zu begießen. Der Smutje trägt einen Kasten Becks Bier nach achtern. Zweimal Prosit auf der Poop, so nennen wir das Achterdeck über der Mannschaftsmesse. Um sechs Uhr wird es dunkel. Die Luft kühlt langsam ab. Unsere Matrosen werden unter dem Sonnensegel gut schlafen. Sie haben ihre Matratzen nach oben gebracht.
Obwohl Sonntag ist, hat der 2. Ing. uns Assis zusätzliche Arbeiten auf Wache aufgetragen. Die Maschine soll in Brasilien glänzen. Ob er Gäste empfangen will? Ich bin vier Stunden fleißig und mit meiner Arbeit zufrieden, aber auch erschöpft. Bei der Wachablösung schreit mich der 2. Ing an. Ich verstehe ihn nicht im Lärm hier unten. Ist eine Ecke nicht gut genug geputzt? Aber eins verstehe ich. Ich bin nicht mehr Lehrling auf der Werft, wo mich Gesellen und Meister als künftigen Kollegen fair behandeln. Wir Assis nennen unseren Herausforderer Charly, von seinem Vornamen Karl abgeleitet. Es klingt nach Koseform, ist aber nicht so gemeint!

Recife

Um 17:30 Uhr fällt unser Anker vor Recife. Die Dämmerung ist kurz. Lichter nehmen zu und scheinen die Stadt zu vergrößern. Ich steige auf das Peildeck. Ja, die Stadt ist sehr groß. Bei Tageslicht verstecken sich viele Häuser hinter Wipfeln. Jetzt blinzeln ihre hellen Fenster aus der Dunkelheit. Die Kuppel des Sternenhimmels spiegelt sich im Meer, ein Fest der Lichter! Ich habe den Atlantik überquert und Südamerika erreicht!

Das war gestern. Heute, am 16. Januar 1961, habe ich Geburtstag und bin jetzt 22 Jahre alt. Obwohl wir auf Reede am Anker liegen, möchte ich an Land. Timmy, unser Zimmermann, ist mein Begleiter. Er meint, wir sollten nicht auf das Abendessen warten, sondern bei Tageslicht starten. Gleich nach Feierabend der Männer, die Tagesdienst leisten, setzt uns ein Boot über.
Um 17 Uhr betrete ich das erste Mal einen anderen Kontinent. Am Bootsanleger erwartet uns ein Pulk schnatternder Menschen, hauptsächlich junge Frauen winken und rufen. Unsere Matrosen sind beinahe vollzählig mitgefahren. Sie werden jubelnd begrüßt! Man kennt sich, wenn man schon hier war, meint Timmy. Da müssen wir durch, das heißt drängeln. Diese hautnahe Berührung habe ich nicht erwartet. *„Pssst!"*, und immer wieder *„pssst!"*, höre ich und auch *„simpatico!"*
Nach intensiver Begrüßung lösen wir uns aus dem Wust. Zwei Männer stehen abseits des Trubels. „Das sind Lotsen," höre ich Timmy. Er geht zu ihnen. „Morgen um elf Uhr gehen wir Anker auf!" Das ist Timmys Welt. „Anker auf" und „Lass fallen Anker"! Dass er die Information so schnell hat, wundert mich. Aber ich bin hier, um mich zu wundern in dieser neuen Welt.
Meine ersten Eindrücke sind hohe Palmen, Lastautos, die Staub aufwirbeln, darauf winkende und rufende Männer in Unterhemden. Warum sind sie so laut? Alle scheinen sich zu kennen. Wir sind nicht allein zu Fuß unterwegs. Entgegenkommende lachen und rufen Unverständliches. Warum geht eine junge Frau nicht so flott weiter als sie von hinten kam? Sie spricht. Meint sie mich? Ja, ich bin gemeint, denn sie nimmt meine Hand, schaut mich an und lacht. Ich habe ein Ziel. Das ist die Stadt und liegt da vorne. Ich schüttle ihre Hand ab und winke kommenden und überholenden Männern auf Lastern weiterhin fröhlich zu. Au! Die Frau hat mich in den Arm gebissen. Was nun? Ich schaue böse in freundliche Augen und bleibe unbewusst stehen. Sie sieht mich immer noch an. Ratsch, hat sie mein Hemd aufgerissen und wieder gebissen, in die Brust! Sie spricht eindringlich mit mir. Ich verstehe nichts. „Das ist Maria. Sie ist deine Frau!", höre ich Timmy, der inzwischen begriffen hat, worum es geht. Maria fummelt an meinem Hemd als wolle sie es schließen. Timmy sieht das, lacht und sagt: *„Bassa nada! Das macht nichts".*
Wir gehen weiter. „Das macht nichts!", klingt es in mir. Ich versuche einerseits diesen Film zu verstehen, der soeben läuft, andererseits frage ich mich: Was macht nichts? Intuitiv reibe ich die schmerzende Stelle, will das Hemd schließen. Ein Knopf fehlt. Jetzt begreife ich: Das macht nichts! Timmy macht das erst recht nichts!
Wir können jetzt ruhig weitergehen, zu dritt! Ein parkartiger Platz, Staub auf Bäumen fällt mir auf, Palmen wirken wie unter Schleiern. Viele Menschen umgeben uns plötzlich. Es riecht, nein duftet. „Das ist Schaschlik", höre ich. „Wahrscheinlich haben die Kanaken einen Hund erwischt!" Also essen wir Schaschlik. Wir haben Durst. Timmy entdeckt etwas und freut sich. „Das Bier ist prima!" Brahma Chopp steht auf den ¾ Liter Flaschen. Die ungewohnte Größe ist dieser Situation angemessen. Seit Mittag habe ich kaum etwas getrunken. Das passt jetzt gut zu meinem Durst. Es ist köstlich! Meine Frau ist mir noch treu und trinkt rosa Limonade. Das Tageslicht schwindet schnell. „Dort ist das CHANTECLAIRE." Timmy zeigt quer über den Platz. Im Saal sind nur Frauen. Wir sind jetzt fünf oder sieben Gäste am Tisch. Die genaue Zahl ist schwer zu sagen, denn Frauen kommen, stellen Fragen und gehen. Nach einer Weile sind wir zu viert. „Meine Frau" ist selbstverständlich noch da, inzwischen zahm, lächelt mich immer wieder an, während sie mit der anderen Frau schnattert. Wir wollen bestellen. Jetzt heißt es: „Cuba Libre oder Gin Tonic?" Ich entscheide mich für Cola mit Rum, also Cuba Libre. „Meine Frau" möchte einen Drink. Timmy erklärt das Gebot brasilianischer Bars. Frauen bekommen anstatt des Drinks Limonade, die so gut wie nichts kostet. Der Wirt gibt ihnen einen dicken Bonus auf

jeden „teuren Drink“. Das hat den Vorteil, dass die Frauen nüchtern sind und Geld für ihre Familie bekommen. So bleibt Brasilien im Lot und kommt nicht ins Taumeln. Und wir See-Lords sind in netter Gesellschaft. So feiere ich meinen Geburtstag in Südamerika! Ich erfahre auch, warum „meine Maria“ ausdauernd anhänglich ist. Der Assi, den ich ablöste, war ihr Freund. Nach ihrer Logik ist sie jetzt meine Frau! Sie hat am Bootsanleger mit Freundinnen gewartet, nachdem die „Nordwind“ an Anker ging und nach Willi gefragt. „Das MOULAIN ROUGE solltest du auch noch kennenlernen“, meint Timmy nach dem Cuba Libre. Ich zahle die Getränke, etwa 100 Dinger (100 Cruzeiros sind ca. 2 Mark, viele Seefahrer nennen alle ausländischen Währungen „Dinger“. Das ist die Weltwährung von uns Weltbürgern). Und schon sind wir draußen auf dem Weg zum MOULAIN ROUGE. Eigentlich will ich an Bord. Aber Timmy meint, noch ein bisschen Geburtstag feiern darf sein. Auf der „Nordwind“ sind die Männer auf Wache oder in der Koje. Da wäre niemand, der mir bei einem Bier Gesellschaft leisten würde. Ich bin in Brasilien und heute 22 Jahre alt geworden, sage ich mir! Wahrlich ein Grund zum Feiern! Um mich herum ist alles anders. Wie in einem neuen Leben.

Es ist noch pechschwarze Nacht, als ich zum Hafen aufbreche. Die Beleuchtung ist kläglich, vermittelt mir im Zusammenspiel mit der Schwüle das Gefühl einer Tropennacht. So ist das also. Ähnlich habe ich mir das auch vorgestellt.
Der Weg zum Boot ist recht gespenstisch. Im Hafen höre ich merkwürdiges Gerassel. Ich kann es nicht glauben. Da liegen viele Männer nebeneinander in langen Reihen und schlafen! Sie schnarchen dem nächsten Einsatz entgegen. Warum sollten sie die Nacht nicht hier verbringen, wo die Brise frisch vom Atlantik herüberkommt?
In der Messe höre ich beim Frühstück, dass wir hoffentlich bald in den Hafen fahren. „Wieso bald? Der Lotse kommt um 11 Uhr!“ Das werfe ich keck in den Raum. Dass ein neuer Assi mehr weiß als alte Hasen, darf eigentlich nicht sein, bekomme ich mit kritischen Bemerkungen zu spüren. Ich hoffe und bange, dass meine Ankündigung stimmt. Ja, sie trifft zu. Der Lotse ist um 11 Uhr an Bord! Ich habe Gelegenheit, auf die Back zu gehen und das Manöver „Anker auf“ zu verfolgen. Außer Timmy, der das Ankerspill bedient, sind noch ein Offizier, der Bootsmann und zwei Matrosen hier. Die Kommandos der Brücke hören wir deutlich über Deckslautsprecher. Ratternd rumpelt die Kette aus der Klüse. Die beiden Matrosen spritzen sie ab, als Schlamm sichtbar wird. Auf der Back bleibt alles sauber. Wasser und Schlamm gelangen durch die Klüse im Meer. Über das Spill verschwindet die Kette unter Deck. Als der erste Schäkel sichtbar wird, läutet Timmy die Schiffsglocke. Ich sause unter die Back, schalte die Beleuchtung ein und sehe noch dieses besondere Kettenglied. Ich beobachte den Vorgang. Die Kette legt sich, wie gut erzogen, ordentlich im Kettenkasten zur Ruhe. Hier verheddert sich nichts auch nicht, wenn sie später herausgezogen wird. Ich höre noch mehrmals die Ankerglocke, bevor ich wieder auf die Back steige. Die letzte Schäkellänge (27,45 Meter) ist eingeholt, der Anker liegt fest an der Bordwand. Der Schaft steckt in der Klüse. Timmy kurbelt die Bremse fest an und sichert das Spill zusätzlich. Seemännische Arbeiten an Deck locken mich. Für Unbeteiligte gilt: Sicherheitsabstand wahren und bitte nicht stören!

Am nächsten Tag bin ich allein unterwegs. Der Landgang ist einfach, denn wir haben inzwischen im Hafen festgemacht. Die grüne Stadt gefällt mir. Auch die pompöse Architektur. Viele Menschen halten sich an schattigen Orten auf. Nur wenige haben ein Ziel und sind unterwegs. Es wird viel in kleinen Gruppen geschnattert. Überwiegend sehe ich indianische Typen, einige Schwarze, aber auch Weiße und einige, die ich nicht zuordnen kann. Dreiste Kinder sind unterwegs und bedrängen mich. Was macht man da? Ich überlege. Gestern Abend haben sie uns verschont, wohl wissend, wenn Frauen sich um Männer kümmern, ist ihre Chance, etwas zu ergattern, gleich null. Wenn ich jetzt einem etwas gebe, wollen die anderen auch etwas. Also Hände tief in die Taschen stecken und stur weitergehen. Sie ändern ihre Taktik von Attacke zu Hilfsbereitschaft. Offensichtlich halten sie mich für „erfahren". Sie empfehlen mir unbekannte Namen und zeigen die Richtung an. Nein, ich gehe meinen Weg. Das ist dorthin, wo es mir am reizvollsten erscheint. Ich lasse mich treiben, umgeben von einer wechselnden Kinderschar. Allein lustwandeln? Nicht in Recife! In eine enge Gasse gehe ich nicht. Da steht eine Gruppe großer Jungs. Die möchte ich nicht um mich haben. Und dann bin ich wieder auf einem Platz, gehe langsam im Schatten an Geschäften vorbei. Geschlossene Blechtüren fallen mir auf. Das ist etwas ganz Neues für mich. Ich erkenne, dass es sich um geschlossene Geschäfte oder Werkstätten handelt. Soeben fährt eine Art Blechrollo herunter. Aha, die Siesta naht! Bald sehe ich nur noch auf Blech. Aber Restaurants und Friseure schließen nicht. Haben die Jungs auch Siesta? Tatsächlich! Ich kaufe Brahma Chopp und sitze damit im Schatten vor einer kleinen Getränkebar, erkennbar an einem transparenten Gefäß, in dem farbige Limonade rieselt. Ich genieße die Ruhe und das Panorama.

Ein Kunde erhält einen Haarschnitt. Gleichzeitig werden seine Schuhe geputzt. Das gefällt mir. Mein Filmregisseur meint es gut. Just jetzt sind Haarschnitt und Schuhe des Kanaken (so nennen wir Einheimische Nichteuropäer, meinen es nicht abwertend) perfekt. Wie selbstverständlich folge ich der einladenden Geste des Figaros und nehme Platz. Seine Frage verstehe ich nicht. Ich fasse in meinen Schopf und zeige, wie viel abgeschnitten werden sollte.

Der Shoe-Shine-Boy beginnt ohne Auftrag. Das Leben von Gott in Frankreich soll wunderbar sein. Aber das Leben als Assi in Brasilien ist jetzt nicht schlecht. Während die Haare geschnitten werden, trinke ich Bier und lasse mir die Schuhe putzen! Die Schere scheint zu schwirren. Flott klappert sie um meine Ohren. Im Handspiegel sehe ich bald einen praktischen kurzen Schnitt. Zufrieden fahre ich mit den Fingern durch verbliebene Stoppeln. Timmy hatte empfohlen, nie mehr als 1000 Dinger (20 Mark) mitzunehmen. Das habe ich gestern befolgt und ging heute mit dem Rest an Land. Jetzt habe ich noch ein paar kleine Scheine. Brasilien wird meinen Sparwillen nicht durchkreuzen.

Mit offenen Augen und wachem Sinn bummele ich bewusst langsam Richtung „Nordwind". Mir gefallen barocke Häuser, auch Palmen und Brücken, eine grüne Idylle. Um mich herum bewegen sich Menschen. Es sind viele. *„Psst, psst",* höre ich und schaue in die Richtung der Zischlaute. Zwei junge Menschen gehen aufeinander zu, sie bleiben stehen und sehen sich an. Sie scheinen sich nicht zu kennen. Ich meine, dass sie sich genau jetzt kennenlernen. Sie fallen sich in die Arme und küssen leidenschaftlich. Erlebe ich „Liebe auf den ersten Blick"? Ich bin irritiert. Vielleicht ist der Hintergrund banal? Der erotische Auftritt junger Frauen ist allgegenwärtig und färbt die Fantasie.

Ich muss Schlaf nachholen, gehe an Bord und gleich in die Messe. Porky hat frischen Proviant eingekauft. Es gibt Languste, eine wahre Delikatesse. Der Steward zeigt mir, wie ich das zarte Fleisch aus den Gliedern herausbekomme. Und schon wieder denke ich an Gott in Frankreich.

Ich lege mich in die Koje. Jetzt im Hafen ist es weniger komfortabel, denn die Bullaugen sind geschlossen und mit Klappschrauben gesichert. Die Türe habe ich „über den Haken" abgeschlossen. Dabei ist sie noch eine Handbreit offen. Zur

Vorsicht ziehe ich den Schlüssel ab. Jemand könnte hineinfassen und aufschließen. Frische Luft kommt aus der Deckendüse, die in beliebige Richtung gedreht werden kann. Ein Wandventilator wedelt ständig eine Ahnung von Brise in meine Koje. Mit freiem Oberkörper auf einem Handtuch kann ich 32 Grad aushalten. Es soll noch heißer werden!
Stimmen und Schritte an Deck höre ich gedämpft. Die Ladewinden des Achterschiffs spüre ich mehr, als dass ich sie höre. Mir kommt zugute, dass ich mit Arbeit erzeugte Geräusche als beruhigend, ja als Sicherheit empfinde. Das liegt an der Flucht von Ostpreußen nach Pommern. Arbeitsgeräusche sind ein Merkmal von Frieden. Gute Nacht Heinz, sage ich zu mir. Ach ja, beinahe habe ich es vergessen: Hier bin ich Hein!

Am nächsten Tag laufen wir am Ende meiner Hafenwache um 16 Uhr nach Santos aus. Schon bald kommt der Anruf von der Brücke: „Anfang der Seereise". Ein Glück, ich muss nur eine halbe Stunde nach der Wache Manöverbuch schreiben.
Die Ereignisse nehmen kein Ende. Am 19. hat mein Wachingenieur Geburtstag. Nach der Morgenwache wartet er mit Bier, als ich von der Rudermaschine komme. Bis zum ersten Tageslicht genießen wir kühles Nass und frische Brise, die eher Fahrtwind ist.
Stets spaziere ich nach der Wache über Deck. Nachts verweile ich gern auf dem dunklen Vorschiff. Der Große Bär liegt tief am Horizont auf dem Rücken. Der Polarstern hat sich verabschiedet. Das Kreuz des Südens steht schon ziemlich hoch. Inzwischen weiß ich, dass der Mond südlich des Äquators zunimmt, wenn er nach nördlicher Beobachtung abnehmen würde. Am Tag erkenne ich um die Sonne, in die man eigentlich nicht hinschaut, einen riesigen, regenbogenfarbig schillernden Ring. Die Dünung war noch nie so hoch wie hier. Wir lassen uns gen Süden wiegen. Zum Einschlafen ist diese sanfte Regelmäßigkeit ideal.

Santos

Am 22. Januar erreichen wir die Bucht von Santos und gehen an Anker. Trotz Regen beeindruckt das Panorama. Die lange Reihe der Hotelhochhäuser der Praia Grande erscheint mir futuristisch und schön. Das gibt richtig was her! Darüber steigen Berge steil an. Nach links verliert sich der schier endlose Strand am Horizont. Rechts erhebt sich ein steiler Berg, von dem große Reklameschrift herüberschaut. Da kann ich nur schauen und staunen. Am Abend erkenne ich an den sich bewegenden Autolampen den Verlauf der kringeligen Straße, die hinauf in Richtung Sao Paulo führt.
Viel Post habe ich zu lesen. Ich freue mich über Berichte von zu Hause. Einiges wurde vor kaum einer Woche geschrieben, anderes hat Le Havre verpasst. So habe ich eine komplette Monatsrückschau aus meiner vertrauten Welt! Ich schreibe fleißig. Meine Briefe aus dem fernen Brasilien sollen meinen Lieben die Tür zu einer anderen Welt ein wenig öffnen.
Meine Nachtwache ist beinahe zu Ende. Der Maschinentelegraf erschreckt mich. Irritiert quittiere ich „Maschine Achtung". Oben knallt das Maschinenschott. 2. und 3. Ing. kommen die Niedergänge herunter. „Maschine sofort starten!", höre ich. Die beiden Ingenieure haben schnell das Luftventil geöffnet, starten einen Hilfsdiesel und Kühlwasserpumpen. Ich begreife, was geschehen soll und sause nach oben. Schon blasen die Zylinder-Entlüftungsventile ihr Inferno. Dann ist es still. Ich trete die Ventile zu. Das habe ich schon mal gesehen. So laut ich kann, schreie ich: „Ventile sind geschlossen!" Ich stehe an einer Stelle, wo man mich von unten sehen kann und rudere mit den Armen das Zeichen FERTIG. Der Maschinentelegraf klingelt

wieder. Mit wumm, wumm, wumm erfolgt die Zündung und dann läuft die Hauptmaschine dumm, dumm, dumm.
„Ein Japaner treibt auf uns zu. Sein Anker hält nicht!", höre ich den 2. Ing. Nach einer Viertelstunde ist die Aufregung überstanden. Der Japaner ist an uns vorbei gedriftet und hat den zweiten Anker fallen lassen.
Nach einem Tag in der Bucht ankern wir auf dem Fluss in unmittelbarer Nähe des Hafens. Hinter dem ebenfalls nahen Ufer der anderen Seite befinden sich viele Bäume oder ist es ein geschlossener Wald? Nachts höre ich unbekannte Tierschreie. Von hier aus kann ich mit einer Barkasse an Land und Post aufgeben. Registrada (Einschreiben) muss sein, hat man mir gesagt. Normale Luftpost sei zu vage. Ich merke auf der Post, dass die Schalterleute gern ihr Gehalt aufbessern. Die Bedienung durch eine kleine, verschließbare Klappe macht es ihnen leicht. Also nur mit kleinen Scheinchen zahlen und nicht um Wechselgeld betteln müssen. Santos ist deutlich ruhiger als Recife. Ich kann mich unbehelligt umschauen. Im Zentrum sind interessante Geschäfte. Ich entdecke einen schicken Strohhut. Kopfbedeckung ist hier sehr wichtig. Einen leichten Sonnenbrand habe ich gut überstanden. Wenn ich länger unterwegs bin, könnte es kritisch werden.
Ich erforsche bald den Strand. Endlos kann man laufen. Überall stehen hohe Hotels nahe beieinander mit bis zu knapp über zwanzig Etagen. Bürgersteige sind fein gepflastert mit Schlangenlinien aus weißem und schwarzem Marmor, steinerne riesige Pflanzenkübel und viele schattige Plätze laden zum Verweilen ein. Händler laufen herum und bieten Getränke und Früchte an.
Obwohl alles sehr auf Luxus hindeutet, sind die Preise niedrig. Eine kleine Flasche Coca-Cola kostet ca. 20 Pfennig! Sie ist eiskalt und wurde weit getragen! In den Hotels ist natürlich alles viel teurer. Das Baden im warmen Wasser der Brandung ist eine Wonne. Ich esse Banane und Ananas.
Die Ananas produziert einen sauren Magen. Am nächsten Morgen kommt die Säure hoch und verätzt die Unterlippe. Dazu meldet sich auch noch mein linkes Ohr. Damit habe ich schon seit Wochen Schwierigkeiten. Der Maschinenlärm ist vermutlich Auslöser. Ich gehe zum 2. Offizier, Herrn Casdorf. Er ist für Bordapotheke und Gesundheit zuständig. Ich kenne ihn gut. Er werkelt gern mit Holz in Timmys Hock, einem Deckshaus. Da schaue ich oft hinein. Er spritzt das Ohr sauber und vorbeugend, auch gleich das andere.
Meiner Lippe kann er nicht helfen. Sie bildet zunächst vom Genuss der Ananas Blasen, die aufgehen, wird dann schorfig und blutet, wenn ich lache! Ist das nicht traurig?
Bald kenne ich mich mit Bus und Straßenbahn aus und sause herum. Abenteuerlich ist die ringsum offene Straßenbahn. Wer sitzt, muss voll zahlen, wer auf den umlaufenden Trittbrettern steht und sich an einem Pfosten festhält, zahlt reduziert. Um diese, wie Trauben hängenden Kanaken, (das schöne Wort für Farbige wieder) hangelt sich der Kassierer mit halsbrecherischer Bravour. Dabei hält er in einer Hand Geldscheine, fein sortiert in den drei Lücken zwischen den Fingern. Zum Kassieren hakt er mit dem Ellenbogen um eine der vielen Stützen. So kann er gut abgesichert Geld entgegennehmen, einsortieren und Wechselgeld zupfen. Das wäre auch etwas für unsere Wochenschau im Kino! Ich liebe diese lustige Art, unterwegs zu sein. 14 Pfennig kostet der Spaß vom Hafen bis zur Stadtmitte. Für den Bus von dort zum Strand zahle 20 weitere. Am Strand kann ich mich Stunden aufhalten, die schicke Praia ablaufen oder im Schatten verweilen, ein preiswertes Vergnügen.

Ganz anders ist es in den Hafenbars. Timmy führt mich ein. Die American Star Bar ist Hauptstützpunkt unserer Mannschaft in Santos. Ein Rettungsring der „Nordwind" ist an der Wand hinter dem Tresen angebracht. Hier haben wir die längste Liegezeit, weil endlos viele VW- Kisten entladen werden. Sie gehen nach Sao Paulo, wo die PKw-Montage erfolgt. Gerd und Willi sind Deutsche. Sie führen die Bar seit zwei Jahren. Niki mixt unsere Getränke, eine freundliche Polin. Sie spricht fließend Deutsch. Dazu kommt gutes Inventar. Klar, dass wir gern hier sind. Man erfährt auch Wichtiges, was man als Fremder wissen sollte, z. B. wohin man besser nicht geht. Wir besuchen noch die Zansi-, Texas- und Washington-Bar. In die letzte gehen betuchte Besucher aus Sao Paulo und internationale Gäste. Sie erhalten vermutlich über Hotels den Geheimtipp. Diese Bar ist riesig, irgendwie dezent, denn da schwirren keine Frauen herum. Die Damen kommen nur nach Anforderung. Hier ist Sodawasser angebracht und auch bezahlbar. Alle Bars haben den Western-Charme mit halb hohen Pendeltüren. Allzu oft und lange darf ich sie nicht besuchen. Das würde zu teuer und zwei Cuba Libre sind genug!

Unser Schwesterschiff „Nordland“ kommt, zwei Tage bevor wir auslaufen. Freudige Wiedersehen werden gefeiert und dann auch noch der Abschied. Man bringt den Bootsmann des Schwesterschiffs in Ketten zu uns an Bord. Das Gerücht heißt, er wäre entführt. Seine Mannschaft muss ihn natürlich suchen. Erstaunlich ist, dass ihn alle bei uns vermuten! Zufällig finden sie ihren „glücklichen Bootsmann“ in der Kammer unseres Bootsmanns. Diese traditionelle Berufsbezeichnung gefällt mir.

Wir haben jede Menge Holzkisten entladen, alle für VW und auch einiges der sperrigen Decksladung. Auf nach Rio de Janeiro! Ich bin richtig aufgeregt. Da soll eine tolle Stimmung herrschen.
Meine Spaziergänge über das Hauptdeck erweiterte ich zögerlich auch auf die oberen Decks. Unser Kapitän, Herr Paukert, mag es gern leger. Auf See trägt er oft einen Pullover über der Kakihose, hier in den Tropen ein kurzärmeliges, kakifarbenes Hemd wie wir Assis. Auf mich wirkt es ein bisschen wie privat und heimelig. Danke Herr Kapitän! Nein, ich korrigiere mich. Alle sagen „Herr Kaptän“. Wenn er nicht anwesend ist, nennen wir ihn „den Alten“ und jeder weiß, wer gemeint ist. Die Nocks, das sind edle Decks neben der Kommandobrücke, erlauben einen guten Überblick auf Vor-, Achterschiff und Umgebung. Die Wachoffiziere kenne ich von der Messe. So kann ich schnell mit ihnen ins Gespräch kommen, erfahren, was in der Ferne zu sehen ist und wie unsere Route verläuft. Ich weiß dann, wann wir ein Kap, eine Insel oder eine andere Sehenswürdigkeit passieren werden.

Rio de Janeiro

Am 5. Februar bin ich schon um 10 Uhr aus der Koje. Und tatsächlich erkenne ich am Horizont die winzige Silhouette von Rio. Sie erhebt sich zögerlich weiter heraussteigend über dem blauen Meer. Die Hauptmaschine läuft etwas langsamer. Also beginnt bald meine Manöverwache. Ich stehe an Backbord hinter dem Mittschiffs-Haus. Hier kann ich den Maschinentelegrafen hören und runter sausen. Da sind Delfine mindestens sechs! Sie tummeln sich vor dem Bug, begleiten uns und scheinen Spaß am Auftauchen und Springen zu haben. Wir kommen in die Nähe der Küste. Ich höre den Telegrafen und muss in die Maschine. Nach einer knappen halben Stunde stoppen wir und warten auf den Lotsen. Ich darf die Maschine bis zur Lotsenübernahme verlassen. Ohne Motor bewegt sich das Schiff zunehmend langsamer. Meine Delfine sind noch da. Ich brauche einige Minuten, bis ich die neue Leidenschaft der großen Tiere erkenne. Ein Delfin schwimmt an der Oberfläche neben dem Schiff. Seine Freunde treiben einen Fischschwarm gegen die Bordwand. Einige in Panik erschrockene Fische klatschen ans Schiff, wo sie gleich im Maul des

Delfins verschwinden. Bald ist er satt und lässt sich von einem Artgenossen ablösen. Das fängt ja gut an in Rio! Der Lotse lässt auf sich warten. Ich genieße den Blick auf das Panorama. Santos war schon großartig, aber das hier ist Rio! Christusstatue, Zuckerhut, die Buchten der Strände mit Hochhausreihen. Rechts des Zuckerhuts starten und landen Flugzeuge.
Meine Delfine verabschieden sich mit tollen Sprüngen. Das Lotsenboot kommt. Der feine Herr steigt mit einem großen Koffer die Jakobsleiter herauf. Dass der Koffer federleicht ist, erkennt jeder. „Nachtigall ich hör dir trappen", sagt man da...
Ich muss also wieder in die Maschine. Gleich geht es weiter. Nach etwa einer halben Stunde haben wir festgemacht. Ich schließe die Kammer ab und gehe auf das Bootsdeck. Hier sind keine Kräne an Land. Hinter uns liegt ein Passagierschiff und vor uns auch. Wir sind direkt in der Stadt. Da gehen Leute, Autos fahren vor Geschäften. Eine so gute Ausgangsposition für Landgang habe ich nicht erwartet. Zufrieden gehe ich zum Mittagessen. Dann muss ich leider auf Wache. Aber nur bis 16 Uhr.
Ich mache mich landfein, wie man so sagt. Dazu gehört auch der neue Hut aus Santos. An der Gangway wurde schon ein kleiner Kiosk extra für uns aufgebaut mit Getränken, Naschsachen und Rauchwaren. Und dann bin ich an einer Bushaltestelle. Mehrere Linien kommen hier vorbei. Ich schaue mir einen der Fahrpläne an und stellte fest, dass es Rundfahrten sind. Man kann also hier ein- und aussteigen bei unterschiedlicher Hin- und Rückroute. Bald erreiche ich die Avenida Rio Branco, verfolge sie in Richtung Zuckerhut. Je weiter ich gehe, desto mehr Passanten sind um mich. An der Avenida Presidente Vargas bleibe ich stehen. Mein Gott, so viele Fahrbahnen nebeneinander! Nein, da muss ich heute nicht rüber. Ich gehe zurück. In kleinen, zur Straße offenen Bars mit Limonade und Eis sitzen Leute. Ein stattlicher schwarzer Mann mit Krauskopf geht plötzlich neben mir her. Er spricht Englisch und möchte mir behilflich sein. Nein, ich benötige keine Hilfe. Ich gehe spazieren. Ich wäre fremd hier und sollte mir die Stadt zeigen lassen, meint er. Er habe Zeit und könnte mich mehrere Tage begleiten. Und übrigens sei ich sein Freund. Nein, nein, ich gehe jetzt spazieren und habe kein Ziel. Er ist charmant, aber lästig. Ich gehe langsam zurück. Er bleibt charmant und lästig. „Ich brauche keinen Fremdenführer, lass mich in Ruhe." „Deine Schuhe gefallen mir. Dafür würde ich drei Tage mit dir unterwegs sein. Ich kenne einen guten Taxifahrer, Bars mit prima Essen und Frauen." Was nun? Ich schalte auf stur und sage keinen Ton. Er hält es fünf Minuten aus. Und dann endlich verabschiedet er sich. „Deine Schuhe gefallen mir, bye-bye!" Diese Lästigkeit diskutieren wir später an Bord. „Nimm dir eine Frau. Dann hast du Ruhe!"
Auf dem Rückweg bin ich wieder an „unserer Bushaltestelle". Die Station hat den Namen Praca Maua." Hier ist jetzt Betrieb. Unsere Seeleute haben Feierabend und auch viele Touristen von den „Musikdampfern" stürzen sich ins Nachtleben.
Am Tag darauf spaziere ich um 17 Uhr los. Auf der Rio Branco frage ich in einem Geschäft nach kurzen Hosen. Man versteht mich nicht. Englisch ist hier keine Hilfe. Aber ich sage, dass ich deutscher bin. Das ist die Lösung. Eine Frau fragt mich in schwäbischem Dialekt, was ich wünsche. Nein, unmöglich! Hier trägt man nur am Strand und beim Sport kurze Hosen. Es ist nicht nur unschicklich, in kurzer Hose zu gehen, die Polizei hat auch etwas dagegen.
In der Straße scheint ein Fest stattzufinden. Je weiter ich gehe, desto mehr Leute sind um mich. Ich höre Musik. Mehrere kleine Gruppen musizieren und veranlassen Passanten zum Verweilen. Wenn sich ein dichter Zuhörerkreis gebildet hat, geht jemand mit dem Hut herum. Bei einer Gruppe halte ich mich länger auf. Sie haben an einer aufgebockten Stange Flaschen in verschiedener Größe aufgehängt, die mit

farbigem Wasser unterschiedlich weit gefüllt sind. Die Flaschen baumeln an Fäden und sehen lustig aus. Mit Klöppeln zaubern die Jungs wunderbare klare Töne heraus und erzeugen tolle Melodien. Das ist was für mich! Jedes Mal, wenn der Hut näherkommt, spendiere ich einen kleinen Schein. Die Stimmung verzaubert mich. Ich bin in Rio. Das ist das lebendige Rio und keine Postkarte! Diese selige Stimmung nehme ich mit an Bord. Und ein Bild mit Schmetterlingsflügeln als Farbersatz, ein Panorama von Rio, das in wunderbaren Farben unter Glas schillert.

Rio / Copacabana

Mein Kollege Horst Gillat und ich genießen gemeinsam das Frühstück. Schon gleich danach fahren wir mit dem Linienbus an den Strand Copacabana, für mich eine großartige Sache. Hotel an Hotel und viele Leute mit viel Zeit. Sie halten sich auf den Hotelterrassen auf. Der Sand ist erstaunlich grobkörnig. Unser feiner Ostseesand hat mehr Zeit in der Meeresmühle verbracht. Kaum jemand badet. Die Brandung ist hoch. Das warme Wasser ist eine Wohltat. Einfach hineingehen ohne Huch! Ich genieße die hohen Wellen und lasse mich durchschütteln. Das ist nach etwa 15 Minuten genug. Ich sitze jetzt und bei unseren Sachen. Einer muss immer bei den Kleidern bleiben, wissen wir. Hier wird geklaut. Ich schaue hierhin und dorthin. Fliegende Händler bieten Getränke an, ohne lästig zu sein. Warum gehen die Frauen nicht ins Wasser und genießen das Schwimmen? Und warum legen sie sie sich danach nicht auf ein Tuch? Sie scheinen auf einem Laufsteg zu wandeln, führen keine Kleider vor, sondern verführen mit Wackeln ihrer Popos. Und warum ist das bei den Männern so ähnlich? Ja, diese Welt hat etwas Geheimnisvolles. Hein schau hin und begreife endlich: Diese Welt ist voller Erotik! In Santos fing ich an, über das merkwürdige Verhalten nachzudenken. Bei Tauben balzen die Täuber. Hier balzen auch die Tauben! Jetzt ist der Groschen in Rio gefallen! Neben dieser netten Schau bemerke ich zwei Jungs, die eine Chance ausspähen wollen. Sie sitzen etwa 50 Meter von mir entfernt. Ich bin nicht interessant. Dass wir abwechselnd ins Wasser gehen, haben die jungen Experten gleich erkannt. Ich möchte wissen, wie spät es ist und fummele an meiner Hose, in der die Uhr steckt. Aha, da ist sie. Bevor ich die Uhr heraushabe, sehe ich, wie die Jungs aufmerksam herüberschauen. Eine Idee ist plötzlich da. Ich drehe die Hose mehrmals, fasse in alle Taschen und bringe stets eine leere Hand heraus. Die Jungs sind hellwach. Horst kommt. „Ich habe meine Uhr verbummelt. Die muss aus der Hosentasche gerutscht sein und liegt irgendwo im Sand." Wir suchen gemeinsam. Zunächst hier und dort und dann, wie man das von Ingenieurassistenten erwartet, systematisch nach Planquadratsystem. Horst sucht als echter Freund und ich als unechter Schauspieler. Wir geben auf. Horst bedauert meinen Verlust. „Das ist gar nicht so schlimm. Es wird gleich weitergesucht. Wir ziehen uns jetzt an und gehen." „Ok!" Horst hat seine Hose in der Hand. Er will noch etwas herumlaufen, bis die Badehose trocken ist. Wir haben kaum unseren Platz verlassen, da erheben sich meine Beobachter. Wir begegnen uns. Als Horst und ich am Ort der Belauerung ankommen, hole ich meine Uhr aus der Tasche und binde sie um das linke Handgelenk, gar nicht brasilianisch. Die Autofahrer tragen ihre Uhr rechts, damit sie nicht geklaut wird, weil der linke Arm lässig aus dem offenen Autofenster pendelt und erfrischenden Fahrtwind fächelt. Horst staunt so echt, wie er im Sand gebuddelt hat. Ich zeige auf die Uhr und rufe: *„Aki, aki!"* Die buddelnden Strandräuber schauen herüber. Ja, das ist mein Triumph! An Bord sagt man: „In Brasilien sitzt du nicht im Kino. In Brasilien bist du auf der Leinwand, alle schauen dir zu!" Ich habe das Gefühl, angekommen zu sein. Heute läuft mein Film in Rio!

Wir gehen am Strand entlang bis zu einem Durchgang zwischen zwei Hotels. Horst zieht seine Hose an. Damit sind wir für das öffentliche Leben in Brasilien zugelassen.

In Badehose zu gehen, ist nicht erlaubt. Das würde Christus nicht wollen, dort oben auf dem Corcovado und die Polizei auch nicht. Horst sagt, wenn einem die Hose geklaut wird und man genug Cruzeiros dabeihat, bringt die Polizei einen an Bord. Hat man kein Geld, kommt man in den Kalabusch und muss sich auslösen lassen.
Wir nehmen den Bus und fahren weiter die Küste am Ipanema-Strand entlang bis zur Endstation am Strand von Leblon. Man ist aus dem Stadttrubel heraus und hat mehr natürliches als mondänes Empfinden. Hier gefällt es mir. Ich werde wiederkommen!
Wir gehen mit Schuhen in den Händen am Wasser entlang und flüchten vor höheren Wellen in den lockeren Sand. Ein Felsen, wo die Wogen hochschnellen, ist die Attraktion.
Meine Wache beginnt bald. Wir steigen in den Bus und können auch gleich gemeinsam an Bord mittagessen. Unser Steward ist ganz schnieke wie aus dem Ei gepellt. „Es kommen gleich Gäste aus Hamburg. Die werden in der Eignerkammer einquartiert und den anderen freien Unterkünften. Darum muss ich mich kümmern. Heute Abend wird im Salon gefeiert.“ „Na klar“, meint Horst, „hier in Rio treffen sich die Leute von unserer Reederei mit Brasilianern aus Handel und Politik, denn wir fahren Charter für Lloyd Brasileiro!“ Das ist schon wieder eine filmreife Szene! Nach dem Essen gehen wir die Treppe hinauf. Eddy, der Chefsteward, steckt in steifer weißer Uniform. Sonst wirkt er recht unauffällig, weil er klein ist, nett und natürlich. Nur sein Lächeln und die dicke goldene Uhr scheinen einem zu begegnen. Er wird Diamanten-Eddy genannt. Man sagt, seine Heimat sei Antwerpen. In der Kombüse wirbeln Porky, Schlachter und Bäcker. „Wir haben zusätzlich für Gäste zu kochen und noch viel vorzubereiten. Zuschauer sind unerwünscht!“
Ich ziehe mich für die Wache um. Meine abgeschnittene Hose ist jetzt richtig in der Hitze hier unten. Aber ich habe keine Privathose für den Landgang. So erkennen „Späher“, dass ich von Bord komme und werden lästig. Ich brauche unauffällige Kleidung.

Rio / Maracana-Stadion

Heute am 8. Februar 1961 startet die angekündigte Sensation im Maracana-Stadion: „Vasco da Gama spielt gegen Real Madrid“. Unsere „Nordwind“ liegt immer noch an der Praca Maua mitten in Rio zwischen Passagierschiffen, von uns Musikdampfer genannt. An der Gangway steht der Bus. Etwa die Hälfte der Besatzung ist eingestiegen. Am späten Nachmittag fahren wir los. Ich sitze rechts, etwa in der mittleren Sitzreihe neben meinem Kollegen Dieter Laschner am Fenster.
Wir fahren stadteinwärts ins Häusermeer. Hier sind alte stattliche Gebäude. Ich genieße die Tour. Corcovado mit Christusstatue und den Zuckerhut lassen wir hinter uns. Ich sehe die Stadt und ihre Menschen. Alle wollen dorthin, wo unser Ziel liegt, fahren und gehen in unsere Richtung. Immer mehr Menschen, nicht nur auf dem Bürgersteig, sondern auch auf der Straße. Oder ist es ein Platz? „Wir sind da!“ Keine Viertelstunde sitze ich im Bus. Und wir sind schon da? Ja, da vorne ist das Stadion, ein riesiges Bauwerk wie eine gigantische Wand.
Als die Menschenmenge vor dem Ziel immer dichter wird, schiebt sich unser Bus im Schritttempo durch das Gedränge.
Hinter mir höre ich Empörung. Bevor ich mich umschauen kann, findet die Ursache neben mir statt und weiter vorne. Klock, klock und nochmals klock, meine ich zu hören, was eigentlich nicht sein kann, auch spüre ich Schmerz, was eigentlich auch nicht sein kann. Ein hinten eingestiegener Knabe, vielleicht 10 Jahre alt, schlägt allen die links und rechts am Gang sitzen, mit einem Stein auf den Kopf. Gleich folgen zwei weitere Bürschlein und sammeln die "Ernte" ein, einer links und einer rechts. Ich bleibe auf dem Fensterplatz verschont. Der 4. Ingenieur, Herr Oswald Bohlen, wir

nennen ihn Ossi, sitzt in meiner Reihe auf der anderen Seite des Mittelgangs. Ich sehe, wie er gleichzeitig mit meinem Nebenmann Dieter wegsackt. Der „Steinschläger“ setzt seine Arbeit fort und ein nachfolgender Kumpan klaut Ossis Handmappe. Im Nu hat das Trio die benommenen Fahrgäste ausgeraubt, springt vorne aus dem Bus und verschwindet in der Menge der Passanten.
Hinter der mondänen Fassade leben auch arme Menschen. Viele Kinder sind auf solche „Einkünfte“ angewiesen, denn das Leben auf der Straße, oft ohne Eltern, ist hart. Auch wenn wir diesen Zusammenhang kennen, wären uns normale Verhältnisse ohne Attacke lieber.
Wegen der Hitze und der Schleichfahrt hatte der Fahrer die Türen geöffnet. Das ist gut für Luftzug und für flinke Jungs. Ob man Hintergedanken haben darf?
Der Bus hält schon eine Minute nach der Attacke. Nur hundert Schritte entfernt ist die Eintrittskasse, genauer gesagt: Befindet sich die Reihe der Schalter. Irritiert stehe ich da, mit meinen Cruzeiro-Scheinen in der Hand. Das Meckern der Anstehenden kann nur bedeuten: „Hinten anstellen!“ Also wieder zurück. Wo ist Dieter oder jemand von der „Nordwind“? Ich bin allein unter Brasilianern! Warum nicht? Zeitungsverkäufer schwirren herum. Wollen die klauen? Nein, die Zeitungen werden gekauft. Beinahe alle Brassis haben schon eine. Trotz der Warteschlange bin ich bald am Schalter. Verschiedene Eintrittspreise stehen da. Ich tippe auf eine Zahl, das sehen die Leute hinter mir, aber der Kassierer nicht. Er versteht nicht, dass ich einen guten Platz möchte. Ist auch egal, Hauptsache rein! Ich habe den Eindruck, dass die Leute hinter mir helfen wollen. Einer spricht mit dem Kassierer. Für den Höchstpreis gibt er mir drei Karten. Wieso drei? Hein, lass das Denken. *„Obrigado!“*, und wieder *„Obrigado!“* Und schon ist alles klar. Ich habe jetzt nur noch eine Eintrittskarte.
Geschiebe geht los. Und dann bin ich im Stadion. Wo soll ich hin? Weiter immer weiter gehen. Dann kommen sehr hohe Stufen. Es sind umlaufende Betonbänke ohne Sitzeinteilung. Viele Zuschauer sind schon da. Sie sitzen wegen des Betons auf ihrer Zeitung! Ich finde eine üppige Lücke in etwa halber Höhe in Flucht der Mittellinie und kann alles gut überblicken, schaue auch nach oben durch das offene Oval des Daches. Dort laufen Leute herum. Es ist riesig und überwältigend! Die Dämmerung beginnt. Bald wird der Himmel über dem Oval schwarz. Die Betonstufen füllen sich. Meine üppige Lücke schrumpft. Ich weiß, dass hier für 200 000 Menschen Platz ist (Jahre später wurde das Stadion nach neuen Sicherheitsvorschriften umgebaut und hat sehr viel weniger Sitzplätze).
Musik ertönt, natürlich Samba! *„Senhorita primor, primor“*, ist der aktuelle Schlager. Den kenne ich schon von Recife und Santos. Buntgekleidete Gruppen umrunden das Spielfeld. Immer mehr werden es. Wenn die vorderen in einem Tunnel verschwinden, kommen Neue heraus. Ich bin überzeugt, dass ich nicht tiefer in Brasilien eintauchen kann, vielleicht am Amazonas oder Orinoco! Aber dann ohne Samba! Mich hebt die Atmosphäre auf einen fliegenden Teppich der Wonne. Ich vermisse niemanden, sondern empfinde eine Gemeinsamkeit mit diesen vielen fremden begeisterten Menschen.
Nach langer, kurzweiliger Zeit verstummt Samba. Die letzte Tanzgruppe ist verschwunden. Große Worte folgen. Mir gegenüber erkenne ich eine abgeschirmte Tribüne. Da sitzen die wichtigen Leute, die etwas über Lautsprecher sagen dürfen. Beifall brandet auf und Gejohle. Mein Gott, ist das ein Hexenkessel! Die Mannschaften kommen dort aus der Erde, wo die Tänzerinnen und Tänzer verschwanden. Die müssen ganz schön gestiegen sein, denn um das Spielfeld befindet sich ein tiefer umlaufender Graben. Darunter müssen sie hindurch.
Und dann wird gespielt.
Das Spiel ist eine Augenweide. Die Vascos tänzeln um den Ball, rollen ihn von vorne

nach hinten und wieder zurück um den Gegner herum. Fußballsamba! Real klebt nicht so am Ball. Bei ihnen sehe ich auch lange Pässe. Nach einer Viertelstunde fällt ein Tor. Ich klatsche Beifall. Das war ein wunderbarer Schuss von Canario! Damit scheine ich eine Mauer um mich herum zu bauen. Das erkenne ich an den Blicken meiner Nachbarn. Die denken, ich sei Spanier. Fußballgegner sind Feinde! Das begreife ich jetzt. So lernen junge Leute, sich im Ausland anzupassen. Das Schicksal reicht mir die Hand. Nach zwei weiteren Minuten erkämpft Real wieder ein Tor. Ich habe die Lektion verstanden, verhalte mich vorbildlich und klemme die Hände zwischen die Knie. Nur nicht klatschen! Nachdem der kümmerliche Beifall der wenigen Spanier verhallt ist, spüre ich den nationalen Schock, der alle Brasilianer niedergeschmettert hat. Es herrscht Stille im Stadion. Meinen bedenklichen Gesichtsausdruck unterstreiche ich, indem ich mir an die Brust tippe und erklärend *„Alemao"* sage. Ich mutiere vom Feind zum Neutrum.
Das Spiel bleibt spannend. Die Cariocas (Rio-Einwohner) feuern ihre Mannschaft immer wieder an, besonders bei Ballbesitz. Dann ist Halbzeit mit Karneval und Samba. Danach zeigt Vasco, was in ihm steckt, stürmt und macht Druck. Die Brasilianer wollen den Applaus ihrer Landsleute. Nur nicht verlieren! Das Wunder geschieht. Ausgerechnet Casado, der das zweite Tor schoss, erleidet das Schicksal eines Eigentors. Das ist Gerechtigkeit! Gott ist Brasilianer! Meine Chance ist gekommen. Ich bemühe mich jubelnd so hochzuspringen wie alle in meiner Umgebung. Ist es nur eine Hoffnung oder hat man mir wirklich verziehen? Ich habe den Eindruck, dass mein Applaus wie ein Kompliment angenommen wird. Ein Rausch erfasst die Menge. Sie tobt und springt immer wieder hoch. Dieser Tumult scheint Real zu hemmen. Vasco rennt ihnen davon. Und zehn Minuten später schießt Pinga ein „echt erkämpftes Tor"! Ausgleich! Die Schande ist abgewendet. Das Spiel auf dem Platz verliert an Schnelligkeit. Vasco hatte sich aufgebäumt und kann dieses Tempo nicht halten, aber den Ausgleich verteidigen. Der Schiedsrichter löst mit dem Abpfiff einen wahren Siegestaumel aus. Böller krachen, Raketen zischen und zeichnen ihre Leuchtspur in den Nachthimmel. Aber das reicht nicht. Die Zuschauer benötigen ihre Zeitung nicht mehr und zünden sie an. Das ist Wahnsinn! Das brennende Papier segelt tausendfach über der Menge. Ich achte darauf, dass ich nichts abbekomme, schlage züngelnde Fetzen fort. Haben die Cariocas ihre weißen Hosen vergessen? Ja, das haben sie. Die abgewendete Niederlage fordert ihren Tribut! Das Strohfeuer ist nach Minuten vorbei. Viele haben sich verbrannt. Auch das darf sein! Ich bleibe verschont. Meine Aufmerksamkeit und schnelles Handeln hatten Erfolg. Aber jetzt regnet es Asche! Ich mache den Fehler und versuche die flächigen Ablagerungen wegzuwischen. Damit reibe ich das schwarze Ärgernis in Hemd, Hose und auf Arme.
Ich versuche mich dorthin zu bewegen, wo ich am wenigsten Gedränge vermute. Als ich draußen bin, ist es dort so voll wie drinnen. Ich finde unseren Bus nicht und niemanden von der „Nordwind". Was nun? Ich hatte an einen Gruppenausflug gedacht, wo alle schön beieinanderbleiben und sich zum Bus führen lassen. Denn das haben wir bezahlt. Dieter entdeckt mich. „Mensch Hein, wie siehst du aus?" „Wahrscheinlich so wie du!" Wir erreichen eine breite Straße mit der passenden Richtung. Links vom Zuckerhut liegt die „Nordwind". Diese Orientierung kennen wir. Ein Taxi zu ergattern, gelingt uns nicht. Auf gut Glück tippeln wir weiter und tauschen unsere Erlebnisse aus. Dieter hat von der Attacke eine Beule auf der Stirn, die noch schmerzt. Dass die kleinen Cariocas so brutal sein können, hat uns überrascht. An Bord hat niemand von körperlichen Attacken berichtet. So etwas ist nur bei Menschenmassen möglich.
Wir tippeln unverzagt weiter. Die Luft ist lau und angenehm. Man könnte Samba

tanzen. In der Luft schwebt Musik. Die Stimmung ist überschwänglich. Alle gehen in unsere Richtung und bewerten lautstark das Spiel. Wir verstehen nichts, aber beteiligen uns mit *„boino, boino!“* Die Straßenbars sind überfüllt. Musik schallt heraus. Aber ich muss an Bord. Meine Wache drückt schon das Gewissen, denn immer noch haben wir keine Chance auf eine Fahrgelegenheit. Wir beeilen uns und erkennen die Aussichtslosigkeit, pünktlich an Bord zu sein. Nach etwa einer Stunde erreichen wir die Av. Presidente Vargas und wissen, wo wir sind. Ein etwa 16-jähriger Bursche kommt uns entgegen. „Der hat Milch“, höre ich Dieter. „Ja, ich verteile Milch an Kunden. Ihr seid Deutsche?“ Na, das ist interessant, hier Deutsch zu sprechen. Er hat Reserve mit, weil ihm oft Passanten etwas abkaufen. Er lädt uns ein, mit ihm Milch zu trinken und möchte etwas über Deutschland hören und was wir hier machen. Trotz meines Seelendrucks kann auch ich nicht Nein sagen. Der Junge gefällt uns. Wir enttäuschen ihn nicht und plaudern. Er ist mit der Schule fertig und hat eine Lehre als Kaufmann begonnen. Der jüngste ist für das Verteilen der Milch zuständig.
Meine Wache hat schon begonnen. Das Schicksal kann man nicht beeinflussen. Ich löse dann auch beinahe zwei Stunden zu spät ab. Von den Matrosen sind kaum welche zurück. Schließlich waren viele Frauen vor dem Stadion. Die wussten, wo man gut übernachten kann.

Porto Allegre
Nach ruhiger Reise auf dem Südatlantik fahren wir in die Pathos-Lagune. Wir haben kaum Wasser unter dem Kiel. Die Schiffsschraube erzeugt ein Wellental, das sich seitlich weit ausbreitet. Ich beobachte Kinder, die in das so entstandene flache Wasser laufen und dann plötzlich vom wieder ansteigenden Pegel erfasst werden. Sie quieken vor Freude und schwimmen an Land. Das würde ich auch genießen!
Auf dem Weg vom Hafen in Richtung Stadt stehen Frauen in Dreierreihe und hoffen auf eine schnelle Liebe. *"Simpatico!"* Einige Frauen sind aufdringlich. Das ist nicht schön. Die Stadt gefällt mir. Hier leben mehr Europäer als im heißen Norden des Landes. Ich gehe ins Kino und erwische den falschen Film.
Der Karneval erscheint mir etwas dürftig im Vergleich zu Rio. Die Kostüme des Straßenumzugs sind nicht so fantasievoll wie im Maracana-Stadion. Die Geschäfte haben während den ersten Tagen unserer Liegezeit geschlossen. Ich gehe oft an Land. Wenn ich an dem Frauenmeer vorbei bin, erlebe ich keine weitere Aufdringlichkeit. Abends werden in großen Bars Unterhaltungsprogramme geboten. Man zahlt keinen Eintritt, sondern nur Getränke und Trinkgelder für die auftretenden Künstler, eine bunte Abfolge von Gesang, Musik, Geschicklichkeitsübungen, Akrobatik und Zauberei. Es ist fantastisch. Hier in der Deutschen Villa ist alles teurer, aber auch deutlich besser. Wir sind eine kleine Gruppe der Offiziersmesse und genießen Karneval in Brasilien! Auch hier warten draußen Frauen auf Liebhaber. Wenn sie dableiben würden, wo sie stehen, wären sie nicht so lästig. Sie gehen neben uns her und sind aufdringlich. Vielleicht sind sie zum Karneval gekommen in der Hoffnung auf spendable Männer? Und dann müssen wir auch noch durch den riesigen Frauenauflauf am Hafen denken wir. Es ist nicht so schlimm wie befürchtet. Vielleicht bringen sie ihre Kinder ins Bett, oder Seefahrer?
Ich stromere gern herum. In einem Schaufenster entdecke ich eine Brasilien-Landkarte und will das Geschäft betreten. Vor mir rasselt eine stählerne Jalousie herunter. Die Siesta beginnt! Der Mann, der an der Kurbel dreht, erkennt mein Erschrecken. „Ich möchte eine Landkarte kaufen.“ Das sage ich so mehr oder weniger zu mir selbst. „Komm rein!“ Da fährt das eiserne Tor wieder soweit hoch, dass ich gebückt hineinkann. Wie selbstverständlich sprechen wir deutsch. Ich

bekomme eine *„Mapa Geral do Brazil“* mit Leiste oben und unten. Sie hat schöne Farben und wird die Wand unserer Assikammer schmücken. Die Küste mit allen Hafenstädten ist mir wichtig. Aber das riesige Land hinter dieser Linie wird mir leider immer ein Geheimnis bleiben mit Amazonas und unendlich großen Urwäldern. Porto Allegro ist europäisch geprägt. Es gibt viele Menschen mit deutschen Wurzeln. Hier könnte ich mich wohlfühlen!

Ein Händler kommt mit Weinproben an Bord. Frizzante, ein Schaumwein und Bulldog, ein trockener Rotwein im 5-Liter Demijohn. So nennt der Verkäufer die Korbflaschen. Die sehen urig aus mit großer Abbildung einer Dogge. Schon wegen der Erscheinung bestellen beinahe alle diesen Wein. Ich natürlich auch und dann noch ein paar Flaschen Frizzante. Der 1. Steward ist darüber nicht glücklich. Aber er geht nicht leer aus, denn gelegentlich trinkt jeder ein Bier und kauft auch Zigaretten. Eine wunderbare Woche endet früh morgens am 20. Februar. Erst als wir die Stadt hinter uns lassen, sehe ich die Silhouette. Wie New York in Kleinformat? Bei strahlendem Wetter fahren wir hinaus in die große Lagune nach Rio Grande do Sul.

Rio Grande do Sul und Sao Franzisco
Wir liegen im Hafen. Während meiner Wache von 0 bis 8 Uhr höre ich ein scheppperndes Geräusch. Auf meinem Rundgang finde ich keine Erklärung. Da muss außerhalb des Maschinenraumes etwas gewesen sein.
Der 3. Ing. kommt noch einmal herunter, bevor er in die Koje geht. „Alles in Ordnung?“ „Ja, aber die Kühlmaschine läuft lange“. Während sie läuft, brennt eine rote Lampe. Die Laufzeit wird in einem Buch registriert. Ich zeige die offene Seite. Wir gehen hinauf zur Werkstatt. In einem Nebenraum befindet sich die Maschine. Sie läuft scheinbar normal. Der 3. Ing. hat ein gesundes Misstrauen. „Der Motor läuft, aber das Keilriemenrad des Verdichters fehlt!“ Tatsächlich! Das hat sich in einer Ecke versteckt. Was nun? Der Konus des Antriebsrades ist gebrochen. Bald wissen wir, dass keine Ersatz-Kurbelwelle an Bord ist. Ich beginne mit dem Zerlegen des Kompressors. Mein Zimmerkollege Horst wird geweckt. Er ist ein exzellenter Fachmann. Wir fachsimpeln und finden eine Lösung. Die Realisierung wird schwierig. Ein neuer Konus soll mit der Kurbelwelle verschraubt werden. Das Neuanfertigen mit zusätzlichem Innengewinde und das Schneiden eines Außengewindes auf den Zapfen der Welle erfordert Meisterleistung. Mein Beitrag ist eine Frage zum Erfolg. „Welche Drehrichtung hat die Kurbelwelle? Hat Horst Links- oder Rechtsgewinde auf der Drehbank zu schneiden? Rechtsgewinde!“ Horst arbeitet konzentriert sechs Stunden an der Drehbank. Ich würde mir das auch zutrauen, bin aber froh, dass er das übernimmt. Jeder kleine Fehler am kurzen Zapfen könnte das Aus für die Reparatur bedeuten. Ich drehe meine Wachrunden. Das Gewissen meldet sich. „Warum habe ich das Brechen der Welle nicht erkannt?“ Die Kühlmaschine läuft wieder, als ich meine Wache beende. Eigentlich ist ein Wunder geschehen. Dass so ein Problem „mit Bordmitteln“ behoben wurde, ist ein wahres Wunder! Gemüse- und Tiefkühlraum haben nicht gelitten, denn vor sieben Uhr öffnet Porky keinen Kühlraum und lässt warme Luft hineinströmen. Als ich ihn nach dem Frühstück besuche, weiß er schon von der Reparatur. Die Schiffsleitung wird versuchen, eine neue Kurbelwelle zu beschaffen. Wie lange die Gewindeverbindung halten wird, steht in den Sternen.

Ich gehe vormittags in die Stadt. Hier sind keine Hochhäuser. Die Straßen muten an, als wäre ich in einem Western-Film. Der große Platz der Stadtmitte gefällt mir. Wie auch schon in Porto Allegre sprechen die Einwohner nicht nur Portugiesisch. So ist es einfach, in Geschäften nachzufragen. Auf der Post muss ich nicht um das Wechselgeld kämpfen. Ich sehe echte Gauchos! Wieder zurück am Hafen entdecke ich eine offene Hütte. Das muss der Laden von Old Windy sein! An Bord werden Legenden über ihn erzählt. Man ist nicht sicher, ob er so schneidig tut oder eine kleine Meise im Kopf hat. Auf dem Tresen befindet sich allerlei kunterbuntes Zeug. Getränke kann man auch bekommen. Unter dem Tresen holt er ein Buschmesser hervor, wenn jemand etwas anfasst. Er soll auch schon seinen Colt rausgeholt und einen Warnschuss durch das Dach abgefeuert haben. Alles glaube ich nicht. Aber es könnte ja doch wahr sein! Das macht neugierig.

Am 24. Februar erreichen wir Sao Franzisco. Schroffe Felsen steigen hinter Palmen empor, ein paradiesisches Bild. Ich gehe mit Timmy an Land. Er kennt sich auch hier aus. Der erste Einheimische, den ich außerhalb des Hafens sehe, sitzt in einem kleinen Planwagen, der von zwei zarten Pferdchen gezogen wird. Das Klappern der Hufe wird leiser in Richtung Wald. Jetzt wird das Gefährt vom Grün verschluckt. Gern wäre ich mitgefahren.
Wir besuchen das „Lauben-Café'". Es gibt Bier nach deutschem Rezept, wunderbar und kalt! Die junge Frau ist freundlich, legt bekannte Schlager auf und unterhält sich mit uns auf Deutsch. Sie meint, dass wir ins Studio gehen sollten. Das ist heute am Freitag schon besetzt. Die Leute hören immer gern etwas von Fremden. Und schon sind wir im Radiostudio von Sao Franzisco. „Guten Tag, schön, dass die "Nordwind" wieder da ist". Wir werden sofort „verhört". Die muntere Plauderei wird übertragen, kaum zu glauben! Ein Geiger spielt zur Abwechslung einschmeichelnde Melodien. Auch er beteiligt sich am Gespräch. Wir sind nach einer Stunde wieder in der „Laube". Die Bierflaschen schwitzen in der warmen Luft. Wir lösen die aufgeweichten Etiketten ab und kleben sie auf große Blätter von Zierpflanzen. „Wenn ihr so fröhlich seid, könntet Ihr auch singen." „Gern aber was?" Wir diskutieren. Warum nicht nordisch z. B. *„Ick heff mal n´ Hamburger Veermaster sehn,"* Und: *"Vun Herrn Pastor sin Kou."* Wir entdecken noch mehr in unserem Repertoire, fühlen uns wie zu Hause!

Wieder an Bord genieße ich das Panorama. Die Stadt hinter dem Wald kann ich leider nicht sehen, sondern nur den Hafen. Die tief stehende Sonne lässt den Dschungel und die Palmen in verschiedenen Grüntönen leuchten. Das ändert sich, als die Sonne hinter den schroffen Bergen versinkt. Da irgendwo liegt Blumenau, eine von Deutschen gegründeten Stadt, nur etwa zwei Autostunden entfernt.

Es ist Sonntag. Nach der Wache gehe ich an den Strand. Das Wasser ist angenehm warm, aber etwas trübe von aufgewirbeltem Sand. Das macht nichts. Ein Gewitter zieht auf. Was am Anfang wie ein freundlicher Hinweis auf ein irgendwann kommendes Unwetter aussieht, ist schon gleich ein Aufscheuchen zum Davonrennen.
An Bord ist es drückend heiß. Horst hat soeben die Skylights des Maschinenraums geschlossen, um den Regen auszusperren. Da er dafür oben ist, hat er in der Pantry den Kühlschrank besucht und schaut in unsere Kammer, denn ich habe die Tür offen. Ich biete ihm an, auf den Regen zu achten und die Skylights zu öffnen, sobald der Regen aufhört. Die Kommandobrücke, von der Wetterinformationen auf See kommen, ist im Hafen nicht besetzt. Hier in den Tropen brauchen wir im Maschinenraum frische Luft. Dass die Ventilatoren laufen, nützt kaum, wenn die Luft nicht hinauskann. Auch auf See sind wir froh, wenn der Regen aufhört.

Santos

Am 28. Februar erreichen wir wieder Santos. Ich freue mich, denn hier kann ich mich gut orientieren. Wie schnell man Fremdes Bekanntem zuordnet! Mich erwartet viel Post von Jutta, zu Hause und meinen Freunden Peter Jacobsen und Uwe Nielsen. Briefe mit Ziel Rio sind auch dabei. Ich habe also lange zu lesen und versinke in meiner Heimat.

Von der Reederei erhalten wir am Anfang der Reise eine Liste der ausländischen Handelsagenturen und unsere geplanten Ankunft-Termine. Diese Informationen schickte ich nach Hause. Deshalb klappt es mit der Post so gut.

Heute ist ein ganz besonderer Tag. Meine Eltern erleben ihre Silberhochzeit und werden sie am kommenden Wochenende feiern. Ich kann mir gut vorstellen, wie das zu Hause abläuft. Mit Nachbarn und Freunden wird gut gegessen und dann Angelner Muck getrunken und bald auch gesungen. Papa spielt auf der Mundharmonika. „Im grünen Wald da, wo die Drossel singt..." Und dann folgt die traurige Strophe: „Der Jäger zielt schon hinter einem Baum. Das war des Rehleins letzter Lebenstraum." Auch „Ännchen von Tharau" und „Land der dunklen Wälder" dürfen nicht fehlen. Die Gäste singen fröhlich und nachdenklich mit. Sie scheinen in Erinnerung an ihre Schulzeit zu schwelgen. Meine Freundin Jutta wird das erste Mal so ein Fest meiner Familie miterleben. Ja, ich werde gleich schreiben, dass ich daran denke und gern dabei sein würde. Natürlich berichte ich auch über die Erlebnisse in meiner neuen Welt. Morgen gehe ich zur Post.

Das mache ich dann auch. Es regnet senkrecht verhalten ohne Wind. Ich habe meinen Knirps dabei und bekomme kaum einen Tropfen ab. Auf der Post erlebe ich das gewohnte Problem mit dem Wechselgeld. Na ja, auch diese Frauen haben Kinder und keinen Ehemann.

Ich lasse mich treiben, biege um jede Ecke, die Neues verspricht. Man kann hier gut wohnen und kleine Werkstätten und Geschäfte betreiben. Ich mache mich auf den Rückweg. Je näher ich dem Hafen komme, desto mehr werde ich angesprochen und belästigt. Aber es gibt keinen anderen Weg. Es ist noch hell. Wenn das Nachtleben sprudelt, werde ich hier nicht allein unterwegs sein.

Am folgenden Tag erlebe ich, wie Kaffeesäcke an Bord gehievt und verstaut werden. Ein Mann nimmt Proben. Dafür pikst er mit einem spitzen, schlanken Trichter, der an einer Seite einen Schlitz hat, durch das Gewebe. Nach dem Zurückziehen lässt er die grünen Bohnen in seine Hand rieseln. Er ist Experte und beurteilt die Qualität. Dieses Schauspiel wiederholt sich ständig. Im Laderaum ist Platz für Tausende Säcke. Die werden ordentlich in Reihen aneinandergelegt, bis eine Lage komplett ist. Und immer noch eine Lage folgt. Acht Männer sind pro Laderaum beschäftigt. Etwa ein Dutzend Säcke schweben regelmäßig in einer Seilschlinge zu ihnen hinab. Der Mann an der *Winsch* (Winde) schafft es, die Bündel genau dort abzusetzen, wo die Stauer sie erwarten. Da wird gerufen und gestikuliert, für mich ein schönes Schauspiel.

Noch spannender ist das Laden von Baumwolle. Weiße Ballen, etwa einen Meter lang und einen halben breit und hoch. Das Gewicht ist aufgedruckt. Bis zu 220 kg sind sie schwer. Die geometrische Form erlaubt lückenloses und raumsparendes Stapeln. Die schweren Ballen kann man allein nicht tragen. Schon das Anheben an einem Ende ist kaum möglich. Da liegt er nun auf einer ebenen Lage vieler schon gestapelter Ballen. Weiterschieben ist auch kaum möglich. Wie kann man ihn zwei oder sogar drei Meter weiter transportieren und exakt an die schon korrekt liegende Reihe bringen? Die Lösung scheint einfach. Ich schaue erstaunt, wie ein starker Mann ihn an einem Ende anhebt, soweit aufrichtet, dass er etwa senkrecht auf einer

Ecke steht und ihm einem Schubs gibt. Der Ballen hüpft über mehrere seiner Ecken und legt sich passend hin. Das wiederholt sich immer wieder an mehreren Stellen und gleichzeitig in weiteren Laderäumen. Die Purzelbäume der Ballen sind aufregend. Die starken Männer bewegen sich nur wenig. Ihr Talent ist der kraftvolle und dosierte Stoß, mit dem sie den Ballen zum Hüpfen bringen. Nur selten benötigt ein Mann die Hilfe eines Kollegen zum Einfügen in die gewünschte Ordnung. Die Stauer tragen Hosen wie Kampfboxer und könnten auch im Ring eine gute Figur machen. Diesen Ladevorgang genieße ich immer wieder gern aus einem schattigen Platz, während die Männer im Laderaum der Sonne ausgesetzt sind.

Ich fahre zum Strand, den man hier Praia nennt. Die Samba-Bürgersteige aus weißem und schwarzem Marmor gefallen mir. Ich erwische mich, wie ich den Wellen des Musters folge und wie übermütig voran tänzele. Ich bin in Brasilien. Das macht einfach Spaß! Ich gehe und tänzele immer weiter. Hier war ich noch nicht! Sao Vicente ist der mondäne Strand von Santos. Das muss ich mir genauer anschauen. Mir fällt auf, dass hier beinahe nur europäische Typen zu sehen sind.
Zwischen Strand und Hotels verläuft die Uferstraße. Autofahrer lassen ihren linken Arm heraushängen, um Kühlung zu genießen. Deshalb tragen sie die Armbanduhr rechts. An einer Kreuzung könnte sie beim Anhalten plötzlich den Besitzer wechseln. Hinter Hochhaus-Hotels steigen Berge empor. Da oben liegt Sao Paulo. Man sagt, abenteuerlich zu erreichen nach vielen Straßenwindungen. Nach langer Wanderung nehme ich einen Bus und fahre zurück. Als Andenken habe ich ein Bild gekauft, eine Tropenlandschaft wie hier in Santos. Es ist gerahmt und passt in eine Aktentasche.

Am folgenden Tag möchte ich wieder los. Müdigkeit meldet sich. Ich kann nicht während der freien Zeit ständig unterwegs sein. Da hilft nur schlafen. Ich lege mich hin und gleite entspannt in das Land der Träume.
Am Sonntag laufen wir um sechs Uhr aus. Für mich ist es eine günstige Zeit. Ich habe keine Manöverwache und kann die schöne Umgebung an mir vorbeigleiten lassen. Erst den Fluss entlang und dann durch die weite Bucht mit Bergpanorama. Meeresbrise erfrischt mich. Endlich sind wir auf See und können uns erholen. Da wir vor 12 Uhr ausgelaufen sind, ist heute Seesonntag. Das bedeutet einen Tag Extraurlaub!
Es kommt ganz anders, als ich denke. Das liegt an Charly, dem 2. Ing. Drei Tage in Folge müssen wir Assis zutörnen. Mir kommt das vor wie Schikane.

Cabedelo
Und dann sind wir in Cabedelo. Die Ankunft erlebe ich nicht, höre aber die Berichte der Kollegen. Wohl alle Menschen, die hier leben, und auch alle Tiere wären am Liegeplatz gewesen und hätten die „Nordwind" begrüßt. Es heißt, dass einmal in vier Monaten ein Schiff hierher kommt. Und das sei die „Nordwind".
Außer Schauerleuten, die auf den Waggons Baumwollballen in unsere Netzbrooks (Frachtnetze) hieven, sehe ich niemanden. Ich habe kaum Zeit und will nur kurz festen Boden unter den Füßen spüren. Ein Mann kommt mir aus dem Schatten der Palmen entgegen und hält eine große Muschel hoch. Als er bei mir ist, bläst er hinein und entlockt ihr einen merkwürdigen Ton, der mir gefällt. Mein Kleingeld reicht aus, um das Geschäft perfekt zu machen. Dann bin ich mit der Muschel allein und schaue mich ungestört um. Die Mittagshitze ist enorm. Der Strand ist wunderbar. Die Brandung weit draußen würde beim Baden nicht stören, stelle ich fest. Ein steiler Hügel erhebt sich aus der flachen Umgebung. Bei Gelegenheit werde ich hinaufsteigen. Jetzt schnell zum Mittagessen und gleich danach auf Wache. Von der

Ortschaft Cabedelo habe ich noch kein Haus gesehen. Zufällig treffe ich Timmy an der Gangway. Er will nach Feierabend an Land. Ich kann ihn begleiten. Wir verabreden uns für kurz nach vier Uhr.
Timmy steht bereit, als ich nach dem Duschen erfrischt zur Zimmermann-Hock gehe, seiner Werkstatt im 2. Deckshaus auf dem Vorschiff. „Ich denke, du hast Feierabend. Was willst du mit der Tür?“ „Die ist für meine Frau. Ich will sie überraschen.“ An der Gangway habe ich den Mund endlich wieder zu. Er überrascht nicht nur seine Frau! Timmy hat die Tür auf einer Schulter und packt sie mit rechtem, gestrecktem und linkem angewinkeltem Arm. Als wir so losgehen, vermisse ich Regisseur und Kameramann für den laufenden Film. Timmys Selbstverständlichkeit und seine gute Laune helfen mir, den Schalter auf „Brasilien“ umzulegen. Während der drei Tage auf See hatte ich auf „Normal“ geschaltet, war in Gedanken schon weit auf dem Atlantik in Richtung Europa.
Schnell sind wir unter dem Dach eines Palmenwaldes. Die hohen schlanken Stämme sind gar nicht so nah beieinander, wie ich dachte. Hier kann man schön im Schatten spazieren. Der Boden ist bis auf einige Krautflecken kahl. Hier leben Einwohner in geflochtenen Hütten, die freundlich und romantisch aussehen. Menschen, Hunde, Schweine und Hühner dösen in der Hitze. Timmy und ich gehen an Hütten vorbei. Anhängliche Hunde begleiten uns. Zielstrebig schreitet Timmy voran. Dann sind wir da. Aus dem Dunkel einer Hütte kommen eine junge Frau mit Kind an der Hand und zwei ältere Leute. Es ist Timmys Freundin mit ihren Eltern. Vielleicht ist es auch sein Kind? Welche Freude! Timmy wird herzlich begrüßt und umarmt. Auch ich genieße die natürliche Freundlichkeit. Gleich lehnt die Tür an der Hütte, nachdem Timmy sie in den Eingang hielt und mit Zeichensprache erklärte, dass der Rahmen nachgeliefert wird. Morgen schon, *amanha*! In der Hütte gewöhne ich mich an das schwächere Licht. Auf einer offenen Feuerstelle brutzelt ein Huhn. Timmy wurde erwartet. Seine Frau lässt ihn nicht mehr los. Mit einem *„Adios“* verlasse ich die glückliche Familie. Ich soll geradeaus weitergehen zum Wasser.
Die Hunde kommen nicht mit, als ich einen Strand erreiche und in die pralle Sonne trete. Welch ein Anblick! Es könnte eine Lagune sein, ringsum Palmen und davor Strand. *„Dwarslöper!“,* fällt mir ein, als ich die Krebse entdecke, die schnell über den schmalen nassen Sandstreifen krabbeln. Es sieht putzig aus, wie sie seitlich laufen und ihre Scheren nach oben richten, als wollten sie eine Gefahr abwehren. Schuhe aus und ins Wasser. Nein, ist das heiß! Damit habe ich nicht gerechnet. Das Wasser ist so heiß, dass ich fürchte, mich zu verbrennen. Ich gehe in den Schatten der Palmen zurück. Kinder tauchen auf. Quietschend sausen sie über den Strand, rennen durchs flache Wasser und werfen sich dann hinein. Aha, schnell durch das heiße Uferwasser. Wo es tiefer ist, kann man es ertragen. Das will ich jetzt auch, ziehe mich bis auf die Unterhose aus und schwimme übermütig herum. Ich erschrecke. Bin ich an einen großen Fisch geraten? Nein, eine junge Frau steht plötzlich vor mir. Sie lacht mit offenem Mund. Einige Zähne fehlen. Ich bin nicht begeistert, aber auch erleichtert, dass es kein Hai ist. Eine weitere Frau taucht auf. Das Wasser ist einfach zu warm. Ich muss jetzt mit Schwung schnell durch die seichte heiße Uferzone hindurch. Als ich mich in den Schatten eines geflochtenen Schirms der Fischer setze, wo auch meine Kleidung liegt, bleiben die Frauen da und plappern. Das geht bei mir links rein und rechts raus. Meine Ignoranz veranlasst die beiden, wieder ins Wasser zu flitzen. Ruhe und Stille gefallen mir.
Tapp, tapp, tapp! Ich höre ein angenehmes Geräusch. Vor den Uferpalmen läuft ein Mädchen den Strand entlang. Eine junge Dame kann man sagen, denn sie trägt ein Kleid, weiß mit großen blauen Punkten. Sie ist barfuß und hat eine unglaubliche schwarze Mähne, die den Laufrhythmus betont. Schon ist sie an mir vorbei, wird

wohl bald verschwinden, wie eine Fata Morgana. Nein! Sie kommt zurück! Als sie beinahe neben mir ist, meine ich, ein Lächeln zu erkennen. Ja, sie lacht herüber. Sie läuft leichtfüßig nach rechts weiter. Ihre üppigen Haare wippen und bedecken beinahe das Kleid. Bald sehe ich sie als hüpfenden, kleiner werdenden Fleck, der sich im Schatten der Bäume auflöst. Mein Blick wird jetzt von der Bewegung der Krebse gefangen. Warum rennen sie so emsig herum? Mir geht es hier im Schatten gut. Meine Unterhose ist wohl trocken? Ich stehe auf und streife den Sand ab. Nein, ich muss mich noch etwas gedulden. Nach ein paar Schritten sitze ich wieder unter dem Schirm.
Tapp, tapp, tapp. Da ist sie wieder! Das Schauspiel wiederholt sich. Als sie zurückkommt, winke ich ihr zu und höre ihr Lachen. Nachdem der dunkle Punkt verschwunden ist, warte ich vergeblich auf das weiße Kleid mit blauen Punkten. Das war ein Traum. Der Traum ist aus. Auf dem Rückweg kaufe ich kleine Bananen. Sie schmecken sehr gut. Zigarillos gibt es auch. Ich hatte schon die Marke Talvis in Santos probiert und rauchte sie gern. Diese sind milder. Davon werde ich morgen noch einige Packungen besorgen. Außer vielen Hütten gibt es auch einige solide Häuser wie dieses kleine Geschäft.
Der hohe steile Hügel am Atlantik lockt mich. Auf der Kuppe befinden sich zwei uralte Kanonen. Ich schaue auf unsere „Nordwind“, gleich nebenan. Nur unser Schiff ist hier und daneben der Zug mit Baumwolle vor einem flachen Lagerhaus. Kräne gibt es nicht.
Beim Abendessen erfahre ich, dass der Elektriker abrutschte, als er eine Palme hochklettern wollte. Er hat sich schlimme Abschürfungen zugezogen. Ich soll ihn vertreten und habe über Nacht Windenwache. Wenn keine Störungen vorkommen, habe ich angenehmen Dienst. Es wäre dann wie ein Badeurlaub. Diese Regelung gilt bis zum Auslaufen.
Es ist dunkel geworden. Ich mache meine gewohnte Runde über Deck und weiß, was sich unter den Palmen verbirgt. Nur wenige Lichtpunkte schimmern herüber.
Ich lese den Roman „Mandingo“ aus der Bordbibliothek. Das Leben von Sklaven am Mississippi wird bildhaft und ergreifend geschildert. Mein Gott, wenn das so gewesen ist, müsste man die „Herren Kavaliere der Südstaaten“ noch nachträglich verurteilen. Ich unterbreche meine Lektüre und schaue mich an Deck um. Wieso machen die Schauerleute so lange Pause? Niemand ist zu sehen. Ich gehe über das Bootsdeck und weiter nach oben. Der 1. Offizier weiß verbindlich, dass heute Nacht nicht geladen wird. Danke für die gute Nachricht!
Ich lese weiter. Lese ich wirklich? Als ich weiterblättere, weiß ich nicht, was auf der letzten Seite steht. Ich blättere zurück und sehe hüpfende blaue Punkte.
In der Nachbarkammer regt sich etwas. Die Tür wird abgeschlossen. Ich springe auf. Dieter will an Land. Er hat sich auch schon am Tage orientiert und eine Bar entdeckt. Man könnte nachschauen, ob es da Cuba Libre gibt. „Ich komme mit, heute Nacht wird nicht geladen. Ich habe frei.“ Schnell bin ich landfein und losgeht es. Wir hören Musik. Einige Lichtpunkte vor uns lassen Baumstämme erkennen. So finden wir durch das Dunkel unter den Wipfeln zur Bar. Junge, Junge, hier ist was los! Ringsum sitzen unsere „Seelords“ und Frauen. Einige Paare tanzen. Ich finde einen Platz und bestelle Cola mit Rum. Hier nimmt man keinen noblen Ron Merino zum Mixen, sondern Cachaca. Die ¾ Liter Flasche kostet kaum eine Mark, erfahre ich später. Und da ist auch meine Fata Morgana im weißen Kleid mit blauen Punkten. Ist sie soeben gekommen? Sie trinkt die Cola pur ohne Rum. Das geht auch. Ich will mir das merken. Sie heißt Carmencita und will mit mir tanzen. Ihre natürliche Unbefangenheit vermittelt das Gefühl von Vertrautheit. Wie kann es sein, dass sie sich so verhält? Sie ist jung und lebt im Paradies und macht, was ihr gefällt. Ach

Hein, lass das Grübeln. Hier ist alles natürlich und unbefangen. Wir tanzen so gut ich kann, also nicht gut, aber lustig. Irgendwann will sie fort. Ihre Hand lotst mich durch die Dunkelheit. Ein Licht taucht auf, wird größer. Wir erreichen ein Haus mit leuchtenden Fenstern. Sie öffnet die Tür und zieht mich hinein.
Im Zimmer sitzen ein Mann und eine Frau. *„Boa noite"*, höre ich von beiden. Dass ich verwirrt bin, ist ganz logisch. Ich soll mich setzen, erkenne ich an der einladenden Geste. Da sitzen wir nun zu viert und trinken Kokosmilch. Ich bin der Mittelpunkt, den alle freundlich anlachen. Eine merkwürdige Situation. An ein Gespräch ist nicht zu denken. Wenn ich meine, eine Frage begriffen zu haben, sage ich *„sim"* oder *„nao"* und meine ja oder nein. Wenn ich nichts vom Inhalt erahne, antworte ich *„nao entendo"*. Damit sind meine Sprachkenntnisse so gut wie erschöpft. Dieser Film ist trotzdem nicht langweilig. Es wird immer wieder gelacht. Ich weiß nicht, warum. Das muss ich auch gar nicht. Warum soll ich nicht mitlachen? Für die kleine Familie bin ich in diesem winzigen Nest eine lustige Abwechslung. Ich könnte die lieben Menschen unterhalten, fällt mir ein. Ich singe „Hänschen klein, ging allein in die weite Welt hinein ..." und „Eine Seefahrt die ist lustig, eine Seefahrt die ist schön ..." Den Refrain können alle mitsingen. „Holla hi holla ho, ..." Es macht richtig Spaß.
„Boa noite," heißt es nach einer fröhlichen Stunde. Es geht aber nicht hinaus in die Dunkelheit, sondern in Carmencitas Zimmer. Da sitzen wir wieder, diesmal auf dem Bett, ohne die Eltern und ohne Kokosmilch. Die Frau bringt eine Schüssel mit Wasser und Tücher. Und noch mal *„boa noite"*. Die Tür wird von einer fürsorglichen Mutter geschlossen. Adam und Eva sind im Paradies.

Eine wunderbare Luft empfängt mich. Sie ist kühl und erfrischend. Das erste Licht reicht aus zur Orientierung. Vögel beginnen zu rufen. Auf dem kurzen Weg zum Hafen höre ich Gesang. Das muss Dieter sein. Ich bin gleich bei ihm.
„Einstmals wälzte sich im Bette
Herzog Friedrich von der Pfalz.
Ohne jede Etikette
rülpste er aus vollem Hals.
Wie kam gestern ich ins Bett,
bin wohl wieder voll gewest.

Schon nach zwei Tagen verlassen wir Cabedelo. Viele winkende Frauen verabschieden uns. Ihre Männer sind vom nächtlichen Fischfang müde. Sie kommen morgens mit dem ersten Licht vom Atlantik zurück und schlafen sicherlich schon, nachdem sie heute das „Abschiedsgeschenk" in Empfang genommen haben. Ja, die Fischer werden am Abreisetag der „Nordwind" beschenkt. Es gibt eine soziale Tradition der „Nordwind"-Matrosen. Diese ist einmalig auf der Welt. Der Ablauf erfolgt nach bewährtem Plan im Einklang mit der Natur. Hier in Äquatornähe, fetzt vor dem ersten Morgengrauen eine heftige Windbö durch die Bäume, ein tropisches Phänomen. Die Palmwedel klatschen laut aneinander. Viele Kokosnüsse wummern herunter. Es hört sich an wie Wolkenbruch. Alle werden wach. Wenn die „Nordwind" an der Pier liegt, werden nicht nur die Frauen der Fischer munter, ebenso etliche Matrosen neben ihnen. Draußen ist es gefährlich, denn auch nach der „Windbraut" fallen immer wieder vom Wind gelockerte Kokosnüsse aus großer Höhe rumsend auf den Boden. In den Hütten dürfen die Matrosen nicht bleiben. Bei allem Verständnis für liebeshungrige Seefahrer werden die Fischer nicht gern vor ihren Betten stehen, in denen fremde Männer liegen. Also sorgen die Frauen für schnelles Ankleiden und nichts wie raus, trotz der Gefahr von oben. Und dann geht es ab zum Lagunen-Strand. Interessant sind die unterschiedlichen Fische, die es bald zu sehen gibt.

Manchmal ist ein so dicker Brocken dabei, dass er an langer Leine von mehreren auf den Strand gezogen werden muss. Dieses Aufeinandertreffen von heimkehrenden Fischern und der gemischten Gruppe aus dem Palmen-Paradies ist eine fröhliche Zusammenkunft. Außenstehende würden Hintergründe niemals erkennen. Einheimische Frauen warten auf ihre Männer und zufällig sind um sechs Uhr am Morgen Seeleute am Strand. Ist ganz normal, oder? Die Frauen umarmen und küssen ihre heimkehrenden Männer. Unsere Matrosen staunen, dass ihre Freundinnen schon wieder so lieb sind!
Der Fischfang ist an Land. Alle Fischer haben ihre Balsaflöße in Anwesenheit der Wartenden weit auf den Strand gezogen. Jeden Morgen, solange die „Nordwind" hier ist, erfährt die tropische Idylle diesen Mix aus Brasilien und Europa.
Aber heute ist es anders. Die Matrosen ziehen sich aus, ganz! Was ist das? Sie stürzen sich nicht ins Wasser, um den wunderbaren Morgen schwimmend zu begrüßen. Nein! Sie verschwinden unter den Palmen und gehen nackt an Bord. Ihre Kleidung bleibt zurück an diesem besonderen Tag: Die „Nordwind" wird heute zur Heimreise auslaufen. Alles hat seinen Preis, hier einen fairen Preis, meinen unsere Matrosen.

Um zehn Uhr befindet sich der letzte Baumwollballen an Bord. Ratternd und mit einem lauten Dröhnen schließen MacGregor-Lukendeckel die Laderäume. Matrosen hebeln die einzelnen Platten an den Seiten etwas hoch, drehen eine Exzenterscheibe und lassen die schweren Deckel in die Auflagedichtung absinken. Dann wird verkeilt. Jetzt können uns blanker Hans und überkommende Wellen auf hoher See nichts anhaben. Die Männer sind in ihrem wahren Element. Sie haben sich frisch angezogen, gut gefrühstückt und dienen dem Schiff. Frauen winken und bleiben in der Idylle zurück. Sie werden bald Fisch zubereiten. Bilde ich mir das ein oder steht Carmencita im Schatten der Palmen? Ist sie traurig? Bin ich traurig?
Wir treten mit unsrer „Nordwind" die Rückreise über den Atlantik an. Normalität wird einkehren, auf See und unter Palmen. Eine ungewöhnlich hohe Dünung schaukelt uns in Richtung Heimat.

Schon am folgenden Tag queren wir vor Mitternacht den Äquator. Es ist regnerisch und trüb. Die Schwüle macht uns zu schaffen. In der Kammer haben wir 36 Grad und in der Maschine 45. Das Seekühlwasser holt die Kühlwasserpumpe aus etwa acht Meter Tiefe. Es hat eine Temperatur von 32 Grad. Das Duschen mit diesem Wasser ist ein Genuss. Aber vorher wird gearbeitet. Charly kennt kein Pardon. Wir Assis müssen wieder zutörnen. Unsere Regelarbeitszeit beträgt 56 Stunden pro Woche. Das ist eigentlich genug. Aber wir Assis sind perfekt in vielen Fertigkeiten, denn nur mit einer soliden Ausbildung kann man als Assi anmustern. In dieser Situation habe ich kaum Grund zur Klage. Schließlich hatte ich mit der Windenwache und dem nächtlichen Ausfall des Ladebetriebs zwei Tage frei, einfach so wie aus heiterem Himmel.
Nach vier weiteren Tagen bunkern wir in St. Vicente auf den Kapverdischen Inseln. 640 Tonnen Diesel passen noch in die Tanks. Das reicht für 42 Reisetage. Dabei hatten wir noch über 300 Tonnen. Mit vollen Bunkern könnten wir theoretisch um die Welt fahren. Aber wir benötigen auch Trinkwasser und Proviant. Das Bunkern geht nicht im Handumdrehen. Insgesamt liegen wir fünf Stunden am Anker, während an Steuerbord nacheinander mehrere Bunkerboote anlegen. An Backbord finden sich Fischer in winzigen offenen Booten ein. Sie haben eine interessante Fangmethode. Nach dem Angeln eines Fisches beißen sie ein Stückchen davon ab und spucken es ins Wasser. Wie ein Keil nähert sich ein Fischschwarm dem Köder. Schwups schöpft

der Kescher einige Kilo von ihnen heraus. Im glasklaren Wasser ist das wunderbar zu sehen. Es dauert nicht lange, bis das Boot mit hunderten Fischen, etwa so groß wie Heringe, schwer beladen abfährt. Drei bis vier Boote fischen gleichzeitig. Ich kann es entspannt beobachten. Für das Bunkern, wie wir die Brennstoffübernahme nennen, ist an Deck der Storekeeper zuständig. In der Maschine kümmern sich Ing. und Assi, damit das Öl in den richtigen Tank läuft und wir keine Schlagseite bekommen. Der Füllstand muss immer wieder kontrolliert werden. Das geschieht mit einem Peilstab an langer Leine.
Einige Männer sind an Bord gekommen. Einer hat einen dicken stacheligen Fisch dabei, etwa so groß wie ein Fußball. Der ist wunderbar präpariert, sehr leicht und knochenhart. Ich habe das Gefühl, dass er mich anschaut. Den muss ich haben, daraus entsteht eine Lampe! Ich ergattere das schöne Andenken.

Die folgende Seereise im Südatlantik ist zunächst angenehm ruhig. Wir machen 13,5 Knoten, also 600 Kilometer pro Tag. In der Biskaya erwartet uns schwere See von vorn. Wir müssen den Maschinenregler einsetzen, weil die Schraube immer wieder aus dem Wasser taucht. So schaffen wir nur acht Knoten. Hinter der Biskaya geht es flott weiter bis Le Havre.
Europa ist mir vertrauter als Brasilien, natürlich auch hier in Frankreich. Leider kenne ich nichts von der Sprache. Die Verständigung war in Brasilien einfacher. Ich kannte schon einige Worte. Es liegt aber auch daran, dass dort die Menschen auf mich zugingen, ja bedrängten. Sie wollten etwas von mir, weil sie wenig hatten. Ich bin an einem Punkt, wo ich erkenne, dass Armut eine gewisse Dreistigkeit produziert. Das verurteile ich nicht. Dieses Verhalten ist nach meinem Verständnis richtig. Ich muss lernen, diesen Menschen freundlich zu begegnen und ihnen angemessen von meinem wenigen abzugeben.
Mit einer kleinen Gruppe bin ich abends in der Stadt. Wir gehen mehr spazieren, als dass wir einkehren. Es ist hier so ganz anders als in Brasilien. Ich glaube, eine gewisse Reserviertheit der Franzosen zu erkennen. Das empfinde ich mehr als gerecht. Auch wenn man uns den Zutritt zum Lokal untersagt hätte, wäre das für mich in Ordnung. Die Katastrophe, die Deutsche nach Frankreich brachten, muss man so schnell nicht verzeihen.
Und dann das. Auf dem Heimweg, es ist dunkel, singt einer unserer Gruppe den Anfang des Horst-Wessel-Liedes. Ich möchte im Boden versinken, aus Scham. Vielleicht auch aus Angst? Beides ist richtig. Die Ungehörigkeit kann man nicht verzeihen. Dafür kann man sich nur schämen. Sollte das eine Mutprobe sein? Das könnte schlimme Folgen haben! Angst ist auch erklärbar. Ich fahre ihn laut an. Er schweigt sofort. Gott sei Dank! Ich erkläre ihm, warum ich seine Melodie nicht will. Ich muss meine Begleiter wirklich kennen, bevor ich mit ihnen an Land gehe. Mein Keim, möglichst allein unterwegs zu sein, gedeiht. Den aus der Rolle fallenden Mann beobachte ich und komme zum Schluss, dass er ein Wichtigtuer ist. Dem fehlt etwas. Womöglich fühlt er sich nicht bestätigt, sucht Aufmerksamkeit auf andere Weise. Er ist frischer Leichtmatrose. Das kann noch was werden. Hoffentlich ist der Preis nicht zu hoch.

Ein Unfall. Matrosen kommen vom Landgang zurück. Peter Vollstedt hat herausgefunden, dass die Gangway federt und nachschwingt, wenn man im passenden Rhythmus hinaufeilt. Er will als Erster an Bord. Dann können die anderen sehen, wie schön das ist. Er hat nach kurzem Anlauf den richtigen Schritt erreicht und stürmt hinauf. Er stolpert, kann sich nicht festhalten und stürzt hinunter auf das Pflaster. Ich sehe es nicht, höre es von seinen Kollegen. Nach gründlicher

Untersuchung wird er in eine Londoner Spezialklinik geflogen. Bald hören wir von seinem Tod. Das schlägt uns auf den Magen. Ich habe Peter in guter Erinnerung. Er war mit uns Assistenten vertraut, war als Rudergänger nachts und bei Revierfahrt auf der Brücke und hielt Kurs. Da habe ich einige Mal mit ihm geplaudert. Er kam aus Holstein, wo ich gern mit dem Fahrrad unterwegs war. Auf diese Weise haben wir uns kennengelernt. Er war einer der Verbindungsmänner zum Achterschiff wie Uwe Carsten, auch Rudergänger und alter Fuchs der Reederei. Peter wollte Kapitän werden. Sein Bruder Hans fährt hier als 2. Offizier.

Am Abend, es ist Ostersamstag, der 1. April, erreicht die „Nordwind" nach London, Antwerpen und Rotterdam meinen Anmusterungshafen Bremen. Eine Überraschung ist, dass wir uns mit vier Assis die Wache teilen und nicht zu dritt. So haben wir täglich nur sechs anstatt acht Stunden Dienst. Also: „Frohe Ostern"! Meine erste Seereise ist beendet. Ich belohne mich am Dienstag und kaufe zwei Tischtücher, ein Raumthermometer und eine Kaki-Jeanshose. Am 7. April laufen wir in unserem Heimathafen ein.

Hamburg
Meine Schwester Ingrid besucht mich schon bald nach Einlaufen. Auch Jutta kommt. Am Abend erleben wir und unsere Gäste eine Überraschung. Der 3. Ing. lädt ein. Er spendiert Frizzante aus Porto Alegre. Es wird getanzt und gesungen. Auch Bulldog-Rotwein taucht auf. Das Einschenken aus der großen Korbflasche in zarte Gläser der Offiziersmesse braucht Kraft und Geschicklichkeit. Bald wird mehr erzählt als gesungen. Der 2. Offizier berichtet über einen Kneipenbesuch. Er kommt nach Hause. „Wo ist Peterle?", fragt seine Frau „Wieso, der ist bei dir." „Nein, du hast ihn in der Tragetasche mitgenommen, weil ich noch einkaufen musste. Mit dem Kleinen auf dem Fahrrad wäre schwierig." „Ich komm gleich wieder!" Und schon saust er los. An der Garderobe hängt die Tasche mit Peterle, so ein lieber kleiner Kerl. Er ist immer noch mucksmäuschenstill. Laut wird es erst zu Hause.

Jutta und ich fahren nach Flensburg. Nach meiner langen Abwesenheit fühlen wir, dass wir zusammengehören. Wie geht das, wenn ich wieder abreise? Verloben! Wir suchen Ringe aus, lassen unsere Vornamen und das Datum gravieren. „Jutta 8.4.61" steht schön und akkurat in meinem Ring. Wir sitzen in einem Café und feiern unser gegenseitiges Versprechen.
Drei Tage später bin ich schon wieder an Bord. Passt hier der Titel: „Seefahrt ist Not" von Gorch Fock? Meine Stimmung ist nicht gut. Allein in der Maschine Runden drehen nach den schönen Tagen ist ein zu großer Unterschied. Gemeinsames Essen in der Messe und plaudern vermitteln mir das Gefühl: Du bist auf deinem Weg, hier willst du sein!

Tante Paula ist an Bord, höre ich. Sie ist die Gattin des Senior-Reeders und hat in der Welt der Hamburger Seefahrer einen großen Namen. Sie hat mich während eines Telefongesprächs mit Kapitän Callsen, der auch in meinem Wohnort Sterup Kreis Flensburg lebt, eingestellt.
Aber daran denke ich nicht. Ich folge nur der allgemeinen Empfehlung und halte mich in der Kammer auf. Es heißt, dass die Dame einen Rundgang macht, um möglichst viele Besatzungsmitglieder zu begrüßen. Ich sitze also artig und lese in „Das Beste aus Reader's Digest" Es klopft. Und dann steht sie in der Kammer, eine feine Dame mit großem Hut. Unsere Zweibettkammer ist klein und vermittelt Nähe. Linkisch stehe ich zwischen Bank und Tisch. „Sie sind Herr Baumgart aus Sterup?" Mehr als

„ja“ fällt mir nicht ein. „Ich möchte den Maschinenraum sehen. Begleiten sie mich bitte.“ *„Ohauahauaha!“*, denke ich in der Mundart *„Angeliter Platt“*. Ich will die Dame auf Gefahr beim Heruntergehen der Niedergänge hinweisen. Nein, nicht nötig. Und dann sind wir unten am Fahrstand. Und sie möchte wissen, was ein Assi hier macht. Dazu kann ich viel erzählen. Es gibt ein nicht kleines Problem. Das ist der Lärm! Nähe ist zur Verständigung geboten. So kann man Assi Hein beobachten, wie er in das linke Ohr unter der Hutkrempe der gnädigen Frau Mackprang seine schnell sortierten Sätze spricht. Das müsste eigentlich gefilmt werden. „Den Teppich wechseln wir aus“, höre ich, als sie sich auf dem Gang verabschiedet. Das wird von einem Herrn notiert, der hier gewartet hat. Und schon klopft sie an die Tür der zweiten Assikammer.
Der Teppich liegt am nächsten Tag dort, wo Tante Paula mich begrüßte. Eine schöne Erinnerung, die ich nicht mehr mit Maschinenschuhen betreten werde, versprochen!

Meine allererste Reise liegt hinter mir. Sie hat sich besonders im Gedächtnis eingegraben. Mit meiner „Nordwind“ erlebe ich noch zwei weitere Brasilienreisen. Am 10. April beginnt meine zweite und am 29. August die dritte Reise. Die Erinnerungen fasse ich zusammen.

Bremen
Ich sehe ich den Film „Die Welt der Suzie Wong“ nach dem Buch von Richard Mason und bin beeindruckt. Bald kümmere ich mich um weitere Literatur dieses Autors und entdecke: „...denn der Wind kann nicht lesen“. Ich möchte noch weitere Kontinente kennenlernen. Schließlich bin ich auf dem Weg zum „Weltbürger Nummer 3“ und denke an die Begegnung mit Graf Luckner.
Ich kaufe kurzärmelige Oberhemden. Damit kann ich mich in Brasilien besser tarnen und werde nicht so leicht als Seefahrer erkannt.

Lissabon
Die Stadt ist schon so ein bisschen Brasilien wegen der Sprache. Es gibt dort ein Anis-Getränk in Fläschchen mit Aufschrift Magos. Ich schmecke keinen Alkohol und spüre ihn auch nicht. Als ich mich auf die fahrende Straßenbahn geschwungen habe, tut mir eine Breitseite weh. Bin ich betrunken? Die kleinen Fläschchen mit dem geheimnisvollen Geschmack könnten hinterlistig sein!
Am folgenden Vormittag gehe ich mit meinen Freizeitsandalen in einem in der Nähe liegenden Park spazieren. Er ist gepflegt und gefällt mir. Von einem steilen Hang schauen leuchtende Blüten herab. Ich sitze auf einer Bank in der Sonne und genieße die schöne Umgebung. Zwei Burschen kommen daher und sprechen mich an. Sie putzen Schuhe, erkenne ich an dem typischen Holzkasten. Sie können auch kleine Eisen unter die Sohlen nageln, zeigen sie mir. Nein, ich benötige nichts. Meine Hartnäckigkeit gefällt ihnen nicht. Plötzlich zieht mir einer die linke Sandale vom Fuß und entfernt sich. Auf einer anderen Bank beschäftigt man sich mit der Beute. Ich möchte nicht auf Socken im Kies hinübergehen und bleibe sitzen. Die Verhandlung wegen Rückgabe der Sandale zieht sich hin. Eine betagte Frau kommt daher. Sie scheint auf einem Spaziergang zu sein. Ich zeige auf meine verschieden ausgestatteten Füße. Besonders auf die Socke des linken Fußes und auf die Burschen. Die gute Frau erkennt den Zusammenhang und schimpft laut schreiend. Ich mag es kaum glauben. Die Sandale wird zurückgebracht! *„Muito obrigado Senhora“*. Ich gehe an Bord. An Deck erlebe ich eine Überraschung. Klack macht es, wenn ich den linken Fuß aufsetze. Was ist das? Ein Steinchen? Abstreifen

funktioniert nicht. Ich nehme die Sandale in die Hand. Die Jungs haben ein kleines Eisen unter die Spitze genagelt, eine Methode, Verschleiß aufzuhalten. Das Ding bleibt dran, eine Erinnerung an ein Abenteuer! Ich genieße den Park und die schöne Umgebung vom Peildeck. Auf der edlen Kiste für Bootszubehör sitze ich gut.

Arbeit auf See
Während der Reise im ruhigen Südatlantik wird einer der drei Hilfsdieselmotoren Grund überholt. Der 4. Ing. ist dafür verantwortlich. Ossi wurde in Hamburg abgelöst. Horst ist jetzt unser Lehrmeister und Partner. Der Diesel wird total abgetakelt. So nennen wir das Entfernen von Kipphebeln, Zylinderdeckeln, Ziehen der Kolben und vieles mehr. Als alle losen Teile fein säuberlich auf den Flurplatten liegen, würde uns kein Laie zutrauen, den Motor wieder zum Laufen zu bringen. So etwas zu erlernen, ist ein technisches Abenteuer. Aber wir Assis müssen dafür zutörnen. Das bedeutet, zu unseren 56 Wochenstunden kommen täglich drei hinzu.

Recife
Zum zweiten Mal bin ich jetzt hier. Ich gehe allein an Land. Im Gedränge eines Marktes trifft mich etwas schmerzhaft am Rücken. Ein kleiner Stein fällt auf den Boden. Reflexartig drehe ich mich um und sehe, wie sich jemand duckt. Schon bin ich da und schüttele das Bürschlein. Gott sei Dank, dass ich begreife, wo ich bin. Ich lasse los und schaue ihn an. Er ist verdattert und stammelt: „Amigo“. Darauf wäre ich nicht gekommen. „Amigo!“ höre ich auch mich und lache mehr über mich, als dass ich ihm schmeichle. Und dann haue ich ihm freundschaftlich auf die Schulter. Ich sehe, dass er es spürt. Es steht jetzt 1:1! Wir haben uns zusammengerauft und scheiden als Amigos. Er und seine Begleiter werden mich nicht mehr verfolgen und aus dem Hinterhalt attackieren.
Und schon bin ich von den bunten Bildern um mich herum eingefangen. Ich tauche ein in eine unbekannte Welt der Farben, Klänge und Düfte. Schwüle und Hitze begleiten und umarmen mich. Ja, ich glaube, dass es diese feuchte Luft ist, die die Wahrnehmung so intensiviert. Ich bin ein Teil dieser tropischen Suppe. Bei der ersten Ankunft hier in Recife fingen mich andere Eindrücke ein. Ich erkenne, dass die Wucht der Neuen Welt nur in mehreren Schritten begriffen werden kann.
Ich lasse mich treiben, wie man sagt, bleibe dort, wo viele Menschen sind. Da falle ich weniger auf. Inzwischen bin ich etwas getarnt. Hemd und Hose könnte man auch hier gekauft haben. Der Strohhut ist echter Brasilianer. Und dann trage ich den Verlobungsring auf dem linken Ringfinger, wie sich das in Deutschland für Verlobte gehört. Das sieht hier aus wie verheiratet. So schlendere ich vor mich hin, ohne echter Ehemann zu sein. Die Frauen scheinen das zu durchschauen: *"Pssst, pssst!“*
Ein gutes Bier aus der Flasche, an der Tau dicke Tropfen bildet, ist ein wahrer Genuss. Auch das Verweilen vor der kleinen Bar tut gut. Ich muss nicht nur herumlaufen, kann hier sitzen und das Gewusel des Völkergemischs beobachten. Wie Brasilianer lasse ich auf dem Rückweg die Arme bei geöffneten Händen pendeln. So verschafft man sich Kühlung. Man darf von anderen Völkern lernen! Schließlich bin ich auf dem Weg zum Weltbürger!

Beim Auslaufen spüren wir einen Ruck. Eine Anfrage auf der Brücke wird bald beantwortet. Ein Baumstamm dümpelt im Kielwasser. Der muss die Schraube gerammt haben, denn die Maschine humpelt. Ja, sie humpelt. Bei jeder Schraubenumdrehung macht die „Nordwind“ einen spürbaren Tick. Ist das ein Problem oder nicht? Bei voller Fahrt kann festgestellt werden, dass die Geschwindigkeit laut Bodenlog nicht kleiner ist. Aber das tick, tick, tick ist da.

Bahia
Der volle Name der Stadt lautet *San Salvador de Bahia de Todos os Santos*, denn sie liegt in der sogenannten Allerheiligen Bucht. Schon diese fromme Bezeichnung macht neugierig. Es gibt eine Unter- und eine Oberstadt. Ein gewaltiger Fahrstuhl befördert gleichzeitig mehrere Dutzend Menschen.
Die Oberstadt ist für mich eine wunderbare Verführung, auf Erkundungstour zu gehen. Es gibt besonders imposante Bauwerke, denn diese Stadt war bis 1763 Hauptstadt der portugiesischen Kolonie Brasilien.
Ich entdecke schöne große Villen in einem parkähnlichen, weitläufigen Gelände, eigentlich eine riesige wellige Wiese mit einzelnen Baumgruppen. Vor einem Gebäude hat sich eine mehr als hundert Meter lange Warteschlange gebildet, die über meinen Weg reicht. Ich will ausweichen, um den Schwanz der Schlange zu umgehen. Auch Polizisten sind da. Einer erkennt meinen Plan. Er winkt mich heran und sorgt für eine Lücke, durch die ich gehen darf. Ich bedanke mich mit einem freundlichen *„Obrigado!“* Auf einem Schild erkenne ich, dass es sich um ein Konsulat handelt.
Ich genieße eine wunderbare Aussicht auf die riesige Bucht mit blauem Wasser. Hier könnte ich wohnen und übe schon mal als einsamer Spaziergänger, als wäre ich ansässig.
In der Altstadt herrscht quirliges Leben. Ich genieße das Bad in der Menge. In Bahia leben besonders viele Afrikaner. Sie sind schon in der zigsten Generation hier. Ihre Vorfahren waren Sklaven.

Die „Gorch Fock“ liegt direkt hinter uns. Es werden Gäste empfangen, „hohe Gäste“, wie man zu sagen pflegt. Das erkenne ich an dunklen Anzügen und Uniformen der Herren. So etwas ist ein ganz natürlicher Vorgang. Unser Land will repräsentieren und lädt Repräsentanten ein.
Ein Ereignis bahnt sich an. Mehrfaches Hallo von Land wird von der „Gorch Fock“ beantwortet. Meine Aufmerksamkeit richtet sich auf eine sich nähernde fröhliche Gruppe mit weißen Mützen und daran flatternden blauen Bändern. Einige gehen tief gebückt, als wollten sie sich anschleichen. Nein, sie bewegen etwas über abschüssiges Pflaster. Holla, was ist das? Ein Fass kommt zum Vorschein, büxt aus und rumpelt in Richtung Bestimmungsort, erreicht die „Gorch Fock“ aber nicht, es bricht. Nach einigen Hüpfern legt es sich zur Ruhe. „Wir sollten mit ein paar Flaschen Rum rübergehen“, höre ich und bin dann gleich unterwegs in Richtung Altstadt. Nach Rum ist mir nicht.

Als ich zurückkomme, entdecke ich, dass ein Bananenschiff beladen wird und gehe dorthin. Das will ich aus der Nähe betrachten. Im Gänsemarsch tragen Männer große Stauden aus der Lagerhalle an das Schiff und legen sie in Segeltuchtaschen, eine Art Paternoster. Immer noch eine Staude kommt heran. Ich sehe, wie sie an der Bordwand aufsteigen und dann vermutlich in einer Ladeluke verschwinden. So viele Bananen! Die sehen richtig gut aus, appetitlich noch nicht. Sie sind grün. Hm, soll ich es versuchen? Ich fasse in meine Hosentasche. Dort befinden sich meine Geldscheine und sind sicher. Wenn ich im Gedränge bin, habe ich die Hand in der Tasche und hüte mein Geld. Mit 50 Cruzeiros könnte ich es versuchen. Ich mustere die Männer. Einer schaut zu mir und lacht, als ich Beifall andeute. Den schnapp ich mir. Geduldig warte ich bis er seine Staude abgelegt hat. Ich gehe auf ihn zu, gebe ihm das Geld. Mein Arm deutet in Richtung „Nordwind“. *„Si, si Senior!“*
Betont langsam gehe ich die Pier entlang. Bald werde ich eingeholt. Mein Amigo

trägt die schwere Last bis in die Elektrowerkstatt. Da hängt jetzt das Prachtexemplar! Mit *„Obrigado Senor!“* danke ich. *„Bassa nada!“* Er lacht und hat recht. Es macht nichts, dass eine Staude weniger den Paternoster hochfährt. Der E-Store wird immer abgeschlossen. Einen Schlüssel haben nur Elektriker, 2. Ing. und ich als E-Assi. Die Bananen reifen in Verbindung mit Geduld. Als es so weit ist, nehme ich einige in meine Kammer und bin spendabel.
Die Schiffsleitung möchte gern wissen, was sich an der Schiffsschraube durch die Kollision mit dem Baumstamm geändert hat. Das ist leider noch nicht nachprüfbar. Erst nach völligem Entladen kann man mit Ballastwasser so trimmen, dass ein Teil der Schraube sichtbar wird. Also weiter Schiff ahoi!

Vitoria
Die Bergformation ist spektakulär. Schon auf Reede höre ich Lärm, ein Mix aus poltern und rauschen. Als wir vorsichtig die enge felsige Einfahrt hinter uns gebracht haben, erkenne ich die Ursache. Ein Bulk Carrier, das ist ein Massengutfrachter, wird mit Erz beladen. Aus einem Schlund rauschen Tausende Tonnen in die Laderäume. Ich meine, dass man bei genauem Hinschauen an der Skala der Lademarke erkennen kann, wie das Schiff langsam tiefer sinkt. Hier im Hafen ist es an Deck so laut wie in unserem Maschinenraum.
Also nichts wie rein in die gute Hose und raus aus dem Lärm. Ich finde eine asphaltierte Straße. Sie windet sich in Serpentinen hinauf. Schöne Häuser in gepflegten Gärten sind auf der Straßenseite zum Berg so angeordnet, dass alle freie Sicht auf den Atlantik haben. Jedes Haus hat einen Frauen-Namen. „Casa Monica“, „Casa Magdalena" usw. Das ist so richtig heimelig und schick. Nach einigen Kehren habe ich genug geschwelgt. Ich gehe zurück. Hier haben sich Gleichgesonnene eine schöne und ruhige Idylle aufgebaut. Ich habe eine Idee. Abkürzen! Als ich vorsichtig den Hang hinuntersteige, merke ich, es gibt keinen Weg zurück. Es ist steil und rutschig. Bäume sind meine Helfer. Bevor ich weiter möchte, peile ich einen an und bin jedes Mal froh, wenn ich ihn erwische und mich halten kann. Das hätte auch schiefgehen können. Ich erreiche die Straße an einer unbebauten Stelle. Meine Schuhe sind schlammig, Hemd und Hose gehören in die Wäscherei.

Rio de Janeiro
Wir gehen an Anker. Was ist das? Die Jacht segelt nicht an uns vorbei aufs Meer hinaus. Man ruft herüber und legt an der inzwischen heruntergefahrenen Gangway an. Senor Niemeyer möchte bitte kommen. Mein Kollege Günther Niemeyer ist in Bremen eingestiegen. Er ist auch bald da und steigt einvernehmlich mit Kapitän und Ltd. Ing. auf die Jacht. Am nächsten Morgen machen wir fest und liegen wie auf der vorigen Reise, wieder zwischen Passagierschiffen. Eine gewisse Aufregung entsteht durch Zeitungen, die Agenten mitgebracht haben. Wir Assis bekommen auch eine. Mehrere Fotos und ein Bericht unter dicker Schlagzeile klären uns auf. Günther ist Neffe von Oscar Niemeyer, der spektakuläre Bauwerke entwirft und schon weltweites Interesse für die neue Hauptstadt Brasilia weckte! Wir staunen nicht schlecht. Die Wache-Vertretung können wir locker schaffen. Ich bin auf dieser Reise als E-Assi eingeteilt, bin also Gehilfe vom Bordelektriker auf Tagesdienst. Ich übernehme Günthers Wache. Am Abend ist er schon wieder da. Er lässt sich während der nächsten Tage passend zum Wachdienst abholen. Mit so einem amerikanischen Straßenkreuzer durch Rio zu fahren, das ist schon was!

Nach meinem Feierabend gehe ich an Land. Ich möchte am Abend wieder die Avenida Rio Branco aufsuchen und die Atmosphäre genießen. Ein Musikdampfer hat soeben hinter der „Nordwind“ festgemacht. Ich gerate in einen Pulk vieler Leute, wohl Schaulustige und auch welche, die Besuch erwarten. Ich stecke fest, denn alle schauen hinauf zu den winkenden Passagieren. Ein stattlicher Afrikaner schiebt mich von sich fort. Was hat er denn da in der Hand? Das gehört in die Hose! Ich stehe ihm direkt gegenüber und begreife sein Tun. Er zeigt in Deckung vieler Leute sein stattliches Profil, um die Damenwelt zu beeindrucken. Diese dreiste Reklame hat einen außergewöhnlichen Charme!

Auf zum Zuckerhut! Mit Dieter stehe ich in einer von Geländern vorgegebenen Mäander-Warteschlange. Diese Art anzustehen, erlebe ich das erste Mal. Endlich stehen wir gedrängt in der Seilbahngondel. Immer mehr vom Häusermeer taucht auf, je höher wir schweben. Aussteigen! Auf der Aussichtsplattform verteilt sich die Menge. Wir schauen und schauen. Wir haben Zeit und sind nicht weit von der „Nordwind“ entfernt. Während der kurzen Tropendämmerung gehen die Lichter an. Wir sind so beeindruckt, dass wir gern über Nacht hier oben bleiben möchten. Das ist aber eher ein Scherz, der sich aus dem überwältigenden Eindruck einschleicht. Wir sprechen mit brasilianischen Touristen, die Englisch können, ein seltenes Glück. Sie können uns die Stadt erläutern. Wir selbst erkennen beinahe alles, was wir uns schon angesehen haben. Die Strände, den Corcovado mit der Christusstatue, der mit seinen 710 Metern noch 300 höher ist als der Zuckerhut, das Maracana-Stadion und sogar den Hafen Niteroi auf der anderen Seite der Guanabara-Bucht wo 30 Liberty Schiffe aufliegen. Die wurden zum Einsatz im Zweiten Weltkrieg in den USA gebaut. Schön, dass wir für Lloyd Brasileiro fahren, sonst würden wir auch dort liegen, weitab von der Stadt!

Zum Frühstück gibt es ein leckeres Thema. Eine nackte Frau lief nachts mittschiffs durch die Gänge, ein Geschöpf wie etwa Miss Brasilien. Es ist wohl eher ein Gerücht als Tatsache. Der Alte wäre mal wieder im Bolero gewesen und hätte sich eine Ballerina mitgenommen. Die Story lässt sich wunderbar ausmalen. Das Thema zieht sich hin, köstlich!

„Der Bootsmann muss nach Hause, sein Vater ist krank!“, höre ich von beinahe jedem. Für mich ist das ein Erschrecken. Es ist sehr nett, mit Günter zu plaudern. Er war stets zuvorkommend, wenn wir seemännische Hilfe brauchten. Seine Familie hat eine Farm in Südwestafrika. Günter wird gebraucht. Er fliegt schon morgen nach Johannesburg. Herbert löst ihn ab. Das macht uns neugierig. Der hat wohl schon einiges erlebt. An einigen seiner Finger fehlt etwas. Er ist klein, aber oho, sagt man bei solchen Mannsbildern. Er stottert. Seine Sätze beginnen stets mit „Und ja und ...“ Nur "Moin" spricht er präzise ohne Einleitung. Sein krauses Haar findet sich im Gesicht als Bart wieder.

„Stern von Rio“ ist ein Begriff. Es geht um Diamanten. Ein Deutscher hat sich eine legendäre Existenz aufgebaut. Klein fing er an als Diamantenkäufer in Claims und betreibt jetzt ein weltbekanntes Geschäft. Ingenieure und Nautiker folgen einer Einladung und kaufen Klunker (chen) für ihre Liebste. Ein besonderes Stück ist der „Sputnik“, eine Goldkugel mit verschiedenfarbigen Diamanten.

Santos

Nach zwei Tagen auf Reede sind wir neun Tage in Santos. Kolbenziehen steht an, eine Teamarbeit für sechs Männer. Der Zylinderkopf wird entfernt. Dafür steht man auf demselben und löst die dicken Schrauben-Muttern mit Schlagschlüssel und

Vorschlaghammer, ein Balanceakt, denn der Standort ist glatt und der langstielige Hammer wiegt fünf Kilogramm. Gleichzeitig öffnen wir Seitenklappen zum Kurbelwellengehäuse und entfernen allerlei Rohrleitungen oben und unten. Bevor man in die Maschine steigt, wird die Turnmaschine eingerastet, eine Sicherheitsmaßnahme und auch Hilfsmittel. Am Kreuzkopf sind vier Flanschmuttern zu lösen. Sie sind mit Splinten gesichert. Auch von einer um die Kolbenstange befindlichen Stopfbuche müssen die Schraubenmuttern entfernt werden. Dafür ist Überkopfarbeit nötig. Nachdem der Zylinderdeckel mithilfe der Laufkatze abgehoben und auf einem Bock oberhalb eines anderen Deckels abgelegt ist, turnt man den Kolben in den oberen Totpunkt. Bohrungen für eine Abhebevorrichtung werden zugänglich. Und dann wird der Kolben gezogen. Der ist so schwer wie ein VW-Käfer. Die Kolbenringe werden entfernt, die Nuten gesäubert und auch die gesamte Mantelfläche. Die Oberfläche ist verkokst und nur mit hartnäckiger Mühe frei zu schaben. Schließlich hat er 3000 Arbeitsstunden geleistet. Das entspricht 21,6 Millionen Zündvorgängen! Was auch immer zugänglich ist, wird gründlich untersucht und gemessen. Heute ist der Aufwand besonders groß, denn die Laufbuchse muss ebenfalls raus, weil die Dichtung leckt, noch nicht stark. Aber Vorbeugen ist besser als hoffen, dass es nicht schlimmer wird. Das Festschlagen der Zylinderdeckelmuttern ist wie ein feierlicher Akt. Der 2. Ing. achtet auf den Klang. Der Mann mit dem Hammer schlägt solange, bis Charlys „Stopp“ zu hören ist. Dann setzt er den Schlüssel weiter. Bei „Fertig“ haben nicht alle Assis Feierabend. Bis zur Startbereitschaft der Hauptmaschine sind noch etliche Rohre zu montieren. Die Prozedur dauert etwa sieben Stunden ohne Pausen. Auf jeden Fall ist die Arbeit abzuschließen. Die Maschine muss so schnell wie möglich wieder einsatzbereit sein. Es gibt nur einen Hauptantrieb.
Diesmal haben wir in Santos das falsche Los erwischt. Am übernächsten Tag ziehen wir einen weiteren Kolben. Ohne Laufbuchse sind wir nach gut vier Stunden fertig.

Ich habe erst nach Feierabend Gelegenheit für Landgang. Was kommt dabei heraus? Wie die anderen Tagesdienstmänner gehe ich in die American Star Bar von Gerd und Willi. Nicki, eine freundliche Polin, mixt unsere Drinks. Sie spricht perfekt Deutsch. Bei ihr und unter unserem „Nordwind“-Rettungsring fühlen wir uns wie zu Hause. Hier lerne ich auch die Männer, die achtern wohnen, besser kennen. Unsere getrennten Unterkünfte und unterschiedliche Aufgaben verleiten kaum zu Gedankenaustausch an Bord. Mit einigen Matrosen bin ich dennoch so vertraut, als wären wir Kollegen. Was uns verbindet, ist die Neugier auf die weite Welt. Ein Abend hält mich länger bei Nicki. Als es Zeit zum Aufbruch ist, entschließen sich unsere Matrosen, eine andere Bar zu besuchen. Das will ich nicht. Nicki bekommt das mit. „Du kannst zu dieser Zeit nicht allein an Bord gehen. Komm, ich zeig dir unser Ruhesofa.“ Sie geht mit mir in einen zurückliegenden kleinen Raum. Ein feines Ledersofa ist mein Ruhebett. Morgens lassen mich die Putzfrauen hinaus. Ich war bestimmt nicht der Erste unter Nickis Schutz.

Wir stehen wieder als kleine Gruppe an der Gangway, haben soeben zu Abend gegessen. Warum sind wir so oft hier? Man ist nie allein, denn der Wachmatrose passt auf, dass kein Dieb unser Schiff entert. „Da rennt einer mit Koffer.“ „Ich sehe keinen rennen.“ „Auf den Kneipen!“ Tatsächlich, da hastet einer von Dach zu Dach, bleibt stehen und schaut sich um. „Wer hat einen Kieker?“ Schnell kommt jemand mit Fernglas zurück. „Das ist Herbert!“ „Unmöglich, lass mich mal gucken. Das kann doch nicht wahr sein. Das ist wirklich Herbert.“ Dass der für diese Reise neu eingestiegene Matrose zufällig Bootsmann wurde, war schon ein kleines Wunder. Er kann wohl gut mit dem Ersten, sagt man. Dass Herbert spezielle Qualitäten hat, ist uns schon bald klar geworden. Er läuft wieder. Ist er auf der Flucht? Braucht er Hilfe? Warum hat er einen Koffer dabei? Einem fällt ein, dass wir in Rufweite sind. „Herbert, was ist los?" Uns erreicht keine Antwort. Herbert verschwindet. „Er will sich nicht verraten. Deshalb antwortet er nicht. Komm, lass uns rübergehen." Die meisten gehen sowieso abends in „unsere" American Star Bar. Beim Frühstück erfahre ich Herberts Antwort zu dem Thema. Das wäre mal etwas anderes. „Und der Koffer?" *„Un ja und, ohne Koffer kann jejeder!"* Herberts Stottern kann auch nicht jeder!

Ich bin mit Dieter in der Zansibar. Er bevorzugt Gin Tonic und ich Cuba Libre. Dass wir in dieser Bar sind, ist reiner Zufall. Wir fühlen uns wohl, Dieter etwas wohler als ich, so scheint es mir. Er möchte noch in die Texas Bar. „OK, die ist gleich nebenan, was willst du denn da trinken? Hier haben sie doch auch alles". „Ich will frische Luft schnappen, die Qualmerei geht mir auf den Geist." Und schon sind wir draußen. „Dein Hemd ist nass, merkst du das nicht?" Dieter fasst an die Brusttasche. „Ach der Fisch!" „Welcher Fisch?" „Sieh hier, das ist der dicke aus dem Aquarium!" „Wieso hast du ihn mitgenommen?" „Hab´ ich nicht, den muss mir jemand eingesteckt haben." Obwohl es der dicke Fisch ist, ist er recht manierlich. Er ist tot. Dieter wirft ihn fort. In der Texas Bar haben wir kaum die halbhohe Western-Schwingtür durchschritten, als eine Frau uns folgt und Dieter auf den Rücken schlägt. Sie schreit und fuchtelt böse mit den Armen. Dieter reagiert vermutlich richtig. „Wir hauen ab!" Gleich hinter ihm bin auch ich draußen. Die zurückschwingende Tür verschafft uns einen Vorsprung. Wir rennen, so schnell wir können. Vor uns tauchen Mariner in weißen Uniformen auf, hinter uns zetert die Frau. Die Soldaten lassen uns vorbei, stellen sich aber der Verfolgerin und ihrer Verstärkung in den Weg. Das ist noch einmal gut gegangen. Dieter kann sich die große Aufregung nicht erklären. Wie Diebe schleichen wir davon, immer Mal nach hinten schauend. An Bord herrscht die allgemeine Meinung, dass Brasilianer die Bars im Hafen aufsuchen, ein Messer dabeihaben. Unsere Flucht war richtig. Polizisten kontrollieren ab und zu die Bars. Aber wenn spontan Trouble entsteht, sind sie nicht zufällig da. Und wenn sie dann erscheinen, kommen ihre Fragen. Das Problem mit der Verständigung hat man eigentlich immer. Und wem glauben sie? Wen nehmen sie mit? An Bord ziehen wir die Schuhe aus. Verwundert sagt Dieter: „Sieh mal Hein, jemand hat mir in die Socke geschossen!" Niemand bringt mich so zum Lachen wie Dieter!
Zu den nächsten Tagen könnte man sagen „wie immer". Das stimmt auch: Strand, Post, American Star Bar. Ein Tag, besser gesagt, ein Abend ist wieder kritisch. Gegen Mitternacht gehen wir zurück an Bord. Wir sind zu viert. Einige Frauen gehen in unsere Richtung. Sie sprechen uns nicht an, kleben aber beinahe an uns und schnattern untereinander. Was soll das? Plötzlich bekommen wir alle einen Schubs. Dann laufen sie davon. Im Handumdrehen wurde mein leichter Pullover abgestreift. Schade um das gute Stück. Jutta hatte es nach meinem Bericht über abendliche Kühle gestrickt, anthrazitfarben und schick.
Ich höre, dass es in Santos eine Ausstellung über die Inka-Kultur geben soll. Wegen mangelhafter Verständigung schaffe ich es nicht, mich durchzufragen, oder ich gerate an Leute, die nichts darüber wissen. Die Ausstellung hätte ich so gern gesehen. Nach Rio Grande mit Old Windy sind wir wieder in Porto Alegre.

Porto Alegre
Beim Landgang wird jeder von der Polizei abgetastet. Das ist neu. In der Deutschen Villa erfahren wir, dass man das zur Sicherheit eingeführt habe. Wir denken, dass es eher sinnvoll wäre, die Leute einer Kontrolle zu unterziehen, die in den Hafen gehen.

Von uns hat niemand Messer oder Schlagring dabei. Oder denkt man an Schmuggel?
Endlich ist alle Ladung von Bord. Die Gelegenheit, unsere Schiffsschraube zu untersuchen. Das rappelige Laufen hat sich seit Recife nicht geändert. Die vorderen Ballastwassertanks werden geflutet, während sie achtern gelenzt sind.
Mit dem Arbeitsboot fahren unsere Experten zur Schraube. Sie schaut beinahe halb aus dem Wasser. Die Turnmaschine dreht die Schiffswelle und schon entdecken wir die Verformung an einem Flügel. Nach mehrmaligem Zurufen steht der Schaden genau oben. Eine postkartengroße Fläche am Rand ist etwa um 30 Winkelgrade in Richtung Steven gebogen. Fachsimpelei wäre eine Beleidigung für die folgende Diskussion. Es gilt eine allgemeine Regel. Der Ranghöchste hat immer recht. Pluto, unser Chief, beansprucht es nicht. Also ist Charly am Ball. Abtrennen des krummen Teils würde das Rappel-Problem lösen, ist seine Meinung. Es gibt andere Gedanken. Dann würde ein Stück an diesem Flügel fehlen. Warum soll die Schraube rundlaufen, wenn etwas fehlt? Eine unverschämte Frage! In Gedanken höre ich: „Wisst ihr denn nicht, wer ich bin?“ Ich kleiner Assi fürchte eine Verletzung meiner „Nordwind“. Allein habe sie nicht in Flensburg gebaut, aber ich war einer der Erbauer! Deshalb traue ich mich und sage: „Was mit Holz verbogen wurde, müsste man mit einem Hammer zurückbiegen können. Abschneiden kann man immer noch.“ Ich spreche aus der zweiten Reihe, möchte anonym bleiben. Dieser Gedanke steckt wohl auch in anderen Köpfen. Man klopft das verbogene Teil vorsichtig in die ursprüngliche Lage. Außer kaum sichtbaren Hammerdellen sieht die Schraube aus, als wäre nichts gewesen. Unsere „Nordwind“ fährt ohne Krückstock ruhig aus dem Hafen und durch die riesige Pathoslagune. Im Südatlantik angekommen, geht es wieder gen Norden, ohne ticken.
Eine sogenannte Leckrate an der Simplexabdichtung hat sich gemeldet. Hängt das mit der Baumhavarie zusammen? Die raffinierte Stevenrohr-Dichtung im Heck, wo die dicke Schiffswelle nach außen geführt wird, verliert Sperröl. Unser 3. Ing. tüftelt eine Übergangslösung aus, fummelt das hin. Das Ergebnis überzeugt uns aber nicht Charly. Er spürt unseren dezenten Gegenwind, wenn in der Offiziersmesse bei Tisch das Thema aufkommt.
Diese Plänkelei findet ein Ende nach brachialem Versuch. Charly berichtet, es sei vorgekommen, dass man eine Ladewinde nicht gänzlich ausgeschaltet hätte. Er habe dann selber korrekt abgeschaltet, um den Generator zu entlasten. Er bittet um etwas mehr Sorgfalt. Kein Nautiker hört das gern. Das Thema landet nicht nur beim Bootsmann, sondern auch beim Kapitän. „Das können wir schnell prüfen.“ Gesagt, getan. Alle Winden sind außer Betrieb. Die Kontroller stehen auf „Null“. Die Haken des Ladegeschirrs befinden sich in Ösen, man kann auch sagen, sie sind seeklar. Genau in dieser Situation hätte ein Kontroller nicht auf „Null“ gestanden. „Welche Winde war es?“ „Deckshaus drei steuerbord vorn.“ Bevor Strom an Deck eingeschaltet wird, darf Charly den Kontroller entsprechend seiner Beanstandung einstellen. Ich rechne damit, dass das entsprechende Widerstands-Segment im Controller verschmort. Das bekomme ich wieder hin. „Alle Mann zurücktreten und Strom an Deck!“ Die Veranstaltung ist überzeugend. Das Seil spannt und schon knallt es laut. Der Haken schlägt gegen den Mast. Ich weiß nicht, ob die Öse gefunden wurde. Sie liegt wohl 4000 Meter tief auf dem Meeresgrund.

Paranagua
Hier war ich noch nicht. Hinter der Stadt ist Wald zu erkennen. Das müsste in dieser Klimazone Dschungel sein. Ich stehe an der Gangway und lasse meinen Blick schweifen bis zu der Höhe, wo in etwa 80 km Entfernung Curitiba, die Hauptstadt

des Bundeslandes Parana, liegt.
Ich höre, dass eine kleine Gruppe Frauen, die parallel zur „Nordwind“ die Küste mit Omnibus entlangfährt, heute eingetroffen ist. Insgesamt fahren sie mehrere Tausend Kilometer. Sie kommen uns schon im Norden entgegen und begleiten uns auf der Rückreise so weit wie möglich, dürfen aber nie an Bord. Ini Dad, Uwes „Frau“ von der Amican Star Bar ist auch dabei. Alles der Liebe wegen!
Im Hafen werden Güter transportiert. Ich betrachte das mehr oder weniger gemütliche Arbeiten. Bei dieser Hitze ist das vernünftig. „Warum schreist du?“ höre ich Timmy „Ich schreie?“ Ich habe das Gefühl, erwischt zu sein. Ja ich habe gerufen, intuitiv und spontan. „Sieh mal dort, so ein Mädchen sah ich noch nie.“ Timmy ist Experte. „Das ist eine Guarani!“ Auch er schaut jetzt auf das Geschöpf mit unglaublich üppigen langen Haaren. Aufgrund meines Rufens winkt sie herüber. Aber es sind nicht nur die Haare. Reinrassige Indianer sind in brasilianischen Städten inzwischen selten. „Du möchtest wohl auch Indianer blond machen?“ Ist das eine Frage oder eine Feststellung? Da hake ich nach und erfahre, dass es tatsächlich blonde Indianer mit blauen Augen gibt. Ich werde darauf achten Ja, das ist interessant. Wir plaudern über dies und das aus Timmys Schatztruhe.
Ein Mann kommt näher, steht dann an der Gangway. Was hat er da? Ein winziges Tierchen? Ich bin neugierig und gehe zu ihm. Ein Pinselohräffchen schaut mich an. Winzig wie eine Zigarettenschachtel. Auch andere Besatzungsmitglieder kommen hinzu. „Was frisst der?“ Ein Kenner weiß: „Der ist noch sehr jung. Den kannst du mit Dosenmilch aufpäppeln.“ Der Affe wechselt für eine Schachtel Pall Mall seinen Ernährer. Ich hole Milch. Nein, aus der Untertasse trinke ich nicht, scheint er zu sagen. Aber vom Finger lecke ich gern. Ich versuche es auch mit einem eingetauchten Streichholz. Das Problem ist gelöst. Auf dem Sofa bereite ich ihm mit einem zusammengefalteten Handtuch eine Kuschelkuhle. Das gefällt ihm. Nach einer Weile krabbelt er in das gefaltete Tuch und ist verschwunden. Also fühlt er sich wie zu Hause. Er bekommt noch mehr Milch verabreicht. Dank guter Beratung steht bald eine Konservendose auf dem Regal, beinahe bis zum Rand gefüllt. Eine Süßkartoffel, mit langem Draht durchstochen, reicht mit einem Drittel aus dem Wasser. Die wird schnell wachsen, versichert man mir. So erhält mein Affe seinen Affenbaum. Alle nennen ihn Monkey. Was in so ein Kerlchen hineingeht, kommt auch heraus. Die Krümel sind kein Thema, die Tropfen sind nicht nur nass. Sie riechen streng. Also lege ich eine abgelegte Seekarte auf den Teppich. Man mag es nicht glauben, sollte aber zuschauen, wenn er Pipi macht. Er erweist sich als Mann, steht hochbeinig, einige Tropfen rieseln auf das Papier. Nach einer Pause tröpfelt es wieder. „Der freut sich über das Geräusch.“ So die allgemeine Meinung. Die Kartoffel tut, was sie soll und hat bald ein schönes Büschel entwickelt. Das und sein Kuschelhandtuch sind jetzt Monkeys kleine Welt. Aber nur, wenn ich nicht da bin. Wenn ich hereinkomme, klettert er an mir hoch und akzeptiert die Brusttasche, die ich ihm aufhalte. Unser Verhältnis ist Affenliebe!
Monkey entwickelt sich prächtig. Er ist gesellig und stört nicht. Wahrscheinlich bin ich seine Mama. Er schläft am Kopfende in der Ecke meines Bettes. Wenn er unangenehm zu riechen beginnt, bade ich ihn in lauwarmem Wasser und Shampoo. Das ist nicht seine Leidenschaft. Aber ich halte ihn fest. Er kann nicht entkommen. Nach der Prozedur trockne ich ihn mit einem Handtuch. Er bessert nach, leckt und streichelt sein Fell. Seinen langen Schwanz hält er mit den Händen und pflegt ihn gründlich. Das Putzen sieht auch putzig aus. Er entwickelt sich gut. Seit ich herausfand, dass er gern gekochtes Ei mag, verwöhne ich ihn damit. Er genießt es, auf meiner Hand zu sitzen, wenn ich schreibe. Das blaue Luftpostpapier gefällt ihm. Das darf ich nicht offen liegen lassen, sonst finde ich nur Fetzen.

Im Heimathafen Hamburg steckt ihn meine Schwester Ingrid in ihre Handtasche und nimmt ihm mit nach Hamburg-Lurup. Von dort bringt Jutta ihn per Bahn nach Sterup zu meinen Eltern, auch in der Handtasche.
Und jetzt noch eine Affengeschichte. Kollege Wolfgang hat sich ein Kapuziner-Weibchen gekauft. Die Dame reicht mir aufrecht stehend bis Mitte Oberschenkel. Ich gehe regelmäßig mit Susi an Deck spazieren. Das muss sein, denn sie braucht Abwechslung. Ist sie zu lange allein, fängt sie an zu toben. Obwohl sie kurz angebunden ist, kann sie in der kleinen Kammer allerlei anstellen. Einmal hat sie eine Stange Zigaretten zerkrümelt. Susi hat für ihre Körpergröße enorme Kraft. Sie reißt an meinem Arm und gibt die Richtung vor. Warum soll ich ihr nicht folgen? Ihr Griff ist unglaublich fest. Nach wenigen Minuten muss ich die Hand wechseln. Ich vermute, dass ihr Urtrieb ein Festhalten diktiert, das zum Tragen ihres Körpergewichts ausreicht. Ein Matrose kauft ein Kapuziner-Männchen. Ob die beiden sich lieben? Susi sagt entschieden, nein!
Kapuziner ernährt man auf vielfältige Weise auch mit Zuckerrohr. Ellenlange Stücke sind genau richtig. Susi packt sie an den Enden, verdreht sie und beißt in die Mitte des Stabes. Das Holz splittert und bildet Fasern. Sie dreht weiter, bis sich das Rohr an einem Ende auflöst. Genüsslich zieht sie einzelne zuckersüße Fasern durch den Mund. So kann man sie gut beschäftigen und ruhigstellen.
Und noch ein Pinselohraffe. Nachdem mein Monkey bei meinen Eltern ist und die Nachbarschaft amüsiert, bringt mein Kammerkollege Dieter einen mit, ohne dass ich davon weiß. Ich komme von Wache. Schon ist er bei mir, wühlt in den Haaren. Wir werden uns nicht einig. Er ist ein erwachsenes Männchen, vielleicht in freier Natur aufgewachsen. Er lässt mich nicht schlafen. Ich rolle ihn in ein Handtuch. Nur sein Gesicht schaut aus der Röhre. So liegt er auf Dieters Bett. Ein Blatt Papier mit großer Schrift verrät dem Affenvater: *„Monkey aki“,* (Affe hier).

Jetzt geht es von den Zimmeraffen in den Urwald von Paranagua. Zu dritt lassen wir uns nach Feierabend mit einem Geländewagen in den Dschungel fahren, eine abenteuerliche Tour durch enge Wege mit Schlaglöchern, Matsch und ans Auto schlagende Äste. Als wir die kommende Dunkelheit spüren, erreichen wir eine Kneipe. Nach einem kühlen Brahma-Chopp fahren wir zurück. In der Dunkelheit vermute ich immer wieder Schlangen. Das trifft wohl nicht zu. Ich sehe Gespenster. Meine Fantasie ist im Dschungel-Film!

Nach zwei Tagen geht es weiter. Die abenteuerliche Autotour geistert mir noch bei der Abreise im Kopf herum. Auf dieser Reise habe ich das Glück, wenn immer ich will, während der Arbeit an Deck zu sein. Da sind Filter der Belüftungsanlagen zu reinigen. Tausende Insekten haben dort ihr trauriges Ende gefunden. Kontroller und Motoren der Ladewinden sind regelmäßig nach jedem Einsatz zu prüfen. Die Bedienung erfolgt durch Hafenarbeiter. Die sind nicht zimperlich. Wenn sie es schaffen, eine Windenstörung auszulösen, haben sie Pause. Es sind aber nicht unbedingt bösartige Handlungen. Es kann auch Dilettantismus sein.

Rio

Im Hafen ist es an Deck interessant. Ich lasse diese spezielle Stimmung immer wieder gern auf mich einwirken. An der Praca Maua ist es besonders reizvoll, denn viele Touristen der benachbarten Musikdampfer bewegen sich unter mir. Dieses Privileg, hier liegen zu dürfen, verdanken wir dem Chartervertrag mit Lloyd Brasileiro. Ladung haben wir kaum. Wir sind Treffpunkt bedeutender Brasilianer. Gegenüber befindet sich ein größeres Gebäude. Leute gehen hinein und kommen heraus, einzeln oder in Gruppen. Es könnte sich um ein Amt mit Publikumsverkehr handeln. Die Natur hat mich nicht mit kriminalistischem Spürsinn ausgestattet. Aber die Dauer der Beobachtung hilft, eine Vermutung zu entwickeln. Erste Feststellung: Eine Behörde wird es nicht sein. Dann wäre eine Tafel zu sehen. Zweite Feststellung: Es gehen Frauen allein oder mit anderen Frauen hinein. Dritte Feststellung: Es gehen Männer allein oder mit anderen Männern hinein. Vierte Feststellung: Heraus kommen immer Paare allein oder mit anderen Paaren. Hein, du bist jetzt gefordert. Was kann dahinterstecken? Meine Vermutung ist noch kein Beweis. Der muss folgen. Nach dem Abendessen gehe ich über den Platz. Nacht kündigt sich an. Die kurze Dämmerung wird das Tageslicht in wenigen Minuten verscheuchen. Die Tür steht offen. Ich gehe als Mann allein hinein, folge also der Logik meiner Vermutung. In einem Flur warten einige Leute, Frauen und Männer. Warum gehen sie nicht weiter? Worauf warten sie? In dem spärlichen Licht entdecke ich ein Gitter. Davor ist eine Kette waagerecht gespannt. Ich empfinde es hier wie Spuk, von geheimnisvoll bis gespenstisch. Zum Glück bin ich nicht allein. Mein Gefühl wird unterstrichen durch ein Ratter-ratter-ratter-Geräusch. Ein Mann bewegt sich und fummelt an der Kette, löst sie an einer Seite und lässt sie auf den Boden fallen. Nach dem Klirren wird es still. Das Ratter-ratter-ratter-Geräusch endet wie abgeschnitten. Der Kettenfummler schwingt das Gitter. Es ist eine Tür! Aus der dunklen Nische kommen Leute, die ins Freie verschwinden. Es sind Paare! Die Wartenden gehen zur Nische, ich auch. Jetzt stehen wir beinahe gedrängt in einem Käfig. Die Tür wird geschlossen und die Kette davor gespannt. Ratter-ratter-ratter erreicht die Ohren und rummel-rummel-rummel spüren die Füße. Als nach einer oder zwei Minuten Ruhe einkehrt, öffnet sich das Gitter. Mit meiner abenteuerlichen Gruppe verlasse ich den Käfig. Eigentlich müsste es hell sein, wenn wir angekommen sind. Ich brauche etwas Zeit zur Orientierung. Ist es der Zigarettenrauch, der das Licht schluckt? Hier stehen die Leute genauso dicht beieinander wie im Käfig. Man hätte uns gar nicht mehr hereinlassen sollen. Aber einige verlassen den Raum. Ich erkenne kein Fenster, nur funzelige Lampen. Die Menschen sind eine sich langsam rhythmisch bewegende Masse. Man muss kein guter Tänzer sein, stelle ich fest. Alle unterhalten sich angeregt, Amigas und Amigos. Ich bin in einer Quelle, wo sich Paare bilden. Das Licht erlaubt kaum, Frauen von Männern zu unterscheiden. Das geschieht mehr nach Gefühl. Wie zufällig steht eine Dame vor mir. Sie legt ihre Hände auf meine Schultern, spricht brasilianisch und schiebt mich sanft. Ich muss rückwärts schreiten, um nicht zu rempeln. Tanzen nach genormten Schritten ist nicht mein Ding. Aber hier wird mehr gewackelt als nach Muster geschritten. Die Anforderung an Tanzstil ist null. Auch meine Konversation ist null. Das Geschöpf merkt bald, dass wir nicht das ideale Brautpaar sind und wendet sich ab. Ich finde einen Tresen und stehe dann mit Cuba Libre an einer Wand. Eigentlich will ich das Treiben beobachten. Das gelingt nicht ungestört. Damen versuchen, sich mit mir zu unterhalten. Ich habe das Glück, ihre Sprache nicht zu beherrschen. So wechseln sich die Damen ab, mich in Versuchung zu führen. Es sind deutlich mehr Frauen als Männer hier. Die ungezwungene Atmosphäre fördert das Zusammenfinden. Jeder kann auf jede oder umgekehrt, jede auf jeden zugehen. Das ist unverbindlich. Auch wenn man sich abwendet, bleibt die Welt friedlich.

Ich trinke langsam, nehme immer nur einen kleinen Schluck, eine gute Gelegenheit zum Rauchen. Dabei werden gleich mehrere Zigaretten geschnorrt. Jetzt, wo ich selber rauche, stört mich der Qualm weniger. Als Cuba Libre und Zigarette geschafft sind, steuere ich auf das Gitter zu. Bald kommt der Käfig. Die sich wiederholenden „Amigo, Amigo!"- Grüße lasse ich hinter mir. Im Käfig bin ich Einzelgänger. Um mich herum stehen Paare, die sich umarmen. Draußen ist es bereits dunkel. Und da liegt meine „Nordwind" mit ihrer Decksbeleuchtung bescheiden zwischen

Passagierschiffen, die mit Hunderten Fenstern und Lichterketten protzen. Ich verharre und genieße das nächtliche Bild der Stadt. Der Pao de Acucar (Zuckerhut) ist ganz nah. Von der ansteigenden dichtbesiedelten Bergformation unterhalb des Corcovado (der Bucklige) funkelt ein Lichterteppich herüber. Auch nachts wird das Profil der Stadt durch diese Berge bestimmt. Heute habe ich eins von tausend Geheimnissen Rios gelöst. Die Luft hier draußen ist nach dem soeben erlebten Barbesuch ein Genuss. Eigentlich möchte ich noch gern durch die Av. Rio Branco bummeln. Aber allein ist mir das zu vage. Natürlich berichte ich über meine Entdeckung. Ich verleihe ihr den Namen „Fahrstuhlbar".

Dieter und ich wollten immer schon nach Leblon, den entferntesten Strand. Wir können mit dem Bus direkt dorthin. Am Strand gewinnen wir Europäer als Kleiderbewacher. Und ab geht es in die verlockende Brandung. Das macht richtig Spaß! Das warme Wasser fühlt sich seidig an. Ich stürze mich in anrollende Wellenberge. Dieter ist vor mir und wühlt sich durch eine neue Welle, ich hinterher. Eine geheimnisvolle Kraft ergreift mich. Ich spüre, dass es nach unten geht. Das will ich nicht. Nach einer Grundberührung werde ich hochgeworfen. Erschreckt steuere ich Richtung Strand. Mit Unterstützung einlaufender Wellen kann ich bald im Sand ausruhen. Das linke Ohr scheint gelitten zu haben. Dieter kommt erst nach Minuten und wirft sich neben mir hin. Stille, bei Dieter eine neue Erscheinung. Unsere Kleiderwächter kommen und meinen, dass das gewagt wäre. Man sollte sich nicht mehr zutrauen als die einheimischen Cariocas, eher weniger. Jetzt sind wir auch dieser Meinung. Dieter hat sich eine breite blutige Schramme am Rücken eingefangen. Zum Glück stockt die schwache Blutung und bildet Krusten. Er kann das Hemd überziehen und zurückfahren. Diesen besonderen Strand werden wir nicht vergessen!

Vitoria

Die „Nordwind" liegt wieder vor Vitoria auf Reede. Morgen werden wir einlaufen. Es ist beinahe wie auf See. Alle von der Maschinenbesatzung sind im Wachrhythmus. Der Bordelektriker und ich erledigen Wartungsarbeiten an Steuergeräten der Ladewinden auf dem Achterschiff, eine angenehme Arbeit an frischer Luft mit schöner Aussicht. Wir hören den Maschinentelegraf klingeln. „Ich gehe runter", sage ich und bin schon unterwegs. Auf dem Flur treffe ich den 4. Ing. „Der Lotse kommt gleich. Wir stellen um auf Seebetrieb!", ruft er mir zu. Am Fahrstand erfahre ich von dem Unfall. Ein Matrose hat sich beim Anstreichen am Oberlicht über dem Treppenhaus eine schlimme Schnittwunde zugezogen. Er muss schnellstens ins Krankenhaus. Nachdem ich den Dieselgenerator synchronisiert und zugeschaltet habe, kann ich an Deck meine Arbeit fortsetzen und das Einlaufen beobachten. Ich habe auf dieser Reise ein gutes Los erwischt.
Die Einfahrt ist wieder abenteuerlich. Schroffe Felsen sind nahe der Route. Dazu kommt, dass es nicht nur geradeaus geht. Dass man hier einen Lotsen braucht, ist logisch. Wer weiß, wie es unter uns aussieht. Da könnten tückische Felsbrocken lauern.
Wir sind kaum an der Kaimauer. Schon wird der Verletzte mit der Bahre die Gangway hinuntergetragen. Einige von unserer Besatzung begleiten ihn, Kapitän, Offiziere, Bootsmann und Kollegen. Auf der Pier wartet eine Herrengruppe. Das müssten Vertreter der Agentur sein. Ich erkenne eine unerwartete Fürsorge, die ich mir vorher nicht hätte vorstellen können. Ein Krankenwagen fährt mit dem Verletzten davon. Die unbekannten Herren folgen im Pkw. Und schon müssen wir ablegen, vorsichtig die kritische Ausfahrt passieren und an Anker gehen. Es rappelt mächtig,

als die schwere Kette durch die Klüse rutscht. Das hört man in jeder Kammer. Meine Gedanken sind noch bei dem Matrosen. Wie mag es ihm ergehen in der fremden Umgebung? Seine Freunde können ihn besuchen, wenn wir im Hafen liegen. Vielleicht hat er Glück und kann nach dem Nähen der Wunde an Bord auskurieren? Ich kontrolliere Befestigungsschrauben im Windenkontroller und poliere Kontaktsegmente mit feinem Sandpapier. Meine Gedanken wandern bis zu Tante Paula. Ob sie von dem Unfall erfährt?

Und dann liegen wir im Hafen und besuchen den Deutschen Club. Schon am Nachmittag wird geöffnet. Im Treppenhaus höre ich Wiener Walzer. Der Club liegt im 11. Stock. Alles ist nobel und großzügig. Am schönsten ist die Dachterrasse. Hier kann man sich setzen und ein Getränk genießen. Junge Burschen sind da. Die haben allerhand Fragen. Dass ich studieren will, halten sie für unnötig. „Bleib hier und sage, dass du Ingenieur bist. Uns Deutschen glaubt man das!"
Und später wird auch getanzt. Walzer kann ich einigermaßen. Mit einer Gudrun wirbele ich flott herum. Am späteren Abend beweist ein junger Mann seinen Mut. Er balanciert auf der Brüstung. In dieser Höhe ist es Leichtsinn! Ich mag nicht hinschauen.
An allen drei Tagen, die wir in Vitoria liegen, besuche ich den Club. Von älteren Gesprächspartnern erfahre ich einiges über das Leben hier. Mich beschäftigt die Frage des Zusammenlebens verschiedener Rassen. Wenn bei uns ein schwarzer Mann aus Afrika gesehen wird, ist es eine Sensation. Jeder weiß, dass ein Mensch mit anderen Gewohnheiten daherkommt. Wie geht das in Brasilien? Da sind Indianer, Afrikaner und Europäer und alles, was sich daraus mischen lässt. Was ich erfahre, ist ganz logisch. Es gibt der Herkunft entsprechende Lebensformen und Bräuche. Die möchte man pflegen. So gibt es Wohngebiete, in denen sich Gleichgesinnte konzentrieren. Und auch Treffpunkte, wo man ganz unter sich ist. Und da haben wir ein aktuelles Beispiel: Den Deutschen Club in Vitoria! Es gibt Miteinander und Nebeneinander. Das Nebeneinander ist öffentlich auf Straßen und in Geschäften zu sehen. Einer bedient, einer lässt sich verwöhnen, könnte man sagen. Und wenn man genau hinschaut, ist der Verwöhnte beinahe immer ein Europäer. Einen Satz habe ich behalten: „Wenn wir einen gut bezahlten Posten besetzen müssen, bevorzugen wir Weiße, beschäftigen aber gern auch alle anderen." Ich bin damit einverstanden. Ich denke auch, dass Europäer länger zur Schule gingen und mehr Kenntnisse erwarben. Aber ob das so bleibt? Erlebte Pfiffigkeit und Raffinesse lassen mich vermuten, dass uns andere Rassen bei gleicher Schulbildung ebenbürtige Konkurrenten sind. Im Deutschen Club wird nicht nur gefeiert, sondern auch gedacht! Es tut gut, in dieser lebhaften und farbigen Welt durch Gespräche mehr zu erfahren, als allein durch Zuschauen.

Abschied von Rio

Wir sind das letzte Mal in Rio. Nach der dritten Reise wollen Dieter und ich abmustern. Wir sind uns einig, dass Rio eine zauberhafte Stadt ist und einen würdigen Abschied verdient. Ich bin das fünfte Mal hier und sage schon jetzt, einmal zu wenig! Was leicht zu erklären ist. Unsere normale Reise mit diversem Stückgut führt auf Aus- und Heimreise über Rio. Auf meiner ersten Heimreise fuhr die „Nordwind" an Rio vorbei. Allen, die es nicht erlebten, sage ich: Das ist hart. Und wenn man diese Stadt schon erlebt hat, ist es sehr hart!
Was unternehmen wir? Wir lassen uns von der Stadt überraschen, gehen einfach los. Also geht es los! Dieter war noch nie in der Fahrstuhlbar. Und schon sind wir nach wenigen Metern am Eingang. Dieter staunt über meine Entdeckung. Er will nur

schauen und sich nicht weiter aufhalten. Nach einem Drink und beharrlichem Abschütteln von leichten Mädchen stehen wir schon bald wieder draußen. Da liegt unsere prächtige „Nordwind". „Das war doch schon ein typischer Abschied, lass uns an Bord gehen und noch ein Bier an Deck trinken." „Nein Hein, wir wollen uns von Rio verabschieden. Das geht nur in der Stadt.
Wir betreten ein Hotel, oder ist es ein Klub? „Egal was es ist, wir gehen so weit, bis wir eingeladen oder rausgeworfen werden." Dieter will es wissen. Ohne dass wir angesprochen werden, queren wir eine kleine Halle. Auf einem Korridor sehen wir Frauen luftig gekleidet oder tragen sie Nachthemden? Sie albern mehr, als dass sie sich unterhalten. Beidseitig des Korridors sind Türen. Die Frauen bemerken uns und kichern, einige treten zurück und verschwinden. Wir gehen den Gang entlang. *„Boa noite, boa noite!"*, und immer wieder: *„Boa noite!"*, hören uns die Damen und so antworten sie auch, plappern jetzt und rufen. Wir verstehen nichts. „Die machen sich über uns lustig. Gehen wir jetzt oder was?" Dieter ist nicht am Ziel. Also weiter! Dort steht eine Türe weit offen. Viele Herren in dunklen Anzügen sitzen in einem Vortragsraum. Aha, die haben ihre Frauen mit, oder etwa nicht? Vielleicht sind sie das zweite Mal verheiratet. So wäre das unterschiedliche Alter zu erklären. Wir wissen jetzt mehr über Rio als vorher! Das war Teil zwei unserer Abschiedstour.
Teil drei zelebrieren wir nahe am Straßengeschehen, mitten im beschaulichen Leben. In einer typischen, zur Straße offenen Bar finden wir gemütliche Plätze und bestellen Bier. Schon nach wenigen Minuten steht Dieter auf. Er will sich etwas umschauen. Ich soll inzwischen unsere guten Plätze sichern.
Mein Bier habe ich langsam und genüsslich ausgetrunken. Wo bleibt Dieter? Sein Bier wird warm. Meine Geduld lässt nach. Ich zahle beide Biere. Schon seit einiger Zeit höre ich im Hintergrund Stimmen. Ist Dieters auch dabei? Ein niedliches grünes Auto naht. Es sieht aus wie ein winziger Lastwagen. Das interessante Auto hält vor der Bar. Zwei Polizisten steigen aus, sprechen mit der Bedienung. Die ruft laut in Richtung Hintergrund. Dort öffnet sich eine Türe. Mehrere Frauen kommen herein. Dazwischen ist Dieter, den sie an beiden Händen festhalten. „Die Weiber wollen mir Geld abknöpfen", ruft er mir zu. Die Frauen haben auf die Polizei gewartet. Jetzt beginnt ein längerer Dialog. Dieter und auch mir ist klar, dass das eine ernsthafte Angelegenheit ist. Es geht um Geld. Dieter hat etwas angestellt, was er bezahlen soll. Er hat das bisher nicht eingesehen. Im Angesicht der Staatsmacht zählt er alles, was er dabeihat, vor allen Augen auf den Tisch. Das reicht den Frauen nicht. Sie haben Schützenhilfe durch die Anwesenheit der Polizei. Ich zähle auch mein Geld und gebe es der lautesten Frau. Sie ist zufrieden. Das war dann wohl der Abschied. Ohne Geld können wir nichts weiter unternehmen. Wir wollen gehen. Dieter wird von den Polizisten festgehalten. Sie führen ihn zum Auto. „Mensch Hein, die sperren mich in die Grüne Minna!" Tatsächlich, Dieter sitzt wie ein Affe im grünen Käfig. Ich stehe davor. Mit freundlicher Geste lädt ein Polizist mich ein, Dieter zu folgen. *„Nao, nao!"* Der Käfig wird abgeschlossen. Dieter ist gefangen. Was nun? Die fahren mit ihm weg und dann? Die „Nordwind" wird in wenigen Stunden auslaufen. Ich stehe vor dem Auto. Zum Glück versteht man auch in Brasilien etwas von Freundschaft. Ein Polizist steigt aus und lässt mich vorne einsteigen. Er quetscht sich auch noch hinein. Die Grüne Minna startet. Ich gehe davon aus, dass die Wache unser Ziel ist. „Wir müssen es schaffen, dass sie zum Schiff fahren." Dieter spürt die Schlinge um seinen Hals und wird kreativ. *„Navio, Lloyd Brasileiro, Praca Maua!"* Sie wissen also, dass wir Seefahrer sind. Mir fällt ein „Grande Fiesta!", ja, die hatten wir mit wichtigen Brasilianern. „Oscar Niemeyer" schiebe ich nach. Wenn sie meinen, dass heute eine Feier stattfindet, macht nichts. Und dass ich den Neffen von Oscar Niemeyer meine, macht auch nichts. Meine Sprachkenntnisse sind dürftig und reichen nicht aus, alles

korrekt darzustellen. Unsere Schlagworte lassen sie nur schmunzeln. Da haben schon andere etwas Tolles behauptet, mögen sie denken. Wir sind verzweifelt. Dieter und ich wiederholen das bisschen, was wir mitteilen können, immer wieder. Und dann erkennen wir, dass wir uns auf dem Weg zur Praca Maua befinden. Wir fahren zur „Nordwind!“ Zwei dicke Wackersteine fallen von unseren Herzen. Zu viert gehen wir unsere schicke Gangway hinauf. Wir fragen nach unserem Supercargo und lassen ihn bitten, zur Polizei zu kommen. Er spricht perfekt brasilianisch. Die Polizisten bekommen auf jede Frage eine Antwort und sind uns los. Sie wissen, dass wir hier hingehören. Dieter und ich gehen beinahe immer nach Landgang an den großen Kühlschrank in der Pantry, auch nach dieser Aufregung. „Warum hattest du Trouble mit den Frauen?“ „Wegen der Scheiß Wäscheleine. Ich bin aus Versehen gegen eine wackelige Stütze gekommen.“ „Das ist doch nicht weiter schlimm.“ „Das war schon ärgerlich, jede Menge Wäsche klatschte auf den Boden.“
Wir haben den Schaden bezahlt. Die Frauen werden sich freuen. Sie machten ein gutes Geschäft. Nicht alle verlassen Rio mit einem so reinen Gewissen wie Dieter und ich.
Erleichtert und auch stolz auf den perfekt gelungenen Abschied genießen wir beim Auslaufen die wunderschöne Aussicht auf Rio! Adios!

Illheus

In Illheus, einer Stadt mit Strand und nochmal Strand, Strand ohne Ende, verlassen alle Brasilianer fluchtartig das Schiff. Sie waren kaum angekommen, um Winden zu bedienen oder andere Ladearbeiten zu verrichten. Was ist passiert? Sie haben eine Giftschlange entdeckt. Mächtige Baumstämme an Deck sind im unteren Bereich von Natur aus hohl. Was tun? Auch das ist ein nautisches Thema, nicht nur Navigation und Ladung. Papier und Holz sind schnell angezündet. Danach findet man tatsächlich mehrere tote Schlangen. Ob das entdeckte Exemplar darunter ist oder ausbüxen konnte, kann niemand sagen. Die Brasilianer kommen wieder zögerlich an Bord. Sie und wir empfinden gleichermaßen die beängstigende Ungewissheit. Noch Tage später schaut jeder in jede Ecke. Gebissen wird niemand.

Bahia.

Auf der 2. Reise verabschieden wir uns nicht in Cabedelho. Wer weiß, was uns entgeht? In San Salvador de Bahia locken mich alle Plätze und Ecken. Spazieren, sehen und staunen. Immer wieder bin ich gern in der Oberstadt und schaue auf den Atlantik. Für diese Reise nehme ich hier Abschied von Brasilien. 15 Tage Seereise werden guttun. Brasilien strengt an. Ich will viel sehen und muss einteilen. Schlaf muss sein, wegen Herumstromern ist er oft zu knapp. Wachdienst ist eiserne Pflicht.

Cabedelo

Nach der dritten Reise verabschieden wir uns im geliebten Cabedelo, bevor es nach Europa geht. Dieser Aufenthalt empfängt uns mit einer Überraschung. Ein Polizeiauto steht im Hafen. Zwei Polizisten sind von Joao Pessoa gekommen. Was wollen sie? Werden sie alles vermasseln, was die Mannschaft erwartet? Bald wissen alle, dass sie tatsächlich wegen uns hier sind. Wegen uns? So ein Quatsch. Alle hatten doch Spaß! Hat sich jemand beschwert? Wir sollten abwarten, wie die beiden sich verhalten. Wir werden die Einwohner wie immer verwöhnen, ist die allgemeine Meinung. Bald hat unsere Mannschaft herausgefunden, dass diese brasilianischen Polizisten auch gern Bier und Rum mögen, ganz so, als wären sie mit uns gekommen und sich riesig auf Cabedelo freuen. Sie sitzen entspannt in der Bar und genießen freie Getränke. Unsere Matrosen lassen sich nicht lumpen.

Wir vom Tagesdienst können am Abend das Schiff verlassen, auch einige, die auf See Wachdienst haben, arbeiten im Hafen am Tage. Dazu gehören unsere Wachingenieure. So auch Horst, Ing. der 8-12 Wache. Er ist begeisterter Techniker. Alles, was einen Motor hat, ist für ihn ein Magnet. Das Polizeiauto kommt für ihn wie gerufen. Er startet, findet den Schalter für Fahrlicht und bald auch den für Blaulicht. Munter zieht er Schleifen durch den Palmenwald. Ich komme soeben von Bord und schaue mir das an. Wird jemand verfolgt oder gesucht? Als man mich in der Bar aufklärt, mag ich es nicht glauben. Aber die beiden Polizisten sitzen ruhig da und lassen sich verwöhnen. Jetzt glaube ich das Unglaubliche. Wenn kein Polizist das Auto fährt, kann es nur Horst sein!
Am kommenden Morgen taucht er an Deck auf, duckt sich bei jeder Bewegung im Hafen. „Was ist denn?" „Die suchen mich, ich war mit ihrem Auto unterwegs!" Er wird nicht gesucht. Er bescherte uns eine neue Art von Unterhaltung. Nur in Cabedelo ist so etwas möglich!

Ich höre von einer Variante für schüchterne Seeleute oder für jene, die das außergewöhnliche Abenteuer suchen.
Unter dem Berg mit zwei historischen Kanonen befindet sich eine Baumgruppe. Es sind keine Palmen, sondern Laubbäume. Ein Baum streckt einen Ast etwa einen Meter über dem Boden weit von sich. Da kann man leicht hinauf hüpfen. Nach Einbruch der Dunkelheit soll man hier sitzen und singen. Und dann geschieht das Wunder. Aus der Finsternis ergreifen Hände den Sänger und führen ihn in eine Hütte. Wenn morgens noch vor dem ersten Licht die typische Windböe alle weckt und zum Strand hinaustreibt, herrscht Durcheinander. Partner der im Abenddunkel begonnenen Liebschaft haben auch jetzt keine Chance, sich anzuschauen. Diese Frauen hüten ihr Geheimnis. Ja, Cabedelho ist schwer zu begreifen und bleibt rätselhaft.

Als die „Nordwind" ablegt, winken viele Frauen. Außer den im Hafen Beschäftigten ist kein Mann zu sehen, auch kein Polizist. Unsere Matrosen sind auf ihren Posten.

Rolling home!
Wir sind kaum ausgelaufen, als unser Bootsmann Herbert berichtet, dass Hedwig ein Ei gelegt habe. „Und ja und, fragt Prinz. Und ja und der hat mir das erzählt." Er meint einen Reiniger unserer Maschinencrew, dem man diesen wundervollen Namen ehrenhalber verliehen hat. Prinz Isidor ist ein zuverlässiger Mensch. Jetzt kümmert er sich liebevoll um seine Pinselohraffendame. Er hat für Schlitzohren, die ihn gerne ärgern, einen entscheidenden Vorteil. Was ernsthaft gesprochen wird, glaubt er. „Ja, da liegt ein Ei in meinem Bett. Das muss von Hedwig sein." Wir stehen beieinander und beglückwünschen unseren lieben Prinzen. Herbert fragt: „Und ja und, sitzt Hedwig dadarauf und brütet?" „Nein, die schläft auf der Bank unter dem Bullauge oder saust rum. Das schöne blaue Ei ist ihr egal." „Und ja und, willst du das Ei selber ausbrüten?" „Ich kann es nachts im Bett wärmen." „Und ja und, das wird nichts. Das Ei darf nur Minuten allein sein, verstehst du nur wwwenige Mmminuten." „Ich muss arbeiten und kann das nicht". „Und ja und, ich gebe dir einen Sssonnenbbbrenner, das geht." Und so geschieht es. Herbert kümmert sich um die Installation der gossen Lampe. Das Nest entsteht auf dem Sofa. Prinz Isidor ist dankbar, äußert dann bald, dass es recht heiß sei in der Kammer und nachts hell. „Und ja und, du musst selbst entscheiden, ob aus dem Ei etwas wwwerden soll." Trotz der Unbill entscheidet sich Prinz für das Leben. Einen Tag später berichtet er: „Es ist noch ein rosa Ei dazugekommen. Warum hat das eine andere Farbe, wenn es auch von Hedwig ist?"

Das kann Herbert begründen. „Und ja und, das werden Junge und Mmmädchen!" Na klar, das begreift jeder. Prinz äußert gelegentlich, so großartig das alles sei, freue er sich schon auf Europa wegen des Winters dort. Dann könne er besser schlafen. Das Ausbrüten sei unangenehm heiß.

Nach vier Tagen auf See Richtung Europa ist die Schwüle der Äquatorzone überwunden. Die folgende ruhige Seereise über den Südatlantik bietet endlich Erholung und Zeit der Besinnung, der Rückschau. Schon lange genieße ich eine stille Leidenschaft: Suchen hinter dem Horizont. Ich sehe die unendliche Wasserfläche. Und dann ist da die Linie, darüber das Firmament. Von der Erdkugel ist nichts mehr zu sehen. Was war interessant oder was erwartet mich? Hinter der Linie verbergen sich Erkenntnisse und Hoffnungen meines jungen Lebens! Die aufdringlichen Begegnungen in Brasilien sind überwiegend mit Armut zu begründen. Viele haben kaum Schulbildung und wenig Aussicht auf eine feste Anstellung. Wenn sie sich etwas aufbauen wollen, stoßen sie auf Widerstand. Ich beobachtete, wie ein junger Bursche getreten wurde, als er Schuhputzdienst anbot, ein unerfreulicher Vorgang. Man kann auch freundlich: „Nein Danke" sagen. Das gilt ganz besonders für uns Seeleute. Wir sind auf dem Globus zu Hause, meinen wir. Dass wir Ausländer sind und geduldete Gäste, sollten wir nicht vergessen.
Ich bin mir immer noch bewusst, welche glückliche Fügung das Fahren auf der „Nordwind" für mich ist. Als mein Traumschiff verließ sie mit meinem Fernweh die Flensburger Werft. Und jetzt bin ich schon beinahe ein Jahr mit ihr in der Welt unterwegs! Die Reederei ist ein zusätzliches Geschenk! Wir sind bestens versorgt.

Ein wunderbarer Tag folgt dem vorigen. Bewusst erlebe ich die Ruhe auf See. Ich habe einen Traumjob als E-Assi, kann viel lernen über Elektrizität und die Arbeit meistens selber einteilen. So sieht man mich oft zielstrebig über Deck gehen. Da ist noch manche Steckdose zu kontrollieren. Sind die wasserdichten Schraubdeckel gängig? Ist die Befestigungskette zwischen Deckel und Gehäuse stabil? Schützt das Kolofonium die Lötstellen vor Korrosion? Ich kenne den Unterschied zwischen dem monotonen Dienst in der Maschine und dieser Freiheit, oft an die frische Luft gehen zu können. Und welche Tätigkeit ist noch schöner als eine saubere Arbeit im Schatten des Deckshauses bei angenehmer Brise, leichter Dünung und blauem Meer? Arbeit kann auch Beschäftigung sein. Aber auch die ist sinnvoll, denn alles, was mit Besonnenheit kontrolliert und sorgfältig überholt ist, wird zuverlässig verfügbar sein.
Es gibt zu diesem Thema eine gewisse Erkenntnis. Die heißt Blitz! Erst nach einigen Monaten an Bord, puzzelte sich bei mir ein Bild zusammen. Um es kurz zu machen: Blitz ist die Bezeichnung für den Bordelektriker, sie darf auf keinen Fall als Anrede verwendet werden. „Ach sieh mal, der Blitz!" Das hörte ich gelegentlich. Das hat wohl mit blitzsauberer Arbeitskleidung zu tun, auch, dass man schon mal Funken bei seiner Tätigkeit beobachtet, hauptsächlich wohl, weil er blitzgescheit ist. Dies ist die Sprache des seemännischen Feingefühls. Basis dürfte Neid auf die saubere Arbeit sein. Wir riechen nach Diesel und haben oft Öl an Händen und Kleidung.
Es gibt da eine interessante Ankündigung: „Sehr geehrter Herr Präsident, sehr geehrte Exzellenzen, sehr geehrte Damen und Herren, erheben sie sich bitte, der Herr Elektriker erweist uns die Ehre." Das ist wohl zu heftig.
Ich habe heute eine Steckdose in Behandlung. Liebevoll gieße ich Kolofonium in das Gehäuse. Die Arbeit ist eine Wonne. Alle Steckdosen sind in bequemer Kopfhöhe, denn an Deck schwappendes Wasser soll sie nicht erreichen. Mein Herr Elektriker kommt hinzu. Ich muss mich nicht erheben, denn ich stehe ja. Will er meine Arbeit

kontrollieren? Schon, aber da ist noch etwas Wichtiges zu erledigen. „Wir wechseln das Aggregat der Rudermaschine, kommen sie mit". Den Schlüssel hat er dabei. Im Rudermaschinenraum herrscht eine besondere Atmosphäre. Hier im Heck spürt und hört man, was das Schiff vorantreibt und auf Kurs hält. Das sind Schiffsschraube und Ruder. Wenn ich das Empfinden in diesem Raum beschreiben sollte, würde ich sagen, das ist meine andächtige Kapelle an Bord. Sie produziert keine Musik, sondern angenehm dezentes Knurren und Rauschen, im Gegensatz zu der höllisch lauten Maschine. Ja, andächtig trifft mein Empfinden. Wie oft war ich schon hier nach der Wache und hörte diese technische Musik meiner „Nordwind".

Die AEG-Drehflügelrudermaschine ist ein dicker Brocken. Zwei gleiche Hydrauliksysteme stehen zur Verfügung, beide dienen abwechselnd als Antrieb. Über Flügelkammern wird das Ruderblatt hydraulisch bewegt. Die Steuerung geschieht von der Brücke aus von Hand, oder der Kurs wird von einem Regler automatisch konstant gehalten. Diesen Betriebszustand finden wir vor. Im langsamen Rhythmus bewegt sich der Ruderschaft um ein bis zwei Winkelgrade hin und her. Die Elektromotoren der Aggregate werden an einer Schalttafel ein- und abgestellt. Zusätzlich ist eine mechanische Steckverbindung vorhanden.

Der Wechsel wird vollzogen. Mein Lehrmeister erklärt jeden Handgriff und ist schließlich zufrieden. „Die Maschine macht kein Geräusch", sage ich. „Es kommt immer mal vor, dass das Ruder nicht eingreifen muss, um Kurs zu halten". Wir verlassen meine jetzt nur noch rauschende Kapelle. Das Knurrgeräusch der Rudermaschine lässt auf sich warten.

An Deck empfangen uns Freudenschreie. „Wir kehren um, wir fahren zurück!" Und tatsächlich, das Kielwasser bildet einen riesigen Kreisbogen. Schon sind wir wieder an der Rudermaschine. Nur das melodische Schraubengeräusch empfängt uns. Die Umschaltung war perfekt bis auf das fehlende Einschalten des anderen Aggregats. Nach dem Start warten wir einige Minuten. Das Ruder arbeitet immer noch nicht. Da müsste sich doch etwas tun. Schlafen die auf der Brücke? Ist etwas falsch geschaltet? Da kann man schon nervös werden! Wir suchen und finden nichts, genauer gesagt, der Elektriker sucht intensiv und ich schaue so sachkundig wie möglich. Und dann erlöst uns das vertraute Knurren im gewohnten Rhythmus. Wir sind also wieder auf Kurs Europa. Die Freudenschreie an Deck sind verstummt. Das Kielwasser bildet jetzt einen kompletten Kreis. Auch wenn das nicht sein darf. Auf dem blauen, glatten Atlantik sieht es toll aus!

Als wir mittschiffs den Seiteneingang betreten, kommt uns der Chief, Herr Seidl, entgegen. „Was haben sie da gemacht?" Seine Hände packen die Schultern des Elektrikers. Das Gesicht ist rot angelaufen. Sein Spitzname Pluto passt zur Situation. Ich gehe auf Distanz. Nicht, dass auch ich noch gesegnet werde. Die beiden schauen sich an. Nach einer Weile fallen Plutos Hände von den Schultern. Er wendet abrupt und verschwindet. Das ist filmreif!

Ich will auf die Brücke. Möchte wissen, wie dort das Ereignis abgelaufen ist. Auf der Nock bleibe ich stehen. Jetzt darf ich nicht stören. Pluto muss sein Gedicht aufsagen. Einer seiner Leute hat Murks gemacht.

Ich genieße mein Dasein als E-Assi mit allerlei Freiheiten. Das fängt morgens mit einem Rundgang an. Ist das Wetter gut, habe ich an Deck länger zu tun. Es gibt dort auch Lärm. Vieles wird auf jeder Reise mit frischer Farbe schön gemacht. Wenn das Schiff in seinen Heimathafen zurückkehrt, ist alles wie neu. Wenn schon einige Farbschichten aufgetragen sind, wird der komplette Belag mit der Rostmaschine abgeklopft, ein lauter Vorgang. Diesem Lärm versuche ich auszuweichen. Auch Timmy macht seinen Rundgang. Er peilt alle Ballast- und Trinkwassertanks sowie die Bilgen der Laderäume und trägt alle Daten säuberlich auf der Peiltafel ein. Die

befindet sich an Steuerbord. Wenn der Kapitän von seiner Kammer zum Salon geht, sieht er diese Tafel. Ein kurzer Plausch mit Timmy ist immer möglich, auch mit dem Bootsmann und den arbeitenden Matrosen.
Die Elektrowerkstatt ist ein Nebenraum der Maschine. Dort ist es etwas leiser. Wenn das Schott geschlossen ist, kann man sich hier normal unterhalten. Ich versuche, Lärm zu umgehen, wenn ich schon das große Los gezogen habe.

Biskaya
Die Biskaya kann sehr unterschiedlich sein, meistens empfängt sie mit lästigem oder störendem Seegang. Ich kenne sie aber auch als glatte, kräuselfreie Wasserfläche. Auf dieser Heimreise lässt schwache Dünung die „Nordwind" sanft pendelnd Richtung Ärmelkanal dahingleiten. Eine Abwechslung dieser Verlängerung der tropischen Monotonie wäre angebracht. Und schon ist sie da. Prinz Isidor und Herbert unterhalten sich an Deck. Herbert erklärt einfühlsam, dass nicht alle Sehnsüchte in die wirkliche Welt hineinpassen. Je länger die beiden beisammen sind, desto mehr Zuhörer finden sich ein. Man ahnt, dass Herbert wieder etwas Besonderes zelebriert. Und es kommt ganz dick für Prinz. Der will nicht glauben, dass er kein Affenvater werden kann. *„Und ja, und das sind Gggipseier."* Es knallt und auf dem Deck liegen Splitter mit blauer Schale. „Nein, meine Eier sind im Nest!" *„Und ja und, ich habebe sie hinhingelegt und wegweggenommen, Gggips nur Gggips!"*, es knallt wieder auf das stählerne Deck, Splitter mit rosa Schale liegen vermischt mit Splittern blauer Schale. *„Und ja und, begreife das ist Gggips."* Prinz Isidor geht in seine Kammer, kommt gleich wieder und sagt: „Die Eier sind weg!"

Liverpool
Einer der ersten Häfen in Europa ist Liverpool. Historische riesige Gebäude aus Sandstein sind so gut wie schwarz durch das Alter. Es sieht nicht freundlich aus. Ist aber edel. Im Kontrast zu totem Bauwerk stehen lebendige junge Damen. Sie sind lustig, aber auch ordinär. Ich will niemandem zu nahetreten. Vielleicht liegt es nur daran, dass ich Englisch verstehe. Auch die bereits vertrauten Städte Le Havre, Dünkirchen, Antwerpen und Rotterdam sind Stationen vor Hamburg. Meine Perle ist London.

London
Die Reise über die Themse bis hinein in die Sorry-Docks ist ein schönes Stück Arbeit in der Maschine. 170 Manöver sind zu fahren. Ich darf die Maschine bedienen. Mit dem MAN-typischen Manöverrad wird Pressluft zum Starten eingelassen, beim Weiterdrehen gelangt Brennstoff zu den Einspritzdüsen und die Pressluft stoppt. Mittels einer Klinke kann die Drehrichtung des Diesels durch Verschieben der Nockenwelle geändert werden. Wir Assistenten dürfen oft die Hauptmaschine fahren. Aber jetzt die Themse hinauf bis London ist eine Wonne. Über 4000 PS beherrschen dürfen, lässt das Herz höherschlagen.
Und dann sind wir auch mitten in London. Buckingham mit Wachablösung, das Gebaren an Speakers Corner im Hyde Park und The National Gallery sind meine Höhepunkte. Der Besuch der Gemäldegalerie ist ein toller Tipp vom 2. Ing. Er führt eine kleine Gruppe unserer Maschinenmannschaft dorthin und gibt Orientierungshilfe in der Ausstellung. Danke Charly, prima!
Zum Abschluss des Tages ist man am besten im Pub aufgehoben. Alle trinken Ale, ob Brite oder Tourist. Zu gegebener Zeit macht der Ober eine Runde durch den Raum. *„Time please, last order!"* Das wiederholt er mehrere Male unüberhörbar kurz vor zehn Uhr. Als Neuling empfindet man das als Neu, logisch! Aber man hat auch

Insider am Tisch. Sie ordern Schnäpse, einen, zwei oder drei. Die werden gebracht und sind auch gleich unsichtbar, denn sie verschwinden unter der Tischplatte. Dort befindet sich eine zweite Platte, etwa gut 10 Zentimeter tiefer. *„God save the Queen!"*, erklingt es aus allen Kehlen, natürlich auch aus meiner. Das habe ich schnell intus. London gefällt mir. Auch Europa bietet mir sehr viel Neues.

Dünkirchen

Diese Stadt hat für mich etwas Heimeliges. Innerhalb des Hafens befindet sich eine flache Bucht. Dort liegen Fischerboote, so wie bei uns in Norgaardholz an der Flensburger Förde. Es sind immer Fischer da, die arbeiten, plaudern und auf jeden Fall rauchen. Hier bummele ich gern herum und bin dann auch gleich in der Stadt. Heute habe ich ein Ziel. Wegen eines Ausschlags im Gesicht erhielt ich vom Agenten an Bord einen Schein. „Geben Sie Monsieur de Clebsattel diese Empfehlung. Er wird Ihnen helfen." Die Adresse ist auch dabei und deutlich zu lesen. Die zeige ich hin und wieder Passanten. Und dann bin ich da, werde sofort vorgelassen und erhalte Salbe und Pflaster im Gesicht und reichlich Reserve für eigene Nachbehandlung. Die langen Fingernägel der behandelnden Dame haben mir keinen Schaden zugefügt. Und die Salbe hat geholfen. Was will ich mehr?

Bremen

Hier bin ich eingestiegen, hier endet meine erste Heuer. Ein bisschen Wehmut steigt auf. Weihnachten steht vor der Tür. Ich möchte dann zu Hause sein. Innerlich bereite ich mich auf den Abschied vor. Pluto möchte seine Mannschaft gern über die Feiertage an Bord haben. Das kann ich verstehen. Nicht nur der Urlaub zu Hause lockt mich, auch mein Ausbildungsplan widerspricht seinem Wunsch. Ich benötige noch sechs Monate Dampfschiff-Fahrzeit für die Zulassung zum Studium. Die Reederei Mackprang kann mir dabei nicht helfen. Die legendären Dampfer Holstein und Frieden wurden ausgemustert. Auf ein Dampfschiff schaffe ich es nur, wenn ich mich bei einer Reederei bewerbe, die neben Motorschiffen noch eins betreibt. Bei einer solchen Reederei muss ich zunächst auf einem Motorschiff anheuern. Dafür sind die Chancen als befahrener Assi einigermaßen. Unser Ausbildungsweg ist nicht so ganz einfach. Man muss kämpfen. Wenn ich zu lange auf meiner geliebten „Nordwind" bleibe, wird mein Plan zu eng.

Pluto kommt zu uns in die Assikammern, möchte Gewissheit. Ich enttäusche ihn und bitte um Ablösung, sobald möglich. Er atmet tief. Bald knallt nebenan die Tür heftig zu. Da hat er die zweite Absage erhalten. Die Situation ist jetzt unangenehm. Ich bin auf dem Ausbildungsweg. Der hat Vorrang vor allen sozialen Gefühlen. Wenn ich das C5-Patent habe, werde ich wieder bei Mackprang anmustern. Eine bessere Reederei gibt es für mich nicht! Ich gehe rauf zum 2. Off und mustere ab.

Eine kleine Gruppe macht sich am Abend des 20. Dezember 1961 auf zum Landgang. Einige feiern mit mir Abschied. Es tut gut, nicht allein zu sein.

Ich bin erleichtert, dass alles geregelt ist, schlafe zeitig in meiner Koje und verlasse die „Nordwind" schon gleich nach dem Frühstück. Die Freude, Weihnachten zu Hause zu sein, verdrängt alle anderen Gedanken.

Ingenieurassistent auf M.S. „Ludwigsburg“ 2670 BRT Levante

Januar – Mai 1962

Mitreisende Kühe
Am 22. Januar steige ich in Hamburg ein. Im Seefahrtbuch steht hinter Fahrtgebiet LEVANTE, was so viel wie Mittelmeer bedeutet. Vieles ist anders als gewohnt. Die „Ludwigsburg“ hat kaum ein Drittel der „Nordwind“-Ladekapazität. Alles ist entsprechend kleiner bis auf die etwas geräumigeren Kammern für uns Ing.-Assistenten. Die Offiziersmesse ist gemütlich. Im Maschinenraum ist es eng. Zwei Deutz-Dieselmotoren stehen parallel. Ihre Leistung wird mit einer Hydraulikkupplung auf die Schiffswelle übertragen. Bei Manöverfahrt läuft eine Maschine links- und die andere rechtsherum. Je nach Fahrtrichtung wird die entsprechende Maschine gekuppelt. Das Umsteuern mit Auskuppeln der einen und Einkuppeln der anderen Maschine dauert etwa eine Minute, das ist deutlich länger als mit der MAN-Maschine der „Nordwind“.
Der Fahrstand befindet sich mittig vor den Motoren. Dort kann man auch sitzen, ein Privileg der Ingenieure. Sie allein bedienen die Maschinen. Auf Revierfahrt sind sie zu zweit anwesend. Beide Hauptmaschinen haben einen Turbolader. Das hochfrequente Jaulen mag ich nicht. Aber da muss ich durch. Ich empfinde Bewegungsmangel, weil man nicht um die Motoren herumgehen kann.

Von Hamburg starten wir mit Stückgut in verschlossenen Kisten. In Rotterdam kommen 90 Rinder an Bord. Alle sind trächtig und gleichmäßig rotbraun wie unsere Kühe in Angeln. Sie kommen auch von dort, erfahre ich später. Die Welt ist klein! Untergebracht sind sie in speziell gezimmerten Unterständen auf dem Vorschiff neben den Ladeluken. Diese Rinderrasse ist zäh und anspruchslos, kann in kargen Regionen leben und ohne Hilfe kalben.
Nach der Revierfahrt beginnt im Englischen Kanal das normale Bordleben. Diesmal etwas aufgewertet, denn jeder kann unsere Passagiere besuchen. Das ist einmalig. Ich befinde mich auf einem Spaziergang an Deck. Vor meinen Augen taucht das Bild glücklicher Rinder aus meiner Knabenzeit in der Landschaft Angeln auf. Im Frühjahresklee stehen rotbraune Kühe, schlingen ihre Zunge um die saftige blühende Fülle und genießen den tiefen, bis unters Knie reichenden Klee in großen Büscheln. Ein Festessen der Tiere! Damit sie diese Orgie überstehen, erlaubt eine kurze „Tüdderkette“ nur das Abgrasen eines begrenzten Kreises.
Es herrscht Feierabendstimmung bei tief stehender Sonne. Das ändert sich auf dem Vorschiff. Hier herrschen Trubel und Aufregung. Ich rieche Wein. Beide holländischen Tierbetreuer und unser Bootsmann stehen Kapitän und 1. Off gegenüber. Lautstark tauschen sie ihre Standpunkte aus.
Der Bootsmann ist das Sprachrohr der holländischen Cowboys. „Die Kühe sind besoffen!“ Ja, das kann ich leicht erkennen. Die deutlich trächtigen Kühe scheinen aus ihren Holzverschlägen ausbrechen zu wollen, muhen laut und drängen mit gespreizten Beinen am Haltestrick nach vorn, als wollten sie einen unsichtbaren Berg hinaufsteigen. „Es sind doch nur ein paar Tropfen Wein im Wasser. Sie sind aufgeregt, weil alles um sie herum anders ist.“ „Aber warum verhalten sie sich denn erst nach dem Saufen so konfus?“ Die Debatte zieht sich hin. Man kann an der

Situation nichts ändern, ist letztendlich die gemeinsame Erkenntnis. Die Kühe muhen noch lange, bis sie endlich müde werden, sich ins Stroh legen und sabbernd wiederkäuen.
Die Ursache für das Spektakel ist einfach. Die Tanks wurden nach dem Herauspumpen des köstlichen Samos Weins nicht wie üblich geschrubbt und gespült, sondern gleich mit dem Trinkwasser für das Vieh gefüllt. Warum sollte man diese aufwendige Arbeit auf sich nehmen, wenn wochenlang klares Wasser darin schwappt? Das Ausschrubben ist eine Sache des eisernen Willens, denn man wird vom intensiven Weingeruch selig. Das klingt nicht schlecht. Es folgt leider so etwas wie Schlafzwang, der auch bei unseren Rindern eintreten müsste, wie man jetzt hofft. Unsere Matrosen laden die Cowboys zu einem Drink mit unverdünntem Samos in ihre Mannschaftsmesse ein. Wie dieser aus den versiegelten Tanks in die Kabinen gelangt, ist an Bord ein streng gehütetes Geheimnis. Die Güte des Weines stimmt fröhlich und regt zu Kreativität an. Guter Rat ist teuer. Gibt es eine Alternative? Nein! Die Kühe müssen weiterhin das stimulierende Wasser saufen. Die überwiegende Meinung ist auch, dass man den Viechern, die die Seefahrt kaum lustig finden, diesen Genuss als Trost gönnen sollte.
Eine konstruktive Diskussion ergibt die Lösung. Die liegt in der richtigen Reihenfolge: Erst fressen, danach saufen. Dann schlafen die Kühe ein. Wenn nicht: Wir können jeden Abend darüber reden. Der Wein wird reichen, bis Samos...

Nach wenigen Tagen schenkt uns eine Kuh ein Kälbchen. Es gibt offenbar keine Chance, das zarte Tier zu versorgen. Es landet in der Kombüse. Nach dem Verzehr sind wir uns einig: Eine Seebestattung hätte nur die Fische irritiert.

Wohlbehalten erreichen wir nach ungewöhnlich friedlicher Biskaya, ruhigem Mittelmeer und einem weiteren Kälbchen die nordafrikanische Küste. Zweimal täglich hallt der Muh-Muh-Chor unserer Diven über das Schiff. Ein Teil der Besatzung kennt den Text und stimmt mit ein. Selten habe ich mich so tierisch gefreut!

Einen Tag vor Tripolis erhalten die Kühe von unserem kostbaren Trinkwasser. Schließlich sollen unsere Lieblinge einen anständigen Eindruck machen. Fatal wäre eine Alkoholfahne in einem mohammedanischen Land. Ohne Muhen wird das nüchterne Wasser akzeptiert. Der Abschied naht. Ein Teil der Besatzung ist traurig. Einige werden ihre liebe Lisa, Sonja oder Queen vermissen.
Hirten, stolze Söhne der Wüste, unter kunstvoll gewickelten Turbanen und in weiße Kaftane gehüllt, nähern sich. Lange Stäbe überragen sie wie Speere. Von der Seereise noch wackelig, stolpern unsere schwangeren Rinderdamen über eine Rampe an Land. Unter den Blicken von uns Schaulustigen halten die Araber die Herde beieinander. Dann bringen Aufmunterungen mit leichten Schlägen und orientalische Rufe Bewegung in die Herde. Vergleichbar mit einer Fata Morgana entschwinden unsre lieben Gäste in einer Staubwolke. Vermutlich haben sie in dieser Kargheit Heimweh nach den üppigen Kleeweiden ihrer Heimat Angeln. Bald werden rotbraune Kälbchen das Licht Afrikas erblicken, hoffentlich ohne Folgeschäden von den Orgien ihrer Mütter.

Im Mittelmeer

Nach dem Auslaufen Richtung Bosporus rüttelt mich der erste schwere Seegang auf der „Ludwigsburg“. Als hätte ich nicht schon etliche Stürme erlebt, quält mich das merkwürdige Hüpfen. Nach Diskussion und Überlegung unter Anwendung meiner Kenntnisse finde ich eine Erklärung. Es gibt zwei Komponenten, die sich addieren.

Die erste ist die steile See im Mittelmeer. Die zweite ist das Unterwasserschiff, das vorne und hinten lang gezogen schlank ist. Nur mittschiffs hat der Rumpf unten volle Breite. Die „Ludwigsburg“ steckt ihr schlankes Vorschiff in die Welle, ohne deutlichen Auftrieb zum Aufsteigen zu bewirken. Und dann geht es, hopp über die Kuppe der Welle. Der Bug schnellt hoch, das Heck taucht ein. Nachdem das Mittschiff in zwei Sekunden „über den Berg“ ist, steigt das Heck in die Höhe. Ein Schönwetterschiff!

Im Werkstatt-Store liegt ein Zylinderkopf. Wir sind dabei, Ventilsitze einzuschleifen, als der Sturm beginnt. Das Monstrum bewegt sich und droht die Drehbank zu beschädigen. Wir suchen schnell Holzplanken zusammen und begrenzen damit die Bewegung des schweren Teils, können es fixieren. Würden wir dem Brocken in die Quere kommen, stünde der Sensenmann bereit. Es macht also Sinn, auf mehreren Schiffen Erfahrung zu sammeln.
Rappeln und Hüpfen dauern länger als einen Tag. Das reicht! Als sich der Sturm gelegt hat und das Wasser ruhig ist, erfolgt das Einschleifen der Ventile mit Schleifpaste, Kraft und Ausdauer. Diese Plackerei ist bei Viertaktmotoren nötig. Und auch noch das Drumherum, bis man schleifen kann. Große Zweitaktmotoren haben Schlitze anstatt Ventilen. Da entfällt diese Arbeit.

Bordzeitung / Sturmflut in Hamburg
Täglich bringt der Funker die Bordzeitung in die Offiziersmesse. Er erhält aktuelle Nachrichten in Morsesprache über Funk. Die etwa ein Dutzend Kurzberichte tippt er mit der Schreibmaschine. Durchschläge erlauben das Verteilen in den Messen. Jeder der Besatzung kann sie lesen, dank eiserner Regel: Die Zeitung bleibt in der Messe. Der Inhalt ist mehr zur allgemeinen Information über Politik und wesentliche Ereignisse. Die Bordzeitung ist auf hoher See das dünne Bändchen zur Heimat und zum Rest der Welt. Manches nehmen wir zur Kenntnis, manches diskutieren wir und manchmal schmunzeln wir auch.
Aber es gibt ein Erschrecken. Am 17. Februar lesen wir, dass bei einer verheerenden Sturmflut Elbdeiche gebrochen sind. Ein großer Teil der Besatzung hat Familie in Hamburg oder dem Umfeld. Mein Kollege „Pico“ Strelow kommt aus Finkenwerder. Er bemüht sich um nähere Information. Ich erlebe mitfühlend seine Sorge. Erst nach Tagen hat er Gewissheit, dass seine Familie gesund ist, aber fleißig anpackt, um Normalität zu schaffen. Vieles ist zu reparieren und zu säubern.

Valletta / Malta
Das Einlaufen habe ich nicht gesehen. Nachdem ich aus Koje und Bad bin, gehe ich an Deck und bin baff. Ist das möglich? Einmal um Mitschiffsaufbau herum und wieder am Ausgangspunkt angelangt, habe ich den Eindruck, mitten in einer Stadt zu liegen, wie auf dem Marktplatz. Der winzige Hafen hat nur Platz für wenige Schiffe. Unsere „Ludwigsburg“ ist momentan das Größte. Da haben wir Glück gehabt, hier noch hineinzupassen. Schöne alte Gebäude sind auf Felsen gebaut.
Nach dem Mittagessen muss ich auf Wache. Leider erfahre ich, dass wir um 17 Uhr auslaufen werden. Hier wäre ich gern auf Erkundungstour gegangen.

Latakia / Trauer
Nach einem kurzen Stopp in Alexandria erreichen wir Latakia in Syrien. Kollegen kennen sich dort aus. Unser Ziel an Land ist ein Dachgarten, wo man erfrischende Getränke erhält. Trotz luftiger Höhe genießen wir Baumschatten, hier eine Rarität. Der Blick auf die orientalische Stadt beruhigt mich und ist eine einzigartige

Entspannung, denn es bewegt sich beinahe nichts. Für Erkundungsstreifzüge ist es zu heiß.

Ein Unglück verzögert das Auslaufen. Der Funkoffizier stürzt bei einer Fahrt in die Umgebung aus dem Auto. Seine Verletzung ist tödlich. Eine Trauerfeier wird unter Einbeziehung der Behörde geplant. Auch die deutsche Botschaft ist beteiligt. Die Andacht findet in der syrisch-katholischen Kirche statt. Das Christentum hat in Syrien eine uralte Tradition. Wir sind im Heiligen Land. Hier herrscht eine andere Kultur. Aus unserer Sicht wird gut, aber deutlich erkennbar, improvisiert. Man hat keinen Sarg. Darin soll unser Funker sein? Eine Kiste aus grobem Holz steht vor dem Altar, vielleicht 1 x 1x 0,5 Meter. Sie könnte aus unserer Ladung sein. Oder hat man sie nur symbolisch hingestellt? Die deutsche Flagge darauf kaschiert das unglückliche Objekt kaum.
Jemand hält eine kurze Ansprache auf Deutsch. Dann höre ich lautes Schluchzen und Weinen. Zwei halb verschleierte Frauen trauern herzerweichend. Ich bin etwas erschrocken. Ist es Tradition? Diese Damen sind aus Syrien, nehme ich an wegen Aussehen und Kleidung. Rituale mit Klingeln und Weihrauch folgen als Begleitung einer Liturgie. Ich vermute eine orientalische Zeremonie. Dass es so etwas auch in Deutschland gibt, weiß ich noch nicht. Ich werde unsicher. Ist die Witwe in Begleitung gekommen und trauert laut in dieser fremden Welt? Da stürzt vieles auf Menschen ein, die plötzlich in eine andere Kultur geworfen werden und dann noch in einer persönlich dramatischen Situation. Wir Assis sprechen nur unter uns über diese Feier. Die Schiffsleitung weiß mehr.

Auf diesem Schiff ist das Miteinander anders als auf der „Nordwind". „Kontakte nach oben" beschränken sich auf Dienstliches. Wir kommen gar nicht in Versuchung, bei höheren Dienstgraden nachzufragen, ob die Witwe erschien. Ich versuche unser Verhältnis in der Maschine zu verstehen. Der Wachingenieur sitzt immer am Pult. Er läuft nicht herum, wie ich es kennenlernte. Da fehlt schon mal der Kontakt auf Augenhöhe bei gemeinsamen Kontrollgängen. Der Ltd.-Ing., also unser Chief, hat nicht nur deutlich sichtbar Gelbsucht, sondern auch eine Meise. Ich erlebe ihn praktisch lediglich auf Manöverfahrt, wo er sich zum Wachingenieur setzt. Er ist dann auf seine Art lustig, hat so zum Spaß eine arabische Peitsche mit mehreren Striemen dabei und versucht, den vorbeigehenden Assi zu treffen, oder zu streicheln? Der 2. Ing. sagte bei einer „passenden" Gelegenheit: „In einem Ohr bin ich noch unschuldig." Was er wohl meinte? Mein Kollege Manfred hat das schneller begriffen als ich. Bei einer Spaßrangelei hat er mich im Schwitzkasten und sieht mich lächelnd an. „Lass los!" „Ich möchte dich küssen!" Ich befreie mich, eine peinliche Angelegenheit. Ein anderer Assi hat auch die Neigung zum spaßhaften Raufen. Er hat mich in einem speziellen Griff. „Ich muss jetzt nur noch einen kleinen Ruck machen und dein Rückgrat ist gebrochen." Solche Sachen sind nach meiner Überzeugung nicht der Seefahrt zuzuordnen. Das gibt es überall. Der soziale Kontakt bei unterschiedlichen Dienstgraden sollte „von oben" ermuntert werden. So habe ich bei mancher Melancholie dennoch das Gefühl, aus negativen Beobachtungen zu lernen. Mein Vertrauter ist Rolf Schöttler. Wir kennen uns von der Berufsschule. Er ist Chief-Assi. Wir treffen uns wegen unserer Wachen leider selten. Er scheint mir der reifste der gesamten Maschinencrew zu sein. Da ist auch Pico. Er ist ein lieber Kollege und Freund. Mit dem Koch und einigen Matrosen unterhalte ich mich auch gern.
Wir dürfen nicht auslaufen. Nach der Schiffsbesetzungsordnung darf ein Schiff nur mit Funker an Bord in See stechen. Wir sind deshalb noch einige Tage länger in

Latakia und besuchen die Schattenterrasse. Der Unfall steckt uns in den Knochen. Erst nach der Aufregung wird uns klar, was passierte. Wir müssen in fremden Ländern besonders Acht geben. Es geht um unsre Gesundheit, um unsere Familie und auch die Kollegen an Bord. Sie alle sind betroffen, wenn etwas Unglückliches passiert.

Piräus, Athen und Bosporus
Piräus empfängt uns mit zuverlässig schönem Mittelmeer-Wetter. Einen Landgang traue ich mir hier in Europa allein zu. Information über Bahnverbindung erhalte ich schon an Bord. Bald bin ich aus dem etwas schmuddeligen Hafen heraus und finde die S-Bahn nach Athen. Ein deutsches Erzeugnis stelle ich fest. In Athen benötige ich kein weiteres Verkehrsmittel. Die Stadt wirkt einladend. Aber mich zieht es hinaus zur Akropolis. Sie ist leicht zu finden auf dem etwa 150 Meter hohen, weithin sichtbaren Felsen. Nach meiner Einschätzung schaffe ich es dorthin zu Fuß. In der Frühjahrssonne ist mir angenehm warm. Der Weg ist bequem und führt z. T. durch Gartengelände und auch an Anwesen mit schöner Architektur vorbei. Den Aufstieg schaffe ich gut. Dieser Weg ist in einigen Abschnitten eher ein Steig mit losen Steinen. Als es steiler wird, beginne ich zu schwitzen.
Auf der ebenen Fläche empfängt mich ein erfrischender Lufthauch. Sie ist teils ein Trümmerfeld aus antiken zerbrochenen Bauteilen. Überwiegend gehe ich über saubere, ebene Steinplatten. Ich wandele durch das offene Parthenon und schaue mir danach Konephoren an, das sind Frauenkörper, die anstelle von Säulen architektonisch einbezogen sind, z. B. in Tempeln. Woher ich so schlau bin? Es gibt mehrsprachige Ansichtskarten. Außer mir ist kaum ein Dutzend Leute hier oben. Ich kann in Ruhe schauen und staunen. Der Blick auf die Stadt und die Umgebung ist in alle Richtungen ein Genuss. Zufrieden verlasse ich die 2400 Jahre alten Wunderwerke.
Auf der Rückwanderung zur Stadt ruhe ich mich in einem sehr schönen riesigen Park aus. In einem winzigen Straßenrestaurant stärke ich mich für die Rückreise nach Piräus.

Ägäis, Dardanellen, Marmarameer, Bosporus
Und dann geht es weiter durch die Ägäis. Auch ohne den Besuch einer Insel bieten Bergprofile über blauem Meer schöne Anblicke. Das sehe ich gern. Die Dardanellen sind ähnlich. Dieses Wort ist so schön, dass ich es nie vergesse, seit ich es im Unterricht hörte. Und jetzt habe ich das Glück, sie auch zu sehen. Die Bezeichnung Marmarameer ist berechtigt. Seine Größe ist enorm. Der folgende Bosporus in Istanbul ist schön anzuschauen, wirkt mit seinen Kuppeln und schlanken Minaretten fremd und geheimnisvoll, eine Sensation!

Schwarzes Meer / Constanta und Krimsekt
Danach kommen wir ins Schwarze Meer. Auch darüber habe ich in der Schule gehört. Der Wasserpegel soll konstant sein. Wir fahren nach CONSTANTA, so wurde es in mein Seefahrtbuch gestempelt. Ja, hier herrscht Ordnung! Das Seefahrtbuch ist Ersatz für das übliche Landgang-Ticket, also schön aufpassen, dass es nicht geklaut wird!
Sechs Tage sind vorgesehen. Ich laufe gern herum. Dabei entdecke ich das NEUE CASINO. Da scheint etwas geboten zu werden. Es ist mehr eine Vermutung, denn die rumänischen Plakate kann ich nur vage deuten. An Bord erfahre ich, dass man hier mit amerikanischen Zigaretten den Teufel tanzen lassen kann. Bringt man das zusammen? Kann man hier mithilfe von Zigaretten feiern? Einen Versuch ist es wert.

Etwa eine gute Stunde, bevor die vermutete Veranstaltung beginnt, starte ich mit Matrose Helmut. Jeder hat auf alle verfügbaren Kleidertaschen eine komplette Zigarettenstange verteilt. Am Schlagbaum werden wir angehalten. Verstehen können wir nichts. Das Zeigen des Zöllners auf eine offene Türe bedeutet nichts Gutes. Er tastet an meiner dicken Jackentasche herum. Die winkende Geste bedeutet: Raus damit! Eine schöne rote Schachtel Pall Mall kommt zum Vorschein. Die ist schon mal weg, sage ich zu mir. Helmut muss auch auspacken. Jetzt sieht man Pall Mall und Lucky Strike auf dem Tisch. Der Befehl ist knallhart: Ausziehen und alle Zigaretten hinlegen! Nach dieser drohenden Gebärde sind wir folgsame Ausländer im fremden Land. Jetzt liegen 200 Lucky Strike und 200 Pall Mall auf dem Tisch. In der Unterwäsche machen wir einen fragwürdigen Eindruck. Der Zöllner ist zufrieden und geht hinaus, wohl in der Hoffnung auf weitere Opfer. Für uns ist dieser Verlust ein Elend. Wir wollten einen tollen Abend erleben. Aber nicht so! Wir ziehen uns an. Der Zöllner ist noch draußen. Mich reitet der Teufel, den ich tanzen sehen möchte. Womöglich attackiert er mich, weil ich es ihm versprochen habe. „Das sind immer noch unsere Zigaretten!“ Ich beginne meine schönen roten Schachteln einzustecken. „Ist das dein Ernst?“ „Ja!“

Draußen winken wir freundlich zum Abschied. Mit weichen Knien gehen wir in Richtung Neues Casino und betreten das Foyer. Klaviermusik ist dezent zu hören. Hier befinden sich schon viele Leute, plaudern in kleinen Gruppen. Auch wir sprechen, aber nicht über das, was uns bedrückt. Man weiß nie. Uns ist niemand gefolgt. Wir gehen unschlüssig hin und her, ohne angesprochen zu werden. Nach einer Viertelstunde erscheinen Uniformierte. Mein Herz rutscht in die Hose. Ich gehe Richtung Toiletten. Hier herrscht Gedränge. Das kann ich jetzt gebrauchen. Helmut kommt hinterher. Jemand möchte wissen, woher wir sind. Man erkennt uns als Ausländer. Germany wird verstanden. Unterhalten können wir uns nicht. Englisch ist hier noch nicht angekommen. Aber Gestik geht auch. Rauchen kann man gut erklären. Helmut sieht mich an, ich sehe ihn an. Wir deuten auf unsere Hosentaschen. Dort hat man auch in Rumänien die Zigaretten stecken. Helmuts Hand kommt zögerlich aus der Tasche. Man kann etwas Englisch. „Lucky Strike!“ hören wir aus dem fremden Tonfall heraus. „Jetzt müssen wir erklären, was wir möchten.“ Ich versuche die Richtung zum Saal anzuzeigen. Das funktioniert nicht. Helmut gestikuliert Trinken und Essen. Das wird auch nicht verstanden. Ich tue dann so, als säße ich auf einem Stuhl und trinke aus einem Glas, das vor mir steht. Die Spannung steigt. Ein Abenteuer mit glimpflichem Ausgang haben wir heute schon überstanden, das nächste bahnt sich an. Unser Kontaktmann scheint zu begreifen, also warten wir. Der Partner, so könnte man ihn jetzt wohl nennen, spricht mit jemandem, der darauf verschwindet. Sehr bald kommt ein Herr im schwarzen Anzug. Er spricht etwas Deutsch. Einen Platz am Tisch zu bekommen, sei schwierig. Zwei Gäste müssten ihre Eintrittskarte verkaufen. Zwei Schachteln wären das für jeden. Und zwei Getränke oder eine Flasche Sekt kosten eine Schachtel. Er möchte für seinen Dienst auch noch eine von jedem. Helmut bringt drei Schachteln heraus, ich ebenfalls. „Nur einer will in den Saal?“ „Wir wollen beide in den Saal.“ „Das sind dann zwei Eintrittskarten für vier Schachteln, zwei Getränke oder eine Flasche Sekt haben wir schon gesagt. Und ich muss zwei Gäste überreden. Dafür will ich zwei Schachteln für mich. Das sind sieben Stück.“ „Geht es billiger?“ „Dann bekommt ihr einen Stehplatz!“ „Gut, aber die Pall Mall sind viel teurer als die Lucky Streik. Wir geben drei und drei.“ Nein, das Äußerste sind 4 Lucky und drei Pall Mall, jetzt gleich. Ich habe zu tun!“ Helmut und ich zahlen in Zigarettenwährung und begleiten den Mann. Nicht, dass er uns durch die Lappen geht. Wir sollen am Saaleingang warten. Er wieselt los.

Es dauert vielleicht zehn Minuten, bis wir in der dritten Reihe vor der Bühne sitzen. So vornehm hätte ich mir das nicht vorstellen können. Auffallend viele Herren sind uniformiert, meist mit viel Lametta, wie man sagt. Alle sind festlich gekleidet. Und dann erst die Damen! Im Vergleich sehen wir sehr zivil aus. Wir sitzen an einem runden Tisch. Mein Blick geht etwas von rechts zur Bühne. Dorthin habe ich freie Sicht. Rechts neben mir sitzt Helmut. Auch er kann bequem zur Bühne schauen. Links neben mir sitzt eine Dame. Ich kenne nur Frauen und Mädchen. Aber das ist eine Dame! Wie Tante Paula nur sehr viel jünger. Der bereits bezahlte Sekt wird serviert. Auf der Bühne gibt ein Sänger sein Bestes zu Klavierbegleitung. Die Melodie ist mir fremd, aber sympathisch. Eine kleine Band löst ihn ab. Eine Rede wird vorgetragen. Beifall und dann wieder Unterhaltung.
Die überwiegende Zahl der feinen Herren raucht, wir auch. „Sieh mal Helmut, die rauchen Pall Mall!“ Ein spendabler Offizier hält seinen Tischgenossen einladend die rote Schachtel hin. Die Handelswege in Rumänien sind kurz.
Auf der Bühne wird getanzt und jongliert. Das Programm ist bunt und gefällt mir. Es ist etwas Außergewöhnliches.
Ob wir einen Wunsch hätten? Unser Handelspartner ist auch für unsere Bedienung zuständig. „Im Moment haben wir noch Sekt, vielleicht später.“ „Ich brauche aber jetzt Zigaretten, Pall Mall! Komm mit auf die Toilette“, er meint mich. Ich bin Pall Mall. Wir verlassen die Veranstaltung. Auf dem Klo ist der Zigarettenqualm noch intensiver als im Saal. Aber man riecht nichts anderes. Er möchte wissen, wie viele Schachteln ich habe. Dass da noch was ist, kann er an meiner unförmigen Hose erkennen. Er braucht unbedingt zwei Schachteln, besser drei. Dafür würde jeder ein feines Essen bekommen und dann gibt es noch eine Flasche Sekt vom ganz Guten. „Wir haben schon zu Abend gegessen.“ „Ich bringe etwas ganz Feines, das nicht zu viel ist, aber so gut und teuer wie in Moskau!“
OK, diese fruchtbare Freundschaft soll man erhalten. Drei Schachteln erscheinen und verschwinden in den Hosentaschen meines Freundes. Ja, aus Partnerschaft wird Freundschaft. Im Ausland geschieht es viel schneller als zu Hause. Wir gehen zurück in den Saal. Er lässt mir den Vortritt und folgt unauffällig mit Abstand und spricht Gäste an verschiedenen Tischen an. Erstaunlich ist, dass er dann wieder den Saal verlässt. Einer der von ihm angesprochenen Männer verschwindet ebenfalls. Und dann raucht man auch am anderen Tisch Pall Mall. Das kurzweilige Programm ist köstlich wie die Gesellschaft um uns herum. Hier lässt es sich leben! Wenn Beifall aufbraust, schauen sich die Leute an, freuen sich gemeinsam. Wir zeigen ebenfalls unsere Begeisterung und werden als Ausländer mit einbezogen. „Das Essen ist wirklich klein und fein“. „Das ist die Vorspeise! Mit dem zweiten Gang können wir uns Zeit lassen. Das Programm dauert noch. Nach der Pause essen die meisten Gäste, auch hier am Tisch. Dann esst ihr gemeinsam.“ OK, das passt. Es ist mehr als ein Zufall, dass Helmut und ich Lucky Strike rauchen. Wir verständigen uns, dass es auch so bleibt. Ich habe die härtere Währung. Die halten wir zurück. Und die Herren Offiziere protzen mit langen Zigaretten, während wir kurze rauchen. Ich versetzte schon sechs Schachteln und Helmut nur vier. Er wird spendabel und bietet auch unserer Tischgesellschaft an. „Sind die wirklich aus Amerika?“ „Ja!“ „Dann rauche ich auch eine“, scheint die Dame neben mir zu sagen, als sie zur angebotenen Zigarette greift. Nein, eine Raucherin ist sie nicht. Das kann man am vorsichtigen Paffen erkennen. Aber eine so einmalige Gelegenheit packt sie beim Schopfe. Als unser Freund sich wieder um das Wohlbefinden an unserem Tisch kümmert, fragt man ihn nach meiner Jacke. „Ist die auch aus Amerika?“ Meine Wildlederjacke ist wie ein normales Sakko geschnitten. Das gute Stück entdeckte ich zufällig in Flensburg und belohnte mich damit zur bestandenen Gesellenprüfung. „Nein aus Deutschland.“

In der Pause kommen Künstler in den Saal und unterhalten sich mit dekorierten oder honorigen Gästen. Das hebt auch diese Zeit beinahe auf das Niveau der Bühnenvorstellung.
Die zweite Flasche Sekt ist da. „Von der Krim!", sagt mein Freund. Und dann wird gesehen, gehört und diniert: „Prost auf die Krim!"
Der Abend bleibt kurzweilig, obwohl wir uns nicht mit der Tischgesellschaft unterhalten können. Der Beifall will nicht enden. „Das bedeutet Zugabe", höre ich Helmut. „Dann ist bald Schluss." Unser Freund kommt. „Habt ihr noch Zigaretten, die solltet ihr hierlassen." Er hat recht. Wir verabschieden uns logischerweise auf der Toilette. Umgerechnet bekommen wir mehr als das Doppelte des zollfreien Bordpreises. Ich denke, dass auch unser Freund einen guten Schnitt macht.

Das mulmige Gefühl am Schlagbaum ist die Mindeststrafe für unsere Dreistigkeit. Ein anderer Zöllner ist da. Mit weichen Knien und Herzklopfen erreiche ich die zollfreie Hafenzone.
Am folgenden Morgen kommt der Bordelektriker in feinem, aber zerknittertem Zivil zum Frühstück und berichtet. Ein mit Karabiner bewaffneter Polizist oder Soldat hat ihn an Bord gebracht. Er bekam Ärger, weil er in einem Lokal am Tisch Zigaretten tauschte. Jemand kam hinzu und wollte auch welche, nahm sie und verschwand ohne Gegenleistung. Er wurde zornig und schlug mit der Faust auf den Tisch. Das hatte Folgen, etwas fiel um. Die Verhandlung zur Begleichung des Schadens wurde von einem Uniformierten unterbrochen. Nach einigem unverständlichen Hin und Her wurde er abgeführt und in eine Zelle gesperrt. Gute Nacht! Es wäre unbequem gewesen auf der Holzbank.

Helmut und ich begreifen, dass wir gestern auf Glatteis unterwegs waren. Es ist merkwürdig gut gelaufen, wohl deshalb, weil alle Beteiligten einen Vorteil hatten. Nur der Zöllner am Schlagbaum nicht! Nein, das war falsch. Ich habe mich überall auf der Welt korrekt zu verhalten. Wenn ich eine Vorschrift oder ein Gesetz missachte, kann das allerlei aufwirbeln, ganz abgesehen von meiner Bestrafung.

Das Schiff ist entladen. Was wir in den Laderäumen hatten, konnte ich nicht erkennen. Es waren unendlich viele Kisten.

Inebolu / Türkei

Wir fahren weiter nach Inebolu, sind noch im Schwarzen Meer und gehen an Anker. Hier sollen wir Ladung erhalten. Bald schleppen Motorbötchen offene Kähne mit Kübeln heran. Sie gehen Längsseite an Backbord und Steuerbord. Mit unserem Ladegeschirr hebt man die schweren, mit Kupfererz gefüllten Behälter, aus den Booten und schwenkt ein in die Laderäume. Das Ausschütten der Gefäße geschieht durch Anheben an einer Öse, die sich am Boden befindet. Das klingt einfach. Aber es braucht seine Zeit. Für jeden Hub benötigt man zwei Ladewinden. Wenn das Erz ausgeschüttet ist, müssen die leeren Behälter wieder ins Boot zum Füllen an Land. Das zieht sich hin, Boote her und zurück, Hieven und Leeren im Laderaum usw. Das Wetter könnte nicht besser sein. Mich lockt nichts an Land. Was ich von den wenigen höre, die dort waren, ist nicht ermutigend. So vergehen etwa drei Wochen mit ruhiger Wache auf Reede. Wir liegen einige Meilen draußen. Was sich an Land bewegt, bleibt unsichtbar. Das Ufer scheint weiter entfernt als das Firmament. Die Nächte mit glitzerndem Sternenhimmel sind wunderbar.

Überladen
Als die Ladung endlich im Bauch der „Ludwigsburg“ liegt, erfolgt eine Kontrolle des Tiefgangs außenbords an der Skala. Das Erz ist schwer und benötigt wenig Raum. Vorgesehen ist, dass die Kapazität ausgenutzt wird. Man will das jetzt kontrollieren. „Haben wir Schlagseite?“ Der Ruf von unten aus dem Arbeitsboot erreicht viele Ohren. Bald ruft jemand von der Brücke: „Keine Schlagseite oder nur minimal! Bitte auch an Backbord ablesen!“ Und dann ist das Ergebnis der genauen Ablesungen bekannt. Das Schiff liegt im Lot. Dieser Hoffnungsschimmer verblasst. Auf den Trimm wurde beim langsamen Ladevorgang geachtet. „Das Schiff liegt zu tief, wir haben zu viel Ladung an Bord!“ Ein Argument spricht dagegen. „Wir sind jetzt in Süßwasser und fahren ins Mittelmeer und den Atlantik. Dann haben wir mehr Auftrieb“ „Nein nicht soviel, wir rechnen noch mal genau.“ Es spricht sich rum. Nein, verheimlichen können die Nautiker das nicht. Was nun? Es gibt eine Art kollegiale Neckerei zwischen Nautikern und Technikern. Jetzt können Ingenieure und wir Assistenten ein „Lächeln“ nicht unterdrücken. „Hattet ihr keine Zeit, den Tiefgang zu kontrollieren? Wurde zu schnell geladen?“
Jetzt wird es spannend. Wie soll das Entladen geschehen? Es ist vorgesehen, das Schüttgut in Europa mit Greifern aus den Laderäumen zu holen. Aber das geschieht mit Hafenkränen.
Im Store haben wir einige leere Ölfässer. „Wir dachten, dass ihr einmal in Verlegenheit kommt!“ Das Herausschneiden der Deckel aus den Drums und oben auch noch zwei Löcher für Schäkel schneiden, ist ein ordentliches Stück Arbeit. Feierlich übergeben wir die Fässer.
Das erste schwebt sanft in den Laderaum und steht auf der ebenen Fläche der Ladung. Matrosen versuchen, das Erz zu schaufeln. Das Zeug ist schwer und kantig. Da kann man nicht so eben die Schaufel hineinstecken. Der Erfolg ist dürftig. Alle Versuche mit Hilfsmitteln sind nicht so effektiv wie das Hineinwerfen mit Händen. Also Handschuhe und viel Fleiß! Ein weiterer Versuch, mit dem Fass zu schöpfen, in dem man es flach über das Erz zieht, während zwei Mann darauf zur Beschwerung reiten, scheitert auch.
Tagelang wird mühselig gearbeitet. Es hilft auch nichts, wenn man oft auf die Lademarke schaut, nur fleißiges Arbeiten lässt unser Schiff jeden Tag einen Zentimeter weiter aus dem Wasser aufsteigen. Die Fässer werden ins Meer entleert. Auch das ist nicht einfach. Sie werden auf der Reling abgesetzt und gekippt. Dafür benötigt man zwei Männer. Das ist auch gefährlich. In jedem Laderaum läuft das so, d. h. ganz, ganz langsam. Alle Matrosen sind beschäftigt.
Und dann ist es geschafft. Endlich! Die Lotsen für die Bosporus-Passage können nicht meckern. Die Dichteänderung des Meerwassers soll den Rest erledigen. Das Schiff wird mit zunehmendem Salzgehalt weiter aus dem Wasser steigen. Es kann losgehen!

Verhedderte Ankerketten
„Maschine Achtung!“, und „Anker auf!“ Das Spill holt die Kette an Backbordseite ein und streikt bald. Warum? Eine noch nie erlebte Erscheinung veranlasst einige Beteiligte, sich über die Verschanzung der Back zu beugen, um den Anker zu sehen, an den möglicherweise ein Wal angebissen hat. Nein, das ist nicht geschehen. Die Kette bildet einen dicken Klumpen. Wieso? Jemand beugt sich weiter hinaus. „Das sind beide Ketten! Warum liegen wir an zwei Ankern?“ Ist das ein seemännischer Fehler? Aber man soll niemanden unnötig ärgern. Wenn er sich schon selbst ärgert, ist es genug.

„Lass fallen Anker!" Begleitet von lautem Kettenrattern, verschwindet das Knäuel in der Tiefe. „Maschine langsam voraus!" Nach einem Vollkreis um die Misere wird gestoppt. „Anker auf!" Das Spill zieht das bekannte Knäuel aus dem Wasser. „Lass fallen Anker!" Rrrrrrt und immer noch Rrrrrrrt. Das Ärgernis verschwindet friedlich unter der Wasseroberfläche. „Anker auf an Steuerbord!" Auch da kann man das Knäuel bald sehen. „Lass fallen Anker!" „Maschine langsam voraus!" Jetzt fahren wir zweimal um das Ärgernis, aber anders herum. Wieder erfolgen beide Hebeversuche an Backbord und an Steuerbord. Das Ergebnis ist ernüchternd, kann aber auch Zorn auslösen. Der 1. Off. versetzt dem Spill einen Fußtritt. Das hilft natürlich nicht. Das Arbeitsboot geht zu Wasser. Das Knäuel wird fachmännisch betrachtet. Müssen wir links- oder rechtsherum fahren? Das ist schwer zu sagen. Ein mutiger Offizier steigt auf das Dollbord und setzt einen Fuß auf das Gewirr. Sachkundig betrachtet er das Rätsel ohne Kommentar. Die Erkenntnis lässt auf sich warten. „Pass auf!" Die Bugwelle eines weit entfernt vorbeigefahrenen Schiffes ist einen Meter hoch und spült über das Kettenkunstwerk. Der Knotenforscher wird von einem Schwall erwischt. Sein Schreckensruf ist auch an Deck zu hören. Das reicht ihm. Er springt zurück ins Boot. Inzwischen ist alles, was irgend kann, auf dem Vorschiff auch der Koch. Es bilden sich kleine Gruppen. Einige wissen, wie man das Problem lösen könnte. Aber nicht jeder darf Kommandos geben. Die Fachsimpelei ist kaum versteckte Schadenfreude. „Im Dock könnte man das gut auseinanderziehen!" „Ha, ha, wie sollen wir da hinkommen?" Ein weiterer Beitrag passt zur Heiterkeit der ernsten Angelegenheit. „Man sollte den Stöpsel vom Schwarzen Meer ziehen. Ohne Wasser ist es wie im Dock!" Endlich folgt ein vernünftiger Vorschlag: „Wir können den Klabautermann rufen!" Wir Assis sind bester Laune und rufen schüchtern: „Klabautermann! Klabautermann!" Das Kettenknäuel hängt als maritimes Kunstwerk unter dem Bug. Alle schauen immer wieder hinunter. Dieser Anblick in Verbindung mit unserem zögerlichen Ruf löst eine Welle gemeinsamen Handelns aus. Laut schallt es aus zwei Dutzend Kehlen: „Klabautermann! Klabautermann!" Es rasselt und platscht mächtig unter dem Bug. „Warum haben wir ihn nicht gleich gerufen?" Beide Ketten lassen sich einholen, bis die Ankerschäfte seefest in den Klüsen stecken. Haben wir soeben Spökelkram erlebt? Nein, es kann nur der Klabautermann gewesen sein! Wenn wir später davon berichten, werden Landratten an Seemannsgarn denken. Sie irren!

Heimreise über Samos und Rotterdam

Es geht wieder zurück durch Bosporus und Dardanellen ins Mittelmeer. Unser Ziel ist Samos. Wein wird mit Schlauch übernommen. 90 Kubikmeter passen in unsere Tanks. Über den Tiefgang spricht man nicht. Das ist tabu! Das Übernehmen dauert zwei Tage. Ich finde Gelegenheit für einen ausgedehnten Spaziergang am Ufer. Berge, Meer, blühende Sträucher, blauer Himmel und fester Boden unter den Füßen sind eine Wohltat nach Wochen auf See.

Der Abschied von Samos geschieht behutsam in Etappen. Mehrere Inseln der Ägäis verschwinden nacheinander unter dem Horizont. „Komm wieder, und ich werde dein Herz erfreuen", höre ich jedes Mal, wenn wieder ein Gipfel versinkt.

Mit dem schweren Erz auf dem Boden spürt man den Seegang im Mittelmeer deutlicher als mit leichter Ladung bis unter die Luken. In der Biskaya können wir froh sein, dass die Kühe in Afrika blieben. Bei gutem Samos erinnern wir uns immer wieder gern an sie!

In Rotterdam läuft das Löschen der Ladung professionell. Krangreifer packen mit jedem Hub mehrere Tonnen. Der Rest wird mit Planierraupen zusammengeschoben

und dann mit Greifern aufgenommen. Drei Wochen im Schwarzen Meer sind hier knapp zwei Tage.
Der Samos wird uns in Hamburg verlassen. Einige „Stille Reserven“ sind in Obhut der Mannschaft. Wir Assis verzichten auf Zoll. Gezapft wird im Wellentunnel. Der gehört zu unserem Hoheitsgebiet.

Abmustern
Am 19. Mai mustere ich in Hamburg ab. Die Reederei hat meine Bewerbung für eine Heuer auf der „Breitenburg“ akzeptiert. Die Schiffsingenieurschule fordert sechs Monate „Dampfzeit“. Ich freue mich sehr über die Zusage. Es gibt inzwischen wenige Schiffe mit Dampfantrieb. Kolbendampfmaschinen sterben aus, Turbinenschiffe werden nur zögerlich gebaut.

Ingenieurassistent auf S.S. „Breitenburg“ 2662 BRT Große Küstenfahrt

Juni 1962 – Februar 1963

Hamburg und Ausreise
Am 28. Juni mustere ich in Hamburg an. Bald weiß ich, dass wir sieben Assistenten sind. Ich bin Neuling und bekomme eine Kammer achtern gemeinsam mit Hans Petersen aus Maasholm. Wir verstehen uns gleich prima. Unsere Unterkunft ist abenteuerlich. Wir wohnen Steuerbordseite unter Deck ganz nahe an der Schiffsschraube. Die Außenwand ist entsprechend schräg und hat ein Bullauge. Platz haben wir genug, oben an der Decke mehr als unten, ein Ergebnis der sich verjüngenden Form des Schiffskörpers zum Anströmen der Schraube. Obwohl wir achtern bei den Matrosen wohnen, genießen wir das Privileg der Offiziersmesse. Die Wachen sind mit Wachingenieur und zwei Ing.-Assis besetzt. Der Chief ist für die 8-12 Wache zuständig. Er hat zusätzlich den Assi im Team, der sich mit dieser Anlage am besten auskennt.

Die „Breitenburg“ ist eine ältere Dame. Kammern und Messen sind mit reichlich Eichenholz ausgekleidet. Die Möbel haben einen urig maritimen Charme. Das Schiff ist in allem seinem Jahrgang treu geblieben. Ich entdecke keinen Stilbruch durch Modernisierung und finde schnell Gefallen an der reifen Dame. Sie entspricht mit 1200 PS der Potsdam-Klasse und wird keinen Dritten Weltkrieg gewinnen. Sie ist recht bedächtig unterwegs.

Unser Wachdienst ist zweigeteilt. Man fährt entweder Kessel oder Maschine. Zwei Marine-Schulz-Wagner-Dampfkessel verlangen ständige Beobachtung. Einer hat ein und der andere zwei Ölbrenner. Gefeuert wird mit Schweröl über Druckzerstäuber. Zwei Dreifach-Expansionsmaschinen mit Umsteuerung von Stephenson sind über Getriebe mit der Welle verbunden. Der Hilfsbetrieb ist umfangreich. Ich muss mir viel einprägen. Das Zusammenspiel aller Komponenten ist kompliziert. Wenn an einem Ventil gedreht wird, hat das auch an anderen Orten Änderungen zur Folge. Hier gibt es keine Regelautomatik.
Der Dampf ist nicht gleichmäßig verfügbar. Wasser verdampft in den Kesseln. Wird etwas mehr benötigt, hat der Heizer entsprechend mehr Schweröl zuzuführen. Und dann auch mehr Kesselspeisewasser. Es sind aber zwei Kessel vorhanden mit unterschiedlicher Leistung. Das Zusammenspiel ist, als würden sich Brüder raufen. Und dann sind die Wasserstände stets zu beobachten. Das klare Wasser offenbart sich nur mit seiner Oberfläche im gläsernen Schauglas. Wenn diese Trennfläche aus dem Sichtbereich verschwindet, weiß man nicht, ob der Stand zu hoch oder zu niedrig ist. Wenn man die Situation falsch einschätzt, kann das fatale Folgen haben. Die größte Anstrengung sind ständige Aufmerksamkeit und Konzentration.
Der Mann im Maschinenraum ist ununterbrochen unterwegs. Alle möglichen bewegten Teile wollen geschmiert werden. Das sind z. B. Kolben- und Schieberstangen, Kreuzköpfe und kleinere Elemente. Vasen von Grundlagern und Hilfsmaschinen sind nachzufüllen. Auch die Antriebe von Seekühlwasser-, Speisewasser-, Kondensat-Pumpe und Generator sind Dampfmaschinen. Ihre Kolben- und Schieberstangen sind ebenfalls mit Zylinderöl zu versorgen. Das

Kondensat ist regelmäßig zu prüfen. Die Wasserqualität muss gewährleistet sein, damit die Kessel nicht verkalken oder korrodieren. Das Kondensat wird in einem offenen Behälter unter den Flurplatten gesammelt und manuell gefiltert. Es enthält etwas Zylinderöl, das nicht in den Kessel eingespeist werden darf. Man kann das meiste mit Kokosfasern an der Oberfläche herausbekommen. Da die Kesselspeisewasserpumpe unten saugt, gelangt kein Öl in die Dampfkessel.

Das teile ich zur Einführung mit. Wir langweilen uns nicht bei der Arbeit. Angenehm ist die Stille. Alles läuft leise wie auf Socken. Dampfmaschinen rappeln nicht wie Motoren mit ihren Zünd- und Explosionsabläufen.
Und wenn man glaubt, jetzt ist alles fein justiert, heißt es z. B. „Dampf an Deck." Dann muss man hoch sausen, ganz vorsichtig das Ventil „anlüften" und danach in kurzen Abständen weiter öffnen und Kondensat-Abläufe an Deck kontrollieren, eine zusätzliche Rennerei von einer Stunde, während unten alles weiterläuft. Auf See ist das nicht so fatal, weil dann auch der Wachingenieur in der Maschine ist.

Leningrad (St. Petersburg)
Wir bekommen Fracht für Leningrad (heute St. Petersburg). Vor Einlaufen taucht neben uns ein merkwürdiges Grummeln auf. Ein Rohr ragt aus dem Wasser und qualmt. Ich erlebe das unmittelbar. Ein unheimliches Gefühl kriecht in mich hinein. So, als wenn ein Seeungeheuer auf Beutezug ist. Ein U-Boot. Warum taucht es nicht auf? Will man uns Angst einjagen? So wird es sein.

Nach freundlicher Bitte und hartnäckiger Wiederholung gewährt man mir Landgangs-Erlaubnis. Ich gehe und gehe. Als ich endlich Wohnbebauung erreiche, wundere ich mich, dass niemand zu sehen ist. Hier sind keine Geschäfte. Das könnte die Erklärung sein. Ich schaue zurück. Nur ein einsamer Soldat geht in meine Richtung. Es beginnt zu regnen, ein leichter Frühlingsregen, eher ein Schauer erkenne ich an der Wolke. Ein Toreingang kommt wie gerufen. Ich gehe hinein und schaue in einen Hof. Ein Junge steht in einer offenen Türe. Er winkt mich heran. Und dann bin ich in einem Klassenzimmer. Wie bei uns stehen Sitzbänke in Reih und Glied. Mehrere Jungs sind hier. Mit welchen Worten sie mich fröhlich begrüßen, weiß ich nicht mehr. *„Do you speak English?" „Njet, njet!"* Die heitere Stimmung hält an. Ich bin Mittelpunkt. Warum? Man hat gemerkt, dass ich Ausländer bin, vielleicht aus dem Westen? Mein Erstkontakt zieht eine Zigarette aus der Schachtel und reicht sie mir. Ich staune, denn ich war deutlich älter, als ich das erste Mal versuchsweise paffte. Ich begreife nicht schnell genug, dass es eine Papirossa ist. Es ist lange her, als ich auf der Flucht aus Ostpreußen beobachtete, wie russische Soldaten das offene Ende zurecht zwickten. Ich schaue mir das Objekt an. Aha, denke ich, das war zusammenzudrücken und dann auch quer dazu. Bevor ich das selber mache, hat mir einer hilfreich die Zigarette aus der Hand genommen und erledigt das genauso, wie ich es soeben wollte. Die Welt ist klein! Wir können uns nicht verständigen. Man möchte aber gemeinsam mit mir rauchen. So kommt es auch. Sie scheinen zu denken: „Wie Männer." Ich denke, endlich bin ich wieder Knabe und paffe auf einem Ast am Waldrand. Ja, ich bin Junge unter Jungs! Die Zeremonie dauert nicht lange. Asche und Stummel befinden sich in einer Dose. Das Klassenzimmer bleibt sauber. Ich hole meine rote Pall Mall-Schachtel aus der Hosentasche. Was meine jungen russischen Freunde sagten, kann ich nicht wiederholen, sinngemäß etwa „Wow!" Ich erkläre „Amerika!" Und wieder: „Wow!"
Als ich die noch ungeöffnete Schachtel übergebe, ist Weihnachten in Leningrad! Und ich habe auch einen Kugelschreiber. Der bleibt ebenfalls in Russland.

Die lustige Gruppe begleitet mich zum Tor. In der Brusttasche meines Hemdes stecken zwei Papirossa.

Der Himmel ist blank und trocken. Ich gehe weiter in Richtung riesiger Gebäude, bin wieder allein. Wirklich? Ich habe da so ein Gefühl. Tatsächlich, der Soldat mit dem Karabiner folgt mir rein zufällig, soll ich wahrscheinlich denken. Er hat gewartet. Soll ich ärgerlich sein? Der hat einen Auftrag. Ich verhalte mich sowieso wie ein Musterknabe. Solange der in meiner Nähe ist, kann mir nichts passieren. Ich komme bei großen Häusern an. Sie sind nicht blitzblank, aber unglaublich großartig! Hier sind Passanten unterwegs. Ich lehne mich an ein Geländer, schaue und staune. Mein Begleiter geht an mir vorbei. Er hat also ein Ziel und nichts mit mir im Sinn. Was ist das? Er zieht etwas aus der Jackentasche und hantiert mit einem Telefonhörer. Daran ist ein Kabel. Das stöpselt er ein. Er spricht. Das sollte mich nicht irritieren. Ich gehe weiter und an ihm vorbei. Ein Glücksmoment streichelt meine Seele. Er erwidert mein Lächeln! Jetzt ist alles in bester Ordnung. Entspannt und wohlbehütet wandle ich durch eine Prachtstraße, spüre das Flair von St. Petersburg. Ich werde auch zurückbegleitet. An der Gangway wende ich mich ihm zu. Er lächelt zuerst. Danke St. Petersburg!

Vyborg

Mit leeren Laderäumen fahren wir nach Vyborg. Die Stadt liegt ganz in der Nähe der finnischen Grenze. Nach dem Abendessen ist der Himmel blank und taghell. Es ist Ende Juni. Zu zweit gehen wir an Land. Wir sind kaum aus dem Hafen und schon an einem See. Er ist beinahe vollständig von Wald umgeben. Es ist schön hier, aber sehr laut. Dann ist es still, der Lärm wie abgeschnitten. Ich genieße die wunderbare Stimmung. Es wird wieder laut. Motorengeräusch nähert sich. Neben einer bewaldeten Landzunge taucht ein Boot auf. Mein Gott, ist das schnell! Plötzlich herrscht wieder Stille. Das schlanke Boot hat noch Schwung. Es verliert an Fahrt, ist in unserer Nähe. Zwei junge Burschen fummeln gebückt. Sie kümmern sich um den Motor. Wieder wird es laut. Schon nach wenigen Minuten folgt Stille. Das wiederholt sich. „Die experimentieren, verändern Einstellungen, um den Motor zu optimieren." „Ja, das sind junge Wissenschaftler, die Forschung betreiben." Wir stimmen überein, dass die Burschen leidenschaftliche Bastler sind. Sie haben die Möglichkeit dazu. Bei uns wäre das in nur seltenen Fällen denkbar, hier wohl auch. Bald wird es ruhiger. Die wissenschaftlichen Experimente finden in größer werdender Entfernung statt.

Morgens herrscht emsiges Treiben an Deck. Kräne hieven bündelweise Baumstämme in unsere Laderäume. Dort sind mehrere Männer dabei, die Fracht ordentlich zu stauen. Das Arbeitstempo ist enorm. Der Ablauf geschieht reibungslos. Auch an Deck beginnt man, Stämme akkurat zu stapeln. Eine Frau ist dabei, die etwa eineinhalb Meter langen Hölzer lückenlos aneinanderzulegen. Sie ist nicht langsamer als die Männer und wuchtet die schweren Teile präzise an ihren Platz. Jetzt verstehe ich die Tafeln auf der Pier. Personen sind abgebildet, darüber Name, darunter kurzer Text und Zahlen. Das sind ausgezeichnete „Helden der Arbeit". Sie rackern wie im Akkord und können Auszeichnung und Extralohn erkämpfen, vielleicht eine Reise oder ein Motorboot?

In der Stadt kann man einkaufen. In einem Geschäft gibt es Eimer und geblümte Kleider. Eine Warteschlange hat sich gebildet. Einige lesen während des Wartens. Von der Hektik des Hafenbetriebs ist hier nichts zu spüren.

Und dann ist Sonntag. Die Geschäfte sind geschlossen. Ein Tankwagen mit Hahn am hinteren Ende und eine Abstellfläche darunter ist für mich ein völlig unbekanntes Gefährt. Bier wird ausgeschenkt. Bei heiterem Frühlingswetter trinken Männer und Frauen aus Henkelgläsern, haben sich ein Plätzchen gesucht und plaudern miteinander. Die fröhliche Stimmung der zufriedenen Leute ist ansteckend. Ich habe das Gefühl, als würden sich alle gut kennen.
Schon nach drei Tagen sind die Laderäume lückenlos gefüllt. An Deck ist alles voll gestapelt, über zwei Meter hoch, sogar auf den Ladeluken. So exotisch beladen verlassen wir Vyborg.
Als wir auslaufen, schaue ich von der Nock auf das Vorschiff hinunter. Es sieht aus, als würden wir mit einem Floß unterwegs zu sein!

Gent-Langerbrugge
Es geht durch den Nord-Ostsee-Kanal und weiter nach Belgien. Durch enge Kanäle, wo Gegenverkehr unmöglich wäre, fahren wir zwischen Häuserzeilen hindurch. Die Wohnräume gleiten unmittelbar neben uns vorbei. Dass wir ohne anzuecken diese Nadelöhre schaffen, grenzt an ein Wunder.
Unser Zielhafen ist Gent-Langerbrugge, genauer gesagt, ein riesiger Berg aus Baumstämmen. Und dann ruckeln unsere Stämme auf einem Förderband nach oben. Über dem Gipfel des Berges purzeln sie herunter und kommen irgendwo an der Flanke zur Ruhe.

Man kann das Städtchen zu Fuß erreichen. Wir starten als kleine Gruppe. Zu zweit bleiben wir auf einer schönen Wiese außerhalb des Hafens zurück und finden einen einladenden Platz, schauen auf die Stämme, die Purzelbäume schlagend den großen Haufen vergrößern. Die Sonne scheint. Wir genießen Urlaubsstimmung, nicht am Strand, sondern auf der Wiese. Warum soll man immer herumlaufen?

Ladung in Hamburg für das Mittelmeer
Für nordafrikanische Häfen werden in Hamburg und Bremen Kisten geladen.
Als wir auslaufen, haben wir an Deck nur ein paar Baumaschinen. Man kann sich bewegen und spazieren. Das Schiff liegt gut in der See. In der Biskaya erwischt uns ein Tief. Sturm und Seegang sind kein Problem. Das Schiff nimmt die hohen Wellen gutwillig an. Wir schaukeln mit weiten sanften Bewegungen und sechs Knoten gemächlich gen Süden. Aber der Regen ist ein Problem. Wenn das Skylight völlig geschlossen wird, bekommt die Feuerung der Kessel zu wenig Luft. Sie beginnen zu brummen. Der Schornstein qualmt mehr als sonst. Folglich müssen wir Regen hinnehmen, eine unerfreuliche Angelegenheit. „Warum ist das so? Wir haben doch vier Windhutzen, zwei für den Maschinenraum und zwei für die Kessel." Der 3. Ing. kann mir das gut erklären. „Die Ventilatoren sind kaputt, neue hat die Reederei noch nicht bekommen." Kaputt ist gut. Ich klettere zu einem Maschenraumlüfter. Er ist in einer engen Ecke untergebracht. Hier hat sich unglaublich viel Staub angesammelt. Der Kollektor ist freiliegend konstruiert. Aber alles, was ich sehen möchte, versteckt sich unter einer dicken Schicht. Ich klettere aus der Ecke und schaue an der Schalttafel nach, ob auch wirklich ausgeschaltet ist. Das ist der Fall. Es gibt an Bord ein kleines Problem. Wir haben keinen Elektriker. Ich kann das schon einsehen, denn Ladewinden und Spills laufen mit Dampf. Die Elektrizität wird hauptsächlich für Beleuchtung und einige kleine Motoren gebraucht.
Mir wird Arbeiten am Heiligtum der Elektrik erlaubt. Ich darf Sicherungen herausschrauben und meinen elektrischen Kenntnissen freien Lauf lassen. Die Kohlebürsten sind aufgebraucht, der Kollektor ist verschmort. Wie man das behebt,

kenne ich von der „Nordwind“. Kohlebürsten finde ich. Das Abschleifen des Kollektors ist eine Arbeit, auf die ich gern verzichten würde. Der 3. Ing. übernimmt meine Aufgaben im Maschinenraum. So kann ich mich auf das Problem konzentrieren. Auch das Wegputzen des Staubes gehört dazu. Es gibt keine Reiniger. Am Ende der Wache bin ich fertig. Der Lüfter läuft. Es ist eine Wonne, unter dem erfrischenden Luftzug zu sein. Ich kündige die Fortsetzung auf der nächsten Wache an und bitte darum, einen weiteren Lüfter von Staub zu befreien. Nach drei Tagen sind alle Belüftungsanlagen fit. Es ist wesentlich angenehmer, besonders im Kesselraum.

Kesselschaden, Ceuta

Die recht angenehme Fahrt gen Süden während des späten Frühlings können wir bis Südspanien genießen. Unsere „Breitenburg“ schaukelt gemütlich in der Dünung. Auch sie scheint sich wohlzufühlen.

Alles ändert sich, als man eine Undichtigkeit im großen Dampfkessel feststellt. Unsere Ingenieure vermuten ein defektes Rohr im Verdampfer, auch Siedewasserrohr genannt. Das hatte man schon einmal. Die Rauchgasfahne wird vom austretenden Wasserdampf zunehmend heller. Der gehört eigentlich komplett in die Dampfmaschinen. Jetzt schleicht sich ein Teil davon und verflüchtigt sich im blauen Himmel. Wir müssen einen Hafen anlaufen. Unser Kurs führt zur Straße von Gibraltar. Der nächste Hafen ist Ceuta auf dem spanischen Zipfel von Nordwest - Afrika. Dort laufen wir ein.
Dann geht alles nur so schnell, wie die Physik es erlaubt. Nachdem die Feuer beider Brenner abgeschaltet sind, wird der Dampfkessel langsam entspannt. Der Druck sinkt über Stunden von 16 atü auf null. Man kann diesen Vorgang beschleunigen, aber das könnte zu schnell sein. Wenn es Folgen hat, sind sie garantiert negativ, teuer und mit Arbeit verbunden. In den Köpfen unserer Ingenieure schlummert entsprechendes Expertenwissen. Das ist jetzt gefragt.
Die Frontplatten beider Brenner werden entfernt. Jetzt kann man hineinleuchten und hoffen, das defekte Rohr zu finden. Wir erkennen, wo in etwa der Schaden entstanden ist. Als der Druck nur noch drei atü beträgt, wird das Wasser abgelassen. Das dauert eine gute Stunde. Die Bauteile haben noch eine Temperatur von 150 Grad. Dabei kann man keine Reparatur ausführen, denn die geschieht im Inneren des Kessels. Jetzt soll durchströmende Luft für Abkühlung sorgen. Der Verdampfer besteht aus Obertrommel, drei Untertrommeln und vielen Verbindungsrohren. Zuerst öffnen wir das Mannloch der Obertrommel. Diesen Vorgang nennt man Einstoßen. Erst wenn sie offen ist, werden auch die Untertrommeln eingestoßen. Anders herum darf es auf keinen Fall geschehen, weil man sich beim Öffnen der Obertrommel mit Dampf verbrennen würde. Jetzt strömt Luft durch Trommeln und Rohre. Gleichzeitig auch durch die Brenneröffnungen über den Rauchgasweg zum Schornstein hinaus. Noch weiß niemand, welches Rohr undicht ist, nur wo es sich ungefähr befindet. Das bedeutet abwarten bis man den Kessel befahren kann. So nennen wir das Einsteigen. Das Warten strengt nicht an, also warten, bis sich jemand traut, durch eine Brenneröffnung in den Kessel zu klettern. Da die Region des Schadens bekannt ist, kann gezielt gesucht werden. Sachkundige Ingenieure oder Heizer erkennen an abgestrahltem Belag angeblasener Rohre, wo sich das listige Loch befindet. Man glaubt nicht, wie viel ein kleines Löchlein ausmacht, z. B. von etwa zwei mm Durchmesser.

Der 3. Ing. hat das schadhafte Rohr gefunden. Dabei bewegt er sich im kühlen Wind des durchlüfteten Feuerraums. An den Rohren kann er sich verbrennen. Wichtig ist das genaue Abzählen. Ist es auch wirklich das 19. Rohr in der 11. Reihe? Ein Irrtum hätte fatale Folgen, denn das defekte Rohr wird oben und unten mit kegelförmigen Weicheisenstopfen verschlossen. Sie werden mit dem Hammer festgeklopft.
Erwischt man bei diesem Vorgang ein falsches, also gesundes Rohr, wird es bei Feuerungsbetrieb wegschmelzen. Und der diese Reparatur verursachende Schaden wäre noch nicht behoben. Viel schlimmer ist eine andere Variante. Verschließt man oben richtig und unten falsch, werden beide explosionsartig bersten und siedendes Wasser aus dem Drucksystem ins Freie lassen. Dabei entsteht ein enormes Dampfvolumen, denn ein Teil des Druckwassers verdampft schlagartig. Da gibt es kaum Entkommen! Diese Erkenntnis erreicht mein Hirn. Jeder ausgebildete Heizer hat das gelernt.
Wir wissen nun, was zu tun ist, aber wann? Die Trommeln sind immer noch heißer als 100 Grad. Wie von einer höheren Macht gewollt, folgen alle Menschen, die für laufenden Anlagenbetrieb zuständig sind, einem ungeschriebenen Gesetz der Technik: Schnellstens für Normalität sorgen! Auch wir Neulinge spüren den Befehl, ohne dass ein alter Hase das erklärt. Immer wieder steckt jemand einen Arm in die Trommel. Was die Hand aushält, ist für Kopf und Körper zu viel. Ein Thermometer wird nicht benutzt.
Hans ist der Schlankeste und fühlt sich auch berufen. Es ist sein Kessel. Er ist nicht länger als ich auf See und schon vom „Immer-Laufen-Müssen" überzeugt. Er kriecht mit Pfropfen und Hammer in die untere Trommel und kommt gleich wieder heraus. „Es ist zu heiß zum Kriechen. Wir suchen ein passendes Brett." Und so geschieht es. Für weiteren Komfort sorgt eine nasse Decke über der Schulter. Hans erledigt die Sache mit Bravour und auch noch in der großen Obertrommel.
Woher kommt dieser Zugzwang? Man könnte warten, bis nach Abkühlung normales entspanntes Arbeiten möglich ist ohne hohe Belastung. Dann würden einige Stunden, eher ein halber Tag oder mehr, bis zum Arbeitsbeginn vergehen. Kein Mensch honoriert dieses Verhalten. Außenstehende schütteln den Kopf. „Wie kann man so blöd sein?" Das fragen wir Beteiligten uns auch, machen es aber immer wieder.

Eine Dampfkesselanlage ist kein Motor. Er wird aufgespeist, so nennt man das Füllen mit Wasser und mit kleinem Feuer langsam auf Temperatur und Druck gebracht. Das dauert mindestens drei Stunden.
Diese ungewollte Visite in Ceuta wiederholt sich. Wir müssen noch viermal mit gleichem Problem Nothäfen anlaufen. Die schönen Bezeichnungen „Never-Come-Back-Liner" und „Seelenverkäufer" fallen regelmäßig während der anstrengenden Arbeiten.

Algier
Der zweite Hafen ist Algier. Der große Kessel ist wieder defekt. Diese Bravourarbeit läuft beinahe unbemerkt neben dem normalen Hafenbetrieb. Auch für die Überwachung des Ladewinden-Betriebs sind wir Assis zuständig. Das geschieht parallel zur Wache. Die Bedienung der Winden erfolgt durch heimische Schauerleute. Es gibt begnadete Windenfahrer, aber auch welche, die wissen, dass eine Pause folgt, wenn seine Winde ausfällt. Wir bemühen uns, mit seriösem Auftreten ruinösem Fahren vorzubeugen. Das reicht nicht immer. Wie verschafft man sich Respekt in dieser Situation? Wir haben einen mit Bordmitteln erstellten Schlagstock dabei. Damit kann man keine Winde reparieren, aber manche Reparatur

vermeiden. Das klingt nach Seemannsgarn. Entscheidend ist, die Charaktere der Windenfahrer zu erforschen. Das Beobachten, bevor man als Aufseher erkannt wird, ist sehr nützlich. Auf dem Rundgang ist freundliches Lächeln immer gut und auch ruhige Worte, die zwar nicht verstanden werden, aber eine Art Dialog sind. Wenn ein Bruch passiert, hat man eine Menge Arbeit. Jedes vorbeugende Mittel zahlt sich aus. Ich höre von Kollegen, dass man auch auf Hände schlägt.
Als ich das erste Mal muslimische Gebetshandlungen erlebe, bin ich überrascht. Wenn der Ruf von der Moschee herüberklingt, knien alle Männer dort nieder, wo sie sich soeben befinden. Diese Gemeinschaftshandlung offenbart das starke Band der Religion. Ich staune, dass an Deck, im Laderaum und an der Winde alle gleichzeitig niederknien.
Dies wiederholt sich auch in anderen Häfen. Ich habe das Empfinden zu stören. Ich sehe in einem Hafen, in welchem habe ich vergessen, dass alle Männer Beutelhosen tragen. Am Gesäß hängt ein Sack beinahe bis auf den Boden. Man sagt, es sei eine religiöse Tracht.
Als diese Männer nach Schichtende zu zwei Dutzend auf der Gangway warten, um in die Barkasse zu steigen, reißt die Aufhängung durch die ungewöhnlich starke Belastung. In diesem Falle sind die Beutel hilfreich und wirkten als Auftrieb. Nicht alle können schwimmen.

Dann geht es weiter nach Tunis, wo wir nur ein paar große Kisten entladen. Für Landgang ist die Liegezeit zu knapp. Wir sind so erschöpft, dass jede Gelegenheit zum Ausruhen eine Wohltat ist.

Tripolis

Der große Kessel ist wieder undicht. Deshalb sind wir hier. Die Reparatur beginnen wir auf Reede. Der Kessel ist nicht mehr einsetzbar.
Und dann wird der Ehrentag einer bedeutenden Person angekündigt. Morgen sollen wir eine Stunde lang Signal geben. Na gut, soll sich der Herr freuen. Dann ist es so weit. Wir liegen mit mehreren Schiffen auf Reede. Unser Horn erzeugt einen eher schrillen als gutwilligen Ton. Das merkt man erst jetzt richtig beim noch nie gehörten Dauerton. Gern produzieren wir den Lärm nicht, aber er dient einem ehrenwerten Zweck. Das Konzert der anderen Schiffe vernehmen wir nur schwach. Ich habe Freiwache, erfahre aber, dass unser Horn unmäßig Dampf benötigt. Die Assis unten haben mehrere Probleme gleichzeitig zu lösen. Die Feuerleistung muss hochgefahren werden, das Kondensat wird knapp. Der an Bord gebrauchte Dampf wird im Kondensator niedergeschlagen und sorgt so für Speisewassernachschub. Jetzt wird alles in die Luft geblasen, kostbares Wasser geht verloren. Man müsste sehr viel aus der Reserve nehmen. Aber die ist wegen des undichten Kessels so gut wie aufgebraucht. Für anhaltendes Signal hätten wir den großen Kessel gebraucht. Einzige Lösung ist der Trick mit Druckabfall. Dabei strömt weniger durchs Horn. Unsere Lautstärke lässt langsam nach, die anderen Schiffe tönen mit ihren elektrischen Typhonen munter weiter. Wir hören sie zunehmend deutlicher. Selten dauert eine Stunde so lange. Aber sie geht auch vorüber.
Wir sind nur einige Stunden an der Pier, um Wasser zu übernehmen. Hätten wir keinen Schaden, wären wir nicht hier und hätten nicht tuten müssen. Aber wir hätten nie etwas über dieses denkwürdige Ereignis erfahren. Ein Erlebnis mehr, über das wir berichten können. Es ist immer noch kein Seemannsgarn!

Alexandria

Alexandria wird von Seeleuten Alex genannt. Auch hier sind wir wegen Kesselschaden. Ich kann dank Reparatur und günstiger Wache gleich nach dem Frühstück an Land und erlebe einen riesigen Basar in einem stattlichen Gebäude. Kleidung interessiert mich kaum. Lebensmittel, Fleisch und Früchte sind in einer unglaublichen Vielfalt zu sehen. Gewürze scheinen eine sehr große Bedeutung zu haben.
Es gibt auch eine Halle mit Souvenirs. Zu sehen ist viel, was das Herz erfreut. Auch Metall-Treibarbeiten z. B. Silberteller mit Goldeinlage, daran eine Öse zum Aufhängen als Wanddekoration. Gebrauchsgegenstände aus Kamelleder, Börsen, Taschen groß und klein und Tiere aller Art, schön gestaltet, strömen einen geheimnisvollen Duft aus. Intarsien-Arbeiten mit Perlmutt in Holz als Teller oder Schatullen beeindrucken mit filigranen Mustern und Motiven.
Die kunstgewerblichen Erzeugnisse sind hochgestapelt und hängen z. T. unter der Decke. Ich kann mich leider nicht ungestört sattsehen. Händler können sehr aufdringlich sein. Sie zeigen ihren Unmut, wenn nichts gekauft wird, manche werden böse, schimpfen hinter mir her. Es sind überwiegend kleine Stände und Hunderte Händler. Ich habe das Gefühl eines Prügelknaben. Ich kaufe einige Teile. Das Schönste und Größte ist der Silberteller mit Gold.

In der Messe wird die Kesselreparatur diskutiert. In den Siederohren des Kessels hat sich eine Schlammschicht abgesetzt. Irgendwo haben wir unsauberes Wasser gebunkert. Der Schlamm könnte den Wärmeübergang beeinträchtigen, eine höhere Rohrwandtemperatur zur Folge haben und weitere Schäden nach sich ziehen. Was ist zu tun? Wenn die Kessel gründlich von uns gereinigt werden müssen, benötigen wir spezielle Waschdüsen und viel Zeit. Wir hoffen, dass es nicht noch schlimmer wird.

Beirut

Auch hier kommen wir mit wenig Wasserreserve an. Es scheint, als hätten wir uns schon ans Reparieren eines Dampfkessels gewöhnt. Gut ist, dass sich unsere Ingenieure um die Instandsetzung kümmern, wir Assis die Dienstroutine beibehalten können und nur gelegentlich hinzugerufen werden.
Hier liegen wir sehr günstig. Schon der Hafen selbst bietet mir Abwechslung. Weil hier auch Passagierschiffe anlegen, haben Händler Stände aufgebaut. Täglich kommen sie mit Klapptischen und Souvenirs. Das Klima gegenüber Fremden ist hier ganz anders als in den Häfen vorher. Oder ich habe einfach Glück. Ich werde ermuntert, einen schönen Kaftan anzulegen. Man wickelt mir auch einen Turban um den Kopf. Ich darf mich im Spiegel sehen. Es gibt auch weiße Kopftücher als Schattenspender, über die ein Ring aus schwarzen Zierkordeln gelegt wird. Ich sehe edel aus in exklusiver Ausstattung. Man hat auch noch Degen und kurze Krummdolche, jeweils in wunderbar verzierter Scheide. Dafür gibt es eine Hüftkordel. Die Händler haben Freude mit mir und ich mit ihnen. Wir können uns gut auf Englisch verständigen. Dann übe ich den würdigen Gang. Sagen wir, ich schreite aufrecht wie ein junger Scheich auf Brautschau, er hat es zwar nicht nötig, aber er tut es! Man wird auf mich aufmerksam. Da ich herum wandle, verliert sich die Verbindung zu den Händlern. Ich bin ein echter Scheich! Nach und nach kommen immer mehr Passagiere vom Musikdampfer herunter. Es gibt Leute, die es Kreuzfahrt-Schiff nennen würden. Man möchte gerne einen echten Scheich auf dem Foto mitnehmen, wo man doch in Beirut ist! Ich fühle mich wie ein Star. Es mag sein,

dass die Passagiere mit den Fotos auch jenen eine Freude machen, die keine Kreuzfahrt unternehmen können.
Ich wandle weiter herum, bleibe aber in Sichtweite der Händler. An einem Gebäude höre ich klägliches Weinen. Die Stimme lässt mich an eine junge Frau denken. Das Weinen hört auf, als ich klopfe. Woher kam es? Ich schaue am Gebäude hinauf. Unerreichbar hoch befinden sich kleine Fenster. Ich klopfe wieder mit dem Krummdolch an die Wand und rufe irgendetwas. Das Weinen beginnt erneut. Das wiederholt sich. Niemand schaut aus einem Fenster, auch keine Hand taucht auf. Ich teile das den Händlern mit. Das berührt sie nicht. Sie meinen, dass es eine ganz normale Sache ist, wenn ein Kind weint. Ich kaufe zur Freude eines Händlers einen Wandteppich mit Karawanenmotiv. Er lädt mich ein, sein Geschäft zu besuchen. Ich gehe an Bord und gewinne einen Kollegen als Begleiter. Er kennt sich hier aus. Ich möchte nicht gerne allein zurückgehen, wenn es dunkel ist. Das Verlassen des Hafens ist hier ungewöhnlich. Am Zoll erhält man ein Landgangticket und gibt das Seefahrtbuch ab. Üblich ist, dass es an Bord geschieht. Hier ist es eben anders.

Wir kommen an einen Prachtbau, ein Hotel, „Tausend und eine Nacht" fällt mir ein. Pagen in toller Uniform mit Turban stehen vor dem Eingang. Offene Kutschen warten auf Gäste, die eine Fahrt durch die Stadt erleben wollen. Das wäre was.
Der Händler meint später, man könne sich dabei Flöhe holen, besser man kauft einen Teppich und nimmt ein Taxi. Hat er auch fliegende Teppiche? Nein, die gibt es im Himmel. Er führt uns in ein Geschäft, wo Teppiche ausliegen und an Wänden hängen. Das sind nur einige Anschauungsstücke, meint er. Er führt uns eine Treppe hinauf. Wir kommen in ein riesiges Lager. Dutzende Teppichstapel überwältigen mich. Das sind nicht Hunderte, es müssen mehrere Tausend sein. Es sind Leute da, die uns in die Stapel hineinschauen lassen. Wie riesige Tapetenbücher schlagen sie immer wieder eine Ecke hoch. Hier kann ich mich sattsehen, eine wahre Pracht! Zum Kauf werden wir nicht gedrängt. Danke für die freundliche Führung. Bis morgen im Hafen! Bye-bye!

Wir gehen noch durch spärlich beleuchtete Straßen. Orientalisch-romantisch ist mein Empfinden. Mein Kollege kennt ein Café. Man bekommt auch Cola, erkenne ich an einer Werbung. Sie ist gut gekühlt. Ich genieße sie langsam, nippe mehr, als dass ich schlucke. Es sind auch einige Frauen da. Sie können mich eher aufregen als anregen. „Beirut ist das Paris des Orients!" So spricht man an Bord. Aber wer war von uns in Paris?
Wir nähern uns der Zollstation. Ich fasse in meine Gesäßtasche, um das Landgangsticket herauszuziehen. Was ist das denn? Da ist nichts! Ich suche gründlich und ganz gründlich und finde nichts. Was nun? Das wird Ärger geben und viel kosten. Wir vereinbaren, auf jeden Fall zusammenzubleiben. Das beruhigt mich allerdings kaum. Was soll ich machen? Das einfachste wäre durchmogeln. Aber dann habe ich kein Seefahrtbuch. Wir warten und beobachten, dass das Zurücktauschen recht unbürokratisch abläuft. Das Ticket wird abgegeben. Dann sucht sich jeder sein Buch aus einem Stapel. Ein Zufall kommt mir zu Hilfe oder ist es ein Schutzengel? Eine Gruppe will auch zurück zum Schiff. Sie sprechen Griechisch, meine ich. Das ist auch egal. Wir mischen uns dazwischen. Es ergibt sich eine Situation, auf die ich gehofft habe. Mehrere legen ihr Ticket auf das Pult. Meins könnte auch dabei sein, oder? Trotz meiner Aufregung komme ich ans Ziel. Dabei hilft mir die sorgfältige Verwaltung der Seefahrtbücher auf der „Nordwind". Der 2. Off. hat den Namen des Inhabers in Blockbuchstaben auf die obere Stirnseite geschrieben. Ich erkenne also mein Buch sofort, ziehe es aus dem Stapel, schlage

es auf und bestätige dem Beamten mit überdeutlichem Nicken: „Das ist mein Buch!" Er ist zufrieden und ich auch. Es gibt offensichtlich keine Kontrollliste, ein Glück!

Am folgenden Tag bin ich wieder bei den Händlern. Das ist nur so etwas wie Füße vertreten, denn wir sollen bald auslaufen. Nach Begrüßung und kleinem Gespräch bin ich am Gebäude der klagenden Frau. Ich klopfe mit dem Feuerzeug an die Mauer. Ich mag es nicht glauben. Das Weinen erreicht mich wie auf Kommando. Ich folgere: Ein unglücklicher Mensch hofft auf Befreiung.
Bei den Händlern komme ich damit auch heute nicht weiter. Der traurigen Frau im Libanon kann ich nicht helfen. Die Erde dreht sich weiter und wir fahren nach Izmir.

Izmir
Für Izmir haben wir Ladung. Ich gehe auf Erkundungstour und finde eine Flanierstraße mit mehreren Restaurants. Es sieht schon beinahe schick aus.
Eine Einladung des Seemannheims erreicht unser Schiff. Es meldet sich eine beachtliche interessierte Gruppe. Einige waren schon dort und fanden es prima. So erlebe ich einen unterhaltenden Abend. Der Höhepunkt ist ein türkisches Volkslied. Das immer wiederkehrende Kukurukuku prägt sich ein.

Heraklion/Kreta
Hier löschen wir die letzten Kisten der Ladung. An Bord wirbt ein Agent für eine Abendveranstaltung. Er nennt sie Show. Ich bin nicht allein neugierig. Da wir erst am kommenden Tag auslaufen sollen, machen wir uns auf den Weg und erleben einen fröhlichen, unterhaltsamen Abend mit Gesang und Gaukelei, ein guter Ausklang und Abschied. Es war der letzte Bestimmungshafen dieser Reise.

Der Kesseldruck wird nicht voll ausgereizt, wie eigentlich immer. Unsere Reisegeschwindigkeit ist entsprechend reduziert. Für jeden Tag ohne Kesselschaden sind wir dankbar. Ohne irgendeinen Zwischenfall erreichen wir Hamburg, kaum zu glauben, aber wahr!

Hamburg/Aufliegen im Segelschiffhafen
Natürlich hat man auf der Reederei über die „Breitenburg" nachgedacht. Das Ergebnis ist einmalig. Man legt uns an die Pfähle im Segelschiffhafen. Das klingt gut und irgendwie nach Ruhe und Abwarten. Viele verlassen das Schiff innerhalb weniger Tage. In der Maschine sind wir bald nur noch zu viert, Chief, 2. Ing., Hans und ich. Die noble Assikammer mittschiffs wird frei, eine gute Gelegenheit für mich. Hans bleibt achtern. Die Dampfanlage ist außer Betrieb. Strom bekommen wir vom eigenen Dieselgenerator, ein Winzling, der nur Beleuchtung schafft und viel ungewohnten Lärm erzeugt. Hans und ich sind abwechselnd im 12-Stunden Rhythmus für die Überwachung des Maschinenraums zuständig. Das ist keine große Belastung, da wir den Wachdienst in Form von Bordanwesenheit mit regelmäßigen Rundgängen ableisten. Wenn es so bleibt, haben wir es gut. Wir sind nicht verwöhnt, schlucken 12 Stunden x 7 Tage wöchentlich. Man kann das auch ausrechnen. 84 Wochenstunden kommen dabei heraus. Soweit so gut. Hans und ich benötigen „Dampfzeit". Die Ing.-Schule verlangt sechs Monate. Wir haben erst knapp drei absolviert. Wenn wir studieren wollen, müssen wir liefern.
Es bleibt nicht so leger. Nein! Fünf Tage arbeiten wir täglich neun Stunden. Der Wachdienst läuft weiter. Das wird auch nicht ewig dauern, aber es strengt an. Der Schlamm in den Siederohren beider Kessel muss raus. Nachdem Hans und ich das wissen, dürfen wir uns einfallen lassen, wie man etwas macht, was noch niemand

vorher getan hat. Inzwischen ist aus dem Schlamm eine trockene Kruste geworden. Nur mit einem Stahlseil können wir durch die Rohre vollends hindurchstoßen. Und dann folgt Hin- und Herziehen. Einiges an Pulver rieselt in die unteren Trommeln. Dem Vorschlag, parallel zu arbeiten, können wir nicht folgen. Nach einer halben Stunde ist man k. o. und muss ausruhen. Wir finden einen Kompromiss. Anstatt eine halbe Stunde auszuruhen, kann man nach einer kurzen Erholung bereits durchstoßene Rohre mit Wasserschlauch nass halten, dabei den Rest der Kruste aufweichen und fortspülen. Es ist eine Mordsarbeit. Wir vermuten, dass man diese Arbeit auch auf einer Werft schneller unter besseren Bedingungen verrichten kann. Aber es passt alles so wunderbar. Wir brauchen Dampfzeit und sind nicht teuer. Es sind viele Rohre, mehr als 500 Stück!

Es gibt auch Wochenenden, Gott sei Dank! Da haben wir legeren Wachdienst, allerdings 12 Stunden täglich. Jutta besucht mich jede zweite Woche. Ihr Chef bringt sie in Flensburg zum Zug. Ich hole sie auf dem Bahnhof ab. Hans vertritt mich so lange. Auch der anwesende Ing. gestattet eine Stunde Abwesenheit, wenn Hans zu Hause ist. Unsere Verbindung zur Stadt ist der Jollen-Führer. Er fährt den ganzen Tag seine Runde, stets ab Baumwall und besucht aufliegende Schiffe, eine nostalgische Tradition. Nachdem wir gut miteinander bekannt sind, überlässt er mir das kleine Steuerrad und nickt ein. Ein Ponton unterhalb der Gangway erleichtert den Zutritt auf die „Breitenburg“.
Wir machen es uns gemütlich und genießen ruhige Seefahrt an den Pfählen im Segelschiffhafen. Jutta und Erfde verstehen sich gut. Der Bootsmann heißt Erfde, weil er aus Erfde kommt. Er hat seinen Arbeitsplatz in die Kombüse verlegt und versorgt uns mit drei warmen Mahlzeiten täglich. Jutta schaut gern in die Töpfe und ergänzt Rezepte mit Vorschlägen. Bald hat Erfde eine interessante Idee. Jutta ist jede zweite Woche da und kocht gern. Warum soll man sie nicht lassen? So findet der Koch Gelegenheit, der eigentlich Bootsmann ist, auch mal nach Erfde zu fahren.

An den Wochenenden beteiligen sich die Ingenieure am Wachdienst. Ein Ing. muss immer an Bord sein. So kann ich jede zweite Woche Jutta bei meinen Eltern in Sterup treffen. Meistens fahre ich mit dem Zug über Lübeck. Die Türme der Marienkirche stehen wieder nach Kriegsschäden. Die Kupfereindeckung wird montiert. Für mich ist es eindrucksvoll. Im Abstand von zwei Wochen erlebe ich den Fortschritt der Arbeiten. Ich denke auch daran, als wir mit der Schulklasse in der zerstörten Kirche waren und zertrümmerte Glocken auf dem Boden lagen.

Jutta, Erfde und ich werden Zeuge eines spektakulären Vorgangs. In unserer Nähe liegt ein dampfgetriebener Schwimmkran, ein historisches Schmuckstück und entsprechend klein. Was ist das? Er bekommt Schlagseite, schöpft Wasser und versinkt wie in Zeitlupe. Der Kessel steht unter Druck, denn aus dem Schornstein tritt weißer Dampf. Ursache könnte sein, dass sich Elbwasser im Feuerraum an heißen Siederohren erhitzt und verdampft. Die weiße Fahne wird schwächer. Nur noch das Oberteil des Schornsteins schaut aus der Elbe. *„Dien Kron is afsopen!“* Das ruft Erfde dem soeben eintreffenden Heizer zu. Während der fassungslos auf das Schornsteinrohr schaut, ist er bestimmt nicht bereit, unsere Heiterkeit zu teilen. Wir können philosophieren. Die Kranleinen waren wohl zu kurz auf dem Poller belegt. Die Folge durch Fallen des Wasserpegels haben wir vor uns.

Trotz des anstrengenden Dienstes gewinnen wir der Situation auch Positives ab.

Jutta berichtet zu Hause von der einmaligen Gelegenheit, den angehenden Schwiegersohn auf seinem Schiff zu besuchen. Es wird gut geplant. Juttas Eltern kommen und bringen auch Tante und Onkel mit. Erfde verwöhnt uns in der Offiziersmesse. Alle sind froh und können bald viel erzählen.

Hans fährt gern mit dem Jollen-Führer an Land. Auch als Jutta mal wieder an Bord ist, meldet er sich ab. „Könntest du uns ein Hähnchen mitbringen?“ „Versprochen!“ Nachts um vier Uhr werden wir versorgt!
Die Sträflingsarbeit in den Kesseln ist irgendwann erledigt. Endlich! Jetzt kommen wieder bessere Zeiten. Man kann sich irren! Warum sollen wir nicht in die Technik hineinschauen, in Dampfmaschinen und Pumpen? Mit dem Kondensator sollen wir anfangen. Da kann man auch so schön hineinkriechen wie in Dampfkessel. Schließlich haben wir das trainiert. Nachdem wir den riesigen Deckel offen haben, sehen wir das geheimnisvolle Innenleben und machen eine Entdeckung. Dutzende faustgroße schmierige Klumpen liegen unten in der Wölbung des dicken Behälters. Erklären können wir das Phänomen selbst. Es ist Zylinderöl. Das haben wir auf Kolben- und Schieberstangen gepinselt.
Den Arbeitsablauf bestimmt der 2. Ing. Der Chief, Herr Schniering, pfeift jeden Tag, etwa nachmittags zur Kaffeezeit, oben im Maschinenraum. Einer von uns holt dann zwei Flaschen Limonade ab, eine gut gemeinte passende Geste, denn Durst hat man immer bei der Arbeit. Nach dem Kondensator kommen einzelne Aggregate an die Reihe. Ziel ist eine sogenannte Klassifizierung. Ein Vertreter vom „Germanischen Lloyd“ soll das Innenleben der Aggregate kontrollieren und mit seinem eingeschlagenen Siegel bestätigen. Wir schrauben und fummeln, tüfteln und lernen. Besser können wir die Anlage nicht kennenlernen. Alles läuft nach Plan. Der Herbst vergeht, der Winter kommt mit Weihnachten und Neujahr.
Bevor es kalt wird, haben wir alles wieder zusammengebaut. Auch der Tank für Kesselwasser wurde restlos entleert und gespült, einschließlich aller Leitungen. Einige Kupferrohre mussten ersetzt werden. Als Belohnung dürfen Hans und ich die verschlissenen als Schrott erklärten Teile verkaufen. Etwa 70 Mark können wir teilen. Der Betrieb soll sich normalisieren. Wasser wird in die Kessel eingespeist und dann folgt Feuermachen. Beide bestehen den Test. Wir nehmen nacheinander weitere Komponenten in Betrieb. Und was kommt dabei heraus? Ganz normaler Hafenbetrieb mit ständigem Wachdienst in der Maschine! Unser einziger Vorteil ist die Ruhe nach Abschaltung des Dieselmotors. Die Stromerzeugung erfolgt mit dem Spilling, einem mit Dampf angetriebenen Generator. Der geht wie auf Socken. Unsere „Breitenburg“ ist wieder so leise, wie es sich für einen Dampfer gehört.

Nach wenigen Tagen sind Hans und ich mürbe. Täglich 12 Stunden sind einfach zu viel. Wir kümmern uns um Kessel- und Maschinenbetrieb. Ständig muss man den Kessel im Auge behalten. Der Wasserstand ist das A und O. Da sich die Dampfentnahme mit unterschiedlichem Stromverbrauch ändert, ist die Speisewasserzufuhr anzupassen. Als Jutta am Samstag kommt, erhält sie vom Chief Blumen. Er macht Kurzurlaub und möchte ihr mit dem frischen Strauß eine kleine Freude bereiten. Eine freundliche Geste im richtigen Moment. Jutta kann sich über die Blumen freuen, während ich schlafe. Nach 12 Stunden Wache bin ich sehr müde. So geht es nicht weiter. Wir brauchen Verstärkung. Diese Tortur hält etwa zwei Wochen an. Dann taucht ein Kollege auf. Der Arme muss erst eingewiesen werden. Er war noch nie auf einem Dampfschiff. Nach zwei Tagen bleibt er freiwillig allein unten. Wenn er Hilfe benötigt, schlägt er mit einem Hammer an einen aufgehängten Flansch. Den hellen Klang hört man überall mittschiffs.

Endlich wieder auf See

Langsam füllt sich der Personalbestand. Der Chief geht in Urlaub. Er wird vom 2. Ing. vertreten. SS „Breitenburg“ ist seetüchtig und nach der Schiffsbesetzungsordnung bemannt. Es kann losgehen, auf Große Küstenfahrt!

In Emden laden wir Torf für Dublin, auch an Deck des Achterschiffs. Es sieht aus, als wollten wir Hobbygärtner auf einer einsamen Insel werden.
Mein Wachingenieur wird unter Kollegen Jupp genannt. Das klingt nicht ostpreußisch, obwohl er ein Echter aus der kalten Heimat ist.
Nachdem wir schon über einen Tag unterwegs sind, übernehmen Jupp, Hans und ich turnusmäßig die Wache, „Warum fahren wir nicht volle Kraft?“ „Mehr geht nicht!“ Die 8-12-Wache freut sich auf den Feierabend und verlässt uns mit dem üblichen „Gute Wache!“ - Gruß. Jupp findet auf seinem Rundgang die Ursache für „mehr geht nicht“. „Wir müssen Ruß blasen.“ Also blasen wir Ruß. Diesmal am Anfang der Wache. Normal wäre nach zwei Stunden und dann kurz vor Ablösung. Hans fährt die Kessel, ich die Maschinen. Ich habe es nicht so heiß, muss aber mehr herumlaufen. Für das Rußblasen braucht Hans Verstärkung. Er hat schon die dicke Asbestjacke angezogen und bereitet die Lanze vor. Das geschieht, indem er Dampf etwas öffnet, abwartet bis kein Kondensat tropft und ein unsichtbarer Dampfstrahl austritt. Ich entferne einen großen Feuerraum-Deckel durch Linksdrehen. Das geht verhältnismäßig leicht mit dicken Asbesthandschuhen. Hans hat inzwischen Kappe und Schutzbrille auf. Mit der zwei Meter langen Lanze fährt er in den zugänglichen Bereich. Er muss sich kräftig gegen den vollen Dampfstrahl stemmen. Diese Prozedur wiederholt sich, bis alle Klappen für das Freiblasen der Siederohre wieder geschlossen sind. Hans ist erschöpft, aber auch zufrieden, ich ebenso. Jetzt werden wir den Erfolg genießen. „Das ganze Spiel noch einmal!“, entscheidet Jupp nach einer Viertelstunde. Wir verschnaufen noch eine Weile und wiederholen den Kraftakt. „Schon etwas besser“, meint Jupp. Noch zweimal müssen wir ran bis zur Ablösung.

Es ist so, als hätte ich mir meine Mitstreiter selber aussuchen können. Hans und ich wollten gern auf eine Wache. Das wurde respektiert. Mit Jupp haben wir einen guten Vorgesetzten. Er hat die Gabe, ernste Vorgänge weniger ernst anzugehen. Auch in der Messe bricht er das Eis, könnte man sagen.
Die Personalsituation ist momentan nicht so, wie man sie sich wünschen würde. Die Anzahl der Besatzung erfüllt die Forderung der Behörde. Sie ist leider noch nicht genug zusammengewachsen, um alles erfolgreich zu erledigen. Es hapert wie z. B. mit Rußblasen. Fünf Assis ohne Dampfkenntnis haben angemustert! Dazu kommt, dass auch die neuen Ingenieure eine Anlage ähnlich dieser nicht kennen, obwohl sie während der Ausbildung auf einem Dampfschiff waren. Jupp hat schnell Durchblick und ist das Rückgrat der Maschinenmannschaft. Die „Breitenburg“ ist sein erstes Schiff beim Reeder H. Schuldt. Er hat als 3. Ing. angemustert. Ich spreche ihn mit Sie an. Den Familiennamen vermeide ich. Dabei gehört es sich, den „Herr“ voranzustellen. Das mag er nicht, sagt er zu Hans und mir. Auf den anderen Wachen und auch von uns wurde das Rußblasen vergessen, einfach vergessen. Warum? Auch Hans und ich haben nicht daran gedacht. Nach der langen Liegezeit ist die Routine verloren gegangen.
Der 2. Ing. ist ein stattlicher Mann. Auch sein Wesen schätze ich in der Maschine als robust ein. In den Tischgesprächen gibt er sich als Feingeist. Damit kann Jupp wunderbar umgehen.

Während der wenigen Tage vor Auslaufen war die Frau des 2. Ing. an Bord und auch mit am Tisch. Als wäre da noch eine Verliebtheit, meinten wir. Hier eine kurze Reportage dazu: Alle lauschen ehrfürchtig den schönen Worten des hohen Dienstranges: Auch Jupp, er sagt nichts und isst Käse. „Jupp, reich mir bitte den Käse!“ Was fummelt Jupp unter dem Tisch? Und jetzt wird dem 2. Ing. eine Socke unter die Nase gehalten. Stille herrscht, während die Socke langsam zurück schwebt und aus dem Blickfeld verschwindet. Alle wissen, wer jetzt etwas sagen wird, sagen muss! „Jupp, das hätte ich nie von dir gedacht!“ Und dann hören wir noch: „Komm Mausi!“ Beide verlassen die Messe unverzüglich. Jupp lächelt, wir Assis schmunzeln. Das war stark.

Jetzt sind wir Männer unter uns auf See. Die Neuen werden langsam so weit mit der Anlage vertraut sein, dass sie Routinearbeiten beherrschen und wissen, worauf es ankommt. Der 2. Ing. hat uns Assis in schwarze und weiße Schafe eingeteilt. Ein sehr junger, zarter Kollege hat ihm Fragen gestellt, solche, wie man sie an einen Fachmann richtet. Er hat sich erlaubt nachzufragen, als er keine Logik erkannte. Das stempelte ihn zum schwarzen Schaf. Hans und ich hatten keine Fragen. Wir sind, so vermute ich, graue Schafe. Dem zarten Assi mit den schlauen Fragen muss man auf den Zahn fühlen, wie man sagt. Er soll einen Öler konstruieren, der automatisch eine horizontale kleine Kolbenstange versorgt. Die unsinnige Sache wird perfekt gelöst. Mit zehn Stunden Hirnschmalz und Fleiß wird ein Arbeitsaufwand von vielleicht vier Mal zwei Sekunden pro Wache eingespart. Benjamins kniffelige Fragen kommen bald bei Hans und mir an, indirekt oder direkt auch bei Jupp. Der Kleine kann schon was, will aber noch dazulernen!

Im Englischen Kanal haben wir Sturm von vorn. Die „Breitenburg liegt gutwillig in schwerer See. Ich beobachte den Seegang und die Bewegungen des Schiffes aus der Nock. Das Deck ist nur von Spritzwasser nass. Wellen schwappen nicht über. Ich gehe nach achtern hinter den Aufbau der Mannschaftsquartiere und bin den hohen Wellenbergen sehr nahe, ein faszinierendes Bild!

Seenot!

Während meiner Wache, etwa eine Stunde nach Übernahme, wird der Kurs geändert. Wir haben die Südwestspitze von England passiert und steuern jetzt nach Norden in Richtung Dublin. Die „Breitenburg“ beginnt zu rollen, recht heftig. Also müssen wir vorsichtig sein und uns festhalten. Die Sprachrohrpfeife erschreckt uns im leisen Maschinenraum. Jupp spricht mit der Brücke und dann zu mir: „Die Rudermaschine ist ausgefallen!“ „Ich gehe nach achtern.“ Und schon hangele ich die Niedergänge hinauf. An Deck schwappt eine zähe Masse. Ich stehe schon bis an die Knöchel drin. Mit Nora-Plastiksandalen, die wir in der Maschine tragen, kein Vergnügen. Ich muss nach achtern! Die Masse wird zur Suppe und immer tiefer. Ich bin auf der falschen Seite, merke ich, beinahe am Ziel. Hier an Backbord schwappt See über. Bis an die Knie reicht das mit Torf vermischte Wasser. Ich muss eine Treppe hinunter. Unten steht etwas Wasser. Durch eine offene Tür sehe ich zwei Matrosen in der oberen Koje sitzen. Einer hält Schlappen in der Hand. Er hat sie vor dem Nasswerden gerettet. Als ich das Schott zur Rudermaschine öffne, rieche ich typischen Kurzschlussrauch und sehe im schwachen Licht Wasser schwappen und blauen Qualm. Ein Süll hält das Wasser zum Gang zurück. Nur wenig schwappt über. Ich schalte das Licht an. Das Wasser rauscht seitlich hin und her über meine Füße, Elektromotoren und auch an der Wand hinauf, wo Schaltkästen und weitere Elektrik installiert sind. Warum ist das Bullauge offen? Es ist nicht zu fassen! Ein

Schwall kommt herein. Schon habe ich das Bullauge geschlossen und die Knebelschrauben festgezogen. Aber was jetzt? Zum Glück funktioniert die Beleuchtung. Das Wasser wechselt ständig die Seite und erwischt mich bis zu den Knien. Wie kann man es beseitigen? In diesem Raum sind Einstiege zum Trinkwassertank und zur Achterpiek für Ballastwasser. Ballast haben wir nicht, denn wir haben Fracht geladen. Die Achterpiek müsste leer sein. Da könnte das Wasser hineinlaufen. Das Mannloch muss geöffnet werden. Dafür ist ein Dutzend Schrauben zu lösen. Werkzeug ist hier nicht. Ich verlasse den Raum. Die Matrosen sitzen noch in der Koje. Die wissen nicht, dass wir in Seenot sind.
Ich gehe an Steuerbord nach vorn. Hier komme ich besser voran, aber nicht trocken. Ich berichte Jupp. Er ist auch meiner Meinung. Nach Rücksprache mit der Brücke habe ich Order, den Tank zu öffnen, nehme Ringschlüssel, Hammer und Meißel mit. Es ist eine Plackerei mit den Händen unter Wasser zu arbeiten. Mit Geduld entferne ich immer noch eine Schraubenmutter. Aber Geduld reicht nicht. Die Arbeit ist schwierig, weil ich schlecht Halt bekomme. Ich muss mich beim Überholen des Schiffes immer wieder an einem Rohr festhalten. Ich möchte Hilfe holen. Können Matrosen mir helfen? Nein, wohl nicht. Pflichtgefühl treibt mich. Hände und Werkzeug sind unter Wasser. Ich taste herum und kann mich blind orientieren. Als alle Muttern entfernt sind, setze ich den Meißel an und kann ihn mit dem Hammer unter den Mannlochdeckel treiben. Ich hebele etwas hoch und erwarte, dass jetzt Wasser durch den Spalt in den Tank fließt. Langsam lüfte ich weiter und fasse unter den Deckel. Der lässt sich jetzt relativ leicht abheben. Wie kann es sein, dass das Wasser nicht abläuft? Ich fühle eine feste Fläche und begreife, dass man keine Ringdichtung verwendet hat. Dickes Dichtungsgummi wird von den Stiftschrauben gehalten und verschließt das Mannloch. Anstatt zu überlegen, handele ich intuitiv. Ich setze einen Fuß auf die Dichtung und erzeuge Druck, bis sie reißt. Wasser schießt in den Tank und will mich mitnehmen. Ich halte mich am Rohr fest, während das Wasser mit irrer Kraft an meinem Oberschenkel vorbei in den Abgrund rauscht. Nach wohl kaum einer Minute ist die Attacke überstanden. Der Schreck lässt mich eine Weile verharren. Ich hänge mit dem linken Bein im Tank. Langsam ziehe ich es heraus und habe das Bedürfnis, mich fallen zu lassen, sitze dann auf einem Motor. Der Elektroqualm stinkt und sticht in der Lunge. Um mich herum schwabbelt Restwasser, das wegen des etwa zehn Zentimeter hohen Flansches nicht ablaufen kann. Nach einigen Minuten mache ich mich auf den Rückweg. Aus dem matschigen Torf auf der Luke hängen Zurrseile heraus. Daran hangele ich nach mittschiffs. Die „Breitenburg" liegt jetzt quer zur See und schaukelt mächtig. Hohe Wellen reichen bis ans Schanzkleid. Nur weg hier und schön an den Seilen festhalten.

In der Maschine scheint alles ganz normal. Ich berichte Jupp von meinem Erlebnis. Das Restwasser muss noch in den Tank geschaufelt werden. Ich versuche, am Kessel trocken zu werden. Das wird nichts. „Die Wachablösung kommt gleich, kannst nach oben gehen". Jupp ist so nett und schenkt mir eine halbe Stunde. Ich dusche mich und ziehe Kleidung an, als würde ich an Land gehen. Meine Papiere habe ich bei mir. Ich lege mich so in die Koje. Taschenlampe, Mantel und Schuhe sind in Reichweite. Ich verspüre einen Antrieb, auf die Brücke zu gehen, unterlasse das aber. Das ist nicht angebracht. Warum war das Bullauge offen und wie lange? Womöglich seit der Liegezeit im Segelschiffhafen. Ist seit Wochen niemand im Rudermaschinenraum gewesen? Die „Breitenburg" fährt ohne Elektriker. Der würde die Anlage täglich auf seinem Rundgang kontrollieren. Ich denke an die ursprüngliche Ruderanlage, die teilweise noch vorhanden ist. Die hatte eine Noteinrichtung, die achtern von Hand bedient werden konnte. Diese wurde auch als

Notruder für die neue Anlage eingerichtet. Ich weiß, dass ihr Zustand keinen Gebrauch erlaubt. Offensichtlich erfolgte nie eine Wartung. Ich habe mir das schöne Museumsstück genau angesehen und war über den Zustand enttäuscht. Jetzt liege ich hier und hoffe auf ein glückliches Ende.

Ich habe geschlafen, beinahe vier Stunden. Wir schaukeln immer noch stark. Es ist kurz nach acht Uhr und schon recht hell. Um vor dem Seegang sicher zu sein, steige ich auf das Bootsdeck. Der Torf ist komplett von den Luken gespült und zum größten Teil über Bord gegangen. Wir machen keine Fahrt und treiben parallel zu hohen Wellen, deren Kronen brechen, ein abenteuerliches Bild. Die Maschinen wurden abgeschaltet, stelle ich fest.
Und dann erkenne ich etwas Unglaubliches. Ein Ruderboot kommt näher. Ich sehe es zunächst nur oben auf der Welle, bevor es wieder im Tal verschwindet. Es kommt erstaunlich schnell näher. Jetzt sehe ich, wie sich starke Männer in die Riemen stemmen und das große Boot voranbringen. Trotz der hohen See führen sie die schweren Ruder exakt im Wasser. Niemals hätte ich eine solche Leistung für möglich gehalten. Ich erlebe Sensationelles und nie sind Reporter der Wochenschau dabei! Was geschieht? Von uns wird eine Leine hinübergeworfen. Danach fungiert das Rettungsboot als steuernder Treibanker. Das Boot hält die „Breitenburg" auf Kurs zum Nothafen.
Ich weiß nicht, welcher es ist. Wir liegen an der Pier. Jetzt wird ein Spezialist kommen, Fehler suchen, ihn finden und die Anlage flott machen. Ich bin im Ruderraum und schaue alles andächtig an. Der Einstieg zur Achterpiek ist verschraubt. Es sieht hier aus wie aus dem Ei gepellt, so blitzblank war es lange nicht. Ehrlich gesagt, ich war nur selten in diesem Raum. Ich weiß nicht einmal, wer sich um die Anlage kümmern soll. Das Seewasser hat beim hin und her Schwappen ordentliche Arbeit geleistet. Jemand kommt. Es ist der stellvertretende Chief. „Vom Wasser sagen wir nichts." „Das hat den Kurzschluss ausgelöst!" Meine Reaktion gefällt ihm nicht. „Da ist irgendwas durchgebrannt, vom Wasser sagen wir nichts!" Wie in allen Wohnammern steht hier ein Heizkörper. Man hat auch das Bullauge nicht vergessen. Es könnte recht wohnlich sein ohne elektrische Ruderanlage. Anstatt zweifachem Leonhard-Satz wären hier solide Möbel denkbar! Mein Besuch verabschiedet sich. „Reporter sind an Bord. Die wollen Bilder machen. Vom Wasser sagen wir nichts!"
Wir liegen und warten. „Wann kommt jemand von der Werft?" Jupp meint, dass es gut wäre, sich um passende Sicherungen zu kümmern. „Versuch es, wenn alles trocken ist."
Es läuft, wie es soll. Fotos sind im Kasten, die Schiffsleitung hat ihr Gedicht aufgesagt und ich habe mit neuen Sicherungen ein wunderbares Erfolgserlebnis! „Schiff ahoi!" Der Lotse bringt eine Zeitung mit zwei schönen Bildern und einem Bericht über einen deutschen Frachter, den man aus Seenot in den Hafen brachte. So einfach ist das? Wasser in der Elektrik, Ruderausfall, Fische mit Torf irritieren, Nothafen anlaufen und gelangweilten Landratten einen spannenden Zeitungsbericht zukommen lassen?
Möglich ist, dass der Chief und seine Assis die Ruderanlage überwacht haben. Die sind alle nicht mehr an Bord. Das Auslaufen mit beinahe nur neuen Leuten nach langem Aufliegen ist eine kribbelige Sache. Routine spielt sich ein. Sind wir jetzt mit Rußblasen und Ruderanlagenkontrolle perfekt? Oder fehlt doch noch etwas?

Dublin und Londonderry
Und schon sind wir in Dublin. Zu dritt gehen wir am frühen Abend an Land. Die City ist fußläufig erreichbar. Wir möchten einen Pub erleben. Das Leben drinnen können wir nur von draußen erahnen. Versucht man hineinzugehen, bleibt man schon am Eingang zwischen kräftigen Männern stecken. Nach mehreren Versuchen finden wir auf dem Rückweg einen Pub, wo wir in eine Ritze passen. Dieses Ale haben wir verdient! Das war es dann auch für heute.
Nicht ganz. Die Kinder müssen erwähnt werden. Vor den Pubs sind unglaublich viele große und kleine, auch sonst sieht man beinahe nur Kinder. Auch als es schon dunkel ist, sind sie noch draußen. Sie hängen aber nicht an mir herum und betteln wie in Brasilien.
Hier in Dublin bleibt der Torf. Wir haben ihn auch unter Deck in Ladeluken hergeschippert. Es geht weiter nach Londonderry in Nordirland. Hier gibt es auch Kartoffeln, nicht nur Kinder. Die Kartoffeln sollen nach Apenrade, die Kinder gehen in alle Welt. Der irische Kinderreichtum macht sich in der westlichen Welt bemerkbar. Unglaublich viele wandern aus. Die Armut ist treibende Kraft. Man kann nicht so schnell Arbeitsplätze schaffen wie Kinder ankommen.
Auch hier ergattern wir erst Bier nach Durchbrechen der Kinderschar. Kinder, Kinder und noch mal Kinder!

Kattegat
Es ist Winter und lausig kalt. Wir frieren nicht, denn wir haben Dampfheizung. Aber die Ostsee friert. Hinter Skagen begegnen uns Eisschollen. Sie werden größer. Unser Kapitän Rausch, unter uns nennen wir ihn Mecki, lässt die Geschwindigkeit drosseln, um Schäden zu vermeiden. Unsere kümmerlichen acht Knoten könnten zu viel sein beim anschwellenden Eisgang, denn die „Breitenburg“ hat keine Eisverstärkung. Wir schieben dicke Schollen beiseite und bleiben bald stecken. Alle Versuche, große Eisfelder zu umfahren, scheitern. Wir kommen nicht weiter. Mutige Versuche voran- zukommen, haben den Erfolg, dass wir es auch nicht zurückschaffen. Was nun? Abwarten und Eis anschauen! Es ist lausig kalt draußen. Das Eis gedeiht prächtig. Bald sind alle Schollen miteinander verbunden. Tage harren wir aus. Wenn die „Breitenburg“ den Winter übersteht und nicht zerdrückt wird, haben wir gute Chancen zu überleben. Wir haben Wasser und jede Menge Kartoffeln! Ob das besser ist als Wasser und Brot im Knast? Haben wir auch genug Heizöl? Das können wir strecken. Wir denken uns wunderbare Pläne aus. Man kann Eis zu Frischwasser auftauen, denn es enthält kaum Salz. Wir könnten auch den Seewasser-Verdampfer in Betrieb nehmen und Trinkwasser produzieren. Man müsste allerdings spezielles Salz zusetzen. Das haben wir nicht. Wir könnten auch einen Schlitten bauen.

Im Maschinenraum glitzert eine dicke Eisschicht an einer Stelle der Bordwand, etwa so groß wie eine Bettdecke. Niemand unserer Mannschaft hat jemals desgleichen gesehen. Wir müssen damit rechnen, dass sich das Eis als komplette Scholle bei steigender Außentemperatur löst. Vorausschauend denken! Also jetzt stückweise abschlagen!

„Da läuft ein Hase, eine Flinte!“, höre ich mich rufen. Mecki steht auch an der Reling. Er soll es hören. Er startet, will sein Kleinkaliber holen. Nach einigen schnellen Schritten wendet es sich uns zu. „Wo ist er denn? Das muss ein Irrtum sein!“
Eine oder zwei Meilen entfernt sehen wir täglich eine riesige Fähre. Souverän fährt sie durch das Eis. Unsere Nautiker wissen, dass ihre Route Göteborg-Aarhus oder

Randers ist. Eines Tages kommt sie auf uns zu. Warum? Vielleicht eine Gefälligkeit oder unser Reeder hat um Hilfe gebeten. Ich weiß es nicht. Ich genieße das Schauspiel. Als das Schiff näherkommt, sehe ich, wie sich der Bug über das Eis schiebt und es bricht. Ganz nahe zieht die Fähre an uns vorbei. Mensch jetzt hinterher, die haben für uns den Kurs geändert und eine Fahrrinne geschaffen! Ein guter Plan. Aber warum haben wir eigentlich einen Anker geworfen? Das Spill schafft es nicht. Mit Einsatz von Jakobsleiter hangeln Matrosen auf das Eis, Äxte, der große Vorschlaghammer aus der Maschine und einige lange Eisenstangen wirft man hinterher. Der Wettlauf ist in vollem Gange. Bevor sich die Fahrrinne schließt, muss die Ankerkette frei sein. Jetzt sind Matrosen in der Pflicht. Ob es die sind, die aus der Koje zuschauten, als ich mit dem Wasser in der Rudermaschine kämpfte? Es wird geschafft. Matrosen werden zum Kampf mit Eis gelobt, ich soll den Mund halten: „Vom Wasser sagen wir nichts!"
Wir schaffen es nach Randers in Dänemark. Die Kartoffeln bleiben dort. Wir riskieren den Start Richtung Nordsee, eigentlich ein Leichtsinn ohne Kartoffelreserve. Ein Glück, dass wir nicht wieder einfrieren.

Wir fahren nach Bremen. Hier will ich abmustern. Ich freue mich, die Dampfzeit von sechs Monaten geschafft zu haben und jubele innerlich. Auch die geforderte Gesamtfahrzeit von zwei Jahren kann ich nachweisen.
Ich habe nachgerechnet:

M.S. „Nordwind":	12 Monate und 17 Tage plus 13 Tage Urlaub
M.S. „Ludwigsburg":	3 Monate und 27 Tage plus 4 Tage Urlaub
SS „Breitenburg":	7 Monate und 14 Tage plus 12 Tage Urlaub
Summe:	24 Monate und 27 Tage
Davon Dampfzeit:	7 Monate und 26 Tage

Mit auflaufendem Wasser erreichen wir die Weser. Die Dampfmaschinen laufen so freudig, wie ich mich fühle. Das Ertasten der Kurbellagertemperatur habe ich schon oft praktiziert. Genau im Rhythmus der Maschinendrehzahl von über 200 pro Minute pendelt die Hand mehrmals zum Lager. Volle Konzentration ist Voraussetzung. Wenn die Hand hängen bleibt, ist alles vorbei. Diese Methode wird seit Jahrzehnten praktiziert. Als ich sie das erste Mal erlebte, dachte ich, ein Spinner würde sich mit einer Mutprobe wichtig tun.

Die „Breitenburg" gefällt mir als Schiff seiner Zeit, ein stolzes Museumsschiff mit altersschwachen Dampfkesseln. Viel hat sie mir abverlangt, aber auch gegeben. Die letzte Reise mit zusammengewürfelter untrainierter Mannschaft hat uns belastet. Das hat sich durch das Aufliegen im Segelschiffhafen so ergeben, ein seltener unglücklicher Vorgang. Uns so loszuschicken, war ein Risiko. Die Neuzeit hat keine Ehrfurcht vor historischer Technik! Niemandem ist etwas passiert. Aber ich bin erschöpft und urlaubsreif.

Am 11. Februar 1963 verlasse ich die „Breitenburg". Am 1. März beginnt das 1. C5-Semester. Zwei Etappen auf dem Weg zum C6 habe ich geschafft: Lehre auf der Werft und Fahrzeit als Ingenieur-Assistent. Langweilig war es nicht. Ich durfte viel lernen, sehen und erleben.

Eine Erkenntnis ist bitter. Mit einigen Kollegen schließt man Freundschaft, hat Schönes und auch Schweres gemeinsam erlebt und dann Tschüss! Die Wahrscheinlichkeit eines Wiedersehens ist gering.

Mit Dieter von der „Nordwind“ gibt es noch Briefkontakt. „Wir haben in Ostasien einen Taifun abgeritten.“, schreibt er. Das fehlt mir noch. Also dranbleiben!

Studium C5
Staatliche Schiffsingenieurschule Flensburg

September 1962 – Juli 1964

Am 15. September 1962 beginnt das Semester. Wir sind über 30 Teilnehmer und erfahren bald, dass nur 26 akzeptiert werden. Erste Klausuren entscheiden über Bleiben oder Nichtbleiben. Für einige ist es bitter. Ihnen wird ein C3-Semester angeboten.

Nach der „Auslese“ geht es intensiv weiter. Um zu verdeutlichen, was auf uns einstürmt, führe ich die Unterrichtsfächer auf. Erschwerend ist unser Status „Wandersemester“. Das bedeutet, dass wir kein Unterrichtszimmer haben und ständig wechseln. Es gibt Tage, an denen wir in drei verschiedenen Räumen schlauer gemacht werden. Meistens sitzen wir eng im Hörsaal. Diese Bezeichnung ist ein geschöntes Kompliment.
Zurück zu den Unterrichtsfächern: Kolbendampfmaschinen, Dieselmotoren, Dampfturbinen, Reaktortechnik, Wärmewirtschaft, Wärmelehre, Elektrotechnik, Mathematik, Mechanik, Festigkeitslehre, Maschinenteile, Stoffkunde, Wasserchemie, Physik, Englisch, Deutsch, Gesetzeskunde, Maschinenzeichnen, Schiffbau, Darstellende Geometrie, Regeltechnik, Wärmetechnisches Messen, Versuchslabor, Gesundheitslehre und auch ein netter blinder Pastor taucht auf, bitte beachten: Nicht blinder Passagier, sondern blinder Pastor, nett unterstrichen!
Diese Fülle macht hoffentlich glaubhaft, dass wir auch am Nachmittag fleißig lernen müssen. Wir erleben normalen Schulunterricht. Nickerchen sind fehl am Platz. Klausuren schreiben wir oft. Schließlich wird für jedes Fach im Zeugnis eine Zensur vergeben.
Außer mir wohnen alle Kommilitonen in Flensburg, einer bei seinen Eltern, die vielen anderen haben ein Zimmer gemietet.
Für die 22 Kilometer von Sterup kaufe ich im Dezember einen VW Baujahr 1954. Mit dem Bus verlor ich durch Wartezeit täglich einige Stunden. Der Start mit dem Auto ist ein doppeltes Erlebnis. Die Fahrt von Flensburg endet in Husby. Das Auto beginnt zu stottern. Ich kupple aus und lasse es rollen. An der Tankstelle ist der Schwung aufgezehrt. Als wäre ich ohne Schutzengel glücklich gelandet, tanke ich ganz souverän. Dass es eine zufällig glückliche Notlandung ist, ahnt der Tankwart nicht. Bald weiß ich, dass mit Umlegen eines Knebels das Ventil für Reserve geöffnet wird.

Am Morgen darauf fährt Mutter mit ihrem Sohn in die Stadt. Das bietet sich an, denn wir haben ein Auto! Die Frostnacht hatte Folgen. Mit sporadischem Glatteis haben VW und ich kein Problem. Das Gefälle der Angelburger Straße macht das Auto hinten schneller als vorn. Mein Gott, wir schlittern quer hinunter. Und da ist der Schutzengel schon wieder. Wir landen unbeschadet. Mutter steigt unten aus und geht in Richtung ZOB. Für die Heimfahrt will sie den Bus nehmen.

Jetzt noch kurz zum VW. Er hat Synchrongetriebe und zeigt an einigen Stellen das Stratosilber seines Geburtsjahres. Dieses Objekt studiere ich auch noch nebenbei. Ein schönes öffentliches Erlebnis ist, als er einmal an der Ing.- Schule nicht anspringt. Auch Anschieben mit kräftiger Unterstützung hat keinen Erfolg. So kommt es, dass ich auf dem Rasen vor dem Deutschen Haus das Geheimnis unter der Heckklappe zu ergründen versuche. Kommilitonen erteilen im Vorbeigehen gute Ratschläge. Ja, ja, 4000 PS kann ich auch, aber diese filigranen 30!

Ein Auto in der Familie ist nach Eigenheim ein weiterer Meilenstein. Kleine gemeinsame Touren bereichern unsere Sonntage. Wir sind unabhängig von zufälligen Mitfahrgelegenheiten.
Oma hat manchmal 10 Mark für Benzin übrig. Wenn ich nachmittags mit ihr eine Tour durchs kurvige Angeln mache, ist sie überglücklich. Sie mag auch die Nordstraße und schnelles Fahren. Ich habe das Empfinden, dass Oma die wahre Dimension dieser Neuheit erfasst: Freiheit und Freude! Für mich ist es ein Mittel, um von hier nach dort zu kommen, und leider auch eine technische Baustelle.

Eine Erweiterung im Obergeschoss des Schulgebäudes beschert uns Nachtwachen. Das Dach ist bei regnerischer Witterung noch offen. Mit Eimer, Lappen und Schaufel halten wir unsere Schule trocken.
Das Labor ist ausgebucht. Unsere Experimente finden deshalb auch am späten Abend statt.

Es gibt einen gemütlichen Kellerraum für Geselligkeit. Die Nachbarschaft mit der Brauerei ist nützlich. Bierkästen müssen wir nur über die Straße tragen. Die gedrungenen Flaschen mit Bügelverschluss liegen gut in der Hand. Man kann komfortabel daraus trinken. Es gibt auch Gläser in Stiefelform, die herumgereicht werden. Irgendjemand begeht den entscheidenden gewünschten Fehler und erntet unverhofft einen Schwall Bier im Gesicht auf Hemd und Hose. Dann folgt die Belehrung: „Die Stiefelspitze nach unten!" „Die kleine Bierfibel", zusammengestellt von Studenten der Staatlichen Schiffsingenieurschule Flensburg, als Manuskript gedruckt für die Gesellschaft der Freunde und Förderer der Schiffsingenieurschule e. V. Flensburg, ist hilfreich. Die erste Strophe kennen viele, die zweite einige und alle anderen können wir lesen.

Nach einem schönen langen Abend in diesem Raum besteige ich mein Auto. Gleich ist zu dieser späten Stunde ein Fahrzeug hinter mir. Im hellen Licht am Deutschen Haus erkenne ich, dass es die Weißen Mäuse sind. Also akkurat fahren und ja keinen Schlenker. Gleich werde ich in die Angelburger Straße abbiegen und bin sie los. Nein, auch sie biegen ab. An jeder Gabelung hoffe ich, dass sie verschwinden. Ich hoffe und hoffe, von Ortschaft zu Ortschaft, bis Sterup. Jetzt werden sie entweder Richtung Kappeln oder Steinbergkirche fahren. Nein, sie folgen mir nach Schnabe. Vor unserem Grundstück setze ich den Winker, werde langsam und fahre durchs Tor. Als ich den Motor abschalte, bin ich nervös. Kommt da gleich jemand? Nach einem Moment steige ich aus und schaue um die Hausecke. Sie sind weitergefahren. Das Rücklicht verschwindet soeben. Die Polizisten hatten bestimmt ihren Spaß auf der nächtlichen Tour durch das schöne Angeln! Das Auto bleibt draußen. Das Hineinzirkeln in die Garage muss heute nicht sein.

Es gibt eine Maschinenhalle, wo wir realistische Versuche machen und darüber Protokolle führen. Diese anschaulichen Abläufe sind wegweisend für wirtschaftlichen Betrieb in der Praxis an Bord oder wo auch immer. Allerdings benötigen wir für Auswertung und saubere Dokumentation noch jede Menge Zeit nach dem Versuch. Es geht um Themen aus Maschinenbetrieb, Motorentechnik, Mechanik und Werkstofftechnik.

Man bietet Kurse an, die einige Wochen laufen. Ich erwerbe die Scheine Kältetechnik, Kreiselkompass, Befähigungszeugnis zum Rettungsbootsmann, Erste Hilfe und Gesundheitslehre.

Ein glücklicher Umstand erlaubt, dass ich während des Studiums bei meinen Eltern wohne. Jutta ist auch stets in Reichweite. Mein Familienleben kann besser nicht sein. Meine Schwester heiratet meinen ersten Wachingenieur. Die beiden haben sich auf der „Nordwind" kennengelernt. Am 6. August 1963 wird in Sterup gefeiert. Wir genießen das Fest gemeinsam mit Familie und Freunden. Jutta und ich zelten im Garten. In meinem Zimmer schlafen Gäste.

Oma ist schon länger in Behandlung. Sie erhält regelmäßig Bestrahlung am Hals. Sie hat einen ungewöhnlichen Wunsch. Sie möchte gern mit mir an den Strand und das Wasser sehen. Wir sind erstaunt, denn es gibt eine spektakuläre Geschichte aus Ostpreußen. Das Ausflugsschiff verlässt den Anleger. Oma wird unruhig. Das Schiff entfernt sich immer weiter. Oma sieht ringsherum nur noch Wasser. Panik erfasst sie. Sie beginnt hemmungslos zu schreien und ist nicht zu beruhigen. Das Schiff wendet. Oma hat wieder festen Boden unter den Füßen und beruhigt sich. Nie wollte sie an den Strand.
Ich fahre mit ihr nach Langballigau. Über die Strandwiese weht ein kühler Wind. Wir gehen zum Strand hinunter und setzen uns unter die Abbruchkante. Hier haben wir Windschatten und sitzen in der spätsommerlichen Abendsonne. Oma ist still und ich auch. Wir sitzen gut und halten es aus. Nach langer Zeit möchte Oma nach Hause. Es ist, als wenn wir eine neue Art der Verständigung gefunden haben: Unterhaltung ohne Worte.
Einige Tage später bleibt Oma im Bett. Sie bekommt Morphium. Ich höre sie schnarchen. Wir wohnen beide im Obergeschoss. Wenn es still wird, gehe ich hinüber und setze mich zu ihr. Sie spricht nur selten einen Gruß und schläft gleich wieder. Ich bleibe dann noch eine Weile. Am 24. September 1963 streckt sie sich und hört auf zu atmen. Ich bin erschrocken und hilflos. Mein Gott, warum ist der Wecker so laut? Ich halte ihn an und gehe zu meiner Mutter. Sie schickt mich zum Arzt. Der kommt auch gleich und stellt den Totenschein aus.

Es gibt die Tradition des Grünkohl-Essens. Wir technischen Seefahrer haben das Ritual erweitert. Das Essen wartet in Satrup auf hungrige Gäste. Deshalb starten wir in fünf Kilometer Entfernung. Die Anregung kam, als Maschinenleute Nautikern über die Schulter schauten. Man nimmt einen Zirkel, stellt auf der Landkarte fünf Kilometer ein und schlägt einen Kreis um Satrup-Krug. Busse setzen unsere Semester an verschiedenen Orten ab. Dann geht es los. Wir müssen uns orientieren, wandern querfeldein, schauen in der Gegend herum und in den Flachmann. Alle kommen unbeschadet an.
Wir sitzen eng beieinander und genießen drinnen die Wärme. Bedienungen zwängen sich emsig durch die Reihen. Bier kommt schnell und dann auch Grünkohl. Eine Scherzeinlage beschert uns der sich öffnende Bühnenvorhang. Da steht eine Krankentrage. Wer liegt darauf? Ein populärer Dozent hat sich für diesen Spaß gewinnen lassen!
Die Stimmung steigt. Man erkennt es an Grünkohlflecken auf den Kitteln der Bedienung. Es wird gesungen. Die Bierfibel hat niemand dabei. Aber es genügen die erste oder auch noch die zweite Strophe. Gott sei Dank gibt es viele Seemannslieder. Zurück können wir nicht über Koppeln laufen, denn die Flachmänner sind leer. Busse bringen uns nach Flensburg.

Die nächste „Kohl und Pinkel-Veranstaltung" erlebe ich zwei Semester später im Kurhaus Glücksburg, für gehobene Ansprüche, könnte man sagen.

Die Gorch Fock ist nach Flensburg gekommen, liegt mitten in der Stadt. Ich erlebe ihre Ankunft und den Trubel. Als sie ausläuft, fahre ich mit Jutta nach Mürwik. Die steife Brise müsste die Segel straffen. Irrtum, sie fahren mit Motor, mindestens so weit wie wir sie sehen können.

Jutta kommt an Wochenenden oft zu uns nach Sterup. Sie ist Helferin bei Zahnarzt Kruse. Einen netteren Chef kann man nicht finden. Und auch kaum ein schöneres Gebäude, in dem die Praxis am Nordermarkt untergebracht ist.
Während der Semesterferien fahre ich mit meinen Eltern und Jutta nach Hamburg, um meine Schwester und Freunde zu besuchen. Oh Schreck, kurz vor dem Ziel fällt der Motor aus. Wir können schiebend eine Tankstelle erreichen. Jeder kennt sich mit VW aus, ganz sicher die Leute an der Zapfsäule. Der gute Mann weiß, dass ein neuer Motor fällig ist. Ein dicker Brocken für mich. Nach drei Tagen läuft das Auto wieder.

Jutta und ich unternehmen eine Deutschlandreise mit zwei Zelten, wie sich das für Unverheiratete gehört. Höhepunkte sind Großglockner, Königssee und Schwarzwald. In Österreich fährt ein Laster hinten auf und verbeult die Motorklappe. Aber alles funktioniert noch. In Offenburg besuchen wir meine Cousine Hildegard. Wir werden verwöhnt. Zwei Tage im Bett schlafen nach Luftmatratzen ist ein Genuss.

Eine große Sache ist die Semesterreise nach Berlin. Unter meinen Kommilitonen sind geborene Organisatoren. Nach allerlei Telefonaten und Bewerbungsschreiben kann das komplette Semester mit „Pan Am" fliegen. Der Senat empfängt uns, auch das Ministerium für gesamtdeutsche Fragen und mehrere Firmen. Wohnen können wir in einem Studentenheim am Funkturm. Alles ist kostenfrei, auch das Mittagessen bei Firmen.
Es ist ein voller Erfolg. Das Quartier ist super. Die Funkausstellung läuft, ein Kinderballett hat auch Unterkunft in unserem Komplex. Wir können zu Fuß vieles erreichen. Auch die S-Bahn nach Ostberlin. Die muss man nehmen, schon allein, um einen kleinen Einblick zu bekommen. Es ist recht problemlos bis auf die Floskel: „Sie kommen aus der BRD und wollen in die Deutsche Demokratische Republik einreisen?" „Ja!" „Wohin wollen Sie einreisen?" „Ich möchte in die Deutsche Demokratische Republik einreisen." Danach wird der Ausweis gestempelt. Zurück spielt sich das ähnlich ab.
Die Behörde hat gute Informationsvorträge und Filme bereit. Es geht natürlich um die Mauer. Die besuchen wir auch und können von einem Podest hinüberschauen. Wir verweilen und beobachten das Kommen und Gehen. Eine Situation gefällt mir. Auf DDR-Seite befindet sich auch ein Podest. Der Zufall will, dass auf beiden Podesten Afrikaner stehen!
Firmen verwöhnen uns. Ihnen ist bekannt, dass die meisten von uns nach dem zweiten Studienabschnitt an Land bleiben. Mit unserer Ausbildung sind wir willkommen. Bei Ascania, einem Hersteller für u. a. Regelventilen, fragt unser Dozent für Mess- und Regeltechnik: „Kommt Ihnen etwas bekannt vor?" Keine Antwort, was er wohl meint? Ich erbarme mich nach stillen langen Sekunden, will den Ruf meines Semesters retten. „Der Playboy-Kalender und das Lied, das der Monteur pfeift." Es ist so still wie nach der Fragestellung. Ich vermute, dass mir dieser Knaller nicht gegönnt wird.

Wir sind glücklich zurück in Flensburg. Der Unterricht hat uns wieder. Unser M+R-Dozent hat seine kleinen Späßchen: Herr Baumgart, haben Sie gemerkt, dass ich heute die Wand entlang abfrage? Da bahnt sich etwas an. Eine haarige Frage bringt mich in stotternde Verlegenheit. Das mag er nicht. Seine Fragen werden korrekt beantwortet. Da er das am besten kann, übernimmt er das für mich. Aber die mündliche Note ist seine wahre Macht. Er plaudert auch gerne so nebenbei. Das lockert seinen stressigen Stoff auf. „Herr Meier, Sie sollten Ihren Motorroller bestatten. Ein Wunder, dass das alte Ding noch fahrbereit ist!" Und dann geht der Unterricht weiter. Vielleicht zwei Wochen später: „Sie wissen, dass ich gebaut habe. Wenn Sie so weit sind, sollten Sie auch dampf behandelte Erde anliefern lassen. Auf diese Weise vermeiden Sie ungewolltes Unkraut." Das kann man besser behalten als seinen Unterrichtsstoff.
Tage darauf breitet sich Heiterkeit aus. Es spricht sich herum, dass Herr W. einen Lenker aus dem frischen Rollrasen ziehen wollte. Das gelang nicht, denn der im Erdreich schlummernde Motorroller war unsichtbar. Herr Meier ist unbeteiligt. Kürzlich hat er im Büro gemeldet, dass sein Roller vom Schulgelände verschwunden sei.

Ein Gastdozent erbarmt sich unser in Gesetzeskunde. Wir sind bald der Überzeugung, dass es sich um Politikunterricht handelt. Ein Knaller ist seine Einführung. Wir würden mit großer Wahrscheinlichkeit das Ingenieurstudium erfolgreich abschließen. Aber wir sollten wissen, dass es einen weit fähigeren Zweig unserer gebildeten Gesellschaft gibt. Das sind, ohne jeden Zweifel, Journalisten! Im Folgenden erwähnt er so nebenbei, dass er Freude an seiner Journalisten-Tätigkeit habe. Das merke ich mir. Mein Aufsatz zum Thema „Die Notwendigkeit des Vietnamkriegs" bereitet mir mächtig Ärger. Ich habe ihn kritisiert mit der Behauptung, er hätte eine Meinung vorgegeben.

Neben unserem Schulgebäude befindet sich ein Schülerinnen-Wohnheim. Eines Morgens schleichen Polizisten gebückt um das Gebäude, Gebüsch als Deckung nutzend. Ich sehe die Aktion von der Straßenseite. Bald darauf höre ich auf dem Schulgelände, ein Polizist habe gefragt, ob jemand über den Zaun geklettert sei. Man habe das bejaht, hätte aber nur Polizisten gesehen. In jeder Pause schauen wir zum Wohnheim hinüber. Vielleicht ist der Eindringling noch bei den Schülerinnen?

Ein Dozent wird zu Grabe getragen. Nahezu alle Studenten haben sich auf dem Friedhof eingefunden, füllen dicht gedrängt, diszipliniert wenige freie Flächen und Gänge. Ich bin recht weit von der Zeremonie am Grab entfernt. Um mich herum wird gemurmelt. So höre ich auch nichts. Nichts? Es wird still. Eine schrille Stimme wird hörbar, wiederholt einen Satz: „Wer ist der Nächste? Wer ist der Nächste?" „Ach, der Dozent war katholisch. Der Priester will uns Angst einjagen! Na ja, die Priester!", sagt jemand. Für mich ist es keine flüchtige Begebenheit. Meine Gänsehaut hält an.

Ein großes Ereignis ist die Fahrt mit der „Helgoland". Das Schiff ist proppenvoll. Wir sind etwa 1200 Studenten. Auf der Marineschule in Mürwik stehen Kadetten in schneidiger Uniform und halten artig die Hand an der Mütze. Warum auch nicht mal für uns? Wir sind schon weit über die Weltmeere gekommen. Das zweite Ereignis erleben wir in Sonderburg. Da stehen dänische Kadetten. Unseren Dank übernimmt wieder die Kommandobrücke mit tuut, tuut, tuut!

Die kurzweilige Zeit des Studiums vergeht wie im Fluge. Besonders die letzten Wochen. Sie sind ausgefüllt mit Büffeln für Klausuren. Eine Woche dauert die schriftliche Prüfung. Aber auch das bewältigen wir trotz der Vielzahl der Fächer und der Ungewissheit, welche ausgewählt werden. Ich rechne mit dem zentralen Thema unserer Ausbildung und konzentriere mich auf thermodynamische Inhalte. Das passte ganz gut. Dann kam ein unangenehmer Brocken, das Kurzschlussdiagramm des Transformators. Das aus dem Verständnis heraus zu entwickeln, ist eine harte Nuss. Am Tag der mündlichen Prüfung stehen wir nervös auf dem Korridor. Ab und zu kommt einer von uns mit leichter Röte aus dem Zimmer der Prüfungskommission. Wer wird jetzt getestet? Ich setze auf Traubenzucker. Ulrich sieht das und verspricht sich auch etwas davon. Unser Semester-Dozent kommt nach Stunden heraus. In den Händen hat er ein Taschentuch, das er intensiv wie ein Handtuch benutzt. Er darf nichts verraten. Nein, das tut er nicht! Aber wir vermuten richtig, dass die Kommission zum Gratulieren herauskommt. So ist es! Man überreicht uns das „Zeugnis über die Prüfung zum Schiffsingenieur II". Steine fallen von unseren Herzen. Das Schlimmste ist geschafft, wissen wir. Die C6-Semester sollen nicht so anstrengend sein. Aber für die Zulassung müssen wir erst noch zwei Jahre als Ingenieur fahren.

Mein Vater hat den Vorzug eines Autos erkannt und den Führerschein erworben. Er will meinen reparaturbedürftigen VW übernehmen. Nach gründlicher Überlegung kaufen wir einen gesunden Ford Taunus.

Das C5-Patent erhalten wir einige Monate später. Ich hole es bei der Wasser- und Schiffahrtsdirektion*) in Kiel ab.

*) Damals noch mit ff korrekt geschrieben. Heute benötigt man ein zusätzliches f. Wie die Zeit manches ändert!

3. Schiffsingenieur auf M.S. „Nordstern“ 8683 BRT Große Fahrt

August 1964 - Mai 1965

Nordatlantik und Kanada

Nachdem ich mich bei „meiner Reederei Mackprang“ gemeldet habe, heißt es erst mal zum Uniformschneider in Flensburg für den Bau einer blauen Uniform mit Dekoration 3. Ing.
Nach einem Flug von Hamburg steige ich am 15. August in London ein. Das Zurechtfinden mit der Subway kenne ich schon etwas. Ein Problem besteht immer noch. Jeder Angesprochene gibt höflich Auskunft. Fragt man jemand anderen in der gleichen Situation, erhält man evtl. eine abweichende Antwort. Also muss ich weitere Personen fragen, bis sich eine Auskunft wiederholt. Ich müsste das Lesen der Fahrpläne studieren. Da stünde ich allerdings anderen Reisenden länger im Wege.

Die Kammer an Backbordseite vorne gefällt mir. Alles ist mir vertraut, denn das Schwesterschiff „Nordwind“ ist beinahe identisch. Ich genieße die Großzügigkeit der Räume. Und auch den Maschinenraum mit solider MAN-Hauptmaschine, um die man herumgehen kann. Einige der Besatzung kenne ich schon von der Assizeit. Wer das Glück hat, auf einem der Schiffe der Reederei „C. Mackprang jr.“ zu fahren, bleibt der Firma treu und gehört zur „Familie“, auch in der zweiten Generation. Mein Assi ist Holger Spenner, Sohn eines Kapitäns der Reederei. Mit ihm ist das Einleben als Ing. wie eine gute Vorspeise meiner neuen Aufgaben.
London ist mir ein willkommener Hafen. Ich unternehme einen langen Spaziergang, bin endlich wieder auf Entdeckungstour weltweit unterwegs.

Die „Nordstern“ fährt mit Ballast über den Nordatlantik nach St. John's, Neufundland. Wir laden Weizen. Der wird so schnell mit dicken Rohren hineingeblasen, dass die Ballastwasserpumpen ständig laufen. Wenn eine große Kreiselpumpe abwirft, d. h. Luft ansaugt, wird mit der Kolbenpumpe nachgelenzt um das Wasser komplett aus den Tanks zu entfernen. Am Abend gehen wir zum Bowling. Das ist neu für mich und macht Spaß, wenn die Kugel auf der Bahn bleibt und mehrere Hölzer umwirft. Ehrgeiz treibt an. Ich kann während des Spiels aus einem Fenster schauen. Ich dachte, dass wir uns inmitten einer Stadt befinden. Nein, das sind wir nicht. Ich sehe weites unbebautes Land.

Mit Ladung geht es etwas komfortabler zurück nach Europa. Das Schiff liegt voll beladen tief im Wasser. Wind und Wellen kommen von achtern.
Es brist auf und steile See entwickelt sich schnell bei Windstärke bis über 12. Nach dem Abendessen stütze ich mich mit den Knien am Tisch ab. So sitze ich eingeklemmt auf dem Sofa in meiner Kammer, nicht lange, denn ich muss in die Koje. Um 23:40 Uhr werde ich geweckt. Ich hangele mehr als ich gehe, nach gestörtem Schlaf müde auf Wache. Ständiges Festhalten ist so anstrengend, als würde ich körperlich schwere Arbeit verrichten. Nach der Wache und akrobatischer Dusche liege ich in der Koje. Wir schlingern noch stärker als am Abend. Eine sichere Schlafhaltung zu finden, ist ein Experiment. Das Frühstück werde ich auslassen. Der Stewart weiß es. Er wird mich nicht wecken.

Dröhnen und heftige Erschütterung wecken mich. In meiner Kammer geht das Licht an. Der 1. Offizier steht vor meiner Koje. „Ich dachte, hier ist nur noch ein großes Loch". Es sieht auch aufregend aus. Die Holzverkleidung der Heizung liegt mitten im Raum. Der Schreibtisch steht diagonal. Das Licht geht wieder aus.
Erst als der Steward mich gegen Mittag weckt und dabei sagt, dass sonst nichts weiter passiert sei, ordne ich meine Gedanken. Das Chaos in meiner Kammer ist unverändert.
Beim Mittagessen höre ich, dass alle wach geworden sind und an eine Kollision dachten. Aber das Weiterlaufen der Maschine widersprach dieser Vermutung.
Der Spuk ist leider nicht spurlos geblieben. Vor meiner Kammer an Backbord ist der stabile Winkel, der das Deck mit dem Lukensüll verbindet, auf einer Länge von fünf Metern aus der Vernietung gerissen. Ich kann mir nur vorstellen, dass eine unglaubliche Kraft senkrecht auf das Schiff geschlagen hat. Aber wie entsteht so etwas vor dem Mitschiffsaufbau? Sturm und See kommen seitlich an Backbord von achtern! Das Wort Monsterwelle fällt.
So etwas liest man in alten Abenteuerbüchern. Da muss etwas dran sein an diesen Berichten, wenn auch heute noch solche Ereignisse geschehen.
Monsterwellen sind ein beinahe Tabu-Thema. Keiner, der so etwas sieht, hat Zeugen. Wer glaubt schon, dass diese gewaltigen Wellen bereits nach Sekunden verschwinden?
Durch den langen Spalt gelangt Seewasser in die Ladung. Dagegen kann man leider erst etwas unternehmen, wenn der Sturm vorbei ist. Dafür ist der Zimmermann bestens geeignet. Schließlich ist ein Spalt abzudichten, ähnlich wie das Kalfatern von Decksplanken. Im Hafen werden Männer von einer Werft den Schaden perfekt reparieren. Ich kontrolliere die Hauptmaschinen-Fundamentbolzen und schlage alle fest, etwa 30 Stück.

London
London bietet mehr Gelegenheit zum Landgang, denn die Saugrohre sind dünn und lutschen unseren Weizen gemächlich aus den Laderäumen. Da wir Ingenieure Tagesdienst gehen, können wir erst am Abend aufbrechen. Da bieten sich die Pubs an mit *„Time please"* und *„God save the Queen"*.
Die West-Indian-Docks genießen den Ruf, besonders turbulent zu sein. Einmal sollte man dort hingehen. Also machen wir uns auf den Weg. Es gibt etliche Kneipen. Erstaunlich ist das Gedränge. Man kommt sich recht nahe. Das Bier schmeckt und unsere Stimmung steigt. Die Verständigung ist kümmerlich, das Publikum international. Briten sprechen Dialekte, die nicht in meine Ohren passen und deshalb unverständlich sind.
Ein kleiner dicklicher Mann kümmert sich um mich, zahlt aufdringlich mein Bier. Ich habe den Eindruck, dass er schwul ist. Ich wende mich deutlich meiner Gruppe zu. Er hängt noch an mir. Ich vermute, dass er mir ein letztes Bier spendieren möchte. Wir verlassen die Kneipe. Draußen stecke ich die Hände in die Regenmanteltaschen. Was ist denn das? Eine Hand kommt klatschnass wieder heraus. Der wasserdichte Stoff hat zuverlässig dafür gesorgt, dass ich sein letztes Bier noch habe!

An einem anderen Tag bin ich allein unterwegs, finde zur City und lasse mich treiben, eine meiner Lieblingsbeschäftigungen. Stattliche historische Gebäude und gelegentliche Kurzgespräche mit Passanten kann ich genießen, ohne dass es langweilig wird. Es wird Zeit zur Rückfahrt. Ich finde nicht gleich eine passende Verbindung. Es ist recht spät, als ich aus dem Underground-Bahnhof ins Freie komme. Was ist denn das? Nebel, Londoner Nebel! Bei normalen Verhältnissen finde ich von hier ohne Problem zum Hafen und natürlich mein Schiff. Ich folge vorsichtig dem Gehweg. Wenige Lastautos fahren in meine Richtung und kommen mir auch entgegen. Das ist typisch für eine zum Hafen führende Straße. Ich bin also noch richtig. Die Beleuchtung der Lkws blendet eher, als dass sie mir hilft. Ich sehe nur leuchtenden Nebel. Neben mir hält ein Laster. *„Where are you going?" „To my Ship, Spillers Mill Port!" „Come on!"*, und schon sitze ich in der Kabine. Ich versuche, den Nebel zu beklagen. Das kommt vor und ist kein großes Problem, meine ich zu verstehen. Ich bewundere seine Weitsicht in dieser Waschküche. Er fährt langsam, aber immer schön gleichmäßig. Wie er sich zurechtfindet, bleibt mir ein Rätsel. Es kommen Kurven. Die nimmt er langsamer und hält bald an. *„We´re here, Spillers Mill." „Thank You, thank You very much!"* Ich kann noch nicht glauben, dass wir da sind. *„Take care, don´t fall in the water!"* Tatsächlich, die Lampen der Gangway funzeln durch den Nebel. In der Pantry finde ich alles, was das Herz begehrt. Ich bin froh und dankbar.

Zufällig habe ich eine interessante Entdeckung gemacht. Die Türen des Haupteingangs zur Royal Albert Hall sind offen. Ich gehe hinein und höre Musik. Die führt mich in die riesige Halle. Einzelne Paare tanzen perfekt, wirbeln und gleiten über das Parkett. Niemand hält mich auf. Ich finde die Treppe nach oben und schaue mir diese Perfektion an, ein Augenschmaus! Auf den gegenüber liegenden Rängen entdecke ich einzelne weitere Zuschauer. Ich genieße eine wunderbare Stunde. Beim Verlassen der Halle schaue ich mich um und sehe ein Plakat „Mekka Dancing" mit Terminangabe. Ich finde heraus, dass Paare zu bestimmten Zeiten üben können.

Ein Kiosk bietet Zeitungen an und ein Kleinod: „The Daily Telegraph MAP OF EUROPE". Das ist was für meine Kammer. Die Karte ist eine schöne Dekoration. Ich staune, wohin mich die Seefahrt allein in Europa brachte. Die Nordafrika-Küste ist noch drauf. So kann ich auch die vielen Häfen finden, in denen ich mit MS „Ludwigsburg" und SS „Breitenburg" war.

Nordatlantik
Drei Reisen erlebe ich von London nach Kanada. Wir fahren auch nach Halifax auf Neuschottland. Überquerungen des Nordatlantiks sind gewöhnungsbedürftig. Fahrten mit Ballastwasser sind mit weitem seitlichem Schwingen verbunden. Dabei schlafe ich unruhig. Mein Dienst, zweimal am Tag jeweils von 12 bis 4 Uhr Wache, hat den schönen Namen Hundewache. Das Frühstück fällt in die Mitte der Freiwache, das Abendessen hat die Besonderheit, dass ich den Kollegen der 4-8 Wache ablösen muss, auch mein Assi löst seinen Kollegen ab.

Es gibt eine Alarmanlage, die Druckabfälle und Unterschreitung von Pegelständen optisch und akustisch anzeigt. Sie funktioniert einwandfrei außer bei schwerer See, wenn die Schraube aus dem Wasser taucht und der Maschinenregler das Überdrehen des Motors verhindert. Dabei rappelt es gewaltig. Bei dem Horror sprechen die Alarme an und verstärken das Inferno. Man beabsichtigt eine Reparatur des Herstellers, weil die Ursache nicht aufzufinden ist. Ich möchte der zarten Technik auf den Zahn fühlen und öffne ehrfurchtsvoll den Alarmschrank während auftretender Fehler. Funken zwinkern mich an. Meine Taschenlampe hilft, gebrochene Lötstellen aufzuspüren. Bei Vibration flattern die Bruchstellen und verursachen Funken und Fehlmeldungen. Der heftige Seegang verbietet jeden Reparaturversuch. Eine gewagte Aktion darf die Anlage nicht lahmlegen. Bei ruhigem Wetter gelingt die kniffelige Reparatur aller Lötstellen. Der Elektriker meinte, wenn ich mir das zutraue, sollte ich das übernehmen. Ihm ist das fummelig. Die Anlage funktioniert jetzt wieder.

Hummer
Klaus, 2. Ing., kauft in Kanada Hummer. Drei Riesenexemplare bemühen sich um Halt in der Hospital-Badewanne. Nach der Mitnahme von 90 Kühen erlebe ich meinen zweiten Tiertransport. Gern schaue ich bei den stummen Passagieren nach ihrem Wohlbefinden. Diese Mitreisenden stimmen mich nachdenklich. Auf der Weltkarte sieht man Kanada als riesiges Land. Ich war nur an winzigen Punkten und hatte das Gefühl: „Will ich auswandern, dann nach Kanada!" Wie kommt das? Ich kann dieses Bauchgefühl nicht erklären und hoffe, dass ich noch mehr von dem lockenden Land sehe!

Walking in snow
Und dann war da noch mein Spaziergang. Nur eine Straße trennt die „Nordstern" von hohen Tannen. Der Wald reicht bis zum Horizont und es schneit! Joppe und Pelzmütze an und los!
Schon nach ein paar Minuten sind die Lade-Elevatoren nicht mehr zu hören. Ich bleibe stehen. Das Knirschen des Schnees unter den Schuhen ist irgendwie laut. Jetzt höre ich die dicken Schneeflocken auf den Schultern landen und kann beinahe den Nullpunkt meines Gehörs justieren.
Leises Schnurren von hinten reißt mich aus dem kindlichen Beobachten von „leise rieselt der Schnee." Neben mir hält ein Straßenkreuzer. *„To City?" „Thanks, I like walking".* Ich verstehe die Antwort nicht. Der weiß schon mal, dass ich hier spaziere, sage ich mir und stapfe weiter. Und wieder stoppt jemand und fragt: *„To City?" „Thanks, I like walking".* Ich verstehe auch diese etwas längere Antwort nicht. Aber war da nicht *„crazy"* dabei? Jetzt spaziere ich nicht, jetzt walke ich, denn ich bin schließlich in Kanada.

Diesmal kommt ein Auto von vorn und hält ebenfalls. Die Tür öffnet sich. Ein Polizist steigt aus, ein richtiger Mounty! Welche Freude, ein Mounty ganz für mich allein in dieser wunderbaren Winterkulisse! Dann steht er vor mir. *„Hallo crazy walkman, come on!"*, verstehe ich deutlich. *„Thank You Sir, I like to walk." „You have to go with me!"* Er hat Haltung angenommen, ist ganz im Dienst, aber auch belustigt. Seine rote lange Uniformjacke und der beige spitze Hut darüber sind unverkennbar. Der Gürtel mit Pistole und Patronentasche betonen seine stattliche Größe. Dann war es das wohl mit walking in the snow. Ich erfahre, dass man ihn gerufen hätte, um mich einzufangen. Nur Jäger würden hier zu Fuß unterwegs sein, und die müssen karierte Jacken tragen, damit sie sich nicht gegenseitig erschießen. Und ich sehe mit meiner braunen Joppe und der Pelzmütze wie ein Bär im Schnee aus. Er wendet und bringt mich in die City. An einer Drogerie setzt er mich ab und meint, die Dame da drin, würde sich gern einmal auf Deutsch unterhalten.
Es ist auch so. Am Ende nehme ich etwas für Zahnpflege mit und eine Erinnerung an blaue Augen zwischen blonden Locken. Ein Kunde bringt mich zurück. Solche zufälligen Begegnungen sind die Würze meiner Reisen.

Heiligabend in Kanada
Noch eine Erinnerung an Kanada. Die „Nordstern" liegt in St. John's auf Neufundland. Es ist Heiligabend. Ein kurzer Landspaziergang beschert mir die perfekte Weihnachtsstimmung. Etwas Schnee und Frost, der in die Ohren beißt. Hohe verstreute Tannen sind mit bunten Kugeln geschmückt. Am Abend werden sie

mit ihrem kräftigen Licht die Umgebung verzaubern. Das kenne ich schon und werde es auch heute von Bord aus genießen.
Wir sind nur kurz hier und gehen Seewache. Deshalb bin ich um zwölf Uhr in der Maschine. Nach Dienst und Dusche ziehe ich die blaue Uniform an. Schlips und frisch geputzte Schuhe gehören dazu. Es ist noch Zeit für einen Deckspaziergang. So kann ich erneut die kanadische Weihnachtsdekoration genießen. Die Idee mit farbigen Lichtkugeln gefällt mir immer wieder.

Am Abend haben sich alle im Salon eingefunden. Nach dem üppigen Menü klingen deutsche Weihnachtslieder aus 40 Kehlen von Smutje bis Kapitän. Ein Matrose geht nach achtern, um Zigaretten zu holen. Aufgeregt kommt er zurück. „Unsre Kammern werden durchgewühlt!"
Oh, nichts wie hin und draufhauen! Nein, wir sind hier Gäste und müssen besonnen handeln. Das ist die Essenz aus dem Wirrwarr der Bemerkungen und dem Schlusswort des Kapitäns. Das Telefon befindet sich mittschiffs im Maschinenbüro. Der 1. Offizier erreicht sofort jemanden von der Agentur. Er lässt Gangway und das Hauptdeck bewachen. Mein Gott, so eine Unruhe am Heiligabend! Bald kommt ein Mountain-Polizist. Nachdem er sich informiert hat, ruft er Verstärkung. Dann kommt ein Bus. Wohl ein Dutzend Polizisten steigt aus. Die stattlichen, schick uniformierten Männer sind beeindruckend. Eine Diebesbande, die mehrmals nach Beutezügen entkam, wird abgeführt. Die meisten von uns sind inzwischen auf dem Bootsdeck und sehen das besondere Schauspiel. Was uns alles geboten wird!
Wir finden uns wieder im Salon ein. „Stille Nacht, heilige Nacht ...", klingt es besonders überzeugend durch den Raum, der sich über die gesamte Schiffsbreite erstreckt. Zum Abschluss nimmt sich jeder einen der bereit liegenden Weihnachtsstollen.

Im Februar 1965 fällt mir eine Flagge auf. Sie ist schlicht, für mich eindrucksvoll und frisch. Bald wird uns klar, dass das die neue Flagge ist. Kanada demonstriert mit diesem Ahornblatt auf ganz natürliche Weise seine Unabhängigkeit. Auch wenn ich nie wieder nach Kanada kommen sollte, werde ich diese Flagge nicht vergessen.

Wieder London

Meinen letzten Landgang mit der „Nordstern" in London werde ich nie vergessen. Wir sind zu dritt in Soho unterwegs. Der Besuch ist nach allgemeiner Meinung ein Muss. Beim letzten Trip nach London sowieso, wenn man noch nicht da war. Also ruft die Pflicht nach Soho! Ein Ritual wiederholt sich: Membership zahlen, denn es sind keine öffentlichen Bars. Die Räumlichkeiten sind nur Mitgliedern zugänglich. Danach flüchten wir vor rotznäsigen Frauen. In London hat man Schnupfen. Bald sind wir *„Mermbers"* einiger Klubs und entschlossen, einen Pub aufzusuchen. Dann passiert etwas Merkwürdiges. Um uns herum fängt man an zu rufen und zu johlen. Es wird eng. Man bedrängt uns. Was ist los?
In unmittelbarer Nähe befindet sich ein Eingang. Den steuern wir an, um der Meute zu entkommen. Es ist auch ein Klub. *„Welcome, welcome!"* Es stellt sich heraus, dass man mich mit einem Prominenten, einem Star, verwechselt. Im Klub kann man die Gäste und Eindringlinge aufklären, aber nicht draußen. Man ist so klug und lässt uns durch den Dienstboteneingang nach hinten flüchten.

Nach Argentinien

Im Anschluss an die Kanada Reisen laden wir in Hamburg Stückgut für Argentinien. Ich höre Rosario. Rosario in Argentinien? „Wo liegt das?" Als aktuelle Seekarten

gekommen sind, kann ich auf der Brücke sehen, wo es hingeht. Eine lange Flussfahrt steht uns bevor. Aber zuerst wartet der ruhige Südatlantik. Das wird eine lange Reise!
Hinter der Biskaya wird das Meer ruhig. Es fehlen nur noch Strand und Palmen. Im Schatten eines Deckshauses hat man ein Seewasserbecken zusammengezimmert. Das wird ausgiebig genutzt, besonders in Nähe des Äquators.

Bei Montevideo erreichen wir Rio de la Plata. Dass es eine Flussmündung ist, erkenne ich nicht. Wenn man das nicht weiß, denkt man an eine Meeresbucht.
An Steuerbord sehe ich Land mit kahlen Bäumen. Unsere Fahrt über Grund nimmt stetig ab. Die Strömung des Rio Parana wird spürbar. Das Wetter kann nicht besser sein. Wir fahren in nordwestliche Richtung und offenbar dem Frühling entgegen. Am zweiten Tag sind beide Ufer in Sichtweite. Ich erkenne zunehmendes Grün. Nach zwei Tagen liegen wir vor Rosario am Anker.

Rosario
Natürlich haben wir einige Angler an Bord. Ich bin auch einer, habe aber keine Ausrüstung dabei. Voller Hoffnung stehen unsere Experten an der Reling und warten. Mit verschiedenen Ködern von der Kombüse am Angelhaken hoffen sie auf Überraschungsfang aus fremdem Wasser. In einem so gewaltigen Fluss gibt es bestimmt etwas Besonderes für die Pfanne. Nach einer halben Stunde will niemand auf Petri Heil hoffen. Jede Menge Kraut verfängt sich an der Schnur und zieht sie hinunter. Und dann sind da die (man darf es eigentlich nicht aussprechen) Präservative. Die meisten segeln an der Oberfläche vorbei, mit und ohne Knoten. Einige finden gemeinsam mit dem Kraut die Schnur. Der 1. Off. kommt vorbei. „Das hält noch an. Wenn die von Rosario weg sind, kommen sie aus Santa Fee! Und am Samstag fängt das wieder an."

Eine Überraschung ist klägliches Rufen. Es muss vom Achterschiff kommen. In den Kammern, an Deck und auf der Poop ist niemand zu sehen, der Hilfe benötigt. Jemand entdeckt einen Mann, der am Ruderschaft Halt gefunden hat. So schnell wie möglich geht das Arbeitsboot zu Wasser. Als der Motor startet, ist das Boot schon über hundert Meter abgetrieben. Jetzt nimmt es gegen die starke Strömung Kurs auf den wartenden Matrosen. Er hat den Spitznamen Bademeister, denn er schwimmt gern. An die Strömung hat er nicht gedacht, als er über Bord sprang. Das hätte schlimm ausgehen können.

Als wir an der Pier liegen und Schauerleute an Bord kommen, höre ich eine beinahe bekannte Sprache. Hier in Argentinien spricht man Spanisch, das dem Portugiesisch in Brasilien ähnlich ist.
Das Löschen der Ladung beginnt. Welche Kostbarkeiten hier in Rosario ankommen, sieht man den Kisten nicht an.
Von Deck aus vermute ich ein merkwürdiges Wohngebiet. Ich gehe nach oben auf die Brücke, nehme ein Fernglas und trete hinaus auf die Nock. Viele verschachtelt angeordnete Buden, Hütten, Schattenplanen und Sitzgelegenheiten erkenne ich und einige Menschen in Mußehaltung. Auch Kinder beschäftigen sich wie überall auf der Welt. Zur Stadt hin befindet sich ein Zaun. Hier endet die Grenze der provisorischen Bebauung wie an der Schur gezogen. Das Leben dort kann nicht komfortabel sein. Es ist bestimmt ein Slum, wo Menschen unbegrenzt wohnen und nicht etwa ein provisorisches Quartier für Saisonarbeiter.

Mein erster Landgang geschieht mit Auto. Hier fährt man gern Mercedes. Zu zweit wollen wir die Stadt erkunden. Das Zentrum ist wie ein Schachbrett angelegt. Während wir uns orientieren, wird es sehr schnell dunkel. Es ist kein Regen, sondern feiner Sand, eher Staub, der alles verhüllt. Wie alle Passanten huschen auch wir in einen Hauseingang. Schnell die Türe schließen, scheinen alle gleichzeitig zu rufen. Und schon ist sie zu. Durch die Scheiben ist nur zu erkennen, dass es draußen sehr ungemütlich ist. Jeder noch Hereintröpfelnde bringt eine Staubwolke mit. Wir befinden uns in einem Lokal.
Wenn wir schon mal hier sind und warten müssen, können wir uns verwöhnen lassen. Wir entdecken eine Fleischauslage. Oh ja, Steak und Salat. Es wird eine üppige Mahlzeit mit gutem Rotwein, der hier dazu getrunken wird.
Gezielt auf Erkundungstour gehen können wir wegen des Wetters nicht. Also auch nach dem Essen Rotwein trinken, ganz langsam mit Genuss. Und dann in einem Mercedes zum Hafen fahren.

Bohemia, ein Lokal, das fußläufig erreichbar ist, bietet sich für abendliche Unterhaltung an. Eine deutsche Sängerin präsentiert Schlager. Mecki Messer wiederholt sie mehrere Male sehr eindrucksvoll.
Drei Männer stürmen herein. Sie machen einen verwegenen Eindruck. Spontan denke ich an einen Überfall. Aber sie setzen sich nach theatralischer Begrüßung. Gauchos sind es nicht, eher wohlhabende Rabauken. Es sind stattliche Typen, mit denen sicherlich nicht gut Kirschen essen ist. Sie haben Promille mitgebracht. Wer weiß, wie sich das entwickelt. Wir zahlen und gehen an Bord.

Es ist Sonntag. Ein junger, gepflegter, freundlicher Mann kommt die Gangway herauf. „Guten Tag, mein Name ist Müller. Ich betreue eine deutsche Jugendgruppe. Dürfen wir dieses deutsche Schiff besichtigen?“ „Kommen Sie bitte mit. Sie können unseren Kapitän fragen.“ Der ist nicht da, aber der 1. Off. „O.k., das können wir machen. Wann soll es losgehen?“ „Der Bus steht am Tor, mit einer Erlaubnis dürfen wir passieren.“ Es dauert eine gute Viertelstunde, bis die Besucher erscheinen. Beinahe nur junge Damen! Sehr junge Damen in schicker Garderobe! Mein Gott, sind die edel! Schnell bilden sich zwei Gruppen. Eine führt der 1. Off., die andere ich. Einige sprechen Deutsch, Englisch können alle. Ich führe in den Maschinenraum und lasse von oben hinunterblicken. Spärliche Auskünfte genügen: Sieben Zylinder, 4200 PS und 15 t Brennstoff am Tag, „15 Fässer an einem Tag?“ „Nein 15 Tonnen, das sind etwa 75 Fässer!“ Die Niedergänge bis unten zu gehen, riskiere ich lieber nicht. Wir verlassen den Maschinenraum auf der gegenüberliegenden Backbordseite. Ich zeige die Kabinenschilder am Gang. Hier wohnen Koch, Bootsmann, Zimmermann und Storekeeper. Auch die Unteroffiziersmesse gehört dazu. Vorne zeige ich unsere Pantry und gehe mit der Gruppe in die Offiziersmesse, die so groß ist, dass wir darin tanzen könnten.
In meine Kammer neben dem Eingang zur O-Messe können alle hineinschauen. An Steuerbord sehen sie die Unterkünfte der weiteren Ingenieure und Assistenten. Am Ende des Korridors liegt das Hospital. Wir sind dann gleich an Deck und gehen hinauf zum Bootsdeck. Hier ist es richtig seemännisch. Das Boot hängt in Davids über einem gepflegten Plankendeck. Wir können in die Kombüse schauen und gehen in den Korridor. Hier wohnen 1. und 2. Steward, vorne liegt der Salon. Dort hat es sich die andere Gruppe bequem gemacht. Auch wir nehmen Platz. Der Steward bringt Getränke. Fragen ebben ab. Die Stimmung ist gut, es wird gelacht, gesummt und gesungen. Wir erfahren, dass die Gruppe an Feiertagen oder auch auf Familienfesten zur Unterhaltung beiträgt. „Darf man hier tanzen?“ Dagegen ist nichts

einzuwenden. Man formiert sich zum Volkstanz. Das ist was für mich. Nur zuschauen und nicht exakt nach Plan Schritte machen müssen. Eine junge Dame erinnert mich an ein Scheersbergfest. Ich sollte mitmachen gegen meinen Willen. Und so sah das dann auch aus. Die sympathische Dame macht alles richtig, aber irgendwie nicht aus dem Herzen. Sie hat mich im Visier, lächelt zu mir herüber. Es gibt eine Pause. Wir beginnen uns vorzustellen. Sie heißt Martha. Ingrid, ihre ältere Schwester ist auch hier. Es wird wieder vorgetanzt, eine niedliche Veranstaltung. Das folgende Plaudern wird lebendig. Die Gruppe wollte eine Sportveranstaltung besuchen. Jemand hatte spontan die Idee „Deutscher Klub besucht deutsches Schiff." Man einigte sich im Bus, es zu versuchen. Es wird angeregt, auch uns etwas zu zeigen. Wer hat wann Zeit? Damit fängt es logischerweise an. In zwei Tagen, am Dienstag, will man uns den Klub zeigen, in dem sich die Gruppe mit ihrem Lehrer trifft. Wir erhalten die Adresse von Patricia, einer brünetten Dame mit langem schwarzem Haar.

Am folgenden Abend besuchen wir zu dritt ein Asado. Was eigentlich eine festliche Angelegenheit in Argentinien ist, findet auch ungezwungen unter freiem Himmel statt. Bald sitzen wir gedrängt im Freien zwischen vielen Leuten wie auf einer Festwiese. Das Publikum ist volkstümlich, leger, wirkt teilweise ärmlich in abgeschabter Kleidung. Die Stimmung an unserem Tisch ist heiter. Wir essen Schaf vom Holzgrill und trinken Bier dazu. Man darf ungeniert die Rippe anfassen, ja man muss. Wir erhalten keine Bestecke. Den Geschmack kenne ich noch nicht. Es schmeckt zunächst mehr nach Müssen als nach Wollen. Aber der Appetit kommt beim Essen! Wir sitzen, haben Zeit und trinken nach dem Bier Rotwein. Jetzt, wo der Andrang am Grill spärlich ist, beobachte ich Männer, die nur das Fleisch nehmen, sich kaum setzen und nichts trinken. Vielleicht hätten sie gern Bier, aber kein Geld dafür oder keine Zeit?

Am folgenden frühen Abend nehmen wir zu dritt ein Taxi. Bei Patricia steige ich um in eine „Ente" und fahre mit ihr und Therese zum Klub, das Taxi folgt. Alle jungen Damen begrüßen sich mit Küsschen links und Küsschen rechts. Während ich den Mund noch offen habe, höre ich Klaus: „Und wer küsst mich?" Die Damen lachen, geküsst wird er nicht! Wir sind wieder beieinander wie im Salon der „Nordstern", auch der Lehrer ist gekommen. Er berichtet, dass über deutsche Geschichte, Kultur und Brauchtum gesprochen wird. Man übt auch Gesang und Tänze für Feste innerhalb des Klubs. Die Gruppe unternimmt auch Tagestouren an Sonntagen oder besucht Veranstaltungen. Wir unterhalten uns über alle möglichen Dinge. Man möchte Informationen über Deutschland. Das ist kein Problem. Alle können sich gut verständigen. Martha macht mir schöne Augen. Ich fühle mich in dieser Rolle nicht wohl. Patricia scheint mich als Tischherren auserwählt zu haben. Sie studiert Public Relations und erläutert das weite Spektrum von PR. Das ist für mich wie Philosophie. Ihr Vater führt eine Apotheke und liefert auch medizinische Geräte. Einige Mal boxt sie mich mit dem Ellenbogen in die Seite. Was soll das? Ich bin irritiert. Was mache ich falsch? „Was ist?", frage ich. Sie lacht. Diese Art von Antwort verstehe ich nicht. Über ein Thema sprechen alle gern. Das ist Urlaub in Mar del Plata, einem Badeparadies südlich von Buenos Aires. Martha knufft mehrmals ihre Schwester. Endlich geht Ingrid darauf ein, denn es ist Zeit, sich zu verabschieden. Junge Damen müssen früh zu Hause sein. Man kann schnell den „Guten Ruf" verlieren. Ingrid darf eine Einladung aussprechen. Wir möchten bitte morgen Abend bei ihren Eltern erscheinen, wenn möglich zu viert, also wir drei und auch der 1. Off., der zum Besuch der „Nordstern" eingeladen hat. Das ist wunderbar. Ich erhalte eine Visitenkarte. Danke, herzlichen Dank!

Keine echten Nazis
Junge Männer müssen nicht so früh zu Hause sein wie Damen. Sie meinen zuständig zu sein, falls sich eine Dame verspätet und Begleitung wünscht. Alfredo und Carlos unterbreiten uns einen Vorschlag. Sie möchten in der Universität etwas Interessantes zeigen. „Was denn?" „Eine Überraschung, ihr werdet staunen!" Unterwegs frage ich, was es bedeutet, wenn man mit dem Ellenbogen geknufft wird. „Die Frauen haben einen Moment entdeckt, wo du sie unbemerkt auf die Schulter küssen kannst. Sie sind nie allein mit uns Männern und hoffen auf solche Gelegenheiten!" Wir holen einen weiteren Studenten zu Hause ab.
Es ist schon dunkel. Bei spärlichem Licht gehen wir über das Unigelände und betreten ein Gebäude. „Hier haben wir Studenten Räume zur Verfügung, wo wir uns treffen können. Nehmt Platz und wartet einen Moment. Dann kommt die Überraschung".
„Heil Hitler!" Schneidig kommt Goebbels daher in brauner Uniform mit hochgerecktem Arm und Hakenkreuzbinde. Desgleichen erscheinen in wirkungsvollem Abstand Hermann Göring und Hitler. Ich bin eher erschrocken als überrascht. Wie kann man so einen Scheiß machen? Die drei sprechen jeweils einige forsche Sätze originell nach. Mir kommt es vor, als sehe und höre ich einen Filmausschnitt. Die Szene ist erstaunlich echt. Dann sitzen drei uniformierte fröhliche Nazis bei uns. „Wir können das schon recht gut nicht wahr!" Das Gespräch ist schwierig. Wir haben alle den Krieg erlebt und äußern unsere Kritik an der mörderischen Partei. Tod und Elend hat sie der Welt gebracht. „Das ist doch nur ein lustiges Spiel!" Ich fühle mich nicht wohl in meiner Haut, weiß nichts Gescheites zu sagen. Auch meine „Nordstern"-Begleiter verhalten sich reserviert und zeigen einen befremdlichen, „neutralen" Gesichtsausdruck. Wir verlassen das Unigelände, ohne zu streiten. Wir sind Gäste in Argentinien!

Einladung
An Bord gehe ich zum 1. Off., Herrn Kreis, informiere ihn und zeige die Visitenkarte. „Dr. de L.", liest er laut. „Ich werde morgen früh den Agenten fragen, der kann uns Tipps geben." Das war eine gute Idee, denke ich am folgenden Tag. Die Familie ist bekannt und Kunde im feinsten Blumengeschäft. Dort kennt man den Geschmack der Hausdame. Wir können die Blumen zum gewünschten Termin abholen.
Kreis, 1. Off, Hans Vollstedt, 2. Off., Kollege Klaus Andersen, 2. Ing. und ich steigen in die blaue Uniform. Im Blumengeschäft sind wir überrascht. Die Blumen sind schön liegend angeordnet in einer transparenten Schachtel. Das sieht aus wie bei Rockefeller, denke ich.
Wir warten kurz und klopfen auf die Minute genau mit dem speziellen, an der Tür befindlichen Knebel, ein spannender Moment. Eine Frau öffnet und führt uns durch einen geräumigen Flur in den Wohnraum mit diversen Sesseln. Die Familie steht komplett zur Begrüßung bereit. Ingrid stellt vor. „Vater und Mutter, Martha kennen Sie ja schon". Wir machen artige Verbeugungen. Uns werden Sitzplätze angeboten. Frau de L., hier sagt man Senora Dr. de L., spricht Deutsch ohne Akzent. Sie könnte Rundfunksprecherin sein. Ihr Mann spricht Spanisch, leider kein Englisch. Das Ehepaar passt optisch zueinander wie Zwillinge. Das gilt auch für ihre freundliche Ausstrahlung. Ich kann mir gut vorstellen, dass er als Tierarzt das Vertrauen seiner vierbeinigen Patienten gewinnt. Er kümmert sich hauptsächlich um das Wohlergehen von Pferden. Nach dieser Information sprechen wir über das Wohnen in Argentinien. Man hat gern ein abgeschlossenes Anwesen mit Innenhof, dem sich die Räume mit ihren Zimmern zuwenden. Fremde können nicht hereinschauen wie z. B. in Europa.

Der Raum ist eher ein Salon, entspricht nicht meinem Verständnis von Wohnzimmer. Sessel, kleine Tische und Skulpturen sind Komfort und Dekoration. Zwei hohe Vitrinen, rundum verglast, enthalten Porzellan. Die mitgebrachten Blumen bringt die „Empfangsdame“ herein. Jetzt schmücken sie einen kleinen Tisch. Ich empfinde Stolz, als wäre es mein Werk. Wir vier sind froh, dass bis jetzt alles geklappt hat. Es gibt Sherry. Man darf rauchen. Auf Armpolstern der Sessel liegen Gurte. Auf ihnen sind kleine Aschenbecher befestigt. Das ist praktisch. Aber wenn etwas daneben geht? Ich verzichte lieber aufs Rauchen. Je mehr man macht, desto größer ist die Chance, sich zu blamieren. Während Martha mich immer wieder auf Englisch anspricht, schaue ich nicht nur sie an, sondern auch das Porzellan. Sie steht auf, geht zu einer Vitrine und winkt mich heran. Als ich vor den Schätzen ankomme, ist auch gleich ihr Vater da. Er erklärt auf Spanisch seine Kleinodien aus Europa. Ich verstehe nichts von Epochen und Manufakturen. Ich weiß nur, was mir gefällt. Und das ist hier viel. Ich bin in eine neue Welt eingetaucht. Man kauft etwas, was man nicht benutzt. Hier werden feines Tee- und Tischporzellan zweckentfremdet. Die Teile sind Kunst! Martha ist mit klugen Erklärungen dabei. Sie schaut mir tief in die Augen, bis in meine Seele? Sind unsere Seelen verwandt? Sie würde mit mir durchbrennen. Das käme der Vertreibung aus dem Paradies sehr nahe. Wir sind allerdings keine Natur-, sondern Kulturmenschen! Ihre Mutter nähert sich und lacht. „Ingrid zuerst!“ Und lacht immer noch. Alle haben das begriffen und folgen dem ansteckenden Lachen. Nur Herr Dr. de L. hat nichts verstanden. Nachdem er aufgeklärt ist, tröstet er seine junge Tochter. „Wir gehen zum Asado, ganz in der Nähe“, fordert die Mutter uns freundlich auf. Im Vorraum hilft man den drei Damen in Pelzmäntel. Auch das muss ich begreifen. Wir gehen schick aus. Ohne Mantel wäre es auch möglich, aber ohne edlen Effekt!
Das Restaurant ist so fein, dass ich es nicht wählen würde. Ich befinde mich noch in Nähe der Natur und nähere mich zögerlich der Kultur. Aber das hier liegt hinter meiner Ziellinie. Es ist exklusive Kultur.
Nachdem Pelzmäntel von Geisterhänden unsichtbar entführt sind, sitzen wir bequem am großen Tisch. Ich kann nur das aus meiner Erinnerung berichten, was sich heute noch meldet. In der Mitte des Raumes befindet sich ein Tisch mit viel Fleisch. Ein Küchenchef erläutert, von welchem Rind und von welcher Körperregion die Teile sind. Ich soll Fragen beantworten, die ich nie zuvor hörte. Es geht um die Auswahl des Fleisches, die Menge und wie es gegrillt werden soll, hoch über der Glut und langsam oder vom Rost.
Dann trinken wir Wein, nein wir nippen Wein, wir genießen Wein! Wir sprechen über diesen Wein. Ich lerne Wein kennen, anstatt einfach zu trinken. Ich erlebe eine vornehme Unterrichtsstunde. Ob meine Defizite bemerkt werden?
Was mein dickes Stück über sich ergehen ließ, bevor es auf meinem Teller gebracht wird, kann ich nicht sagen. Aber ich genieße es. Es ist etwas Besonderes. Dazu gibt es gemischten Salat und edlen Wein.
Als unsere Gastgeber sich vor ihrem Haus von uns verabschieden, sage ich mein im Stillen gedachtes Gedicht auf. „Wir laden in unsere Offiziersmesse ein und würden uns freuen, wenn Familie Dr. de L. und auch Patricia und Therese mit ihren Eltern kommen könnten.“ Unsere Gastgeber sind sichtlich erfreut und wollen gleich mit den anderen Familien sprechen und morgen anrufen.

Alle eingeladenen Gäste erscheinen. Sie kommen gleichzeitig. Das ist prima. Klaus und ich begrüßen sie an der Gangway. Ich führe die Gruppe zur O-Messe. Da stehen wir nun. Solange die Frauen ihre Mäntel anhaben, wird sich niemand setzen. Und schon merke ich, dass ich nicht bis ins Detail geplant habe. Kam es jemals vor, dass

sieben Pelzmäntel auf einem deutschen Frachtschiff abgelegt wurden, ich meine gleichzeitig? Patrica rettet mich. Sie ist auf dem PR-Weg schon gut vorangekommen, könnte man sagen, denn sie nimmt sich des Problems an. „Wir legen die Mäntel auf dein Bett!“ Sie fordert zum Ablegen der Garderobe auf. Alle Herren werden munter und helfen den Damen aus den schönen Mänteln. Inzwischen habe ich meine Tür geöffnet. Patricia, Ingrid und Martha legen die Kostbarkeiten in meine Koje. Diese Dekoration müsste ich fotografieren!
Unser Kapitän hatte gemeint, dass er unsere Runde nicht stören möchte. Dennoch begrüßt er die Gäste freundlich und heißt sie willkommen. Angelo, unser portugiesischer Steward, hat sich in Schale geworfen. Er bedient gekonnt, scheint in seinem Element zu sein. Ich erhalte zu meiner Überraschung ein Geschenk. Aus einem schicken Karton schaut mich ein uriger Knobelbecher an. Ich nehme ihn in die Hand. „Aus Argentinien!“
Wir erleben einen wunderbaren Abend. Unsere Gäste freuen sich, auf einem deutschen Schiff zu sein. Ein einmaliges Ereignis für alle. Wir bieten Führungen in drei Gruppen an. Jeder Wunsch wird erfüllt. Das größte Interesse finden Kommandobrücke, Nocks und Kartenhaus. Auch die Kombüse wird gern besucht. Alle plaudern entspannt. Martha verrät mir ihren „Nickname“. Der ist spanisch und kommt mir auch so vor. Ach Martha, du kannst nicht mit mir durchbrennen, denke ich verwirrt. Patricia intensiviert den Dialog mit mir, sorry Martha. Wir kommen, wieso auch immer, auf das Thema Gesellschaft. Die Oberschicht folgt traditionellen Regeln. Ein Beispiel ist eine Studentin der deutschen Jugendgruppe. Wir haben sie kennengelernt. Sie ist zurückhaltend, sympathisch und gut aussehend. Sie lebt mit einem kaum lösbaren Problem. Ihr Verlobter geriet in ein Schlagloch und verunglückte tödlich. Sie gilt als „stigmatisiert“. Das Verheiraten von Töchtern ist das wichtigste Thema. Es muss der Richtige gefunden werden! Man vermeidet, dass eine jüngere Tochter zuerst heiratet. Das mindert die Chancen der Älteren. Aha! Ein Brauch ist besonders typisch. Wer ein Auto besitzt, fährt bei passendem Wetter in die Pampa. Man nimmt Grill, Holzkohle, Wein und Picknick-Koffer mit. Weit draußen trifft man auf Schafherden. Man schlachtet ein Tier und grillt, prosit! Das Fell bleibt zurück.
Der Abend hat einen harmonischen Verlauf. Vorsorglich hatte ich meine Kammer abgeschlossen. Ich darf allen Damen in den Mantel helfen. Bei aller Bescheidenheit: Ich bekomme das hin! Klaus ist ganz Kavalier. Er geht als erster die Gangway hinunter. Wir verabschieden uns am Schiff und winken dem Bus hinterher.

Bei Kapitän Wicharek

Nach der festlichen Veranstaltung unternehme ich einen Spaziergang über Vor- und Achterschiff, dann steige ich auf das Bootsdeck. Seit unserer Ankunft hüllt Rauch aus der Armensiedlung die „Nordstern“ ein. Ich schaue hinüber und denke an den riesigen sozialen Unterschied in diesem Ausmaß. Hier läuft mächtig was verkehrt!
In Gedanken versunken, erschrecke ich beinahe. Unbemerkt hat sich Herr Kapitän W. neben mich gestellt. Er meint, dass wir den schönen Abend mit einem Glas Wein ausklingen lassen sollten.
Wir sitzen in der „Kirche“. An jedem Donnerstagvormittag findet hier ein Frühschoppen statt. Dieses Treffen aller Offiziersränge nennt man „Kirche“. Der Veranstaltungsort ist ein kleinerer Teil des Salons, der sich durch eine Ziehharmonika-Wand abtrennen lässt. Der 1. Steward bringt kühlen Weißwein. Der Kapitän spricht das Thema sichtbarer Armut an. Es wird ein langer Abend. Ich berichte, dass sein Kapitänskollege Callsen auch in meinem Ort Sterup wohnt. Er konnte nicht wissen, dass mein Kontakt zur Reederei Mackprang so entstand. Der

Steward erscheint nach Betätigung des Klingelknopfes. „Schauen Sie bitte Herr Kaptän, die Gläser werden nicht voll. Die Flasche ist leer." „Haben wir noch eine gekühlte Flache?" „Jawohl Herr Kaptän!" „Dann bitte, wir haben noch Zeit." Herr „Kaptän", so werden Kapitäne an Bord angesprochen, beschert mir einen würdigen Ausklang eines besonderen Abends. Dafür verzichte ich gern auf ein paar Stunden Schlaf.
Ich zähle Schäfchen, kann trotz Promille nicht einschlafen. Ein weißes Haus taucht auf. Martha sitzt neben mir im Sattel eines Schimmels. „Das ist unser Zuhause!" „Ein Haus aus Schnee?" „Nein aus Schafsfellen! In der Pampa hat man genug davon." Sie ist doch mit mir durchgebrannt! Ich werde wach, bin irritiert. Spinne ich Seemannsgarn? Wieso träume ich Marthas Traum? Ja, Martha spukt mir noch im Kopf herum. Das kribbelige Alter hat sie sicherlich bald überstanden.

Villa Constitucion

Wir laufen am übernächsten Tag aus nach Villa Constitucion, nur 50 km südlich. In einem Stichkanal des Rio Parana machen wir fest. Es gibt keine Kaimauer, nur Böschungen. Das hat etwas Uriges. Eine Siloanlage wird den Bauch der „Nordstern" mit Weizen füllen. Unsere Matrosen sind seit Tagen intensiv mit dem Bau der Getreideschotten beschäftigt. Im oberen Teil der Laderäume ist Vorsorge zu treffen, dass der Weizen bei Seegang nicht auf eine Seite fließt, was Kentern zur Folge haben könnte.
An Backbord befindet sich ein halbes Dutzend Wohnprovisorien aus Zweigen und Planen. Es sieht idyllisch aus. Am kommenden Tag bin ich früh wach und spaziere über Deck. Ein Junge läuft mit brennendem Ast die Behausungen ab und spendet Feuer. Das hat etwas Verbindendes. Ich könnte diesen Burschen begleiten. Feuer spenden, wenn es kühl ist. Nein nicht nur kühl. Ich bin zwar langärmelig in Kaki, beginne aber zu frieren. Der klare blanke Himmel beschert vor Sonnenaufgang noch keine Wärme. Die Fackel bringt Leben in die Hütten. Männer kommen heraus und strecken sich. Die Unterstände sind scheinbar nur zum Schlafen gedacht. Vorsorglich hatten alle schon am Abend die Feuerstelle für den kommenden Tag vorbereitet. Jetzt bemühen sich die ganze Reihe entlang Flämmchen um Eroberung der vorbereiteten Reisigbündel. Nachbarn begrüßen sich per Zuruf. Ich erlebe eine anrührende Szene.

Dieser Eindruck hält nicht an. Ich sehe frierende Körper. Es wird gezittert, sich über Arme gerieben. Einige hüllen sich in die Schlafdecke. Warum zieht niemand einen Pullover an? Ist es kälter als gedacht? Die Romantik ist Illusion. Soeben empfand ich noch das Bedürfnis, dabei sein zu wollen. Das ist vorbei. Jetzt würde ich gern mit einem Arm voller Pullover zu ihnen gehen.
Der Tag auf der „Nordstern" startet erst richtig nach dem guten Frühstück mit „Ei nach Wunsch". Der Ladebetrieb beginnt. Weizen fließt in einen Laderaum. Das geht hier nicht so schnell wie in Kanada.
Wir haben in der Maschine Tagesdienst, d. h. heute für mich Einspritzdüsen des Hauptmotors wechseln. Die sieben schweren Brocken sind gegen absolut gesäuberte und präzise auf 220 atü Injektionsdruck eingestellte Düsen auszutauschen.
Vor dem Abendessen klettere ich über merkwürdige Provisorien an Land und gehe los in die Weite der Pampa. Ich sehe in der Ferne ein Haus und gehe in die Richtung. Ich könnte auch in jede beliebige andere Richtung starten. Alles ist Pampa, alles gleich, aber ich habe ein Ziel. Langsam wird das Haus größer. Das Profil nimmt Farben an. Blaue Fensterrahmen und blaue Tür. Einige Blumen heben ihre Blüten

aus dem Einerlei der unendlich kümmerlichen Grasfläche. Die Wände sind weiß. Es herrscht absolute Stille. Ich gehe um das gepflegte Häuschen herum. Wer mag hier wohnen? Vielleicht der Mann, der die Siloanlage bedient? Die nächste Ortschaft liegt so weit entfernt, dass davon nichts zu sehen ist.

Auch am folgenden Morgen erlebe ich das Feuermachen und was dann folgt. Heute ist Sonntag, denke ich, weil Sonntag ist. Ein Ruhetag mit gutem Frühstück und besonderem Mittagessen. An Deck flanieren, ein bisschen Klönschnack und lesen. Unsere Petri-Heiler angeln Karpfen. Die haben das Maul nach unten, wie geschaffen zum Abernten des Grundes. Also weiterlesen. Ich habe immer mehrere Ausgaben von Reader's Diges dabei, eine Fundgrube an Informationen aus aller Welt.
Und dann ertönt Musik. Woher kommt hier Musik? Ich gehe an Deck und steige mittschiffs nach oben. Auf der Brücke steht der Plattenspieler am Mikrofon. Die „Nordstern“ macht Musik! „Für die armen Jungs da unten“, sagt unser 1. Off. erklärend. Eine gute Idee. In Rosario konnte ich mir ein so langweiliges Argentinien nicht vorstellen. Dies ist eine kleine Aufmunterung. Klein? Frage ich mich zwei Stunden später. Immer mehr Leute sind hergekommen, machen Picknick um das Schiff herum. Irgendjemand hat das Ereignis verbreitet: Musik in der Pampa! Eine Wonne, die picknickenden Familien zu beobachten.

Auch hier ist die „Nordstern“ irgendwann voll beladen. Der Lotse schaut sich an der Ladeskala den Tiefgang an. Überladen! Eigentlich nicht, denn die „Nordstern“ schwimmt in Süßwasser. Unser Lotse akzeptiert das nicht. Wir sind hier im Seitenkanal des Rio Parana und laufen Gefahr, uns auf Grund festzufahren. Für ca. 3000 Mark kann er das mit großer Sorgfalt verhindern. Der 1. Off. fragt mich, ob wir in der Maschine eine Möglichkeit haben, nach backbord zu krängen. Das ist möglich. Wir fahren unseren Brennstoff halb und halb, also gleichmäßig verteilt auf beide Seiten. OK, schon pumpen wir Diesel von Steuerbord nach Backbord. Mit der Lenzpumpe befördern wir Seewasser von Außenbord nach Außenbord. Der Lotse kann deutlich erkennen, dass sich doch noch Ballastwasser in einem Tank befindet, das jetzt gelenzt wird. Beim Ablegen sieht der Lotse natürlich, dass unser Krängungs-Anzeiger auf der Brücke leichte Schlagseite anzeigt. Das akzeptiert er auch nicht. Natürlich gleichen wir das aus. Wir pumpen ganz einfach den Brennstoff zurück! Die Lademarke sieht er hier oben nicht, die sieht man nur außenbords.

Es folgt ein knapper Tag Flussfahrt mit Manöver-Bereitschaft zusätzlich zur Wache und schon sind wir im La Plata. Das ist wie auf See. So kann ich mich auf Wache-Routine im ruhigen Südatlantik freuen. Fast immer erlebe ich den Sonnenaufgang, manchmal auch einen schönen Sonnenuntergang nach dem Abendessen. Heimreisen sind nicht nur geregelte Arbeitszeit und Erholung. Man denkt an zu Hause, plant und hofft.

Heimreise

Und dann erwischt es mich wieder. Natürlich weiß ich, wann wir Rio passieren und bin an Deck. Endlich erkenne ich die Profile von Corcovado und Zuckerhut. Was berührt mich so? Fünfmal war ich mit der „Nordwind“ in Rio, im Zentrum an der Praca Maua. Auf jeden Fall war ich einmal zu wenig dort!
Die ruhige Reise endet in der unruhigen Biskaya und dann wird es turbulent im Englischen Kanal, wo wir eins von vielen Schiffen sind.

Der Rethe-Speicher in Hamburg gehört unserem Reeder. Er ist unser Ziel. Unser Weizen rauscht aus mehreren Laderäumen gleichzeitig in Silos. Wir sind in Germany. Schon während des Löschvorgangs demontieren unsere Matrosen die Getreideschotten, eine Knochenarbeit. Die Jungs können anpacken. Es gibt eine Prämie für diese Arbeit. Stückgut wartet für eine Afrikarundreise.

Rund um Afrika, Ausreise mit Äquatortaufe
Auf geht es. „In Afrika ist Muttertag, in Afrika ist Muttertag!" Das singen unsere Matrosen. Ich erlebte Nordafrika. Aber Nordafrika ist nicht Afrika, erfahre ich von alten Fahrensleuten. Das macht neugierig.
Der Südatlantik ist eine Wonne, aber nur bis die Kalmen erreicht sind und die senkrecht über uns stehende Sonne so richtig einheizt.

Eine Äquatortaufe soll abgehalten werden. Ist das nicht ein alter Hut von früher? Nein, das ist es jetzt nicht. In Hamburg wurde unser Kapitän abgelöst. Er braucht schließlich auch Urlaub. Sein Vertreter ist Rheinländer. Dort feiert man Karneval immer noch wie früher. Das gilt bei ihm auch für die Äquatortaufe, also auch wie früher. Meine neunte „Querung der Linie" steht bevor. Auf die Abfrage, wer noch nicht getauft sei, antworte ich laut und deutlich „ich!". Klaus meint, das hätte ich einfacher haben können. Wir sind schon so lange dabei. Da wird einem geglaubt, wenn man flunkert.
Das Schicksal nimmt seinen Lauf. Matrosen denken sich tolle Späße aus. Ich höre von einigen Praktiken. Das klingt nur für Nicht-Täuflinge nach lustiger Veranstaltung. Eine durchgesickerte Peinigung heißt langes Einsperren in einem Deckshaus vor der Taufe. Bei Gelegenheit spreche ich mit dem Kapitän. Er meint, dass unsere Matrosen ihren Spaß haben sollen. Die werden das schon machen. Das gefällt mir nicht. Ich störe den 1. Off. in seiner Kammer. Mein Thema gehört hinter eine geschlossene Tür. Um es hier kurz zu machen. Wir sind uns einig darüber, dass der Alte (so nennt man abwesende Kapitäne) sich bei der Taufe gut einen einschenken lässt und die Sache aus dem Ruder laufen könnte. Vom Einsperren im Deckshaus hat er nichts gehört. Ich weiß jetzt, dass er wachsam sein muss.
Es fängt lustig an. Am Vorabend werden wir Täuflinge zusammengetrieben. Im Halbkreis stehen wir am Heck. Ein getaufter stattlicher Matrose ruft: „Triton kommt!" Wir wissen nichts damit anzufangen. „Dreht euch um nach See und ruft: Triton komm!" Das rufen wir. „Ihr sollt das immer wieder rufen und dabei winken." Das machen wir auch. Zuerst denke ich „na ja". Und dann denke ich „was soll der Quatsch?" Und dann denke ich, die Peitsche müsste nicht sein, wenn die Arme sinken. Eine Viertelstunde ist lang für diese Übung. Irgendwann haben wir es hinter uns. Im Jahr des Herrn 1965 könnte das für den Taufschein reichen.
Morgens geht es weiter. Während des Frühstücks erfahre ich, dass das Einsperren beginnt. Um meine Kleidung zu schonen, ziehe ich die Badehose an, als wollte im Badebecken planschen. Ich spaziere hierhin und dorthin, bin aber ehrlich gesagt, auf der Flucht. Je länger ich frei herumlaufe, desto kürzer wird der Knast. Natürlich sucht und findet man mich. Wir sind sieben oder acht Mann in dem engen Verlies und schwitzen um die Wette. Die Luft könnte man bald schneiden. Aber das gehört nicht zum Programm. Nach langer Zeit klappert es an der Türe. Sie schwingt auf. Der 1. Off. hält sie weit offen und fragt nach unserem Befinden. Er spricht mit uns und meint, das sei eine Gelegenheit zum Luftschnappen. Sanft schließt er die Tür. Unsere Füße stehen im Schweiß. Ich bin sicher, dass wir Opfer einer dummen Idee sind. Der 1. Off. kommt wieder und spendet frische Luft.

Irgendwann werde auch ich zur Taufe abgeholt. Zuerst die Untersuchung. Mit Lederhandschuhen, durch die Heftzwecken gesteckt sind, werde ich „untersucht". Es pikst nicht nur, es tut weh. Man fühlt mich ab und fragt. „Tut es hier weh, vielleicht auch hier?" Es ist eine blutige Tortur. Dann folgt die „Balsamierung" mit Mennige, der Grundierung für frische Farbe an Bord. Und weiße Deckfarbe hat man auch. Die Prozedur ist für mich neu. Aber ich kann sie nicht beurteilen, ich erlebte dergleichen nie zuvor. An alles kann ich mich nicht erinnern, aber an das Durchkriechen des Windsacks. Es ist ein langer dicker Schlauch aus Persenning mit Stützringen. Nach dem dritten Hieb weiß ich, dass ich zwischen den Ringen, wo der Schlauch schlapp hängt, flach kriechen muss. Da vorne ist das Loch, aber auch ein Wasserstrahl, der stärker wird und am Atmen hindert. Hier muss ich durch! Hoffentlich ist das lustige Treiben am Ende des Schlauches vorbei. Ja, es ist vorbei! Johlend wird der bunt bemalte Getaufte empfangen. Kein Trost, kein Mitgefühl, nein, man gratuliert zum Erreichen der südlichen Halbkugel! Für mich nicht zu fassen.
Im Maschinenraum hat unser Storekeeper ein großes Ölfass vorbereitet. Ich stelle mich hinein und wasche mich mit leichtem Dieselbrennstoff der Stromaggregate. Der bewährt sich auch für diesen Zweck. Die Farbe geht recht gut runter. Viele Einstiche der „medizinischen Heftzwecken" bluten noch. Unter der Dusche will der Dieselgeruch nicht weichen. Die Haut ist ausgelaugt. Abschließendes langes Duschen mit Seewasser suggeriert das Gefühl, dass ich am Strand war. Ich trockne mich nicht ab und lasse das Seesalz auf der Haut. Erst nach einigen Tagen sind alle Wehwehchen überstanden. Einige tragen auch nach einer Woche Farbreste wie Orden am Körper, obwohl ihnen die Dieselmethode angeboten wurde.
Ich hoffe, dass der Kapitän noch gründlicher getauft wurde! Bei einigen steigt sein Ansehen. Er hat mit der Mannschaft das Taufprogramm geplant. Mein Empfinden ist, dass jeder krankhafte Typ seiner Lust freien Lauf lassen durfte.
Wir wissen inzwischen, dass das Rheinland keine Einheit bildet. Es gibt eine normale und eine falsche Seite. Die Grenze bildet der Rhein. Köln liegt auf der vernünftigen Seite. In Düsseldorf ist alles anders. Denen ist nicht zu helfen. Und „Umba, umba, Täteräa", reicht nicht für Karneval. Wenn wir in Köln teilnehmen wollen, sollten wir einige Liedertexte lernen. Wer das nicht schafft, gehört nach Düsseldorf. Und unser Kapitän kommt nicht aus Düsseldorf, er ist Kölner! Wir haben schon angefangen, uns so richtig darüber zu freuen!

Kapstadt, Port Elizabeth, East London, Durban

In Kapstadt fängt für mich das „richtige Afrika" an. Da kann man hinschauen und sich am Anblick des Tafelberges freuen. Klaus weiß, wie man an Land herumkommt. Er fragt bei der Einklarierung einen Agenten, ob er behilflich sein kann. Und schon wird ein Auto mit ortskundigem Fahrer geordert.
Los geht's. Rauf auf den Tafelberg und schauen. Da sind Atlantik und Indischer Ozean, auch das Kap der Guten Hoffnung und Weinanbaugebieten. In Sichtweite liegt eine kleine Insel mit dem schönen Namen Robben Island. Da könnte man bestimmt gut leben. Der Fahrer meint nicht wirklich. Das sei eine Insel für Gefangene. Nelson Mandela ist dort eingesperrt.
Wir verlassen den Tafelberg und schauen unterhalb seiner Flanke auf eine Küste, wo sich Felsen und Häuschen befinden, ohne Grün aber mit Wellengeplätscher.
Die mehrstündige Tour vermittelt grandiose Perspektiven.
Es geht über Port Elisabeth nach East London. Dort besuche ich den Strand in einer kleinen Bucht. Hohe Wellen des Indischen Ozeans donnern herein. Verwegene Wellenreiter balancieren unter dem Kamm und hechten erst kurz vor dem Strand ins tosende Wasser. Es sind braun gebrannte Burschen mit mächtiger Mähne. Kaum ist

der Ritt zu Ende, kraulen sie wieder auf dem Brett liegend, gegen die anrollenden Wellenberge aufs Meer hinaus. Das Ensemble der Bucht mit ansteigenden Hängen und Häusern wirkt heimelig. Die Sonne brennt und treibt mich an Bord.

Durban ist ein Riesenmagnet für Urlauber. Ich erreiche innerhalb einer Viertelstunde zu Fuß den südlichen Beginn der „Golden Mile". „Downtown", gesungen von Petula Clark, schallt die Beach entlang. Der lange Refrain streichelt mein Gemüt. Ich gehe die Promenade komplett ab, verweile und schaue wieder zurück. Mit Downtown im Hirn erreiche ich beschwingt die „Nordstern".
Unsere Liegezeit erlaubt noch einige Landgänge. Ein Höhepunkt ist Perry-Perry Chicken auf einer Stufenterrasse am Abend an der Beach. Zu dieser Zeit ist der Strand tabu. Da üben schwarze Burschen Kampfsport. Die Apartheid hat ihre Eigenheiten. Das Huhn ist brennend scharf. Zum Mildern dippt man Mango Chutney. Dieser Genuss bis an die Schmerzgrenze und der Blick auf die beleuchteten, am Anker liegenden Schiffe unter glitzerndem Sternenhimmel sind unvergesslich.

Es ist Sonntag. Ich stehe im Schatten an der Gangway und erwidere Grüße vorbeiflanierender Urlauber. Der Hafenbetrieb ruht, ein friedliches Bild. Ein Paar bleibt stehen. Die Frau ruft „Guten Tag haben Sie Schwarzbrot?" „Ja, das essen wir jeden Tag." „Dürfen wir an Bord?" Die Frau erinnert mich mit Aussehen und Stimme an Lena Valaitis. Bald sitzen wir in meiner Kammer. Klaus ist auch dabei. Zuerst kläre ich das Thema Schwarzbrot. Den Rest aus der Pantry möchte ich nicht anbieten. Bald ist Kaffeezeit. Da wird der Steward behilflich sein. Die Gäste lassen sich zu Becks Bier einladen. Die Dame trinkt auch gern aus der Flasche, wie an Bord üblich. Ein merkwürdiges Thema kommt auf. Er fühlt sich eingesperrt in dem politischen System. „Er ist verrückt nach schwarzen Frauen, die kann er hier nicht haben!" Er streitet das nicht ab. Ja, er reist jedes Jahr allein nach Mosambik. Ich bin erstaunt, wie unkompliziert die beiden das Thema sehen. Das mit dem Brot geht in Ordnung. Wir verabreden uns für morgen am Strand.
Dort begrüßt sie mich mit ihrer Singstimme. Oder besser gesagt, sie spricht melodisch. Ich gehe mit ihm schwimmen. Es beginnt zu regnen. Als wir aus dem Wasser kommen, vermissen wir sie an unserem Platz. Und dann singt es unter einem Schirm hervor: „Hier bin ich!"
Als ich an Bord gehe, finde ich die „Nordstern" nicht am selben Liegeplatz, aber gleich um die Ecke. Mein Assi berichtet, der Alte habe darauf bestanden, dass das Maschinenpersonal beim Verholen hilft. Das ist unüblich, würde nur in Notsituationen geschehen. Aber wohl auch, wenn der Alte seinen fröhlichen Tag hat. Es stellt sich heraus, dass das unnötig war. Das sollte nach Plan Montag früh geschehen. Dank des quirligen Kapitäns hat sich das erledigt.

Nach einer vagen Information könnte man im „British Officers Club of Durban" Mitglied werden. Das Seefahrtbuch, mit Nachweis einer Musterung im Offiziersrang, soll angeblich genügen. Also besuche ich den Club. Tatsächlich, man produziert eine Membership-Karte. Sie ist fest, glatt und sieht gut aus. Damit darf ich weltweit solche Klubs besuchen. Jetzt schaue ich mich um. In einem Raum mit Tresen und historischer Einrichtung stehen Herren in kleinen Gruppen. Der Mann von der Anmeldung stellt mich vor, indem er aus meinem Seefahrtbuch abliest. Da stehe ich nun und bin froh, angesprochen zu werden. Mit meinem Schulenglisch kann ich über mein woher und wohin berichten und dass ich neugierig auf diese Welt bin. Und dass ich versuche, Informationen über Sehenswürdigkeiten und Geschichte zu erhalten. Man empfiehlt viele interessante Dinge. Die flotte Sprache in Oxford- Cambridge-

und Highlands-Dialekten überfordert mich. Ich hatte auf gemütliches Plaudern gehofft. Nein, stilecht steht man da und spricht nur kluge Sätze. Es steckt noch Drill in Knochen und Köpfen. Ich verabschiede mich, bestimmt nicht stilecht, bin auch nur neugieriger Gast.

Sansibar/Anker verloren

Vor Sansibar gehen wir an Anker. Die Kette rasselt aus der Klüse. Alle an Bord bekommen das Lärmen und Rattern mit. Man erwartet, dass der Zimmermann das Auslaufen der schweren Kette bremst, bis es still ist und dann noch zweimal kurz rattert. Damit findet er genau den Schäkel, der von der Brücke als Kommando vorgegeben wird. Heute ist es anders. Es rattert und ist unverhofft wie abgeschnitten still. Kann das sein? Die Kette ist gebrochen! Der zweite Anker wird klargemacht und dann „Lass fallen Anker!" Jetzt läuft alles normal. Wir liegen vor Sansibar an Anker. Bald findet man die Ursache des Schadens. Die Sicherung des Schäkels ist defekt.

Wie finden wir den Anker wieder? Wo ist das genau passiert? Wir machten noch etwas Fahrt, als es geschah. Es wird ein sogenannter Drachen mit dem Rettungsboot über den Meeresgrund gezogen, in der Hoffnung, dass sich die Kette einhakt. Es dauert, geht hin und her. Und immer wieder ruft man vom Boot herauf: „Wo sollen wir jetzt suchen?"
Die Agentur vermittelt einen einheimischen Taucher. Der Herr kommt und steigt in Badehose ins Boot. „Mensch, das ist hier 15 Meter tief, was traut der sich zu?" Der Taucher taucht. Kann man es so lange, ohne zu atmen, aushalten? Das scheint möglich zu sein. Er war unten. Als Beweis hält er ein Steinchen hoch. Er kann den Grund erreichen, aber nicht herumspazieren und den Anker suchen. Nach jedem Tauchgang ist er blauer als vorher. Er beginnt zu zittern. „Junger Mann ruh dich aus!"
Ein Schwede ist mittlerweile auch an Anker gegangen. Man fragt, welchen Sport wir betreiben. Als unser Problem bekannt ist, bietet man Taucherhilfe an. Der Anker an der lang gestreckten Kette müsste zu finden sein. Das dachte man auf der Brücke auch. Warum fand unser Drachen nichts?
Die Schweden bringen ein Boot zu Wasser und beginnen mit der Suche. Es dauert keine halbe Stunde, bis der Sporttaucher verkündet, dass er den Anker geortet hat. Wir gehen Anker auf und manövrieren zum Fundort. Der Taucher befestigt unser Stahlseil am gebrochenen Ende der Kette. Über das Ankerspill holt man die Kette ein. Bald wird alles wieder so sein, wie es soll. Die Sicherungen aller Schäkel beider Ketten sollen hier auf Reede kontrolliert werden.
Unser Kapitän ist überglücklich. Ja, überglücklich trifft den Nagel auf den Kopf. Er lädt die Schweden für heute Abend ein. Er feiert schon mal ein bisschen, nicht ohne Grund. Man fand schließlich seinen „verlorenen Anker!"
Kombüse und Stewards haben alles wunderbar vorbereitet. Im Salon ist eingedeckt. Eine festliche Tafel kündigt sich an. Nicht nur ich bin voller Erwartung.
„Der Alte will keine Gäste sehen. Er ist müde." Er war lange genug in seiner Kammer, er müsste eigentlich fit sein bis morgen früh um acht. Der Verdacht kommt auf, dass er sich mehr gefreut als geträumt hat.
Soll man die Schweden täuschen? Der „Erste" könnte sich als Kapitän ausgeben. Das ist nicht praktikabel. Er war noch nie Kapitänsvertreter und hat keine blaue Uniform mit vier Kolbenringen. Die Jacke unseres „echten Kapitäns" kann er nicht nutzen. Jedem an Bord wären die Ärmel zehn Zentimeter zu kurz. Also absagen im Namen des Kapitäns. Peinlich, peinlich!
Dass eine Vertretung des Kapitäns in unterhaltender Weise diskutiert wird, kann man verstehen. Dann hat jemand noch den Gedanken, dass der Alte auf Meuterei klagen

könnte. Wir stellen uns vor, er wacht mit klarem Verstand auf und ein anderer ist Kapitän. Mit diesen Späßen begraben wir unseren Kummer über das entgangene Kapitänsdinner.

Der Verlust des Ankers erinnert mich daran, dass meine 1,6 Meter-Modelljacht noch keinen hat. Warum nicht jetzt anfangen? Wir gehen hier auf Reede Seewache, eine gute Gelegenheit. Ich kann am Schraubstock sägen und feilen. Mich packt Eifer. Es geht los! Nachdem ich bis auf Feinpolitur fertig bin, verwahre ich das schöne Stück.

Mombasa
Große Ereignisse können sich unbemerkt ankündigen, z. B. wie hier im März 1965 in Mombasa. Aber der Reihe nach. Ich bin das erste Mal hier, bin spontan begeistert und genieße, soweit der Wachdienst es erlaubt, Landgänge.
Wir sind nachmittags eingelaufen. Es ist schwül und heiß. Ich denke, es ist mein heißester Tag überhaupt. An Land wird es erträglicher sein. Nein, ist es nicht. Vor einem Hotel wird Bier ausgeschenkt. Ich finde einen Platz und schaue mir das Treiben an. Hier ist fix was los. Jede Menge Urlaubsreisende flanieren herum. Ich sehe den Leuten an, dass es ihnen auch zu heiß ist. Es grummelt nach Gewitter. Und dann ist es da. Es blitzt, kracht und schüttet. Über uns befindet sich eine Markise. Sie biegt sich unter dem Gewicht des Wassers, das sich in entstehenden Kulen sammelt. Ein sportlicher Kellner hebt diese Blasen mit einem Besen an und lässt so das Wasser herunter platschen. Das Inferno dauert keine halbe Stunde und verschwindet mit der dicken Luft. Das zweite Bier ist köstlich!
Gern bin ich allein unterwegs und beobachte die Gewohnheiten der „Eingeborenen". Es ist amüsant und Respekt einflößend, wenn Frauen schwere Körbe mit Früchten oder auch Möbel auf dem Kopf tragen. Einige schaffen das ohne Zuhilfenahme einer Hand! Immer wieder ziehen mich Märkte an, wo neben Früchten und Fleisch auch allerlei Kunst angeboten wird. Es gibt Kunstgeschäfte mit hohem Niveau. Da schaue ich auch gern hinein. Das ist „mein Kaffernbüffel", denke ich. Diese wunderbare Skulptur aus Ebenholz ist etwa 40 cm lang. Ein Bulle, der mit gesenktem Kopf und breiter Stirn zwischen zwei mächtigen Hörnern Attacke läuft. Ich habe nicht genug Geld dabei. Am nächsten Tag ist das Prachtexemplar verkauft. Ich erfahre, dass solche hervorragenden Unikate von Künstlern geschaffen werden, die Monate dafür benötigen. Schon dass man überhaupt so ein Stück sieht, ist ein Glücksfall, denn diese Kostbarkeiten haben Liebhaber. Der Händler meint, nach zwei Wochen etwa könnte der nächste Bulle fertig sein, aber kleiner und von einem anderen Künstler. Dann ist meine „Nordstern" im Mittelmeer! Ich soll durch seinen Shop gehen und alles anschauen. Es ist wie in einem exotischen Museum. Das Fell von einem Okapi wäre dekorativer Schmuck für die Wand. Über 2000 Mark sind für mich zu viel. Eine Truhe gefällt mir. Sie ist aus Kampfer. Kein Insekt traut sich an das Holz heran, wird mir erläutert. Deckel und Front zieren tief geschnitzte Reliefs. Die chinesische Kunst ist deutlich erkennbar. Eigentlich denke ich an etwas Besonderes aus Afrika. Aber das Motto der Motive ist „Heimkehr des Seefahrers". Das wollen die meisten, wenn sie lange genug unterwegs waren. Aber die Größe 1 x 0,5 Meter und 0,6 hoch. Und der Preis? Den kenne ich nicht. Aber ich werde handeln. Der Ladeninhaber fordert umgerechnet etwa 550 Mark. Bevor ich Zahlen ins Spiel bringe, hört er mein Argument. Er kann froh sein, wenn er die große Kiste loswird. Kein Tourist nimmt so ein riesiges Teil mit. Wenn ich in zwei Jahren wiederkäme, würde die Truhe immer noch hier stehen. Händler handeln gern. Dieser auch! Wir sind beide in unserem Element und haben Freude dabei. Wir verhandeln nicht hartnäckig. Nein, wir handeln heiter, behalten bis zum Ende gute Laune. Bei etwa 300 Mark sind wir uns einig. Als

ich das Geld zu zählen beginne, sage ich noch so nebenbei, er kann die Truhe nach 4 Uhr PM liefern. An Bord werde ich bezahlen. Hm, das haben wir beim Handel nicht berücksichtigt, meint er. Er schlägt vor, dass ich ein großes Taxi nehme. Ein Mercedes steht bald vor der Tür. Die Truhe lässt sich nicht in den Kofferraum stellen. Man müsste die Klappe abschrauben. Das kann der Taxifahrer nicht, will er auch nicht. Was nun? Der Fahrer kennt sein Auto. Er hat noch einen größeren Kofferplatz. Die Rücksitze. Und tatsächlich, die Türe lässt sich weit öffnen. Mein schönes Stück ist im Auto! Händler und Fahrer freuen sich mit mir. Ich bezahle die Truhe und das Taxi. An Bord wird das schöne Stück, die Farbe ähnlich dem Rosenholz, nach allgemeiner Besichtigung in Segeltuch gepackt und sicher weggeschlossen.

Am nächsten Tag bin ich wieder beim Kunsthändler. Ich habe ja mit der Truhe nur an mich gedacht. Ich benötige noch Skulpturen, wähle ein Hindu Paar aus, einen Elefanten und eine Madonna aus Eisenholz, je etwa zwei bis drei Kilogramm schwer. Das sind edle Unikate. Dann finde ich noch einige Figuren aus Ebenholz. Damit kann ich mich zu Hause sehen lassen!

Ein Passagier ist zugestiegen, ein junger, freundlicher Mann. Herr Chung Tai Soon kommt aus Südkorea. Er ist technisch interessiert. Warum sollen wir nicht auf seine Fragen eingehen?
Höflich fragt er um Erlaubnis zum Betreten des Maschinenraumes. Natürlich darf er das, wenn er sich jemandem anschließt und unseren Dienst nicht stört. In der Regel wollen nur wenige Passagiere den Maschinenraum sehen. Ich denke da an einen brasilianischen Studenten. Er kommt in Begleitung des Chiefs während meiner Wache. Ich darf den jungen Herrn herumführen. Zum Abschied bedankt er sich höflich und hat noch eine Frage: „Wer hat dieses laute Ungetüm bestellt? Wo bringt ihr das hin?"

Für die Unterbringung von Passagieren haben wir einige Möglichkeiten. Das sind die Unterkunft des Reeders mit Wohn-, Schlafzimmer und Bad für zwei Personen und die Einzelräume für Supercargo und Lotse und dann noch das Hospital. Gleichzeitige Belegung aller Kabinen erlebte ich nie. Gäste an Bord sind in der Regel angenehme Abwechslung. Frauen genießen den Jungbrunnen der Seefahrt. Je länger die Reise, desto deutlicher die bewundernden Blicke der Mannschaft, ja es kommt auch zu Komplimenten!
Bei Gelegenheit frage ich den Kapitän, wie er das mit dem häufigen Maschineninteresse des Herrn Chung sieht. Er hat nichts einzuwenden. Wir müssen aber darauf achten, dass er sich keiner Gefahr aussetzt. Und übrigens: „Jetzt habt ihr auch mal einen Passagier! Wie oft gehen uns diese lieben Leute auf den Wecker, wenn sie auf der Brücke im Wege stehen oder auf der Nock stundenlang Shuffleboard spielen und herumalbern."
An Landgängen beteiligt sich mein neuer Freund nicht. Am „Thema Nr. eins" der Seefahrer ist er nicht interessiert. Dazu sagt er: „Wenn ich zu Hause bin, kommt jeden Abend mein Vater und sagt, meine Frau sei nicht schwanger. Ich habe die Pflicht, an die Zukunft der Familie zu denken". Sein Thema Nr. eins ist Technik. Ich gebe es zu: Es ist eine Wonne, mit ihm zu diskutieren. Die Wachen vergehen wie im Fluge. Woher er seine Kenntnisse habe, möchte ich wissen. „Ja, ich bin Maschinenbau-Ingenieur und habe dabei auch einiges über Wärmekraftmaschinen gehört, aber solche Anlagen nur auf Papier gesehen", rückt der bescheiden heraus.

Wir können neben Motorthemen auch über Thermodynamik, Pumpen, Separatoren und Betriebsmittel, deren Viskosität usw. fachsimpeln. Für seine Zukunft hat er keine konkrete Planung, sagt er. Nach dem Studium schaut er sich so ein bisschen um. „Wer kann das schon so aufwendig? Hat es seine Familie so dicke?“, sind meine Gedanken dazu. Diese Heimreise gestaltet sich kurzweilig.
„Geht dir dein neuer Freund nicht auf den Wecker?“, werde ich eines Tages gefragt. „Freund? Weiß ich nicht“. Chung kommt beinahe täglich in den Maschinenraum und leistet mir Gesellschaft. Dass er zunehmend mich besucht, merke ich erst, als er ganze Wachen bei mir verbringt. Passagiere schauen eher träumerisch über das Meer, sind auf der Brücke, auf einer Nock oder dem Peildeck anzutreffen, aber nicht in der Maschine.
Er lernt Deutsch. Stets hat er sein Lexikon dabei. Wie ein Spielkartenmagier findet er auf Anhieb die richtige Seite der Vokabel. Er macht unglaubliche Fortschritte. Auf mein Kompliment meint er, das sei ganz einfach zu erklären. Er habe „theoretisch Deutsch gelernt“. Mit Eigenstudium konnte er nach einem Jahr lesen und schreiben, ohne zu wissen, wie die Aussprache klingt. Auf meine Frage, warum er das alles macht, meint er, etwas lernen, was nützlich werden könnte, schadet nicht.
Irgendwann sagt Klaus: „Wenn jetzt das Licht ausgeht, weiß ich nicht, wer spricht. Er hört sich an wie du“.

Heimreise über Rotsee, Suez, Mittelmeer

Die Seereise führt nach der Querung des Äquators um das Horn von Afrika in den Golf von Aden. Es ist schwül und heiß. In der Maschine klettert das Thermometer auf 45 Grad und in den Kabinen auf 36.
Chung leistet mir auf See nur nachmittags Wach-Gesellschaft. Am Vormittag beschäftigt er sich mit Lektüre. Die Hitze setzt auch ihm zu. Er ist dankbar für unsere Hinweise. So genießt er, wie wir die Seewasserdusche, die mit üppigem Schwall für Abkühlung sorgt. Auch die dunklen Abende an Deck sind eine Erfrischung. Besonders, wenn man sich eine Stelle sucht, wo Fahrtwind spürbar ist.
Im Roten Meer nimmt die Schwüle noch zu. Diese drei Tage sind und waren nach meiner Erfahrung die unangenehmsten überhaupt. Nach jeder Wache in der heißen Maschine sind wir froh, es mal wieder überstanden zu haben. Die Seewasserdusche ist meine Medizin gegen die Hitze. Der Salzgehalt ist hier besonders hoch und gut für die Haut, die durch permanentes Schwitzen ständig Salz verliert.
Das Meeresleuchten, ausgelöst durch die Bewegung des Schiffskörpers, ist eine faszinierende Erscheinung. In der Bugwelle beginnt das grün glitzernde Farbenspiel, folgt ihr keilförmig, sich vom Schiff entfernend. Aber auch an der gesamten Länge der Bordwand entstehen ununterbrochen Quadratmeter große leuchtende Flecken. Dieser grüne Lichtzauber im schwarzen rauschenden Wasser und der durch die Schwüle matte Sternenhimmel vermitteln eine geheimnisvolle Stimmung. Auch Chung ist beeindruckt.

Und dann erreichen wir Suez. Während wir warten, bis es mit einem Konvoi weitergeht, kommen Ägypter an Bord. Ihre Ruderboote werden an Deck gehievt und hinter dem Mitschiffshaus auf der Luke von Laderaum 4 abgesetzt. Das Ganze soll eine Sicherheitsmaßnahme sein für den Fall, dass die Ruderanlage ausfällt. Wie das dann gehen soll, weiß niemand. Es scheint eher eine Arbeitsbeschaffung zu sein. Die Männer sind nicht nur freundlich, sondern auch aufdringlich. In den Booten haben sie allerlei Souvenirs mitgebracht. Es sind überwiegend Holzteller und Kästchen mit feinen Intarsien, Lederwaren und Messing-Silber-Treibarbeiten. Ich lerne Ferdinand kennen, einen sprachbegabten Händler, den sehr viele Seefahrer

schätzen. Er hat sich auf deutsche Schiffe spezialisiert. Das Wichtigste ist das Handeln, Schachern sollte man besser sagen. Das Allerwichtigste ist aber, dass alle Bullaugen fest zu geknebelt sind und die Türe immer verschlossen ist, egal ob man fort ist oder in der Kabine. Es gibt da so eine spezielle Vorrichtung „zum Abschließen über den Haken". Die Türe ist gesichert bei einem Spalt von etwa 10 Zentimetern. So wird die Raumluft durch die zentrale Belüftungsanlage ausgetauscht.
Während dieser „Suez Krise" ist es ratsam, den Schlüssel innen abzuziehen. Chung folgt meiner Empfehlung ohne weitere Erklärung. Auch in Korea scheint es Langfinger zu geben.
Die Kanalfahrt beschert trockene Hitze. So ist es deutlich besser zu ertragen.
Vor uns und hinter uns sind weitere Frachter in sicherem Abstand. Der Konvoi gleitet durch die flirrende Hitze. An den Ufern sieht man sporadisch schwarz verhüllte Frauen. Warum die hier sitzen, kann ich mir nicht vorstellen. Träumen sie von der weiten Welt? Es muss sehr heiß unter den schwarzen Gewändern sein.

In Port Said sind wir nach einem kurzen Stopp ohne ägyptische Begleitung wieder unter uns. Das dreimal lang ertönende Abschiedssignal unseres Typhons, das uns schon oft wehmütig stimmte, erfreut das Herz. Es geht Richtung Heimat.
Die milde Frühlingsluft des Mittelmeeres ist eine Wohltat. In Maschine und Kammern wird es erträglich. Wir schlafen, ohne zu schwitzen. Die Routine des Wachdienstes ist Entspannung nach Hitze, exotischer Umgebung und Balance zwischen Dienst, Landgang und wenig Schlaf.

Chung leistet mir jetzt regelmäßig von 16 bis 18 Uhr Gesellschaft. Ich habe bald Gewissheit, dass er stets mit vorbereiteten Fragen aufwartet. Das bedeutet keine Beeinträchtigung meiner Arbeit, die im Wesentlichen in der Überwachung der Maschinenanlage besteht. Die regelmäßigen kleinen Servicearbeiten sind Aufgabe des Assistenten. Mit ihm plaudere ich gern. Auch jetzt kommt er hinzu, wenn Chung mich auf seine nette Art bedrängt.

Nach der Spätwache gehe ich bei gutem Wetter am liebsten auf das ruhige Vorschiff. Über dem Rauschen der Bugwelle liegt das dumm, dumm, dumm des Maschinenrhythmus, den man mehr unter den Sohlen spürt, als dass man ihn hört. Bei Dunkelheit und klarem Himmel legt die Fülle der Sterne einen funkelnden Zauber auf das Meer.
Eines Abends erlebe ich ein besonderes Schauspiel. Die untergehende Sonne scheint den Gibraltar-Felsen hinunterzugleiten. Abstand und Schiffsgeschwindigkeit passen genau zur Sinkgeschwindigkeit des roten Balls! Denn je weiter wir vorankommen, desto breiter wird der Felsen. Dieser magische Eindruck wird in meinem Gedächtnis bleiben.

Die ruhige See des Mittelmeeres nehmen wir mit auf den Atlantik. In der Biskaya schweben wir auf langen Wogen der Dünung Richtung Nordeuropa. Rolling-Home-Stimmung kommt auf. In Gedanken erwarte ich in Hamburg Besuch von zu Hause. Und auch mal wieder in der Stadt bummeln, ist eine schöne Vorstellung.

Und dann ist es so weit. Festmachen zum Löschen der Ladung, routinemäßiges Einklarieren und auf Post warten. Alles läuft ab wie gewohnt.
Meine Eltern kommen, unser Ford 12 M steht an der Gangway. Das ist eine Überraschung! Sie wollten kommen, aber erst, nachdem ich angerufen habe, dass alles klar ist. Ich staune, dass meine Eltern bis ans Schiff gefunden haben und auch

in den Freihafen durften. Der Zöllner hatte Verständnis. Wenn das Souvenir so groß ist, kann man es schließlich nicht tragen. Er möchte das gute Stück gern sehen. Überall renne ich offene Türen ein. Ich darf sofort drei Tage Urlaub antreten.
Das große Wunder mit dem kleinen Auto folgt. Die Truhe passt in den Kofferraum. Nur die Klappe lässt sich nicht ganz schließen. Aber wir haben Bordmittel.
Wir zeigen dem Zöllner die gut eingepackte Truhe. Er ist zufrieden, als ich eine Ecke freigemacht habe und er einen Teil der Schnitzkunst sehen kann. Spät in der Nacht kommen wir nach einem Schrecken an einem Bahnübergang an. Eine Baustelle mit Blinklichtern irritierte mich so, dass ich den Übergang nicht wahrnahm. Wir sind eben über das Gleis, als hinter uns ein Zug vorbeirauscht.

Hamburg, Verkauf der „Nordstern"

Ich bin kaum wieder an Bord und erschrecke. „Hast Du schon gehört? Unser Schiff wird verkauft!" „Das kann nicht sein!" „Doch", sagt Klaus, „es ist so." Dann dämmert es bei mir. Niemand weiß es besser als Klaus. Er gehört zur Reeder-Familie. Als Schiffs-Ingenieur lernt er die große Firma von der Pike auf kennen. Das ist typisch für Hamburger Kaufleute. Der Nachwuchs geht erst mal in die weite Welt hinaus. Informationen kommen tröpfchenweise bei mir an. Ich bin an dem Thema nur insoweit interessiert, wann es nach Hause geht. So ein unerwarteter Urlaub, und dann auch noch im Mai, ist ein Geschenk des Himmels.

Arbeit, viel Arbeit kündigt sich an. Auf der Werft von Blohm und Voss soll etwa ein Drittel der Maschinenanlage inspiziert werden. Der neue Eigner KOREAN SHIPPING CORPORATION kauft die Katze nicht im Sack.
Bald kommt bei mir das Gefühl auf, eine Neubau-Maschinenmontage auf der Werft in Flensburg zu erleben. Alle sieben mannshohen Triebwerksklappen der Hauptmaschine werden entfernt, Kurbelwellen-, Kreuzkopf- und Pleuellager sind teilweise ausgebaut, sodass ihre Gleitflächen besichtigt und vermessen werden können. Auch zwei Kolben und eine Laufbuchse befinden sich außerhalb des Motors. Monteure der Werft und von MAN, dem Hersteller des Hauptmotors und der drei Hilfsdiesel, sind fachkundig und fleißig am Werk. Ein Sachverständiger des Germanischen Lloyd beurteilt die Beschaffenheit der Maschinenteile und setzt seine Prüf-Stempel. Einer der drei Hilfsdiesel, Schiffswellenlager, Pumpen und Separatoren werden ebenfalls inspiziert. Chung und zwei koreanische Ingenieure sind überall dabei. Wir „Nordstern"-Ingenieure natürlich auch. Beinahe zufällig wird erwähnt, dass einer von uns die neue Maschinencrew ausbilden solle. Wir sind ein bisschen erschrocken über die Antwort auf unsere Nachfrage, wie das denn ablaufen solle. Das sei ganz einfach. Ein Ingenieur fährt bis Singapur mit, denn niemand der neuen Besatzung habe praktische Kenntnisse. Hm, wir schauen uns an, wer?? Das ist jetzt unser Thema.

Klaus rückt mit einem Wunsch heraus. Er hat mitbekommen, dass ich einen Modellanker gefeilt habe. Er möchte dem Alten zum Abschied eine Freude bereiten. Mein Anker wäre ideal. Auch gerade deshalb, weil wir einen vor Sansibar verloren hatten und er so glücklich war, als wir ihn wiederhatten. Die letzte Feinarbeit könnte sein Assi übernehmen. Der sei gelernter Goldschmied. Das ist mir nicht neu. Ich fragte den jungen Mann schon am Anfang der Reise, wie er damit die Zulassung zum Studium erreichen will. „Das schaffe ich auch noch!" Ich drücke die Daumen. Aber warum soll er nicht als Assi fahren? Es passt wieder alles so wunderbar zusammen. Mein Anker, der Goldschmied und der nette Kapitän. Für Klaus ist er Ernesto in Anlehnung an den Vornamen, für mich ist er Geisterreiter, abgeleitet vom

Familiennamen. Was verbindet die beiden? Trinkt Klaus auch gern Bier mit Sekt? Das wäre mir neu. Ich lasse mich überreden. Klaus nimmt den Anker in Empfang. Ihm gefällt meine Arbeit. Er scheint darin verliebt zu sein, spielt mit den beweglichen Flunken des Hallanker-Modells. „Du hast immer Gelegenheit, einen Zweiten zu bauen."

Im Salon wird täglich mit wechselnden Teilnehmern verhandelt. Klaus ist oft dabei. Dann steht Technik mit Schwerpunkt Differenzierung von *„Sparepart or Store"* (Ersatzteil oder Vorrat) auf der Tagesordnung. Ich bin jetzt auch dabei und erfahre, dass der Senior der beiden hier eingestiegenen Koreaner, ein sympathischer, würdiger Herr, künftig Ltd. Ing. sein wird.
Ich hatte schon gespürt, dass Klaus sich in der Pflicht sieht. Vielleicht ist es die Ausstrahlung dieses Mannes, die ihn über das Mitfahren laut nachdenken lässt. Er hat einen Plan. Der Storekeeper, dem das Tagesgeschäft mit etlichen Routinearbeiten obliegt, fährt mit und Klaus konzentriert sich auf den Maschinenbetrieb. So verteilt sich die Einweisung der neuen Mannschaft auf zwei Personen. Das könnte klappen, meint er. Aber es ist noch alles offen.
Ich habe Bedenken, behalte sie aber für mich. Der Storekeeper ist ein robuster Typ. Diese Sache erfordert Sensibilität für die andere Kultur. Die Zusammenarbeit muss Früchte tragen und darf nicht durch Missstimmung getrübt werden. Klaus denkt wahrscheinlich, dass er einen starken Beschützer hätte.

Allen an Bord stellt sich nun die Frage: Wann mustern wir ab? Das entscheidet sich in der Maschine. Die Kontrollen an Deck von Ankerspill, Winden und diverser anderer Dinge sind längst abgeschlossen. Auch die Funktion der Rudermaschine wurde überprüft. Nachdem Hauptmotor, Hilfsdiesel und alle weiteren inspizierten Aggregate wieder bereit sind, startet der Hafenbetrieb. Alles klappt beinahe problemlos bis auf kleinere Leckagen an Flanschen, die bald beseitigt sind. Auf Nachfrage von ganz oben, wie es denn so stünde, können wir nur sagen, dass nichts zu beanstanden ist. Auf diesen Moment hat man gewartet. Ein Übergabetermin wird kurzfristig anberaumt.

Und dann darf ich zum neuen Leitenden Ingenieur. Er ist schon in der noblen Chief-Kabine zu Hause. Ich werde freundlich empfangen und möchte bitte Platz nehmen. Chung ist als Dolmetscher schon da. Sinngemäß höre ich: Herr Chung habe empfohlen, mich darum zu bitten, die Einweisung des Maschinenpersonals während der Reise zu übernehmen. Er selbst würde sich freuen, wenn ich zusage. Meine Reederei sei einverstanden. Ich könne mit ihm eine Vereinbarung treffen. Bin ich erschrocken oder aufgeregt? Und was nun? Dass das eine Überraschung für mich ist, kann der nette Herr verstehen. Wir würden morgen über Details und meine Wünsche sprechen. Danke Mr. Chief, danke und nichts wie raus.
Klaus wusste, dass man mich ansprechen wird. Jetzt ist er erleichtert, dass es ihn nicht trifft. Ein mulmiges Gefühl hätte ihn geplagt. Ich weiß jetzt auch, wie sich das anfühlt. Ich muss meine Gedanken auf das Verhandlungsgespräch konzentrieren.

Die Ingenieur-Assistenten wollen ihre Termine zum Studienbeginn einhalten und können sich eine Reise auf einem ausländischen Schiff ohne Anerkennung der Fahrzeit nicht erlauben. Ein gewisses Kribbeln, allein bestehen zu wollen, erfasst mich. Dies ist eine einmalige Chance! Aber bis Singapore? Das sind etwa sechs Wochen! Solange unter Männern, deren Sprache ich nicht verstehe und auch ungewohntes Essen?

Kann ich diese Aktion verkürzen? Was erwartet man von mir? Was soll die neue Crew beherrschen, wenn ich das Schiff verlasse? Es sind Routinearbeiten im Hafen und auf See, die Überwachung des Maschinenbetriebs und das Manöverfahren. Ja, die Manöver mit der Hauptmaschine, das Starten, Verändern der Drehzahl und Umschalten von Voraus nach Zurück und umgekehrt. Es geht nur um die Praxis. Alle Mitglieder der neuen Maschinenmannschaft haben gute theoretische Kenntnisse. Meine Mission beschränkt sich auf Bedienung und Überwachung. Wenn ich das Schiff verlasse, werden die Kollegen wohl auch noch Glück benötigen. Erfahrung kann ich nicht vermitteln. Die erwirbt jeder selbst. Das wichtigste sind Manöver. Die Chance, sie zu trainieren, besteht nur beim Auslaufen und Einlaufen. Dabei darf kein Fehler auftreten! Ich habe eine Idee: Manövertraining auf See!
Die Reise soll über Casablanca und Singapur nach Pusan in Südkorea gehen. Mit dem Beistand von Herrn Chung kann ich mein Limit „nur bis Casablanca" verteidigen. Ausschlaggebend ist mein Vorschlag, Maschinenmanöver nicht während kurzer Revierfahrten zu trainieren, sondern auf See. Denn dabei geht man kein Risiko ein, wenn etwas nicht exakt klappen sollte. Wir könnten im Maschinenraum selbst entscheiden, welche Manöver intensiv zu üben sind. O. k., dann also bis Casablanca! Ich bin baff, dass meine Argumente akzeptiert werden, ohne Diskussion. Über das Thema Geld hatte Klaus sich schon geäußert. Das Vierfache der Heuer, also 300 US $, das sind umgerechnet 1200 DM für zehn Tage. Auch das wird ohne Diskussion akzeptiert, zusätzlich das Rückflugticket und evtl. erforderlicher Hotelaufenthalt in Casablanca. Ich bin einerseits zufrieden, aber auch skeptisch. Auf was lasse ich mich ein?

Im stillen Kämmerlein beginne ich, meine Aufgabe zu strukturieren. Ein ganz wesentlicher Punkt, sind Kenntnisse, die Herr Chung schon erworben hat. Wir liegen jetzt im Hafen und trainieren die Routine des Hafenbetriebes. Auf welche Punkte zu achten ist, also Drücke, Temperaturen, Pegelstände, separieren des Dieselbrennstoffs, reinigen der Separatoren und Filter. Das Aufteilen der Arbeiten auf Ingenieure, Assistenten und Reiniger, sind auch Themen. Wer ist wofür zuständig? Ein besonderer Punkt im Hafen ist der Heizungskessel mit Ölfeuerung. Der ist nicht durchgängig in Betrieb und muss bei Bedarf wieder gestartet werden. O. k., das können wir mit der neuen Mannschaft trainieren, solange wir in Hamburg sind.
Ich stelle mir vor, wie ich am Anfang den Maschinenbetrieb erlebte. Messingschilder an Armaturen und Aggregaten waren entscheidende Wegweiser. Diese Frage ist zu klären. Denn alle Schilder sind in deutscher Sprache. Ich muss eine Liste aller Systeme aufstellen und sie der Mannschaft erklären.
Ich grüble und wäge ab. Jawohl, so kann das funktionieren. Punkt 1: Training Hafenbetrieb und Arbeitsaufteilung, Punkt 2: Armaturenbeschriftung so schnell wie möglich und klären, wie das am besten geschieht, Punkt 3: Systemliste ausarbeiten, Punkt 4: Seebetrieb nach dem Auslaufen trainieren, Punkt 5: Systeme erklären, wobei sich die Kollegen Notizen machen sollten, Punkt 6: Auf See stoppen und intensives Maschinenmanöver-Training durchführen.
Ich stelle Herrn Chung meinen Plan vor. Er schreibt das auf Koreanisch. Die Systemliste will ich bald nachliefern, verspreche ich. Für alle Fragen der Mannschaft müssen wir offen sein und das auch anbieten, meint Chung. O. k., das ist doch selbstverständlich.
Nachdem der Chief den Plan akzeptiert hat, möchte ich wissen, ob der Kapitän uns einige Stunden auf See zum Manövertraining genehmigt, denn das bedeutet Zeitverlust. Darin sieht Chung kein Problem, weil der Chief der Älteste an Bord ist. Ich staune. „Ja dem Ältesten haben alle zu folgen, er genießt die Achtung aller, die

jünger sind.“ Bald wird das mit dem Stopp auf See bestätigt. Mein Plan ist jetzt offiziell verbindlich.

Hans, 2. Off., kommt morgens zum Frühstück in die Messe und stellt in der gemütlichen Ecke einen wohlbekannten Kasten auf den runden Tisch, bevor er seinen Platz einnimmt. Bis auf den Kasten ist es hier wie immer. Nein doch nicht. Niemand will so recht was sagen außer Moin. Wir wissen, dass sich unsere Seefahrtbücher in dem Kasten befinden mit eingetragener Abmusterung, signiert und mit Reederei-Stempel versehen. Dieser 12. Mai 1965, der Tag der Übereignung der „Nordstern“, ist ein ganz besonderer Tag in meinem Leben.
Nachdem wir uns mit dem letzten gemeinsamen Frühstück gestärkt haben, wird es munter. Nacheinander trudeln Besatzungsmitglieder ein und erhalten ihr Seefahrtbuch, auch ich. Das ist schon seltsam. Ich habe von der „Nordstern“ abgemustert und bleibe! In der Warteschlange wird geplaudert, nach vorne und hinten. Freude auf bevorstehenden Urlaub ist das überwiegende Thema. Die ersten Besatzungsmitglieder verabschieden sich und verlassen das Schiff. Vertreter der Reederei kommen an Bord und begeben sich in den Salon.

Ich gehe zu den Ingenieur-Assistenten und lasse mir nochmals versichern, dass sie bleiben, bis sie die Koreaner unterwiesen haben. Nach Plan wäre das Morgen um acht Uhr.
Ein besonders gründlicher Kontrollgang im Maschinenraum beruhigt mich. Alles läuft einwandfrei. Wie gestern auch stellen wir zum Training um von Hafen- auf Seebetrieb. Dabei können wir die großen Pumpen nochmals testen. Auch dabei ist nichts zu beanstanden.
Ich schaue mich an Deck um. Bald soll die formelle Übergabe stattfinden. Unsere Crew ist schon beinahe komplett von Bord. Junge Koreaner tauchen auf. Sie wirken beinahe militärisch in ihrem blauen Look. Es werden immer mehr.

Schiffsübergabe
Auf dem Achterdeck treffen Männer mit Krawatte ein. Ach ja, da war doch eine mündliche Einladung. Nichts wie in die Kammer und in die blaue Uniform. Ich bin nicht zu spät. Small Talk wird praktiziert. Das Englisch der Koreaner hat eine fremde Melodie. Ich verstehe die Herren der Reederei und den Kapitän gut, ganz im Gegensatz zu den Asiaten. Die Inhalte sind für mich nicht entscheidend. Lächeln und auch Lachen mit Stimme sind angesagt. Die Reden der Hanseaten sind kurz. Die Südkoreaner machen das ausführlicher und mit großer Betonung. Ich spüre die andere Kultur. Schon gestern wurde uns das bewusst, als jeder unserer Besatzung eine lackierte Holzschachtel zur Erinnerung erhielt. Höhepunkt und Abschluss zugleich ist das Einholen der Mackprang-Flagge. Seemännisch korrekt und mit einem gewissen Pathos wird es zelebriert. Sorgfältig faltet der Matrose das jetzt historische Stück und rollt es auch noch zusammen. Rolf Mackrang nimmt die stattliche Rolle entgegen. „Halt mal“ höre ich. Und schon habe ich die Flagge in meinen Händen. Es folgt der Abschied unseres Reeders mit Worten und Shake Hands. Herr Chung steht neben mir. Freundlich lächelnd nimmt er mir die Flagge ab. Als ich dann verabschiedet werde, will ich die Flagge zurückgeben und bin irritiert. Chung ist nicht da! Was mir peinlich ist, hat der Hanseat schon ad acta gelegt. Als Herr Mackprang fortgeht, spüre ich den Schnitt. Jetzt hängt alles an mir! Hoffentlich schaffe ich das. Ich will dieses Kapitel mit gutem Gewissen abschließen!

Eine beträchtliche Anzahl der neuen Crew hat sich während der Veranstaltung hinzugesellt. Das erste Mal dränge ich mich durch einen Pulk dieser freundlich lächelnden Männer. Oder sehen sie immer so aus, als ob sie lächeln?
Herr Rolf Mackprang und einige unserer Mannschaft gehen die Gangway hinunter. Jetzt wird es ernst. Es ist so weit, ich muss allein klarkommen.
Wieder raus aus der blauen Uniform. Im gewohnten Kaki gehe ich in den Maschinenraum. Welche Überraschung: So viele Menschen sind hier nur bei der Werftprobefahrt gewesen! Der liebe Herr Chung ist auch darunter. Alle legen artig die Hände zusammen und verneigen sich vor mir. Ich bin irritiert und will die Hand reichen. Chung klärt mich auf. Eine kleine angedeutete Verbeugung ist passend. Beim dritten Mann bin ich schon auf der neuen Linie. Unsere Ingenieur-Assistenten unterhalten sich auf Englisch mit den koreanischen Kollegen. Alle elf Männer haben während des Ingenieurstudiums auch die englische Sprache gelernt. Das macht alles leichter als befürchtet. Wir Europäer sind jetzt Exoten auf unserem Schiff!
Es folgen ein paar anstrengende Stunden mit vielen technischen Detailfragen. Und dann der Schreck für die Neuankömmlinge. Morgen um acht Uhr endet der Dienst der Assis. Sie werden das Schiff verlassen. Darauf müssen sich jetzt alle einrichten. Es kommt also darauf an, in den verbleibenden 16 Stunden konzentriert alles Neue aufzunehmen. Der Routinerundgang zur Überwachung des Hafenbetriebes muss intensiv geübt werden. Unsere Assis machen ihre Sache prima. Es scheint ihnen zu gefallen, die tolle Maschinenanlage zu erklären.

Das erste Abendessen mit den neuen Kollegen ist eine wahre Überraschung. Die kündigt sich schon am Eingang der Offiziersmesse an. Hier stehen Schuhe ordentlich in einer Reihe neben der Tür und auch noch um die Ecke. Und da sitzen sie schön im Schneidersitz auf Sofas und Sesseln. Sie tragen ihre blaue Einheitsuniform und auch die Schirmmützen. Alle schauen mich an. „Heinz, reiß dich zusammen, nicht lachen, du musst lächeln!", befehle ich mir. Das gelingt nicht wirklich. Tai Soon sagt nach kurzer Rücksprache mit seinen Landsleuten: „Es macht uns glücklich, dass du dich freust." Es gibt klebrigen Reis, den ich mit Stäbchen greifen kann und Hühnerklein-Soße. Dazu nehmen meine „Mitesser" grüne Blättchen, die mich an strapazierte brasilianische Geldscheine erinnern. Mit diesen Planktonblättern und Stäbchen vermag man einen großen Happen Reis zu packen, indem man an den Enden des Blattes jeweils mit einem Stäbchen in den Reis drückt und dann die Stäbchen schließt. Ich versuche das auch, eine wunderbare Methode, die Gesellschaft zum Lachen anzuregen. Was mir mit den Händen nicht recht gelingen will, wollen meine Beine ausgleichen. Ich kann dabei zwar niemandem auf den Fuß treten, aber auch das hilft nicht. Wacker mache ich mit den Stäbchen weiter und lasse Gabel und Löffel unbenutzt. Es tut mir gut, dass die Atmosphäre so entspannt ist.

Später klopft es an meiner Tür, recht zaghaft mit bekanntem Takt. Ich weiß also gleich, dass es Herr Chung ist. Ach ja, die Reederei-Flagge! An die hatte ich gar nicht mehr gedacht. Für ihn ist es ganz selbstverständlich, dass sie mir gehört. Ich lasse ihm diesen Glauben und gewöhne mich selbst auch daran.
Gemeinsam gehen wir in den Maschinenraum, drei Niedergänge bis hinunter zum Fahrstand und freuen uns, dass wir schon mal so weit sind. Uns beiden ist bewusst, dass wir eine gemeinsame große Aufgabe zu bewältigen haben. Wir beschließen, uns mit „Given Name", mit Vornamen anzusprechen. Ich darf ihn Tai Soon nennen. Für ihn bin ich Henry. Heinz geht nicht mit den anders programmierten Stimmbändern. Er ist nicht mehr Passagier. Jetzt sind wir Kollegen!

Drei Koreaner sind hier mit einem unserer Assis. Die neuen Wachen sind schon eingeteilt. Sie bestehen jeweils aus drei Mann. Soon, der Chief und ich gehen keine Wache. Wir sind rund um die Uhr für alle dringenden Fragen zu erreichen.

Die Verabschiedung der drei Assis verläuft erstaunlich freundschaftlich. Die neuen Teams trauen sich die Überwachung der Maschinenanlage zu. Ich begleite die Assis zur Gangway. Alles Gute und auf Wiedersehen! Die Reederei hat jetzt noch drei Schiffe. Vielleicht gibt es künftige gemeinsame Reisen

Am Folgeabend kommt Tai Soon mit dem Koch zu mir. Der Herr möchte gerne wissen, welche Speisen ich bevorzuge. „Steak und Brathähnchen," fallen mir ein. Meine Lieblingsspeise ist Mamas Hühnersuppe mit Gemüse und ostpreußischen Kielkes (Kartoffelklößen). Aber damit kann ich hier nicht kommen. Der nette Herr macht wieder seine Verbeugungen und verlässt, rückwärts gehend, meine Kammer. Er wird morgen die Lebensmittel-Bestellung abgeben.

Die neue Mannschaft ist diszipliniert. Es gibt eine strenge Rangordnung. Herr Hun Tag Lee, ein stattlicher Athlet, ist Nummer eins nach dem Chief. Seine Autorität ist in meiner Vorstellung erlernt. Das gehört zur Position. Wenn er mit anderen spricht, die ihm nicht unterstellt sind, erscheint er mir freundlich und sympathisch, natürlich und umgänglich. Da können wir Langnasen froh sein, dass unser Job nicht unseren Charakter verbiegt.
Als wolle man mir zeigen, dass die Karriereleiter in Korea noch andere Sprossen hat als bei uns, werde ich zu einer „Veranstaltung" gerufen. Auf der Zylinderdeckel-Station, wo man so eine Art Saalwirkung empfinden kann, sind alle Koreaner der Maschinencrew versammelt. Man hat auf mich gewartet. Herr Hun dirigiert eine bestimmte Formation. Vor einem Halbkreis stehen Chief, Hun und ich. Dazwischen ein einzelner Mann mit tief gesenktem Kopf. Hun erhebt seine feste Stimme. Der Mann in der Mitte steht reglos da. Hun wiederholt lauter werdend einen Satz. Dann schaut der Angesprochene ihn an. Hun spricht einen längeren Satz, geht auf den Mann in der Mitte zu und schlägt ihm schallend eine rechts voll ins Gesicht und mit dem Handrücken auch noch eine wohl sehr schmerzhafte, auf die linke Seite. Am liebsten würde ich den Sünder in die Arme schließen und trösten. Ich bin starr. Der Arme weint laut und geht einige Schritte zurück, reiht sich ein in den Halbkreis seiner Kollegen. Hun ruft kurz und laut etwas wie ein Kommando. Das bedeutet in etwa: „Rührt Euch!" Und das geschieht dann auch.

Soon erläutert mir später den Hintergrund. Dem Kollegen war etwas erklärt worden. Er machte dann einen Fehler, als hätte er nicht zugehört. Au weih, was erlebe ich da?

Das Thema Beschriftung haben wir gelöst. Schöne, postkartengroße Paketanhänger mit Metallöse im dreieckigen Ende sind mit feinem Draht an Schildern, Armaturen und Schaltern befestigt. Sie verunzieren auf lustige Weise den Maschinenraum. Die koreanische Schrift darauf verleiht meiner ehemaligen „Nordstern" etwas Geheimnisvolles. Ja gewiss, auch der neue Name „DONG MYONG" mit der Bedeutung OSTEN HELL und der Heimathafen PUSAN klingen wie aus einer anderen Welt.

Wir kommen voran. Die Mannschaft bestätigt das mit erstaunlichem Einfühlungsvermögen in die Routinearbeiten. Entscheidend ist die von mir immer wieder betonte Bereitschaft, für ein Gespräch unter Kollegen zur Verfügung zu stehen. Niemand verliert sein Gesicht, wenn er keine „dumme Frage“ stellen muss, sondern sich einfach wie zufällig nähert und ansprechen lässt. Mit dem Delinquenten unterhalte ich mich mehrmals und lobe ihn. Wie gut, dass wir alle ausreichend Englisch sprechen. Ich erfahre, dass man in Korea die naturwissenschaftlichen Fächer in Wort und Schrift in englischer Sprache lehrt.

Soon möchte ein Foto. Wir gehen neben dem Schiff nach vorn. Hier steht er am Poller, von dem die Manila zur Back aufsteigt. Am Bug leuchtet der Name „DONG MYONG“. Das wird ein schönes Erinnerungsfoto. Aber noch nicht genug. Wir gehen nach achtern. Hier stehen wir unterhalb der Flagge von Südkorea, die am Mast auf der Poop des Achterdecks gehisst wurde. Auch Schiffsname und Heimathafen PUSAN kommen auf das Foto. Mit Soon mitten im Bild ist es für mich eine besonders schöne Erinnerung an eine Aufgabe, die ebenfalls für ihn einmalig ist. Ja, man soll auch an so etwas denken.
Wir sprechen über die Bedeutung des Namens. Osten und hell, haben eine Verwandtschaft mit Nord und Stern. Himmelsrichtung und Licht sind Inhalt beider Schiffsnamen. Ein Zufall?
Es ist Nachmittag. Während einer kurzen Pause in der Pantry mit Limonade gewinne ich einen Abstand vom Lärm des Maschinenraumes und dem ständigen lauten Sprechen. „Mister Supervisor, Mister Supervisor!“, höre ich und laufe gleich los. Man führt mich zum Heizungskessel. Da steht Soon und verdeckt sein Gesicht mit beiden Händen. Er hat Schmerzen und wimmert. Ich bin erschrocken, zwinge mich, unaufgeregt mit ihm zu sprechen. Seine Kollegen wissen die Situation noch weniger einzuschätzen als ich. In sicherer Entfernung zum bösen Kessel stehen sie hilflos herum. Es riecht verqualmt. Der Saacke-Brenner läuft. Im Kessel ist aber keine Flamme. Das war eine Verpuffung. Die Gefahr ist vorbei, denn das Brenner-Gebläse durchlüftet den Feuerraum. *„No Danger now,“* rufe ich gegen den Lärm des Hilfsmotors. Ich bitte Soon, mich anzuschauen. Sein Gesicht ist schwarz. Er blinzelt und zeigt dabei schwarze Augenlider. Reflexartig haben sie die Augen geschützt. Er legt wieder seine Hände auf das Gesicht.
„We go to the nurse,“ sage ich zu allen. Ich bitte Soon, das Gesicht nicht zu reiben. Zu dritt beeilen wir uns die Gangway hinunter. Ich rufe um Hilfe. Zum Glück sind wir noch auf der Werft. Jemand begleitet uns zur Verbandsstube. Die Krankenschwester reinigt vorsichtig das Gesicht. Die Nase hat es erwischt. An einigen Punkten blutet sie. Das ist gar nicht so schlimm, meint die Schwester. Aristamid Gel hilft und lindert den Schmerz. Tai Soon wird versorgt. Mit einem Verband unter den Ohren um den Kopf herum geht es zurück. Morgen soll die Behandlung wiederholt werden.
Dieser Unfall war vermeidbar. Beim Training hätte ich deutlicher auf die Gefahr hinweisen müssen, wenn das Zünden mit der Lunte nicht gleich klappt. Dass man dann mindestens eine Minute bis zum nächsten Zündversuch warten muss. Das hole ich jetzt in Gegenwart von mehreren Männern nach. Ich mache darauf aufmerksam, dass viele Gefahren im verborgenen lauern, besonders durch heiße Flächen an den Motoren und rotierenden Maschinenteilen.

Am Morgen des nächsten Tages sind wir wieder in der Verbandstube. Die Schwester versichert, dass das Problem bald behoben sein wird. Am Abend gehen wir noch mal zum Verbinden hinüber. Soon ist ein geduldiger und disziplinierter Patient. Er hat mit mehreren Schwestern zu tun und alle vermitteln Zuversicht. Zum Abschied bekommt er vor dem Auslaufen der „DONG MYONG“ noch eine große Tube Aristamid Gel und eine Empfehlung zur Selbstversorgung.

Allein unter Koreanern auf See
Das Auslaufen von Hamburg ist gefühlsmäßig ganz anders als sonst. Ich komme wieder, sage ich mir. Aber da ist die bange Frage: Wird auch alles klappen? Inzwischen habe ich begriffen, dass unser Training reine Bedientechnik ist. Wie ein Kaufmann sein Auto steuert, ohne zu wissen, wie alles funktioniert, fahren meine Begleiter mit dem Schiff in Richtung Ozean. Ich muss auf See Funktionsabläufe erklären.
Ich fahre alle Manöver, bis der Lotse ausgestiegen ist. Unser gewohntes Manöverbuch lasse ich weiterführen. So kann man nachlesen, in welcher Minute welches Manöver erfolgte. „Beginn der Seereise“ wird zusätzlich im Maschinentagebuch vermerkt. Die Crew lernte schon mal die Seekühlwassermenge am Eintritt in den Kühler für den Hauptmotoren-Kreislauf der Motorleistung entsprechend zu regulieren. Das Bodenlog wird ausgefahren. Jetzt kann man in der Maschine und auf der Brücke die Schiffsgeschwindigkeit in Knoten ablesen. Im Englischen Kanal fahren wir mit 115 Umdrehungen pro Minute. Das sind 12,5 Knoten, etwa 23 Kilometer pro Stunde. „Überraschungsmanöver“ könnte die Maschine bei dieser gedrosselten Fahrt besser wegstecken als bei höherer Drehzahl.

Der erste Tag auf See beginnt mit Erschrecken. Auf dem Korridor höre ich laute Schreie. Sie vermitteln mir Wut und Kampf. Es kommt vom Achterschiff. Ich bin ängstlich und vorsichtig, schaue durch das Bullauge der Tür. Eine Meute von Männern schlägt aufeinander ein. Jeder macht das mit einem etwa meterlangen dicken Rundholz, das mit beiden Händen geschwungen wird. Mein spontanes Empfinden ist Panik. Aber ich erkenne schnell eine Ordnung dieser Szene. Es kämpfen immer zwei gegeneinander, Holz trifft auf Holz. Jeder Hieb wird im Auftreffmoment mit einem lauten Schrei begleitet. Es ist kollektiver Frühsport!

Beim Frühstück stelle ich ein System der mir zugedachten Ernährung fest. Ich erhalte Brathähnchen. Das hatte ich gestern zu Mittag und abends gab es Steak. Ach ja, und morgens wieder Hähnchen? Aha, der Koch hat mich nach meinen Lieblingsspeisen gefragt. Das sind sie! Er lässt mir die größtmögliche Abwechslung zukommen. Also niemals nacheinander das gleiche Gericht! So hatte ich das nicht gedacht, aber das halte ich diese Woche aus. Es wird dann doch etwas abwechslungsreicher. Ich lasse den Koch wissen, dass ich morgens gerne seine gute Suppe bevorzuge. Ich schnuppere auch täglich in der Kombüse und schließe mich manches Mal dem koreanischen Menü an.

Für das Trainieren des Seebetriebs benötigen wir nur etwa zwei Stunden pro Mannschaft. Es geht um den Standardrundgang mit entsprechenden Kontrollen und Servicearbeiten. Aber was wäre bei einer Störung?
Meine Liste der Systeme hat eine ganz andere Dimension. Da diese z. T. miteinander verquickt sind, wird das Ganze recht komplex. Diese Kenntnisse sind notwendig, um den Gesamtbetrieb sicherzustellen. Falls eine Störung auftritt und die Ursache nicht offensichtlich ist, muss das Zusammenspiel aller evtl. beteiligten Systeme parat sein. Richtiges Handeln und Schnelligkeit sind wesentliche Sicherheitsfaktoren.

Auf der Schiefertafel am Fahrstand zeichne ich nacheinander Systemschaltungen auf und erläutere. Das geschieht auf allen drei Wachen. Meine Schüler sind aufmerksam und schreiben fleißig mit.
Hier ein Auszug der Liste:
Kühlwasserkreisläufe, Umlauföl der Hauptmaschine, Brennstoffversorgung mit Aufbereitung, Bunkersystem und Brennstoffübernahme, Trinkwasserversorgung und Sanitär mit Tanks, Druckstation und Verteilung, Seewasserversorgung der Bäder und Wasser an Deck, Ballastwasser-Tanks, Stromversorgung für Maschinenbetrieb, Wohnbereich, Nautik, Ladewinden, Belüftungsanlagen für Wohnbereich, Maschinenanlage und Laderäume, Warmwasserversorgung mit Abgaswärme auf See und alternativ mit Heizkessel, Kälteanlage für Gemüse- und Tiefkühlraum, Bilgen-Lenz-System, Rudermaschine mit zwei Aggregaten.

Erschöpft schlafe ich ein, aber auch auf dem sanften Kissen des ruhigen Gewissens. Die Einteilung der Schulung in Blöcke und systematisches Abarbeiten machen die Sache übersichtlich. Ein Tag als Reservepuffer ist eingeplant. Mit den jungen Männern lässt sich locker arbeiten. Ich bin zufrieden und auch entspannt. Gedanklich sage ich mir jeden Abend: Wieder ein Tag des Programms geschafft. Gott sei Dank, dass alle ausgebildet sind und sich in die komplexen Systeme hineindenken können. Andernfalls hätte ich eine Jahresaufgabe!

Soon fragt eines Tages, was er mit seiner Nase machen solle. Sie wird immer härter. Er habe das Gefühl, da löse sich etwas ab. Und dann fummelt er vorsichtig daran. Eine Schorfkappe lässt sich von der Nasenspitze abziehen. Darunter ist zarte rosa Haut. Ich bin erleichtert. Dieser Unfall hat mich belastet.

Maschinenmanöver-Training auf See. Auf diesen Tag haben alle gewartet. Wir sind mitten in der Biskaya. Nur eine leichte Dünung lässt die „DONG MYONG“ sanft schaukeln. Das Wasser ist spiegelglatt. Kein Kräuseln stört dieses Bild. Die Sonne brennt vom wolkenlosen Himmel. Selten ist es hier so friedlich! Und dass dann auch noch ein Frachter langsam, ganz langsam und auch rückwärts fährt, kommt gar nicht vor. Das ist heute ein einmaliges Schauspiel.
Die 4-8 Wache hat sukzessive die Drehzahl innerhalb von zwei Stunden von 122 auf 115 Umdrehungen reduziert. Wir nennen das Einlegen. Was jetzt folgt, ist mit der Brücke abgestimmt. Manöver-Kommandos geben wir uns selbst in der Maschine. Auf der Brücke wird bestätigt. Das ist genau anders herum als normal. Alle wissen im Voraus, was kommt. Ich lege auf Achtung, in der Maschine klingelt es mächtig laut, bis die Brücke bestätigt hat. Unsere Manöverklingel ist immer nur dann still, wenn die Maschinentelegrafen auf der Brücke und unten synchron stehen. Dann folgen VH (voraus Halb), VL (voraus Langsam), VGL (voraus Ganz Langsam) und Stopp. Das dauert eine halbe Stunde. Dann wird gestartet. Herr Hun hat sich schon während des Auslaufens alles genau erklären lassen und schafft das. Er muss dafür die Arretierung des Manöverrades lösen, indem er den oberen der beiden Handgriffe etwas herauszieht, dann durch Linksdrehung bis zum Segment „Druckluft“ bewegen. In die Zylinder pfeift jetzt die Luft mit 30 Atmosphären. Schon nachdem drei Zylinder geflutet sind, setzt die Selbstzündung des Dieselmotors ein. Die Perfektion, schon nach drei Zylindern die Luft zu schließen, ist eher ein „Ehrgeiz alter Hasen“. Der Motor startet natürlich auch mit längerem Lufteinlass. Dafür wird entsprechend mehr Pressluft gebraucht. Alle dürfen üben. Mir ist es ganz recht, dass einige verzichten. Herr Hun hat bestimmt, wer am Übungsprogramm teilnimmt.

Es gibt zusätzliche Arbeit. Der Kompressor ist entsprechend der verbrauchten Druckluft an- und abzustellen und die Motorkühlung ständig zu korrigieren. Das Manöverprotokoll lasse ich wie gewohnt führen.
Auch rückwärts wird gestartet, obwohl das Schiff noch „Fahrt macht". Nachdem die Nockenwelle für das Steuern von Startluft und Brennstoff durch Betätigung der Umsteuer-Klinke auf „Zurückstellung" geschoben ist, funktioniert das genauso wie „starten voraus". Aber dann beginnt alles, was überhaupt vibrieren kann, zu rappeln. Das ganze Schiff ist in Aufruhr, ächzt und zittert. Das Manöver entgeht niemandem. Schlafende werden wach. Deshalb ist es wichtig, dass alle Neulinge das jetzt erleben. Der Mann am Manöverrad könnte glauben, dass die Maschine auseinanderfällt und sie in Panik abstellen. Natürlich erschrecken meine Schüler wie erwartet, halten sich fest und schauen auf mich. Meine betonte Ruhe wirkt Wunder. Die neue Mannschaft begreift, dass das normal ist. Über ZH (zurück Halb) gehen wir nicht hinaus. Das wäre ein Not-Stopp, der wirklich nur im Notfall gefahren wird. Wir unterhalten uns danach über diesen Punkt. Sollte von der Brücke irgendwann unverhofft das Kommando ZV (zurück Voll) kommen, z. B. während der Seereise, muss ganz schnell gehandelt werden. Maschine stoppen, Druckluft an, umsteuern und starten. Da das Schiff dann noch volle Fahrt macht, wird der Vorgang ein Horror-Erlebnis. Aber da geht es um alles. Die Nautiker auf der Kommandobrücke sind froh, als Herr Hun nach etwa 50 Maschinenstarts anruft, dass wir fertig sind und auf das Kommando von oben warten. Das kommt sofort: VV (voraus Voll). Man testet noch die Reaktion der Ruderanlage. Wir starten in Schlangenlinie und dann geht es immer geradeaus.

Es gibt noch viele Themen, die wir nicht abschließend behandeln können. Da sind z. B. die Intervalle für vorbeugende Instandhaltung. Wechseln der Kolbenringe nach 4000 Betriebsstunden, Erneuern der Laufbuchsen-Dichtung nach 12000, Hilfsdiesel-Grundüberholung nach 6000 Stunden usw.

Ein Mann der Maschinencrew kümmert sich um mich. Hat er einen Auftrag, ist es Kalkül oder Sympathie? Er ist wie ich, morgens und abends an Deck und scheint auch diese Stimmung des wechselnden Lichts zu genießen. Seine Nähe tut mir gut. Als wir vor Casablanca auf Reede liegen und die Einfahrt in den Hafen abwarten, bemerkt er, dass ich den startenden Flugzeugen nachschaue. Natürlich denke ich an zu Hause. Mein Bordleben ist nicht nur ungewöhnlich, sondern auch anstrengend. Ich bin irgendwie immer im Dienst und froh, dass ich nicht bis Singapur mitfahren muss. Mit meiner Arbeit bin ich zufrieden, die Koreaner sind es nach meinem Empfinden auch. Ich hoffe auf einen guten Abschluss dieser Mission.
„Are You feeling melancholic?" Diese Frage meines sympathischen Schattens holt mich in die Gegenwart. Ich schaue ihn an und sage aufrichtig „yes I do!"

Morgen werde ich mit großer Wahrscheinlichkeit aussteigen. Es ist also so weit, den Ausstand zu geben. Ein Umstand kommt mir zugute. Nach unserer deutschen Offiziersmesse-Ordnung war es der Speiseraum für nautische und technische Offiziersränge und Ingenieurassistenten. Jetzt sind hier nur die Männer des Maschinen-Wachdienstes. Alle im Raum kennen mich als Mr. Supervisor.
Am Abend nach dem gemeinsamen Essen berichte ich: Die „DONG MYONG" ist die ehemalige NORDSTERN. Sie wurde auf der Werft in Flensburg gebaut. Dort habe ich eine technische Ausbildung gemacht und erlebt, wie so ein Schiffskörper aus Stahlplatten und Profilen entsteht und wie dann das Innere gestaltet wird mit Maschinen und allen weiteren Dingen, damit es seinen Zweck erfüllen kann und wir

uns wohlfühlen. Und dieses Getränk kommt auch aus Flensburg wie die „DONG MYUONG". Ich schenke allen einen Hansen Rum ein. Der 7. Ingenieur möchte partout nicht trinken. Kollegen ermuntern ihn. Wohl aus Höflichkeit soll er dieses Opfer auf sich nehmen. Prosit! Nachdem der Abstinente einen winzigen Schluck genommen hat, bekommt er spontan einen roten Kopf, sagt, er sei krank und geht. Die Gesellschaft ist belustigt. Es ist hoffentlich nicht tragisch.

Soon bleibt bis in die Nacht hinein bei mir. Das tut gut und ist auch sinnvoll zum Abschluss unserer gemeinsamen Arbeit.

Morgens geht es in den Hafen. Zwei Schlepper bugsieren uns. Ich bin verwundert, dass wir nicht mit eigener Kraft manövrieren und Schlepperhilfe wie üblich nur zum Anlegen in Anspruch nehmen. Es ist wie es ist und für mich auch besser.
Meine Bullaugen habe ich schon bei Übernahme des Lotsen geschlossen und halte Ausschau an Deck. Der Komplex des Hafenbereichs ist großflächig überdacht. Beim Anlegen sehe ich riesige graue Haufen.
Es geht alles unglaublich schnell. Schon quellen aus den offenen Ladeluken dicke Staubwolken. Es wird Phosphat als Schüttgut geladen, ein weltweit gefragtes Düngemittel. Die Ballastwasserpumpe schafft bei Weitem nicht soviel Gewicht aus den Tanks zu pumpen, wie die Rohre in die Laderäume hineinpusten. Ich möchte sehen, ob diese Pumpe auch mit vollem Strahl fördert und beuge mich über die Reling. Ein lautes Knirschen links von mir erschreckt mich. Reflexartig richte ich mich auf und trete einen Schritt zurück. In dem Moment saust die stählerne Spring vor mir die Reling entlang. Geschrammte Farbe qualmt und stinkt. Der Schreck trifft mich wie ein Hieb. Hätte ich mich eine Sekunde später aufgerichtet, würde man von mir Kopf und Hände oder mehr vermissen. Mit weichen Knien und rasendem Puls erreiche ich meine Kammer. Das war knapp!
Die Vorspring ist eine Festmachtrosse. Sie führt vom Bug nach achtern zu einem Poller an Land. Der rasante Ladevorgang mit wechselnden Abwurfstellen hat entsprechende starke Änderungen des Trimms zur Folge. Durch Krängung (Schlagseite) wurde die Spring stark gespannt und sauste dabei wie die Klinge einer Schere über die Kante der Reling. Warum passierte das ausgerechnet jetzt? Aus sicherer Distanz schaue ich auf den Ort des Schreckens. Ist es eigentlich richtig, dass die Spring auf der Back belegt ist? Sie sollte vom Poller unterhalb der Back durch die Klüse führen und auf der Pier achtern festgemacht sein. Da gäbe es diese Gefahr nicht. Aber dafür bin ich nicht kompetent. Ich lebe noch, bin nicht im Sekundenbruchteil schmerzfrei im Jenseits gelandet.

Eine Mischung aus Schreck, Betroffenheit und Demut rüttelt mich. Ich sitze und sortiere meine Gedanken. Es ist, als würde ich alles neu planen müssen. Ich sehe den gepackten Koffer. Nur letzte Kleinigkeiten sollen noch hinein, bevor ich ihn schließe. Eigentlich ist es ganz einfach. Im Frühjahr zu Hause zu sein ist eine schöne Vorstellung. Auch das Wandern unter frischem Grün der Buchenwälder und an den Stränden der Ostsee.

Koreanischer Abschied
Und dann geht alles wie von selbst. Meine Flugtickets sind da. Heute, am 21. Mai, fliege ich mit „ROYAL AIR MAROC" nach Paris und von dort am 22. Mai mit „AIR FRANCE" nach Hamburg. Soon gibt sie mir und sagt, dass ich in zwei Stunden zum Hotel gebracht werde.

Also unter die Dusche und den Arbeits-Spind ausräumen. Reisepass und Flugtickets kommen ins Sakko. Seefahrtbuch und Geld in die Hosentasche. Die Uhr ist am Handgelenk. Wirklich nichts vergessen? Außer dem großen Koffer habe ich noch eine Aktentasche dabei mit Reservewäsche und Kulturbeutel. Rundblick und Kontrolle der Schubladen stehen an. Eine neue weiße, flauschige Wolldecke mit dem blauen Namenszug, wie mit der Hand geschrieben: MS „Nordstern" gab mir der 1. Steward aus dem Reservevorrat zum Abschied. Die liegt noch in einer Lade unter dem Bett. Ich falte sie passend für den Koffer und freue mich über diese nützliche Erinnerung. Die verbleibende gleiche Decke hat mich oft auf dem Sofa vor Zugluft bei offenem Bullauge geschützt.

Es klopft. Leitender Ingenieur und Kapitän bitten um Einlass. Feierlich überreicht mir der Kapitän eine kleine Schachtel, vom Chief erhalte ich eine größere. Sie machen es kurz. In fünf Minuten wird das Taxi fahren.
Ich bin dann einen Moment allein. In den Schachteln befinden sich eine edel aussehende Füllfeder und eine schwarze Lackschachtel mit Vogelmotiv aus Perlmutt. Als der Koffer geschlossen ist, bin ich bereit, öffne die Türe und höre das mir inzwischen vertraute typische Gemurmel vieler Koreaner.

Was ist das? In dem großen Raum des Treppenhauses wird es jetzt richtig laut, ein merkwürdiges Gemisch aus Schluchzen und Heulen. Alle reiben sich die Augen und weinen dabei kläglich. Sie stehen sich in Reih und Glied gegenüber und bilden eine Gasse. Die komplette Mannschaft scheint hier zu sein. Soon sagt zu mir: „Da gehst du jetzt hindurch". Er nimmt meinen Koffer. Es ist, als falle ich in eine andere Welt. Ich höre das Weinen und möchte mich irgendwie ausdrücken, mitteilen. Es gibt nur diesen Weg nach vorn. Wie auf Watte und durch Nebel schaffe ich es. Schritt für Schritt schwebe ich zur Gangway.
Soon steigt mit ein. Mehr als winken kann ich nicht. Fahrer und Beifahrer unterhalten sich laut auf Arabisch. Ich bin schon wieder in einer anderen Welt!
Vor dem Hotel will ich mich von Soon verabschieden. Er muss ja wieder zurück. Nein, er kommt noch mit auf das Zimmer.
Und dann stehen in der Halle acht Koreaner paarweise.... Tai Soon muss nichts sagen. Ich gehe hindurch und bin so hilflos wie bei der Verabschiedung an Bord. Das Ganze erregt Aufsehen. Ein Herr kommt und fragt: *„You are the Emperor of China?"* (Bist du der Kaiser von China?) Man führt mich zum Zimmer. Soon und ich haben viel miteinander geteilt und ertragen. Wir spüren unsere Verbundenheit. Wir sind Freunde. Lebe wohl! Die Welt ist so groß, dass die Wahrscheinlichkeit eines zufälligen Wiedersehens sehr klein ist. Wir haben unsere Adressen ausgetauscht. Die „DONG MYONG" läuft bald aus. Ich habe noch einige Stunden Aufenthalt im Hotel und lege mich auf das Bett, versuche meine Gedanken zu ordnen, döse so vor mich hin.

Zeitig gehe ich mit meinem Gepäck ins Restaurant, esse und trinke ein wenig. Alles ist gut organisiert und bereits bezahlt. Es ist noch hell, als ein schicker junger Araber auf mich zukommt, fragt, ob ich Mr. Baumgart bin. OK, schon sitzen wir im Auto. Mein Abholer neben mir im Fond und zwei weitere Herren, auch so schnieke wie mein Nebenmann im schwarzen Sakko und offenem Hemdkragen, stellen Fragen. Alles verstehe ich nicht. Man will meinen Pass sehen. Ich höre so etwas wie „Ausfuhr von US $ ist verboten". Die Männer unterhalten sich angeregt. Ich bin Ausländer und werde abgeliefert. Gut, dass es auch hier eine Agentur gibt, die einen Fall wie mich übernommen hat.

Ich darf dann allein warten und denke an die Dollars. Auf einem WC schiebe ich sie unter das Gummiband der Unterhose. Beim Einchecken wird tatsächlich nach Dollars gefragt. Eine Visitation findet nicht statt. Dass ich den Hinweis erhielt, ist ein Segen. Womöglich hätte ich, ehrlich wie ich bin, meine 300 $ angegeben und was dann?

Paris

Das Warten auf den Abflug passt nicht zu meiner Stimmung. Meine Neugier auf alles Neue und Fremde dieser Welt ist heute erschöpft. Endlich bin ich in der Maschine. Eine kleine Besonderheit darf ich noch erleben. Vor dem Start fordert die Stewardess zum Platznehmen auf. Drei Personen bleiben stehen. Was ist das? Es wird diskutiert. Ein Steward kommt mit einer Liste. Das zieht sich hin. Irgendwann wird die Türe geöffnet und drei Passagiere steigen aus auf eine inzwischen herangefahrene Treppe. Fehlt eine Sitzreihe oder haben sich drei Personen verlaufen?

Neben mir sitzt ein Franzose. Er leitet irgendwo in Marokko eine Renault-Niederlassung. Er erzählt, ich erzähle, wie das so ist. Vor Paris sagt er, es könne sein, dass nicht nur seine Freundin, sondern auch seine Frau kommen würde. Er müsse aufpassen, dass seine Frau nichts merkt. In diesem Metier bin ich nicht bewandert. Nach geraumer Zeit unterbreite ich meinen dilettantischen Vorschlag. Das Problem entsteht doch nur, wenn ihn seine Freundin zuerst begrüßt. Er könne mich vorstellen und ihr den Plan erklären. Ich würde mich mit der Dame abseits halten und er könne die Reinheit der Luft sondieren. Wenn seine Frau nicht erscheint, begleitet er seine Geliebte. Dann seine Frage: „Und, wenn sie kommt?" „Vielleicht habe ich dann in Paris Gesellschaft," antworte ich. „Nein, nein, das läuft so wie immer. Meine Geliebte kennt das Problem und hält sich zurück."

Am Ausgang wird er von einer eleganten Dame umarmt und geküsst. Über ihre Schulter gibt er mir zu verstehen: Das ist leider anders gekommen. Welche der wartenden Damen könnte die Geliebte sein? Paris hütet dieses spezielle Geheimnis.

Auf dem AEROPORT ORLY bekomme ich kein Hotelzimmer. Eine Lücke von etwa neun Stunden ist zu überbrücken. Ich spaziere hin und her bis nach Mitternacht. Ich bin müde. Alle Bänke sind mit sitzenden oder liegenden Fluggästen belegt. Ich entdecke ein Podest. Das hat sogar an drei Seiten eine Abschirmung aus Glas. Einen knappen Meter steige ich hoch. Hart ist es. Auf dem Rücken wird das nichts. Die Aktentasche dient als Kissen und klebt an der Backe. Auf der Seite liegend mit angezogenen Beinen und den Kopf auf einem Arm schlafe ich ein. Danach ist es egal, ob es drückt oder nicht.

Höre ich eine Melodie oder träume ich? Nein, da singt eine emsige junge Dame. Wo bin ich? Ich bin im Teddyland. Hinter meinen Füßen und Beinen sitzen und stehen Teddys. Die Melodie wird von einigen Sätzen abgelöst, hinter denen ich ein Fragezeichen vermute. Ich verstehe nichts und stehe auf. Lachend verabschiedet mich die Dame und holt weitere Teddys aus dem riesigen Karton. „Au revoir"! Ach, hätte ich France dabei! Für einen Teddy aus Paris!

Ich schaue auf die Uhr und muss mich beeilen. Bald werde ich zu Hause sein, nur noch nach Hamburg fliegen und mit dem Zug nach Flensburg.

Anmerkungen

Herrn Chung Tai Soon habe ich nicht wiedergesehen. Auch sonst niemanden der koreanischen Besatzung.

Meine Reederei hat mich in Hamburg korrekt abmustern lassen, meine Heuer aber weitergezahlt, sehr nobel! Danke auch hier noch einmal!

Bis auf die Füllfeder, die mit der „Nordmeer“ im Lake Huron unterging, (siehe folgendes Kapitel) besitze ich immer noch die flauschige M.S. „Nordstern“-Decke und zwei edle Lackschachteln, rot und schwarz. Die Reedereiflagge zierte bis zur Übergabe an das Flensburger Schifffahrtsmuseum (im Juni 2020) die Decke meines Studios, wo sich allerlei weitere Andenken befinden.

3. und 2. Schiffsingenieur auf M.S. „Nordmeer“ 8683 BRT Große Fahrt

Juli 1965 - November 1966

Hamburg
Die „Nordmeer“ liegt in Hamburg. Meine Eltern bringen mich am 6. Juli mit zwei Koffern und einer dicken Reisetasche an Bord. Ich freue mich über bekannte Gesichter. Man kennt mich auch, nennt mich aber nicht Hein oder Heinz, sondern Tsching Fu Ming. Meine Odyssee mit der „Nordstern“ hat sich herumgesprochen.

In der Maschine laufen einige größere Aktionen der Werft und von MAN. Ich muss zur Kontrolle ständig auf den Beinen sein, kein Misstrauen, aber sicher ist sicher. Und ich kann dazu lernen. Meine 3. Ing-Kammer gefällt mir gut. Den Schrank habe ich prall gefüllt. Bevor ich auf der „Nordstern“ einstieg, durfte ich mir in Flensburg eine blaue Uniform schneidern lassen. Jetzt habe ich auch noch eine zweite in kaki und eine weiße bekommen. Zusätzlich erhielt ich legere Shorts und Hemden in kaki und weiß. Im Hafen können wir Kleidung in die Reinigung geben. Unser Storekeeper kümmert sich um die Wäsche. Der Koch macht uns gerne satt, alles gute Voraussetzungen.
Wohin die Reise geht, ist nicht sicher. Man nennt Argentinien. Meine Gedanken sind schon in Rosario und den Bekannten dort. Dann kommt eine klare Verkündung: Wir fahren mit Ballast nach Quebec/Kanada.

Quebec
Die Reise über den Nordatlantik ist im Sommer recht ruhig. Unterhalb der Stadt Quebec gehen wir an Anker. Ich sehe und staune. Das imposante Chateau Frontenac auf der Anhöhe ist eine Harmonie aus Landschaft und Architektur. Dies Bild vom Fluss aus zu schauen, ist ein Augenschmaus. Die wunderbare Aussicht genieße ich gerne. Ein herrlicher Sommer! Zur Abwechslung erleben wir ein paar Stunden gesunden Sommerregen.
Nach vier Tagen legen wir am 23. Juli an. Hurtig steige ich zum Chateau hinauf und umrunde das Gebäude. Welche Pracht! Und dann die davor liegende Plankenpromenade. So erobere ich die mächtigen Bäume der Region im Müßiggang. Es gibt magische Orte, die man wieder besuchen möchte. Meine Liste wird länger, je mehr ich in der Welt herumkomme.
Wir laden Weizen. Der soll nach Indien als Entwicklungshilfe, höre ich. Wie überall in Kanada rauscht der Weizen unglaublich schnell in die Laderäume. Die lange Reise beginnt nach einer dicken Spritze zur Vorbeugung gegen Gelbfieber.

Seereise
Der erste Stopp ist in Augusta/Sizilien zum kleinen Zwischenbunkern vorgesehen, damit unser Diesel bis Aden zum wirklichen Bunkern reicht. Aber wir sind bei ruhiger See so sparsam über den Atlantik und durch das Mittelmeer gefahren, dass beide Postadressen wegfallen. Also fahren wir an den Briefen unserer Lieben vorbei, eine Enttäuschung. Meine Post kann ich in Port Said abgeben.

Visakhapatnam
Am 1. September erreichen wir Visakhapatnam an der Ostküste Indiens. Ich bin das erste Mal in diesem Land und trotz gründlicher Vorabinformation erschrocken über die Armut. Viele Menschen scheinen auf der Straße zu leben, sitzen da auf Häufchen von Lumpen, als gäbe es keine Zeit, von Eile nicht zu reden. Der Anblick solch elender Armut stimmt mich traurig. Der Geruch treibt mich weiter, ohne ihm entrinnen zu können. Ich miete eine Rikscha. Ein drahtiger Mann läuft zwischen Deichseln vor mir. Die Bettelhände, vorher aufdringlich, gibt es bei der flotten Fahrt nicht. Ein Luxus inmitten von Armut. Ab und zu sehe ich Männer in sauberen weißen Gewändern, die kunstvoll angelegt sind. Ich habe den Eindruck, dass sie beim Schreiten Luft zum Körper führen.

Ein Matrose ist ertrunken. Er hat das Warnschild am Strand nicht lesen können. Wer kann schon Indisch? Hier gibt es keinen internationalen Tourismus mit englischen Hinweistafeln. Wir haben halbmast geflaggt. Einheimische sagen, dass die Strömung wechselt. Der Torso würde in etwa zwei Tagen dort angespült, wo der Schwimmer ins Wasser ging. Die Ankündigung trifft zu.
Ich schreibe an Jutta, dass ich mich an Bord wohlfühle. Die Maschinenbesatzung harmoniert. Die Küche ist klasse. Auch in der O-Messe ist kein Sonderling.
Aber es gibt Arbeit. 33 Tage auf See liegen hinter uns. Während wir um die Hauptmaschine liefen und zuschauten, wie sie arbeitet, hat sie Betriebsstunden gesammelt. Die Auswertung ergibt, dass ein Kolben gezogen werden muss. Hier auf der anderen Seite des Äquators ist März anstatt September, es ist leider nicht frühlingshaft, nein, es ist tropisch und mollig warm. Der Tag mit Anpacken und Schwitzen geht auch vorbei. Jetzt hat der Kolben neue Ringe und alles ist gut.

Der nächste Tag ist heute. Wir sitzen beim Frühstück und genießen Ei nach Wunsch. Der Chief ist zu hören. Wir kennen sein Räuspern. Er lehnt im Türrahmen und wünscht uns einen guten Morgen. Den wünschen wir ihm auch. „Mit Kolben drei hat es gestern gut geklappt. Das war die Vorbereitung für heute. Kolben und Laufbuchse vier sind auch dran. Ich sage es auch gleich dem Storekeeper." Dieser „gute Morgen" ändert unsere Stimmung.

Wir wissen, dass wir nach Kalkutta fahren und es dort die Ungewissheit der „Boa" gibt, eine Flutwelle, die kommt oder auch nicht. Wenn sie aber kommt, hat sie eine verheerende Kraft. Darum soll unsere Hauptmaschine betriebsbereit bleiben. Also los geht es, Kolben raus, Laufbuchse raus, Laufbuchse neu abdichten und wieder rein und auch der Kolben mit frischen Ringen. Das sind acht Stunden harte Arbeit!

Die indischen Schauerleute arbeiten nicht hektisch, sondern stetig. Sie sind zahlreich und schaffen viel. Mit Schüsseln füllen sie Weizen in Säcke, die in großen Bündeln mit unserem Ladegeschirr an Land schweben. Gestern dachte ich, das Entladen würde eine Woche dauern. Es geht viel schneller. Vielleicht haben sie Hunger auf das gute Getreide? Nein, ich erfahre, dass man hier Reis bevorzugt. Der Weizen wird mit der Bahn in die Gebirgsregion des Nordens gebracht.

Kino und Rikscha-Rennen
Wir vertreten uns gerne die Beine an Deck und schauen uns um. Ein Knabe, vielleicht acht oder neun Jahre alt, schlägt unter uns auf einem Waggondach Purzelbäume. Er lacht und winkt und zeigt seine Kunst. *„Please money!"* Auch sein Rufen ist sympathisch. Ähnliches kennen wir von anderen Häfen. Hier müssen wir

handeln. *„I look for money!“*, höre ich mich und bin schon unterwegs. Wechselgeld haben wir alle irgendwo. Der Knabe macht sein Geschäft. Es ist toll, wie er die Münzen fängt. Der Junge kann etwas Englisch. Als unsere Münzen in seinen Besitz übergegangen sind, ist er erschöpft, setzt sich. Ich frage, ob er heute schon in der Schule war. Ja, das war er. Was er denn sonst macht außer Schule und Turnen? Er würde versuchen, an Geld zu kommen. Was er damit macht? Er bringt es nach Hause. Was würde er lieber tun als Geld einsammeln? Ins Kino gehen. „Ist heute Kino?“ „Ja, man kann immer hineingehen. Der Film läuft mehrmals hintereinander.“ „Ich möchte ins Kino, zeigst du mir, wo es ist?“ „Kann ich mit rein?“ „Ja, warte ich komme bald!“
Wir gehen gemeinsam los. Mit seinem Namen habe ich ein Sprachproblem. Ich darf ihn Ingo nennen. Darauf zu kommen, ist in Indien nicht schwer. In meinen Augen ist er eine typisch indische Erscheinung. Pfiffiges Auftreten und sein Englisch erheben ihn zum Star. Wenn ich hier einen Film drehen dürfte, dann mit ihm. Was rede ich daher? Unser Film läuft schon! Er nennt mich Chief, wir sind uns einig. Unsere Harmonie ist wohltuend. Ich bin in einer Welt angekommen, die mir sympathisch ist. Wir gehen an einfachen Behausungen vorbei. Ingo saust beiseite und ist gleich wieder da. Nicht allein, auch sein Freund ist dabei. Zu dritt gehen wir weiter. Bald sind wir vier und irgendwann beinahe ein Dutzend!
Wie bei uns kann man auch hier vor dem Kino Süßigkeiten kaufen. Jeder erhält eine Tüte nach Wunsch. Ich bin so etwas wie der Weihnachtsmann. Der Film begeistert die Burschen. Felsen werden von starken Männern geworfen. Helden können Feinde und deren Behausungen zerstören. Die stärkeren sind gute Menschen, meine ich zu erkennen. Das Getöse geht tief in die Ohren. All zulange halte ich das nicht aus. Ich habe mein Soll erfüllt und verlasse den Saal. Draußen frage ich den Tütenverkäufer, ob er den Film kenne. Ja, der wäre gut. „Was soll die Darstellung von unmöglichen Vorgängen, z. B. das Werfen mit Felsen?“ „Im Kino wollen wir sehen, was es im Leben nicht gibt.“

Man ruft meinen Namen. Wer kennt mich hier? Ich schaue mich um. „Wir sind hier oben!“ Ich erkenne Funker, Elektriker und Matrosen. Schon bin ich auch oben. Die schattige Dachterrasse ist einladend. Es gibt kalte Cola, eine kleine Flasche für acht Pfennig! Neben mir wird gewinkt und gerufen. „Warum schreit ihr so?“ „Wir feuern unsere Mannschaft an!“ Unten sehe ich mehrere Rikschas. Matrosen der „Nordmeer“ sind dabei, eine Wettfahrt zu veranstalten. Sie lassen sich von Kulis ziehen. Hier oben wird gewettet. Jeder favorisiert ein anderes Gespann. Wer verliert, zahlt die Cola.
Ich sehe eine Erniedrigung der Kulis und will dem Treiben ein Ende setzen. Nein, nein, das ist Spaß. Die Kulis wollen das auch. Sie werden fair bezahlt.
Und noch etwas. Beinahe unauffällig, dennoch nicht übersehbar, stehen plötzlich Frauen aufgereiht an einer Wand neben uns und lächeln, wir erwidern es höflich. Das Spektakel unten fesselt unsere Aufmerksamkeit. Die Frauen sind plötzlich fort. Und dann stehen wieder einige da, aber andere. Was soll das? Ein Matrose hat Durchblick. Er spricht mit einer Frau und verschwindet mit ihr. Sehr bald kommt er wieder. „Die will ich nicht, die ist geflickt!“ Dabei hat er den Hauptgewinn ergattert. Wir meinen, dass für arme Leute selten eine Blinddarm-OP bezahlt wird und vermuten, dass die Dame jetzt traurig ist. Spontan wird eine Kollekte überreicht. Es wird noch spannender. Das Rikscha-Rennen ist vorbei. Die Matrosen zahlen Eintritt für das Riesenrad. Die Bezeichnung Zwergenrad wäre passender. Das grazile Holzgerät ist für Kinder gedacht. Und es passiert. Das Gerippe bricht zusammen. Große Heiterkeit allerseits! Ja, Heiterkeit! Ich muss erwähnen, dass wir in Indien

sind. Natürlich sind auch hier sehr viele Menschen, etwa wie bei uns zum Mai Einsingen. Der Betreiber muss entschädigt werden. Spaß kostet! Die Matrosen zahlen noch mal in seine Hand. Er beginnt schon gleich mit dem Aufbau. Hier ist also alles OK. Wie mag es der "geflickten" Frau gehen?

Kalkutta
Kalkutta liegt am Ganges, wissen auch jene, die nie da waren. Wir machen fest, fester als jemals zuvor. Nachdem die Manilas vorn und achtern und die Springs auf Pollern liegen, werden zusätzlich vorn und achtern Ankerketten angebracht. Auch das hat nicht immer der Boa getrotzt. Zusätzlich machen wir die Maschine jeweils vor der Flut seeklar, d. h. umstellen von Hafen- auf Seebetrieb. Also etwa im Takt von 12 $^1/_2$ Stunden. Das Wachpersonal geht hier im Hafen weiterhin Seewache. Für Landgang ist es vorteilhaft. Hätten wir Tagesdienst, könnten wir nur bei Dunkelheit von Bord oder an Sonntagen.

Seit wir in Indien sind, haben einige der Maschinenbesatzung Hitzepickel, kleine spitze Pusteln mit schwarzem Kopf. Ich habe auch diese lästigen und juckenden Dinger. Sie sind dicht beieinander am Brustbein wie eine Flechte. Das kommt vom Schwitzen und irgendwelchen Bakterien, die uns in Visakhapatnam erwischten. Ich lasse nach einem Arzt fragen. Der kommt, ist lieb wie ein Vater, untersucht mich gründlich, fasst mich dabei auch an. Ich hätte weiter nichts als diese Pickel, meint er. Man solle Nycyl bestellen. Das Pulver soll einfach auf die feuchte Haut gepudert werden. Es hilft immer. Das Mittel kommt, die Pusteln sind innerhalb von zwei Tagen verschwunden. Unsere Bordapotheke wird mit einigen Streudosen des hilfreichen Pulvers ausgestattet. Mein Behandlungserfolg macht die Runde. Allen Hitzepickel-Geplagten ist geholfen.

Der Anfang des Hafenbetriebs ist filmreif. Riesig lange Laufstege entstehen. Zu jeder Ladeluke führt ein solches Monstrum hinauf. Und dann beginnt das Laden von Kupfererz. Das schwere Zeug wird von Männern in Körben auf dem Kopf, barfuß die steile Schräge hinaufgetragen. Mit beiden Händen greifen sie den Korb. Es gibt kein Geländer und auch keine freie Hand, sich zu halten. Ein rhythmischer Gesang, natürlich indisch, lässt alle im Gleichschritt und stolzer Haltung hinaufsteigen. Der sich wiederholende Ausruf klingt ähnlich dem Namen des vorigen Hafens. Ich höre monoton: "Visa-Visa-Gapatnam, Visa-Visa-Gapatnam," usw. Bis 30 Kilogramm wiegen die Körbe. Wenn sie in den Laderaum geschüttet sind, erhält der „Kuli“ eine ostafrikanische Kauri-Muschel mit dem Wert der kleinsten Münze, sagt man.

Unterwegs mit James
Wir haben Informationen über Sehenswertes. Hier hatte sich die englische Kolonialmacht gut eingerichtet.
Am Tor wartet stets eine Gruppe größerer Jungs. Sie bieten sich als ortskundige Begleiter an. Ein junger Mann ist mir sympathisch. Er spricht klares Schulenglisch. Seinen Namen kann ich mir schwer merken. *„May I call you James? I am Henry.“*
„OK Sire, you are my boss!“
Es gibt English Gardens, eine große Anlage mit Sportplätzen und Parks. Ich besuche das Queen Victoria Memorial, einen schönen weißen Marmorbau und die Skulptur einer unglaublich dicken Queen. Feine indische Familien sehen sich das auch an. Es ist eine der ganz großen Attraktionen. Das Gebäude ist eindrucksvoll, aber auch die Saris der Frauen. Es sind riesig lange Stoffbahnen, die kunstvoll drapiert werden.

Einige Frauen haben nur eine Schulter bedeckt. Die andere Seite ist frei bis unter der Brust. Das sieht sexy aus, ist aber auch klassisch schön!
In großen Markthallen kann man eine Vielfalt an Mustern auf feinen Stoffen bewundern. Die Warenangebote sind verführerisch.
Auch den Bahnhof schaue ich an. Die Stadt hat ein westlich geprägtes Zentrum. Ich habe hier in Kalkutta ständig das Empfinden, im Gedränge zu stecken. Mein Gott, Herr im Himmel, woher kommen diese vielen Menschen?

Ich will, besser gesagt, ich muss ein Geschäft erledigen. „Wait please, we look for hotel!" Das möchte ich eigentlich nicht. Ich will es erledigen, wo alle hingehen!
Weit ist es nicht. Wir kommen an einen breiten Bach, wenig seichtes Wasser bedeckt kaum den Grund. Auf Steinen balancierend kann man die Schuhe trocken halten. Ich suche nach einer Stelle, wo ich stehen kann, ohne menschliches Gold zu berühren. Mein kleines Geschäft ist schnell erledigt. Es könnte gesellig sein unter vielen ungenierten Leuten. Aber Duft, Fliegen und krabbelnde Exoten beschleunigen meinen Rückzug. Auch das ist Kalkutta!

James ist wie ein Freund, der alles weiß. Ohne ihn würde ich nicht so gern unterwegs sein. Wir treffen uns immer am Tor. Er handelt den Taxipreis aus und regelt auch sonst alles. Ich kann ihm deutsches Geld anvertrauen. Etwa mit dem doppelten Wert als bei legalem Tausch taucht er wieder auf. Für 50 DM-Scheine zahlen wohlhabende Leute Liebhaberpreise.
Unser Funker kommt auch gern mit. Wir sehen ein einladendes Restaurant und gehen hinein. Man führt uns an einen Tisch. Als wir uns setzen, bleibt James stehen. *„I invite yo for lunch:"* Der Wirt kommt und spricht mit James. *„I may not sit down in this house."* James sagt das so, als sei es selbstverständlich, dass er nicht als Gast akzeptiert wird. Das hat mit dem Kastensystem zu tun. Der Funker und ich tragen den Tisch vor die Tür. Auch hier darf James nicht sitzen. Mir fällt eine Lösung ein. Ich frage James, ob man sich auch Speisen einpacken lassen kann. Das ist möglich. Wir könnten zu ihm fahren und auch für seine Familie etwas mitnehmen, schlage ich vor. Wir werden uns einig. Der Wirt trägt seinen Glastisch ins Restaurant. Er weiß inzwischen, dass wir die Speisen auf ein deutsches Schiff mitnehmen. Kapitän und Offiziere werden die Kunst seines Kochs loben. Wir sind zufrieden und warten geduldig draußen auf den verbliebenen Stühlen, auch James. Als Fremde in diesem Land unterlaufen wir die Tradition! Unser Verhalten ist ungehörig. Aber wir bestellten jetzt nicht für drei, sondern für sechs Personen. Dafür kann der Wirt ein Auge zudrücken.
Bald trägt James ein in Zeitungspapier gehülltes dickes Paket. Wir fahren mit Taxi zu seiner Wohnung. In einem abgeschabten Haus liegen kümmerliche Matratzen, darauf Kleidung. Ein Stuhl ohne Sitzfläche ist das einzige stolze Möbel. Ein Ventilator pustet heftig Wind mit unbezahltem Strom. Von einem Mast baumeln etliche Kabel herab. Das kann man von hier unten deutlich erkennen. Viele Haken sorgen oben für Halt. Der auf dem Boden stehende Verteiler ist ohne Sicherung angeschlossen. Es gibt keine Türen. Es muss wohl stets jemand dieses Domizil verteidigen. Wir befinden uns in wahrlich kümmerlicher Umgebung.

James Familie besteht aus einem Freund und zwei jungen Frauen. Eine hat weiße Haut und helle Haare, wirkt mit ausgeprägten Muskeln auf mich wie eine trainierte Sportlerin. Sie kommt aus Nepal und hat sich allein nach Süden durchgeschlagen. Ich denke, dass sie Albino ist und als Sonderling nicht akzeptiert wurde. Was auch immer der Grund ihrer Wanderung ist, sie ist hier! Die vier scheinen mit ihrer

Situation zufrieden zu sein. Und zwischen uns sorgt das auseinander gefaltete Papier für Feststimmung. Darunter erscheinen Bananenblätter. Es sieht so aus, als kämen die Speisen aus dem Schoß der Natur. James Freund hat für einige Rupien Limonade geholt. Wir essen mit Fingern und trinken aus der Flasche. Der Funker und ich sind keine Entwicklungshelfer, bringen dennoch ein gelungenes Fest für die kleine, zufällig zusammengewürfelte Gruppe zustande. Ein Festmahl in einer Umgebung aus Provisorien, das mir vom Schicksal offenbart wird wie eine Erinnerung an meine Flucht. Ich liebe das Leben! Genau jetzt!

2. Ing. Ingo Christiansen und ich sind an einem Abend mit James in einem Restaurant. Er hat es uns empfohlen, denn er wird auch akzeptiert, allerdings mit einem Trick. Wir Europäer benötigen jemanden, der dolmetscht und Gewürze erklärt. Wir genießen einen leckeren Abend bei bester Laune.

Das hilflose Baby

Zu später Stunde brechen wir auf. In der Dunkelheit sehe ich unmittelbar neben mir im hellen Lichtschein ein nacktes Kind am Rand eines Bürgersteigs. Stopp, stopp! Das Taxi hält. Warum ich anhalten will, ist leicht gesagt. Wir müssen uns um das Kind kümmern. Es liegt ganz allein nackt auf einem winzigen Tuch. Das Kind benötigt Hilfe! Nein, nein, es ist üblich, Neugeborene an Stellen abzulegen, wo Schwestern eines Ordens sich ihrer annehmen. Das ist hier ein solcher Platz unter der Laterne. Ich will zu dem Kind. James hat das erkannt und redet neben dem Auto stehend auf mich ein. Wir könnten für das Kind nirgendwo um Hilfe bitten. Nach heftiger Diskussion fahren wir gegen meinen Willen weiter. Könnte unser Kapitän über die Agentur nicht doch? Auch heute noch sehe ich das Kind hilflos neben der Straße liegen.

Das Kind beschäftigt mich. Ich beginne, mich zu informieren. James weiß, dass besonders neugeborene Mädchen abgelegt werden. Diese Möglichkeit besteht nur in Kalkutta durch die Tätigkeit eines Ordens. Landesweit werden wegen traditionell teurer Mitgift viele Mädchen getötet. Mit James Hilfe versuche ich, mehr zu erfahren. Parkbänke in den English Gardens nutzt man bevorzugt zum „Ablegen". Das Domizil des Ordens finde ich nicht. Erst Jahre später erfahre ich von Mutter Teresa.

Bomben fallen

An einem anderen frühen Abend bin ich mit meinem Kollegen Ingo losgegangen, einfach so, um die Stimmung zu erleben. An viele bettelnde Menschen haben wir uns gewöhnen müssen. Sich immer im Auto zu verschanzen und an dem Elend vorbeizufahren, ist nicht das wahre Indien. Wir sind ständig im Dialog. Das bedeutet, wir hören Fragen, verstehen sie nicht und antworten: *„Sorry I do not understand!"*
Weit sind wir in Richtung Stadtmitte vorgedrungen. Eigentlich müssten die Laternen längst brennen. Es ist dunkel. Wieso gehen die Lichter nicht an? Kein Auto fährt. Außer schwacher Glut armer Leute ist kein Licht zu entdecken. Und dann hören wir in der Ferne Donner. „Das ist kein Gewitter, das ist eine Bombe!" stelle ich fest. Uns fällt ein, dass es Kriegshandlungen zwischen Pakistan mit China gegen Indien gibt. Darüber wurde an Bord gesprochen.

Indien legt sich zur Ruhe. Wir hören weitere Detonationen. Aber was kann man dagegen tun? Die Bevölkerung ist so hilflos wie wir. Es ist nicht bedrohlich, scheint nicht näherzukommen.

Unser Spaziergang wird kritisch. Wir sehen kaum etwas und kollidieren mit sitzenden und liegenden Menschen. Es ist unglaublich, wie viele draußen leben und schlafen.

Uns fehlt die Orientierung. Da hinten ist ein Schimmer. Wir diskutieren und kommen zum Schluss, dass es die Schiffe im Hafen sein müssen. Es grenzt an ein Wunder, dass wir in der Dunkelheit ein leuchtendes Ziel haben. Wir versuchen, auf kürzestem Weg voranzukommen. Offenbar gelangen wir auf Abwege abseits regulärer Straßen. Immer wieder sind Menschen im Weg und Tiere. Die springen erschreckt auf oder liegen wie ein mächtiger Klotz. Es sind die heiligen Rinder. Wir tasten und stolpern durch die lebendige Dunkelheit. „Das Einfachste wäre, sich hinzulegen," meint Ingo. Das ginge, falls möglich, nur im Unrat. Die sauberen Stellen haben die Einheimischen belegt. Unrat, Mist und Sch.. sind unser Pflaster.
Irgendwann können wir die Lichter Frachtschiffen zuordnen. Unsere Vermutung erweist sich als richtig. Gott sei Dank! Dreckig und verschrammt erreichen wir glücklich unsere „Nordmeer". Nach kurzem Hallo geht Ingo ins Ingenieur-Bad und ich ins Bad der Assis. Unser Erlebnis ist ein Beispiel dafür, dass es einen aus heiterem Himmel erwischen kann.

Fieber

Ich habe plötzlich Fieber. In meinem Gesicht erkennt man rote Ringe. Das Spiegelbild bestätigt die Beobachtung. Ein Arzt kommt und ordnet eine Schwitzkur an. Wie soll das gehen? „Erwärme eine Flasche Bier und trinke sie so warm und schnell wie möglich. Und dann gleich in eine Wolldecke einrollen und zwei Stunden ruhig liegen!" Gesagt, getan. Nach einer Viertelstunde würde ich die Kur gern abbrechen. Es gibt kein Entrinnen. Der Arzt und ein Kollege sitzen bei mir. Woher kommt das Fieber? Vorgestern kontrollierte ich den Saugstutzen in einem Ballastwassertank. Der ließ sich nicht völlig leer pumpen. Ich war bis an die Waden im Wasser und fummelte mit den Händen darin herum. Es stank hier drinnen wie überall draußen nach Ganges.
Die Ursache ist das Beladen des Schiffes. Mehrere hundert abgemagerte Inder schleppen schwere, mit Erz gefüllte Körbe die Stiege hinauf und schütten diese so früh wie möglich aus, natürlich alle an derselben Seite. Die Folge ist Schlagseite. Der kann man begegnen, indem man das mit Ankerketten gesicherte Schiff mit viel Aufwand wendet. Oder man gleicht mit Ballastwasser aus, was den Vorzug hat, dass man nicht mehrmals manövrieren muss, sondern nur einmal. Ich vermute, dass das Wasser des Ganges mein Fieber auslöste.
Nach zwei Stunden Schweiß ist meine Wolldecke klatschnass. Der Arzt sagt, ich könnte jetzt duschen, wenn ich nicht Schwindel habe. Danach werde ich nochmals untersucht und zum geheilten Patienten erklärt.

Flusspiraten

Wir beobachten eine Gruppe trainierter Sportler. „Stehen die beim Paddeln im Boot? Kann man das?" Ein Kieker wird geholt. Durch das Glas erkennt der „Fernseher", dass die Männer auf einem Floß stehen und kräftig das Stechpaddel durch den Ganges ziehen. Ein Bild für die Götter und keine Wochenschau hat einen Kameramann geschickt. Das kann uns eigentlich egal sein, denn wir sehen ja die flotten Inder. Jemand kommt vorbei, sieht auch das faszinierende Bild. „Piraten", sagt er über die Schulter. Ich rufe hinterher: „Piraten auf dem Ganges?" Der alte Fahrensmann bleibt stehen. „Die leben auf einer Insel im Delta, sie beobachten die Umgebung, bekommen alles mit und klauen, was sie wollen. Wir müssen aufpassen." Gut, dann passen wir auf, damit sie uns nicht beklauen.
Gesagt und aufgepasst, als sie gleich Kurs auf uns nehmen. Warum kommen sie? Es ist wunderbar, ihre drahtigen Körper in harmonischer Bewegung zu erleben. Sie kommen Längsseite. *„We like wood!"* ruft einer. *„We need our wood!"* lautet unsere

Antwort. Sie rudern an der Bordwand entlang, ganz langsam nach achtern. Das war ein interessanter Besuch. War? Nein! Jemand versucht an Deck zu kommen. Ein Anker wird geworfen, greift nicht an der Bordwand, fällt zurück. Ein neuer Versuch und noch einer. Das werden wir vereiteln. Unser Stauholz liegt vorn und achtern. Es müsste eigentlich schon in der Vermessungsluke sein und auf den nächsten Einsatz warten. Und dann taucht der Kopf eines Piraten auf, jetzt balanciert er taumelnd auf der Reling. Na warte, dich haben wir gleich. Wir spurten los und sind rechtzeitig da, bevor er an den Holzstapel gelangt. Er erschreckt, als er uns sieht, weicht ängstlich auf der Reling weiter nach achtern aus. Jemand will ihm einen Stoß versetzen. Das ist nicht nötig. Wie ein Turmspringer bei Olympischen Spielen taucht er kopfüber elegant ein in das trübe Wasser. „Wo ist das Floß?" „An der Back!" Wir rennen zum Vorschiff. Bevor wir dort ankommen, sind drei Piraten formvollendet von der Reling gesprungen. Der Holzstapel schwimmt auf dem Ganges. Unsere Widersacher fischen die einzelnen Bretter aus dem Fluss. So schön im Gleichtakt wie sie kamen, entfernen sie sich. Gelernt ist gelernt. Die können ihr Handwerk!
Ich sehe sie noch einige Mal. Zu uns kommen sie nicht mehr. Wir kennen ihren Trick. Dass inzwischen unser Stauholz-Rest sicher untergebracht ist, können sie sich auch denken. Sie haben vermutlich einen Spion, der sich auf Schiffen informiert.

Hühneraugen

Hannes Tienken, unser Storekeeper, wartet auf einen Hühneraugenentferner. Er weiß, dass es hier immer welche gab. Wir sollen ihn informieren, wenn einer kommt. Hannes wird nicht enttäuscht. Ich schaue zu. Hannes sitzt auf einem Poller. Die sind immer Zwillinge an Deck. Der Medizinmann sitzt vor ihm und knetet seinen nackten Fuß. Aha, bei Druck auf diesen Punkt ruft Hannes. „Au!" Eine außergewöhnliche Prozedur beginnt. Ich empfehle allen Leserinnen und Lesern: Bitte aufmerksam zuschauen, das sehen Sie nie wieder! Der „Behandelnde Arzt", nachfolgend BA genannt, zieht ein feines Federmesser aus einem Futteral. Er beginnt mit dem Abschälen der Hornhaut. Ein kleiner rosa Kreis schaut bald aus schroffer Kruste. Das Messer verschwindet in Futteral und Tasche. Jetzt liegt ein Fläschchen in der offenen Hand, weniger als zehn Zentimeter mit Schraube. Es wird geöffnet. Ein Schnuller kommt unter der Kappe zum Vorschein. Damit kann der BA punktgenau einen knallroten Tropfen mitten auf dem rosa Fleck platzieren. Das verschlossene Fläschchen verschwindet. Sind Sie noch da? Gleich geschieht Unglaubliches! Aus der Hosentasche kommt wieder keine leere Hand. Ein schrumpeliges Etwas wird sichtbar. „Bitte zeig uns das genau!" Zwischen Zeigefinger und Daumen hält unser BA ein krummes Ding, ca. sechs Zentimeter lang, kaum bleistiftdick, der Darm eines Tieres, sagt er. Es handelt sich um ein unförmiges Röhrchen, an einem Ende deutlich dicker, ja wie ein Trichter. Der BA sitzt völlig ruhig. Aha, warten! Wir warten nicht lange, etwa zwei bis drei Minuten. Ehrlich, unsere Neugier wird gesteigert, oder? Und jetzt kommt der große Moment. Das schrumpelige Ding wird mit BA-Spucke gesegnet und mit dem dicken Ende über dem roten Fleck aufgesetzt, der vorher ein Tropfen war. Der BA beugt sich nieder und saugt. Er saugt mit aller Kraft und hohlen Backen. Und jetzt sehen wir sein geniales Können. Während er saugt, steckt er auch noch einen Zeigefinger in den Mund. Unser BA zieht den Kopf zurück. Jetzt hält der nasse Finger das Röhrchen zu. Ruhe, wieder Ruhe und warten! Geduld bitte, jetzt warten wir fünf sehr lange Minuten. Verbrieft ist diese Zeit nicht, denn der BA richtet sich nach seiner inneren Uhr. Das schrumpelige Ding wird behutsam abgehoben. Und jetzt bitte ganz genau hinschauen. In der erweiterten Öffnung erkennen wir einen feinen roten Faden auf braungelbem Grund. Das ist der Nerv des Hühnerauges! Der Test folgt. Der BA drückt auf das geheilte Hühnerauge, Hannes auch. „Ich habe es euch gesagt, in Kalkutta kann man prima Hühneraugen entfernen lassen!“ Hannes hat sich von einem Schmerzpunkt befreien lassen. Er hat noch mehr. Ich weiß die Anzahl nicht mehr genau. Liebe Leserinnen und Leser, ich schlage sieben an jedem Fuß vor. Falls Sie diese Beobachtung als Seemannsgarn vortragen wollen, klingt sieben gut. Sie können auch den Darm verschiedener Tiere auswählen, z. B. von Katze, Igel oder Affe. Ach, erzählen Sie einfach was Sie wollen. Aber wenn Sie an Hühneraugen leiden, reisen Sie nach Kalkutta!

Ratten

Der Ganges hat hier immer einen etwas strengen Geruch. Er bietet eine wechselhafte Stimmung durch Boote und Wasservögel, Kadaver und schwimmenden Unrat, Menschen, die ihre Notdurft verrichten und sich waschen. Unterschiedliches Tageslicht hat Anteil an der Atmosphäre.
Eine urige Balkenkonstruktion schützt die Kaimauer. Hier beobachten wir dicke Ratten. Zum Glück haben unsere Matrosen Rattenbleche auf den Manilas angebracht, große Blechscheiben, die nicht überklettert werden können. Einer der Offiziere will ein gutes Werk vollbringen und schießt mit dem Luftgewehr auf die fetten Biester. Einzelne indische Rufe sind zu hören. Warum ruft man? Es folgt allgemeines Geschrei. Viele Arme mit geballten Fäusten recken hoch. Das Ziel eines jeden Inders ist die Gangway. Es dauert keine fünf Minuten, bis wir uns in unseren Kammern eingeschlossen haben. Die bedrohliche Lage hält eine Weile an. Der Tumult wegen der Attacke auf heiliges Leben beruhigt sich sehr langsam.

Feuerbestattung

An einem Sonntag fahre ich mit James hinaus zu den Ghats Varanasi. Ich weiß nur, dass es sich um eine Sehenswürdigkeit handelt. Hier ist der Eingang. Wir wären gleich da, meint James. Auf einem Reisighaufen liegt ein Greis. Er schaut mich an und streckt mir seinen Arm entgegen. Im Weitergehen entscheide ich ihm etwas zu geben, wenn wir zurückkommen. Es kokelt mir entgegen. Ich rieche Barbecue und sage das zu James. *„Wait please, no Lunch!“*
Mein Gott, hier werden Tote verbrannt. An mehreren Stellen haben sich Gruppen versammelt und wohnen der Verbrennung bei. Wir sind nicht in Eile. Ich finde Gelegenheit, Blicke auf Scheiterhaufen zu werfen. Einige sind nobel. Der Verstorbene liegt umgeben von glatten dicken Hölzern. Flammen lodern mächtig. Es qualmt und riecht, na ja, Entschuldigung wie Braten. Und dann sehe ich Scheiterhäufchen aus Reisig. Das Verbrennungsergebnis ist entsprechend. Asche, oder wie immer man die Reste auch nennen will, landen im Fluss. Die Stimmung ist nicht traurig, eher Gelassenheit vermitteln mir die Gruppen. Sogenannte Unberührbare, die unterste Kaste, verrichten alles von Vorbereitung über Verbrennung bis zur Säuberung. Der Nächste bitte! Wir verlassen den unwirklichen Ort. Ich habe einige Scheine, etwa im Wert von vielleicht zwei Mark herausgesucht. Der Mann schaut mich nicht an. Er liegt auf dem Rücken und sieht starr in den Himmel. Mich trifft es blitzartig. Ich bin ergriffen und traurig. Ich komme zu spät. Er wollte kein Geld, er wollte meine Hand! Ich bin verstört. Wo bin ich eigentlich? Ist das wahr? Ich schaue zum Reisighaufen und dann auf meine Füße. Hier wabbelt alles. Der Boden ist weich und von Tausenden Füßen gestempelt. Hierher kommen alle lebend oder tot.
An Bord empfängt mich der Gesang der vielen Männer, die Kupfererz in Körben die Laufstege hinaufschleppen. Meine Stimmung erlaubt mir, von dieser elenden Strapaze Fotos zu machen. Ich gehe nahe heran und knipse auch ihre nackten Füße. Danach habe ich das Empfinden, im Apparat einen Schatz aufzubewahren.

Howrah Bridge

Die Howrah-Brücke ist riesig und wird von vielen benutzt, sagt James. Er empfiehlt mir eine Rikscha. Der Fahrer, besser gesagt, der Läufer, erhält die nötigen Informationen. Am Abend nach dem Essen geht es los. In der Dunkelheit erkennt man mich in der Rikscha nicht als Europäer. Das Betteln entfällt. Ich genieße ungewohnte Ruhe. Was noch wichtiger ist: Ich erlebe einen Moment das wahre Indien, ohne es durch meine Anwesenheit zu verfälschen. Schon am Anfang der Brücke wird es eng. Mein Kuli, entschuldige bitte diesen Ausdruck, freundlicher Mann, wird als vorfahrtsberechtigter akzeptiert. Er kommt gut voran. Man macht ihm eine Gasse frei. Wir schieben uns durch eine Masse von Fußgängern, überholen sie. Der dumpfe Ton der Rikscha-Glocke übertönt das Gemurmel der Menschenmenge. Während ich über den Köpfen der Passanten dahinschwebe, mein Kuli zwischen den Deichseln trabt und im Abstand von etwa drei Sekunden die Glocke an eine Deichsel schlägt, genieße ich die magische Stimmung im schwachen Licht der Beleuchtung. Der Autoverkehr stört nicht. Er fließt zwischen breiten Fußgängerspuren und hinter Stahlträgern in der Mitte der Brücke. Auf der Seite der Stadt Howrah geht es durch turbulente Straßen unter Autohupen im Zickzack zurück auf die Brücke. Über dem Fluss ist ein Hauch von Luftbewegung spürbar. Ich atme tief und genieße diese wunderbare Stimmung. Die nehme ich mit an Bord und bleibe gern allein.

Britisches Seemannsheim

In der Nähe unseres Liegeplatzes befindet sich ein englisches Seemannsheim. Ein riesiges Schwimmbecken mit Überdachung ist eine Einladung zum Genießen. Hier sind wir einige Male. Man ist gut aufgehoben, kann auch allein hingehen. Ein neues Erlebnis für mich sind Chamäleons, die an Wänden schlafen oder auf Beute warten. Man kann sie berühren und erschrecken. Schon wechseln sie ihre Farbe. Eine andere Entdeckung sind DDR-Bürger. Ein junges, flottes Paar und ein weiterer Mann sind mir schon mehrmals aufgefallen. Sie sprechen Deutsch, grüßen nur knapp zurück und wenden sich ab bei der Frage: „Woher kommt ihr?“ Irgendwann ist das Paar allein. „Wir kommen aus Rostock, unser Politoffizier ist auf Toilette.“ „Wir kommen aus Hamburg über Kanada.“ Die beiden wenden sich dem zurückkommenden Bewacher zu.

Vor dem Gelände verkaufen Händler kunstgewerbliche Sachen. Ich verliebe mich in einen runden Tisch, 40 Zentimeter hoch und 60 im Durchmesser. In der Mitte befindet sich eine ebene Kreisfläche von knapp 15 Zentimetern. Drumherum gehen etwa einhundert Menschen im Kreis, alle in eine Richtung. Die ca. sieben Zentimeter hohen Figuren sind individuell verschieden. Eine unglaublich schöne Schnitzkunst. Der Händler fordert 70 Mark. So viel Geld habe ich nicht dabei.

An Bord denke ich darüber nach. Der Preis passt nicht in mein Konzept. Ich zaudere, denn ich will für die Zeit der Ing.-Schule vorsorgen und darf mich nicht verführen lassen, aber diese Gelegenheit ist verführerisch. Am folgenden Tag ist alles ganz einfach. Der begehrte Tisch ist nicht mehr zu haben. Ich kaufe einen Einfachen für 30 Mark. Inzwischen denke ich über 50 Jahre an das entgangene Kunstwerk. Ich hätte anzahlen und das Juwel so schnell wie möglich mit dem Restgeld abholen müssen.

Der Guru

An Bord erklingt immer noch der Singsang Visa-Visa-Gapatnam. Bald werden wir auslaufen. Schon seit unserer Ankunft unterhält ein Guru, so nennt man Männer, die sich für Heilige ausgeben, sein Lager am Schiff. Unser weißhaariger Greis hat ein Dutzend Knaben in seiner Obhut. Warum kampieren die hier Tag und Nacht? Und

dann habe ich eine Vermutung. Wir füllen nach Ankunft eine Zollliste aus, in der nach Wertgegenständen gefragt wird. Ich trage meine Kamera ein. Die vermisse ich nach einer Mahlzeit in der Messe gleich nebenan. Auch ein Wecker aus Kanada fehlt. Er hat oben dekorativ zwei dicke Glocken. Um bei Nachkontrolle Ärger zu vermeiden, melde ich den Diebstahl. Es ist alles bestens geregelt, denn wir haben einen indischen Wachdienst beauftragt. Der hat anscheinend nicht gut aufgepasst.
Heute ist der 24. September. Wir sollen auslaufen. Ein Inder kommt zu mir und verlangt eine Unterschrift auf einem Zettel mit indischer Schrift, ja Zettel. Es ist kein Formular. Ich verstehe nichts und gehe in den Salon, wo die behördliche Ausklarierung läuft. Hier erfahre ich, dass das Schiff nur auslaufen darf, wenn ich unterschrieben habe. Das tue ich auf keinen Fall, wenn ich den Inhalt nicht kenne. Ein neuer Zettel auf Englisch entsteht. Der 2. Off. betont, an der Unterschrift führe kein Weg vorbei. Dazu nickt Herr Kapitän. Ich bin hilflos und ahne ein Schwert über mir. So ein langes, indisches.

Visakhapatnam

Hier wird die Ladung ergänzt. Nach Schiffsankunft und Ende meiner Wache gehe ich um 16:15 Uhr an Land. Ich habe mich in Kalkutta auf einigen Ausflügen schon an Indien gewöhnt und will mich auch hier umschauen. Ich muss den Fluss mit einem Boot überqueren. Das klappt gut und ich genieße das Herumstromern, was durch aufdringliches Betteln beeinträchtigt wird. Das ist unvermeidbar. Wenn ich einem etwas gebe, wollen alle anderen auch etwas, was unmöglich ist.
Die indische Atmosphäre ist wie eine Aufforderung, über sich selbst nachzudenken. Deshalb bin ich aufgebrochen. Ich brauche einen Abschluss, einen Abschied von Indien. Ich kann es nur so erklären: Ich tauche ein und verliere mich. Es wird dunkel, Zeit zurückzugehen. Ich folge der Einladung, eine Fahrradrikscha zu nehmen. Sie ist nicht klassisch wie eine, die gezogen wird. Aber ich will zügig zurück. Auf geht es. Mein Fahrer tritt munter in die Pedale. Er kennt mein Ziel, den Bootsanleger. Bald bin ich irritiert. Wir haben die Straße verlassen und befahren einen stillen Weg zwischen Hecken, ein Wohngebiet mit großen Gärten. Er müsse kurz etwas erledigen, ruft er und nimmt eine Einfahrt. Dann sitze ich in einem zum Teil überdachten Innenhof. Mein Fahrer unterhält sich mit einem Mann und verschwindet mit ihm. Kurz darauf kommt eine junge Frau und stellt vor mir ein Glas ab und ein weiteres an einen freien Sitzplatz. Ich bin wieder allein. Misstrauen nagt in mir. Die Situation will mir nicht gefallen. Intuitiv denke ich an einen Krimi. Ich bin noch allein und tausche die Gläser. Was würde ein guter Regisseur empfehlen? „Trinken“, höre ich, aber trinke wie im Krimi. Ich sitze mit dem Rücken zur Wand. Vorsichtig schütte ich das Glas aus. Die Pfütze wird man nicht sehen. Die beiden kommen zurück. Ich wische mir mit dem Handrücken den Mund. „Gut so“, sagt mein Regisseur. Mein Fahrer nimmt einen ordentlichen Schluck und dann noch einen.
Auf geht es Richtung Fluss. Mein Fahrer radelt bald störend langsam. Was soll das? Ich rufe ihm zu: *„Hurry up, hurry up!“* Es hilft nicht, auch wiederholtes Anfeuern nicht. Er ist müde. Was tun? Der schläft ein und wie komme ich an Bord? Mein Regisseur hat mich verlassen. Ich muss allein klarkommen, den Mann wachhalten. Ich beuge mich vor und boxe auf seinen Rücken. Er tritt etwas kräftiger. Das wäre jetzt für den Kameramann. Ich boxe wiederholt auf den Rücken des Fahrers. Der trampelt nur, wenn er meine Aufmunterung spürt. Als ich das Ziel sehe, lasse ich ihn zurück. Bezahlt hatte ich im Voraus. Mein Fehler war wohl, dass er dabei mein Geld sehen konnte. Ich sollte einschlafen und nicht er. Der Bootsfahrer macht seine Sache korrekt.

Aus dieser Nummer bin ich mit einem blauen Auge herausgekommen. Eine Erfahrung mehr, mehr aber auch nicht. Denn es gibt vielerlei Attacken! Indien hat in mir etwas geweckt. Hier sehe ich Elend, das so maßlos ist, dass es über Leben und Tod entscheidet. Ich habe unter Kriegsgetöse die Flucht von Ostpreußen über das Haff nach Pommern überlebt. Dort lebten wir zwei Jahre, sammelten Beeren und Pilze, Wild fand unsere Schlingen nur selten, bot uns ein Festmahl und nährte die Hoffnung auf ein besseres Leben. Was finden die Armen hier zum Überleben? Haben sie Hoffnung auf bessere Verhältnisse? Die Abreise von Kalkutta und jetzt dies verstörende Erlebnis haben mich ins Grübeln gebracht. Menschen im tiefsten Elend erbitten eine Gabe. Ihre ehrlichen Augen verraten einen Moment der Hoffnung und sogleich Bitterkeit, wenn ich weitergehe, für beide schwer zu ertragen. Und dann der Rikscha- Besitzer als Kleinunternehmer. Oder hat er das Gefährt gegen Gebühr geliehen, erkannte eine einmalige Gelegenheit? Ich hatte Geld dabei für ein ordentliches Andenken.

Colombo

Schon weit vor Colombo ist Land zu sehen, wunderbare Strände unter Palmen. Dort würde man gern Urlaub machen.

Wir sind zum Bunkern hier. Andere Frachter warten schon. Wir wissen nicht, wann wir an der Reihe sind. Unser Aufenthalt addiert sich zu einigen Stunden. Die Situation erlaubt keinen Landgang. An Bord bedrängen uns Händler mit Tee. Davon habe ich keine Ahnung und kaufe keinen.

Ich habe Post bekommen und muss feststellen, dass einige Briefe von Jutta nicht ankamen. Der Schwund ist auf dieser Reise erstaunlich groß. Aber ich weiß jetzt, dass zu Hause alles O. k. ist.

Rotsee

Das Wasser ist spiegelglatt. Finnen von großen Fischen sieht man nicht nur in der Nähe, sondern auch in weiter Ferne. Abends setzen sich Vögel auf den Masten zur Ruhe. Wer weiß, wo sie hinwollen. Ich kenne die Gattung nicht.

Wir passieren die heißeste Stadt der Welt: Massawa. Die Hitze ist kaum zu ertragen. Auch das Duschen mit Seewasser ist kein wahrer Genuss. Zwei Mann haben Fieber. Sie nahmen die täglich vorgeschriebenen Resochin-Tabletten zur Malaria-Vorbeugung nicht. Ob es einen Zusammenhang gibt?

Suezkanal und Richtung Brunsbüttel

Hinter Rotsee mit einer Seewassertemperatur von 34 Grad wird es im Suezkanal angenehmer. Die Temperatur sinkt auf 29. Ich schließe die Bullaugen. Ungewohnte kühle erfrischt mich! Es folgt eine ruhige Reise mit der Ungewissheit, ob Jutta in Brunsbüttel zusteigen kann. Wir an Bord wissen, dass unser Reeder zuverlässig unsere Angehörigen über voraussichtliche Ankunftszeiten informiert. Das sollte mich beruhigen.

Wir fahren ruhig durch das Mittelmeer und dann in Sichtweite der Westküste Spaniens gen Norden. Die Biskaya ist bewegt, aber nicht bissig. Ich genieße die harmonische Mannschaft. Der gesunde Kern der Mackprang-Seefahrer-Familie gibt den Ton an. Jeder macht, was von ihm erwartet wird.

Eine nette Episode, die vertraulich ist, möchte ich anonym verraten. Man muss wissen, dass unsere Assistenten guten Kontakt zur Decksmannschaft halten. Matrosen sind bis auf wenige Ausnahmen im Tagesdienst beschäftigt. Das bedeutet, dass sie auf See am Sonntag nicht arbeiten. Am Sonnabend feiert man in den freien

Tag hinein. Manchmal ist auch ein Ing.-Assi in der Mannschaftsmesse dabei, z. B. mein Assi.
Schon bei der Wachablösung erkenne ich sein anderes Verhalten. Ich bin in der Regel vor ihm unten und spreche am Fahrstand mit meinem Kollegen. Dabei kann ich ihn herunterkommen sehen. Üblich ist, schon beim Heruntersteigen bestimmte Stationen zu kontrollieren. Der Rundgang endet auf der unteren Ebene. Er lässt einiges aus. Nachdem er die Wache seines und ich die meines Kollegen abgenommen haben, sind wir allein. Ich vermisse den üblichen kurzen Klönschnack mit ihm. Er ist ein lieber Kerl. Wie üblich geht jeder seine Runde. Heute scheint er einer ernsthaften Aufgabe zu folgen, denn sein gelegentliches nettes Lächeln bleibt aus. Und dann ist er nicht mehr da. Ich suche ihn, folge seinem Routinegang, kontrolliere dabei entsprechende Drücke und Temperaturen auf allen Ebenen. Auch Räume und Ecken, die abseits liegen, nehme ich unter die Lupe. Er kann nur noch im Wellentunnel sein. Tatsächlich, ganz hinten liegt er auf den Flurplatten. Ich gehe leise zu ihm. Er schläft friedlich unter dem Luftschacht, der angenehme Kühlung hereinbringt.
Da ist er gut untergebracht. Ich kenne seine turnusmäßigen Aufgaben und übernehme sie. Schließlich war ich auch mal Assi auf einem Schwesterschiff. Natürlich gehört sein Kontrollgang durch den Wellentunnel jetzt auch zu meinen Aufgaben. Bei der Gelegenheit kontrolliere ich die Schiffswellenlager, die Dichtung am Steven und meinen Assi. Er liegt nach wie vor friedlich. Um seine Gesundheit brauche ich mich nicht zu sorgen. Etwa eine halbe Stunde vor Wachende ist er wieder da. Er macht seinen Rundgang, wie sich das für einen ordentlichen Assi gehört. Ich muss mich abwenden, damit er mein Lachen nicht sieht. Im Gesicht und auf den Armen ist das Rautenmuster der Flurplatte deutlich zu erkennen. Ich sage nichts, er sagt nichts, worüber sollten wir sprechen? Nach dieser kleinen Episode verbindet uns ein gemeinsames Geheimnis. Ich wäre ein Idiot, wenn ich jemals an Bord darüber gesprochen hätte. Und mal wieder drei Stunden Assi sein dürfen, war auch nicht schlecht!

Brunsbüttel
Schon beim Einlaufen in die Schleuse sehe ich Jutta. Sie kommt gleich an Bord, als die Gangway frei ist. Ich gehe mit ihr in die Messe, wo sie ihren Reisepass zur Musterung abgibt. Das wurde vorab so abgestimmt. Ich habe Manöverwache und muss mich für den Fall eines Alarms bereithalten. Das bindet mich nicht an meine Kammer, denn der Ing.-Alarm ist auch an Deck zu hören. Der Vorgang des Schleusens ist für Jutta interessant. Natürlich sind wir an Deck.
Nach dem Essen muss ich in die Maschine. Meine Wache beginnt. Jutta ist mit mir unten. Schön ruhig passieren wir den Kaiser Wilhelm Kanal. Jutta wird an Bord bleiben. Wir freuen uns. Es ist Juttas erste Seereise. Um 16 Uhr endet mein Wachdienst. Jetzt habe ich wieder Bereitschaft, denn wir befinden uns noch im Kanal. Zur Absicherung erkundige ich mich über Juttas Anmusterung. Ihr Pass ist da, aber ohne Eintrag. Was nun? Jutta muss sich also zum Aussteigen in Holtenau vorbereiten, eine Enttäuschung!

Als Überraschung tauchen jetzt meine Eltern in Kiel-Holtenau auf. Sie nutzten die Information der Reederei, fragten sich durch. Ich bewundere sie und freue mich. Es ist, ehrlich gesagt, recht viel Freude und Sorge gleichzeitig! Das Familientreffen mit Hintergrundschatten ist ein Abenteuer!
In Holtenau wird der Kapitän abgelöst, erfahre ich. Man berichtet unsrem neuen „Alten“ vom Problem des 3. Ing. und seiner Verlobten. Kapitän Steinbeck kennt mich

nicht, bemüht sich auf Neuland. De facto scheint Jutta in Holtenau eingestiegen zu sein. Ohne Ankündigung möchte sie gemustert werden. Geht das? Kapitän Steinbeck versucht es und bekommt das hin. Das freudige Ergebnis trifft mit dem Abschied meiner Eltern zusammen. Freude und Abschied gleichzeitig zu erleben, eine Achterbahn meiner Gefühle!

Elbe- und Kanalfahrt mit zusätzlicher Manöverwache raubten Schlafzeit. Auf der Ostsee folgt ein Tag mit normalem Wachdienst. Danach sind wir auf Revierfahrt durch das Haff und die Oder nach Stettin. Die „Nordmeer" liegt tief mit ihrem Bauch voller Erz. Vorsichtig steuert der Lotse bei langsamer Fahrt um Untiefen. Einige Mal schlurft der Schiffsboden auf dem Grund. Aber dann ist es geschafft.

Stettin

In Stettin kann man ausgehen. Ein Tanzlokal wird besonders empfohlen. Wir gehen als kleine Gruppe los. Jutta erlebt erstmals gründliche Grenzkontrolle. Wir sind Klassenfeinde der polnischen Kommunisten. Die Grenzbeamten scheinen Soldaten zu sein. Sie haben Karabiner.

Im Lokal sind mehrere geschminkte Damen. Sie sehen recht einheitlich aus in Grün und Rot. Sie zeigen offen ihre Abneigung gegenüber unseren mitgebrachten Frauen. Die machen ihnen das Geschäft kaputt. Die Sitzpolster haben ihre guten Jahre lange hinter sich. Sie sind fleckig und verschlissen. Wir bekommen gute Getränke. Auch mit der Musik werden wir verwöhnt. Die Bedienungen sind freundlich. Wir genießen einen schönen Abend.

Zurück am Zoll sehen wir ein friedliches Bild. Einer unserer Matrosen hat den Karabiner des Wachmanns zerlegt. Gemeinsam empfangen sie den Segen aus einer Flasche. Seeleute neigen dazu, anders zu handeln als Landratten. Nach langen Tagen auf See suchen sie abwechselnde Gesellschaft.

Nyltest-Hemden haben den Vorteil, dass man sie nicht bügeln muss. Meine zwei hingen im Bad zum Trocknen. Sie haben einen Liebhaber gefunden. Das Bullauge war offen. Jetzt spare ich nicht nur das Bügeln, sondern auch das Waschen.

Göteborg

Wir fahren nach Göteborg. Zu viert gehen wir auch hier an Land. Wir gehen und gehen. Uns ist unverständlich, dass wir so weit laufen müssen. Wir haben uns daran gewöhnt, dass immer jemand da ist, uns ans Ziel zu bringen. Ach ja, hier sind wir in einem Land, wo alle gut versorgt sind und nicht auf eine Gelegenheit hoffen müssen, um über die Runden zu kommen. Irgendwann sind wir dort, wo es teuer ist. Das darf ausnahmsweise sein. Es wartet auch hier niemand, um uns den Rückweg zu erleichtern.

Unser Aufenthalt ist bald vorbei. Jutta und Ingos Frau Ingrid verabschieden sich. Sie werden mit einer Fähre nach Dänemark übersetzen und von dort mit der Bahn nach Flensburg fahren.

New York

Am 10. November treffen wir nach stürmischer Seereise früh in New York ein. Der Lotse berichtet über ein unglaubliches Ereignis. Stromausfall in New York und in weiten Gebieten der USA bis nach Kanada hinein! Chaos in der Stadt und überall!

Wir haben uns zum Landgang verabredet. Aber jetzt schätze ich die aktuelle Situation als unglücklich ein und verzichte. Der 2. Off. will seinen Bruder besuchen. Der lebt schon einige Jahre in NY. Gemeinsam mit dem Funker macht er sich auf den Weg.

Wir sind nicht hergekommen, um Chaos nach einem Black Out zu erleben. Nein, wir sollen die in Göteborg geladenen Volvos abliefern. Die MacGregor-Lukendeckel des 1. Laderaums werden aufgezogen. Das Staunen der Beteiligten verbreitet sich schnell und erreicht auch mich. Also suche ich eine Lücke zwischen Neugierigen und schaue in den Laderaum.
Etwa zwei Dutzend Volvos übernahmen wir einst in Göteborg. Sie wurden in soliden Holzgestellen in drei Schichten ganz vorn im Bug Flächen-sparend verstaut. Dahinter sollte Platz für weitere Ladung bleiben. Die kam aus irgendeinem Grund nicht.
Was ist denn das? Limousinen-Ragout könnte man diesen Mix aus krummem Blech und dicken, geknickten und gesplitterten Planken nennen. Dieser Schrott hat sich über den kompletten Boden des Laderaums ausgebreitet.
Niemand sagt, kommt wieder und bringt heile Autos mit. Überseehandel folgt festen Regeln: Die Fracht ist versichert. Der Laderaum ist bald leer und sauber.

Ich gehe an Deck, um die Stadt zu sehen. Mein Blick findet die besonders robuste Konstruktion der Anlegestelle. Vor der Kaimauer sind mächtige Balken angeordnet. Es herrscht Niedrigwasser. Wir liegen so tief, dass vom Hauptdeck nur diese Wand zu sehen ist. Ich steige zum Bootsdeck. Riesige Lagerhäuser versperren den Blick auf die Skyline von NY. Auch von unseren oberen Decks aus ist nichts davon zu sehen.
Unsere Landgänger verspäten sich um Stunden. Als wir endlich vollständig sind, können wir auslaufen. NY ist noch im Ausnahmezustand. Es wird dauern, bis man das Chaos sortiert hat.
Beim Verlassen der Stadt komme ich doch noch auf meine Kosten, kann die Skyline von Manhattan und die Freiheitsstatue sehen!
Der 2. Off. berichtet über die Arbeit seines zufriedenen Bruders. Der stattet Feste aus, Partys, wie man hier sagt. Es geht dabei auch um Blumengestecke und Sträuße. Wenn sich Party-Gesellschaften auflösen, wird alles was blüht, unverzüglich in mobilen Kühlschränken für folgende Partys an anderen Orten gerettet.

New Orleans

New Orleans empfängt uns nach dem Delta im engen Mississippi. Wir liegen an Anker. Eine Wartezeit von zwei Wochen kündigt man an. Landgang ist mit Barkasse gut möglich. French Quarter, Bourbon Street und Canal Street werden an Bord Schlagwörter. Nichts wie hin!
Auf der Bühne sitzen kräftige Männer und produzieren gewaltige Jazz-Musik. Ich bin kein Kenner dieser Kunst. Aber ich werde unmittelbar gefangen. Ja, ich will hier verweilen, möchte zuhören und genießen, was ich nicht kenne. Es ist wie eine neue Speise. *„You need a Drink I think!“* Ja, ich brauche einen Drink. Dass er gleichzeitig Eintritt in dieses musikalische Abenteuer bedeutet, weiß ich noch nicht. Warum auch? Ich erhalte einen Hurricane für 3 $. Das sind 12 DM! Auf der Bühne sitzen Schwarze mit Trompeten, nur Schwarze. Ich stehe zwischen Weißen, nur Weißen. Hier werden die Menschen nicht nur nach künstlerischem Können eingeordnet, sondern auch nach Hautfarbe.
Wir liegen über drei Wochen auf dem Mississippi. Jede Woche erwischen wir eine Beule. Mehrere Schiffe liegen recht nahe beieinander. Einmal hält der Anker eines anderen nicht, ein anderes Mal scheppert es richtig, als die Flut herein staut und die Schiffe sich um den Anker drehen, um ihre Ausrichtung nach der Strömung zu finden. Nicht alle drehen synchron, leider. Als unsere Nautiker das ihrem Schatz an Erfahrungen hinzugefügt haben, scheppert es wieder, als Wind die Ursache ist. Wir

schauen zu, wie sich alle Schiffe langsam um ihre Anker drehen. Was ist das? Wir drehen nicht, „Ver.. und zugenäht! Wir liegen im Windschatten des Japaners!“

Kapitän Steinbeck organisiert eine Stadtrundfahrt mit Bus. Im Zentrum befinden sich mehrstöckige stattliche Gebäude. Das French Quarter ist die Altstadt schlechthin. In den Außenbezirken sieht man nur flache, frei stehende Häuser. Man könnte meinen, alles sei ein riesiges Anwesen, da man keine Zäune oder Hecken findet. Weiter draußen beeindrucken große herrschaftliche Villen. Ich denke an die sogenannten Kavaliere und die Zeit der Sklaverei, an das Buch Mandingo von Kyle Onstott. Die stolzen Gebäude mit danebenstehenden riesigen Bäumen sind eine Pracht! Wir besuchen das Schlachtfeld von Chalmette. Es ist als Museum eingerichtet. Etliche Kanonen aus dem amerikanischen Bürgerkrieg sind im Freigelände in Reih und Glied aufgestellt.

Herr Kapitän hat mir etwas mitzuteilen, etwas Unangenehmes. Wir sitzen in seiner Kammer. Indien hat mich zu einer Zollstrafe von 600 Rupien verdonnert. Ich habe eine Wertsache verkauft oder unbeaufsichtigt gelassen, sodass man sie stehlen konnte. Beides ist ein Vergehen. Die Agentur hat die Strafe in meinem Namen gezahlt. Die Reederei wird 504,85 DM von meiner Heuer einbehalten. Das ärgert auch Kapitän Steinbeck. Er lässt sich den Vorgang schildern, denn er war in Kalkutta noch nicht an Bord.
Nachdem er ein Schreiben fertig hat, das ich Korrektur lesen kann, schickt er seinen Bericht zum Agenten in Kalkutta und an den internationalen P&I Club.

Wir arbeiten fleißig an unseren Hilfsmaschinen. Stromaggregate werden geöffnet, kontrolliert und zur Klassifizierung einem Agenten von „American Bureau of Shipping“ vorgeführt. Der schlägt seinen Stempel in den Stahl und stellt ein Dokument aus. Auch Pumpen zerlegen wir und wechseln Verschleißteile. Neben dem Tagesdienst gehen wir weiterhin Seewache. Das bedeutet, dass ich nachts von 12 bis 4 Uhr Bereitschaft habe und im Fall des Falles in die Maschine flitzen muss. Als wir im Maschinenraum fertig sind, kümmere ich mich um die Motoren von Arbeits- und Rettungsboot. Bei herrlichem Wetter arbeite ich bedächtig und lausche der Musik aus meinem Kofferradio, Made in Japan, gekauft in Stettin. Es läuft immer irgendeine Hitparade. Mir gefallen die aktuellen amerikanischen Schlager. Ich meine, dass nur blonde Frauen singen, denn ich höre sehr hell klingende Stimmen. Beschwören kann ich das nicht. Ich denke dabei an Table-Dancing auf der Bourbon Street, wo Frauen in Badeanzügen hinter Scheiben auf der Stelle tanzen. Es ist eher Beine-Schwingen mit links herum und rechts herum. Die Damen sind nicht alle blond. Aber hier im Boot hoch über dem Mississippi erinnere ich mich nur an Blonde mit hellen Stimmen.
Auf dem Fluss bewegt sich viel. Da sind Ausflugsdampfer, die nostalgisch schwarzen Rauch produzieren. Wenn sie vorbeifahren, höre ich Musik. Ab und zu werde ich wahrgenommen. Man winkt und ruft hallo und bye-bye. Respekteinflößende Schubeinheiten fahren vorbei, mehrere Schuten hinter- und nebeneinander. Dass das möglich ist, muss man in der Praxis sehen.

Auch einen Pastor besuchen wir weit draußen. Der Flachdachbungalow ist einer von vielen in einer gepflegten Siedlung. Auch hier steht alles auf einer riesigen gemeinsamen Rasenfläche. Drinnen ist es geräumig. Wir sind 16 Gäste, es hätten auch mehr sein können.

Ein Agent ist so freundlich und zeigt mir Außenbezirke. Wir fahren auf die Brücke des Pontchartrain. Sie endet irgendwo hinter dem Horizont. Auf halber Länge, etwa nach 20 Kilometern, gibt es eine Wendemöglichkeit, die wir nutzen. Hurrikan ist hier ein gefürchteter Sturm. Um mir die Wucht zu zeigen, fährt er auf ein riesiges Deponiegelände, wo ein Hurrikan seine Bahn zog. Waschmaschinen, Kühlschränke und alles andere wurde weggeblasen. Wir fahren durch die entstandene Schneise.

Als wir endlich zum Beladen am Silo liegen, stromere ich nach meiner Art unbefangen los. Nanu, was knallt auf die Straße? Ein Stein von der Größe einer Kastanie. Und da kommt der nächste angeflogen, etwas größer. Verdutzt bleibe ich stehen. Ich sehe einen jungen, schwarzen Burschen. Er hat noch einen Stein in der Hand. *„It is not your street!"* Der Stein trifft auch nicht. Es sollen wohl nur Schreckschüsse sein. Ich kehre um und gehe flott zurück. Mir fällt ein, dass Schwarze und Weiße in verschiedenen Straßen und Stadtteilen wohnen. Das habe ich schon mal gelesen. Als wir ins Zentrum fuhren, um Jazz zu erleben, waren wir auch eine getrennte Gesellschaft. Schwarze Künstler machten Musik für ausschließlich weißes Publikum. An der Kreuzung befindet sich eine Haltestelle. Ich nehme den nächsten Bus, steige hinten ein und setze mich. *„You may not sit here!"* Bin ich schon wieder in ein Fettnäpfchen getreten? Ich gehe nach vorn und bin einziger Fahrgast hinter dem Chauffeur. Nach geraumer Zeit denke ich, dass nur zufällig einzelne Touristen Bus fahren. Weiße haben Autos. Die ganze Zeit sitze ich als einziger Weißer im Bus, während Schwarze ein- und aussteigen. Ich erlebe die USA! Land der unbegrenzten Möglichkeiten! Oder Land zum Weinen?
Beim letzten schwachen Tageslicht erreiche ich die „Nordmeer". Schon hundert Meter vor dem Schiff gehe ich über dick verstreuten Weizen. Was wabbelt denn da? Gruppen vieler Ratten fressen sich satt. Ich bekomme nicht nur Gänsehaut, ich bibbere auch und gehe so schnell ich kann zur Gangway.

Schwarze Gang

„Die Schwarze Gang ist an Bord!" Was das bedeutet, weiß ich nicht. Es scheint nichts Gutes zu verheißen. Ist es auch nicht. Mehrere Polizisten sind gekommen, Muskel-strotzende Iren. Nachdem sie sich offiziell beim Kapitän angemeldet haben, machen sie sich jeweils zu zweit auf den Weg. Und schon sind sie bei mir. Schranktür auf, Schranktür zu, Laden unter dem Bett auf, Laden unter dem Bett zu. *„Come on!"* Also folgen. Ich folge ihnen. Es wurde angeordnet, dass jeder in seiner Kammer zu sein hat. Jetzt sind wir beim Elektriker. Schrank auf, die Taschen jedes Kleidungsstücks werden kontrolliert. Lade unter dem Bett auf, alles wird pingelig durchsucht. Nächste Lade auf, alles wird pingelig durchsucht. Lade ganz herausziehen, ausleuchten, unter der Koje ist nichts versteckt. Ich soll weiter folgen. Wir sind in der Kammer 4. Ing., wo der Chiefassi wohnt. Das Spiel wiederholt sich. Dann kommen die anderen Assis an die Reihe. Bei einem findet man Bilder schöner Frauen. Wie zufällig rempelt ein Polizist den jungen Mann. Der knallt an die Koje. Das tut weh! *„Sorry!"* Auf Backbordseite geht es weiter. Die Gründlichkeit der Untersuchung ist beeindruckend. Mehrmals erlebe ich, wie die Polizisten mit unerwarteter Drehung unsere Männer gegen Möbel rempeln. Sie haben Freude an so etwas, genießen Macht und Muskeln. Dann ist es vollbracht. Ich werde mit höflichem Dankeschön entlassen. Es ist üblich, dass die Polizei von einem Besatzungsmitglied begleitet wird. Das war diesmal ich. Zufällig oder weil ich der Ranghöchste auf dem Hauptdeck bin? Dass sie bei mir nicht suchten, sollte womöglich Basis dafür sein, dass ich ihnen wohlgesonnen bin. Fragt man mich, wie die Sache abgelaufen ist, habe ich zwei Antworten, eine für die Polizisten und eine unter uns. Endlich laufen wir aus.

Weihnachten in der Floridastraße
So steht es über dem umfangreichen Programm, das Kapitän Steinbeck getippt hat. Nachdem wir den Mississippi verlassen haben, sind wir endlich auf See und freuen uns über Normalität. Nur acht Stunden Wache täglich. Natürlich auch Weihnachten! Von Jutta kommt ein Telegramm, ein wahres Weihnachtsgeschenk auf See!

Im Salon sitzen 45 Männer und singen. Dann wird die Weihnachtsgeschichte vorgelesen und wieder gesungen. Es wird genüsslich gespeist. Kapitän Steinbeck hat vorher Interviews mit mehreren Besatzungsmitgliedern protokolliert. Es geht um tägliche und besondere Arbeiten und an Gedanken nach Hause. Eine gute Idee. Wir sind uns auf diese Weise näher denn je. Dann wird wieder gesungen. Jeder erhält ein kleines Erinnerungsgeschenk und eine „Bunte Tüte". Ich glaube, dass die meisten von uns ein wahres weihnachtliches Empfinden mitnehmen. Nach diesem gelungenen Abend bedanke ich mich bei Herrn Kapitän Steinbeck. Er schenkt mir eine Durchschrift seines Programms. Ich freue mich sehr und erkenne die Dimension. Diesen Schatz lese ich sorgfältig und hebe ihn im Notfall-Köfferchen auf. Silvester und Neujahr auf See sind angenehm. Die Stimmung ist prima. Nach der Weihnachtsfeier umarmt uns etwas wie Brüderlichkeit.

Nach und in Santander
Zunächst hieß das Ziel Italien. Wir sind für ROCCO in Charter und manchmal im Ungewissen. Nach einer knappen Woche auf Reede geht es in den Hafen. Man kann günstig Lederwaren einkaufen. Drei Paar Schuhe für insgesamt 53 DM nehme ich mit, auch einen Fotoapparat. Den habe ich seit Indien entbehrt. Mein Gewissen bezüglich sparen wird durch meinen Geburtstag besänftigt. Wir feiern an Land und dann auch noch an Bord. Es wird gern gesungen. Unser Kapitän hat die Lust dazu geweckt!
Ein Assi hat einen Ledersack entdeckt, aus dem man Rotwein trinkt. Das Ding wird über dem Kopf gehalten. Aus einer Art Düse fließt Wein im feinen Strahl. Den fängt man mit geöffnetem Mund. Das sieht abenteuerlich aus, ist ein toller Geck zur Unterhaltung.
Dieser nette Assi hat auf einem gemeinsamen Spaziergang einen Geistesblitz. Ein Knabe führt einen Esel. Wolfgang kombiniert: Esel + Palmwedel = Einzug in Jerusalem! Schon hat er einen langen Wedel abgebrochen und sitzt auf dem Esel. Seine Mission wird nicht erkannt, der erhoffte Menschenauflauf bleibt aus. Aber alle haben Spaß und der Knabe erhält einen Obolus als Eselmiete.
Januar ist auch hier kein Bademonat. Aber ich schaue mir den Strand an. Schön breit mit gutem Sand und dekorativen Felsbrocken im Wasser. Es sieht urig aus. Auf einer Anhöhe liegt ein Campingplatz. Von dort hat man einen schönen Panoramablick. Hier im Innenwinkel der Biskaya könnte man bei hoher Brandung Wellenreiten genießen wie in Südafrika, denke ich.

Unser Koch ist in New Orleans zurückgeblieben. Der Reservekoch zeigt uns, dass er der Herr in der Kombüse ist. Unser Meckern trifft auf harte Front. Er ist ein richtiger Mann, der es Seeleuten zeigt.
Eines Morgens steht ein schweres Motorrad vor der Kombüse. Niemand kann das Phänomen erklären. Wie kommt die schwere Maschine hierher und wer hat das geschafft? Wir denken an unseren Koch. Er weiß nichts, sagt er. Ja, an Land war er.

Auf die Frage, ob das Motorrad schon da war, als er zurückkam, antwortet er klug. „Wieso, meine Kammer ist auf dem Hauptdeck. Die Kombüse liegt ein Deck höher. Da komme ich gar nicht vorbei!" Da hat er recht. Diese Frage bleibt offen. Die Art des Transports befeuert eine Diskussion. „Schafft einer das allein?" „Dem Koch kann man das zuzutrauen!" „Die Gangway hinauf kann man das schaffen, aber der Aufstieg zum Bootsdeck ist steil." „Man könnte auch das Treppenhaus nehmen. Das ist breit und nicht steil." „Wer ist so respektlos und transportiert ein Motorrad im eleganten Treppenhaus?" „Eigentlich nur der Koch!"
Das Thema Motorrad kann einer höheren Unterhaltungskategorie zugeordnet werden.

Ingo und ich entdecken ein Kleinod. Ein unauffälliges Restaurant bietet halbe Brathähnchen an, schön knusprig. Während wir sie genießen, beginnt jemand zu singen. Ein einarmiger Mann mit einer Ausstrahlung, dass man ihn gern als Freund hätte. Er singt unbefangen ein Lied, das andere auch kennen. Mehrere Gäste stimmen ein. Der Freund der Gäste tanzt. Ja, er tanzt! Er fordert eine Dame auf. Sie tanzen und sind ein harmonisches Paar. Und noch eine Dame. Wir sind gefangen von dieser Vorführung. Unserem Freund wird ein Gläschen aus einer verchromten Flasche eingeschenkt. Er singt wieder, jetzt ohne Tanz. Und dann geht er. Das Lokal wirkt leer, als wären alle Gäste verschwunden. Auf unserem Teller liegen abgenagte Knochen. Das beschreibt die plötzlich eingetretene Nüchternheit. Wir trinken Wein und finden langsam in die Realität zurück.
Wir sind uns darüber einig, dass uns ein Zufall das Erlebnis schenkte. Zufall? Kann es sein, dass unser Wunschfreund auf seinem Heimweg hier auftaucht? Morgen kurz nach vier sind wir wieder hier! Und tatsächlich, er kommt und singt! Mehrere Male erleben wir diese besondere halbe Stunde.

Kapitän Steinbeck hat einen Bus organisiert. Es geht durch die Landschaft. In einem kleinen Ort steigen wir aus. Wohnort, wirklich Wohnort? „Si, si", versichert der Fahrer. Man sieht niemanden, wo sind Leute? Die sind in den Häusern und schlafen. Siesta! Aha, natürlich, es ist zwei Uhr am Nachmittag. Die Sonne scheint ohne Hitze zu erzeugen. Vielleicht sind die Holzläden wegen der Helligkeit geschlossen. Es sind Backsteinhäuser. Sie sehen aus, als hätten sie ihre Bestimmung erfüllt und verfallen jetzt. Es ist eine andere, eine bescheidene, vielleicht auch zufriedene Welt. Womöglich wohnt unser Freund hier und kehrt ein, wenn er nach der Siesta auf dem Weg zur Arbeit ist?
Und dann kriechen wir durch die Höhlen von Altamira. Welches Erlebnis! Decken-Malereien direkt über unseren Köpfen, beinahe 15 000 Jahre alt. „Bitte nicht berühren!" Nein, das machen wir nicht, aber fotografieren wird nicht untersagt. Ich sehe Bison, Pferd und Wildschwein. Ich muss nicht raten und denken „könnte das ein Bison sein?" Die Figuren sind deutlich und farbig, braun, gelblich und schwarz. Ich kann mir gut vorstellen, hier auf dem Rücken liegend an der Decke zu malen. Nach zwei Wochen verlassen wir Santander.

Hamburg

Am 27. Januar erreichen wir Hamburg. Zunächst liegen wir bei Blohm und Voss an der Pier. In der Maschine sind Rohrleitungen und der Abgaskessel auszuwechseln. Einige Hauptmaschinenteile werden dem Germanischen Lloyd vorgeführt. Dann geht es noch ins Dock. Das Unterwasserschiff wird von Bewuchs und Muscheln befreit und neu gestrichen. Es ist schön still an Bord. Wir haben Strom von Land. Auf der

Elbe schwimmen Eisschollen. Es ist lausig kalt. In den Kammern und den Messen haben wir elektrische Heizstrahler.
Jutta ist da. Wir haben es gut an Bord. Die Kombüse läuft sowieso mit Elektrizität. Jetzt werden unsere Mississippi-Beulen beseitigt. Das Wechseln einer genieteten Außenhautplatte ist für mich interessant, erinnert mich an die Lehre auf der Werft in Flensburg. Die Prüfung auf Dichtigkeit erfolgt mit hartem Wasserstrahl von außen, während ich drinnen schaue. Ob der auch überall sorgfältig spritzt? Nachdem das Spritzgeräusch abreißt, gehe ich an Deck und spreche mit dem Werftarbeiter. Er beruhigt mich. Wenn innen nichts nass wird, ist die Platte ringsum dicht. Mein unerschütterlicher Glaube an die Qualität von Werftgrandis ist plötzlich wieder da. Ja, die Platte ist ringsum dicht!
Kapitän Steinberg kümmert sich auch um Gäste an Bord. Jeder soll sich wohlfühlen. Ingo beendet seine Seefahrt. Er hat die Fahrzeit für die Erteilung des C6 - Patents erfüllt. Er will sich eine Landanstellung suchen. Das ist auch mein Plan. Ich ziehe um in die Kammer des 2. Ing. Meine blaue Uniform hat jetzt zwei Ärmelstreifen. Nach einer Woche im Dock wird vier Tage lang geladen. Über Bremen, Rotterdam und Antwerpen geht es nach Capetown. Wir sind froh, endlich wieder auf See zu sein. In Hamburg war viel zu überwachen. Die anschließenden Revierfahrten zehrten auch. In Hamburg haben etliche Leute abgemustert. Erstaunlich junge Decksleute sind jetzt an Bord.
Kapitän Steinbeck lässt abfragen, wie das Interesse an einer Äquatortaufe ist. Ja, wir veranstalten eine! Die Vorbereitungen sind willkommene Abwechslung auf der langen Seereise. Das Hauptutensil wird ein Pult, schwarz gefärbt mit einem weißen Kreuz. Wir wissen, dass Kapitän Steinbeck eine Ansprache halten wird. In Anlehnung an unsere Kenntnis, dass er Pastorensohn ist, entsteht dieser Ersatz einer Kanzel. Unser Alte akzeptiert diesen frommen Wink. Wir erleben eine heitere Zeremonie. Kapitän Steinbeck ist ständig anwesend und achtet auf harmonischen Verlauf. In der Ansprache heißt es, dass wir Spaß erleben wollen und dass eine Bewerbung für den Namen Hai eingereicht wurde. Abschließend sagt er: „Nachdem die Täuflinge ihre Namen erhalten haben, werden wir feiern. Vorher bitte kein Alkohol." Der Hai-Anwärter möchte sich diesen heldenhaften Namen nicht schenken lassen. Er ist bereit, dies unter Beweis zu stellen. Er durchsteht, wie alle Täuflinge vor ihm, das Standardprogramm mit viel Wasser und wenig Farbe. Die Hai-Zulage besteht nicht im Kielholen unter dem Schiff hindurch, sondern in frischer Luft. An einer Schlinge um seine Handgelenke wird er hochgezogen und muss das eine Minute ertragen. „Ich will noch aushalten!" Dem Wunsch kann man nachkommen. Der Abschluss ist seine Taufe. Er darf so lange mit dem Kopf unter Wasser verharren, wie er es schafft oder wie er will. Als er nach mehr als einer Minute auftaucht, wird er auf der südlichen Halbkugel als Hai begrüßt.

Kapstadt
Vom Reeder erhalte ich Post. Der „P&I Club" will sich um meine Zollstrafe in Kalkutta kümmern. Sehr nobel, dass man sich bemüht. (Nach Monaten wird die Strafe auf 100 Rupien herabgesetzt. Eine Rückerstattung erfolgte nie).

Hier und in anderen Häfen Südafrikas höre ich gern „Springbock Radio". Aktuelle deutsche Schlager und auch südafrikanische sendet man in Burendialekt, den wir gut verstehen. Morgens fängt es mit einem Ohrwurm an: „Opston!"

Durban/Missionsstation

Über mehrere Häfen gelangen wir auf dieser Reise nach Durban. Hier haben wir längere Liegezeit und erledigen dicke Arbeitsbrocken. Das sind Kolben- und Laufbuchse ziehen. Als 2. Ing. obliegt mir die Einteilung der täglichen Arbeiten von Ingenieuren, dem Elektriker und Reinigern. Das gilt ebenfalls auf See. Wenn um 8 Uhr meine Wache zu Ende ist, spreche ich mit dem Storekeeper. Nach dem Frühstück unternehme ich einen Rundgang und sehe, wie es läuft und ob Unklarheiten zu beseitigen sind. Manches Mal zieht sich das in die Länge bis zum Mittagessen. Soweit möglich, lese ich, gehe auf See gern auf die Brücke und spaziere über die Decks.

Kapitän Steinbeck hat wieder eine Tour organisiert. Mit Kleinbus und einem Fahrer, der Deutsch spricht, geht es Ostern über Pietermaritzburg zu einer deutsch-evangelischen Missionsstation. Sie liegt etwa 200 Kilometer von der Küste entfernt. Die Fahrt ist dank der guten Schnellstraße komfortabel.
Das Ziel ist eine karge Region mit abenteuerlichen Bergformationen in flachem Land. Mit Fantasie kann man sich Felsen als Lebewesen vorstellen. Der Fahrer setzt uns vor der Kirche ab. Wir betreten einen großen Raum mit Fensteröffnungen ohne Fenster, für das Klima ideal. Er ist gut gefüllt mit mehr als 100 Leuten. Jeder von uns findet einen Stuhl. Der Missionar sitzt vorn in der Nähe des schwarzen Pastors. Der spricht in fremder Sprache mit wohlklingender Betonung, dann erklingen bekannte Melodien, auch in fremder Sprache. Es ist familiär und so, als wäre ich schon öfter dabei. Die farbenfrohen Kleider mit schönen Mustern, nicht nur der Frauen, sind eine Augenweide. Die schwangere Frau des Missionars setzt sich zu uns. „Diese Station hat den Namen IN HOFFNUNG“, teilt sie mit. „Die Gemeindemitglieder sind Angehörige vom Volk der Zulu-Kaffern.“
Sie erklärt, dass bald Taufe und Konfirmation folgen werden. Und auch, dass man schon eineinhalb Stunden hier zusammen sei. In einer knappen Stunde würde der Gottesdienst beendet sein. „Warum dauert es so lange?“ „Für eine Stunde kommen die Leute nicht, die meisten haben einen weiten Weg hierher.“ Dann werden drei Personen getauft, die Erste Frau des Sippenführers und zwei etwa 16-jährige Mädchen. Die Zeremonie gleicht unserer. Danach wird ein 19-Jähriger konfirmiert. Wir erfahren, dass die jetzt getaufte Ehefrau als Christen die traditionelle Haartracht aus Lehm und Gras nicht mehr tragen wird. Diese Pracht bedeutet, dass die Frau die Kraft ihres Mannes wünscht. Nach ins Ohr gehenden Chorälen und dem Segen ist der Gottesdienst zu Ende. Alles erhebt sich. Was ist das? Nase zuhalten! Man glaubt nicht, was frei wird, wenn die bis zum Boden reichenden Röcke durch Aufstehen freikommen! Auf dieser Wolke schwebe ich nach draußen. Ein dünner, aber freundlicher Glockenklang empfängt mich. Wo befindet sich die Glocke? Ein junger Schwarzer steht unter dem Baum vor dem Giebel des Kirchenhauses und macht eine typische Bewegung. Aha, da oben hängt sie am Ast. Und dann werden wir begrüßt! Noch nie wurde ich intensiver an wallende Busen gezogen. Ich habe nicht geahnt, dieser oft gesehenen Üppigkeit so nahezukommen! Mein Gott, wie viele Damen hast Du hier bekehren lassen? Na gut, wir sind verbunden im Glauben. Männer sind zurückhaltender. Der Missionar kommt und begrüßt uns mit natürlicher Herzlichkeit.
Der Familienvater lädt uns zur Feier der Taufe ein. Nach wenigen Gehminuten gelangen wir an seinen Kral, ein weiter hoher Ring aus Dornenzweigen mit Durchschlupf. Darin befinden sich etwa zehn traditionelle Wohnhäuser, die Bezeichnung Hütten wäre nicht angemessen. Herr Kruse, der Missionar, erklärt: Der große Bau in der Mitte ist Treffpunkt für alle. Im Halbkreis sind weitere kleinere

Frauenhäuser angeordnet. Es gilt eine Hierarchie. Auf einer Seite wohnen die Frauen 1, 3, 5 ,7 und 9, gezählt ab Mittelbau. Auf der anderen Seite die Frauen 2, 4, 6 und 8. Nur die Kinder der „ungeraden Frauen“ sind erbberechtigt. Wir dürfen Frauenwohnungen betreten. Das Bett ist das größte Möbel und befindet sich in der Mitte. Es sind solide Feldbetten aus Stahl. So bezeichne ich sie im Versuch, sie anschaulich zu machen. Die vier Bettpfosten stehen in Konservendosen mit etwas Petroleum darin wegen Ungeziefer. Die Basis der Häuser ist Flechtwerk. Außen sind sie mit Lehm verkleidet.
Alle versammeln sich im zentralen Bau. Dicht gedrängt sitzen wir kreisförmig in mehreren Reihen, Männer um den Gastgeber, Frauen gegenüber. Ältere Söhne gehören, wie wir Gäste, zu den Männern. Kinder hocken und krabbeln oder haben es bequem auf dem Schoß der Mutter. Ich zähle über 30 Anwesende. Es herrscht eine freudige Stimmung. Alle Kinder scheinen glücklich zu sein.
Ich vernehme einen Mix aus Raunen und Kichern. Mit lautem Klatschen wird eine Frau begrüßt. Sie trägt eine gewaltige Kalebasse herein. Die Übergabe an den Familienvater ist sichtbar ein feierlicher Akt. Ein klitzekleines Mädchen folgt auf dem Arm einer Frau. Herr Kruse erklärt: Das Kind erhält den ersten Schluck des Maisbiers. Dann trinkt er, bevor seine männlichen Gäste und seine Söhne nach Rangordnung und Alter folgen. Wir halten das beinahe randvolle Gefäß selber mit beiden Händen. Mindestens fünf Liter sind es etwa nach meiner Schätzung. Unsere „gute Kinderstube“ reicht hier nicht. Hier macht man gute Miene zum fremden Geschmack. Man muss auch etwas kauen. Für einen gemütlichen Abend mit diesem Getränk müssten wir uns daran gewöhnen. Und siehe da, der riesige Kelch ist bald wieder da und wieder! Und das Gewöhnen kündigt sich an. Für uns ist es eher genießen als Durst löschen. Und man hat Zeit zum Genießen und Plaudern. Wir wollen uns noch etwas umschauen. Herr Kruse spricht unseren Dank gegenüber dem Gastgeben dieser Feier aus. Zwei junge Männer begleiten über das Areal der Unterkünfte.
Herr Kruse führt über das Gelände um Kirche und sein Wohnhaus. Der Boden ist karg, trägt kaum Gras. Es gibt einen seichten, breiten Sicker-Bach. Nur hier wächst üppiges Gras. Wir sehen rotbraune Rinder wie in der Landschaft Angeln, ganz oben an der dänischen Grenze. Eine tiefe schmale Kule wurde zum Desinfizieren des Viehs angelegt. In bestimmten Zeitabständen treibt man es da hindurch. Eine Felsformation bietet Schatten, nachdem die Sonne den Zenit überschritten hat. Verstreute kleine buschige Bäumchen, eher Sträucher, spenden kaum Schutz. Familie Kruse wohnt komfortabel mit Telefon. Gesprächspartner haben einen zugeordneten Klingelrhythmus. Sie heben ab, wenn dieser ertönt. Alle anderen wissen, dass ein bestimmter Nachbar angerufen wird. Das kann dazu verführen, eben diesen Nachbarn selber anzurufen: „Gibt es was Neues?“ Wir erhalten einen Imbiss, sammeln eine kleine Spende und haben noch eine Frage: „Woher kommt das Kalebassen Bier?“ „Frauen sitzen um das Gefäß herum und kauen Mais, den sie hineinspucken. Nach der Gärung ist das Bier fertig!“
Der Abschied von Herrn Kruse und seiner Frau ist herzlich. Wir hatten eine intensive Begegnung und verstanden uns wie alte Freunde und dann Abschied für immer. Das ist das Schicksal der Seefahrer. Ohne liebevolle Umarmung üppiger Frauen verlassen wir die Missionsstation. „Auf Wiedersehen IN HOFFNUNG!“

Beira
Beira/Mosambik ist unser nördlichster Hafen in Ostafrika. Hans Schütt, unser 2. Off. und ich möchten an Land. Es lässt sich nur am Abend einrichten. Zur Stadt müssen wir mit einem Boot übersetzen. Wir bummeln durch belebte Straßen und genießen

das bunte Leben ohne Apartheid. Es herrscht portugiesisches Flair, eine Wonne in diesem Klima. Wir sitzen auf einem Platz und genießen Wein. Ein Vakuum füllt sich! Irgendwann brechen wir zufrieden auf. Ich zahle hier, weil Hans schon das Boot für Hin- und Rückfahrt abrechnete. Wir sind ein Stück weit auf dem Wasser, als jemand ruft. Wir verstehen nichts, aber unser Bootsführer. Er wendet. Wir hören das Wort Dokument. Hans tastet seine Taschen ab. „Mein Patent ist weg!" „Wieso Patent weg?" „Ich habe mir angewöhnt, das Kapitänspatent dabei zu haben, das öffnet manche Tür!" Er hat recht, aber nun ist es weg. Und was erhält Hans von dem, der ruft? Sein A6-Patent und das Landgang-Ticket. Nur das Geld fehlt. Ist halb so schlimm. Ist es nicht ein Wunder, dass man die Papiere zurückgibt?

Unser Chief ist sehr viel an Land. Von uns Ingenieuren verlangt er im Hafen konsequente Einhaltung der Normalarbeitszeit. Wir erleben die Epoche unserer Großeltern. Dabei sind wir durchaus in der Lage, zwischen vorbeugender Instandhaltung und Schikane zu unterscheiden. Das übliche Kompensieren langer Revierwachen erlaubt er nicht. Unser Storekeeper Hannes ist ein alter Hase bei der Reederei. Es hat sich im Laufe seiner treuen Dienste so entwickelt, dass er die Stundenbücher seiner Reiniger-Truppe in der Kammer führt und auch die Arbeitsplanung. Er darf sich täglich eine Überstunde aufschreiben. Nein, das akzeptiert unser Höllenheizer nicht. Ich habe ihm einen zweiten Spitznamen verliehen: Uhu. Der Name passt wegen seiner riesigen Brille mit runden Gläsern. Unter uns nennen wir unseren Chief mal so oder so. Hannes muss die Stunde vor Frühstück in der Maschine absolvieren. Wir wollen Flagge zeigen, aber wie?
Wir sollen auslaufen. Ich habe auf meiner 4-8-Wache auf Seebetrieb umgestellt, natürlich sehr sorgfältig und zweimal kontrolliert. Denn auf der Wache unseres Chiefs geht es los. Ich habe Manöverwache. Auch unsere Assistenten sind unten. Mein Assi soll das Manöverbuch führen. Unser Chief fährt die Maschine gern selbst. Das und Bommerlunder sind seine Leidenschaften.
Wie immer beim Ablegen kommt bald ein Manöver „Zurück!" Ich bediene den Maschinentelegrafen und rufe in den Lärm „Stopp" und „langsam zurück!" Uhu legt die Klinke auf „Zurück", die Nockenwelle wird von Druckluft mit 30 atü auf Rückwärts-Funktion geschoben. Das grüne Licht „Voraus" erlischt, das rote Licht „Zurück" leuchtet auf. Uhu wischt mit der Hand, Uhu reibt fest mit dem Ellenbogen, Uhu wischt mit Spucke auf der Hand. Uhu wendet sich um. UHU leuchtet es aus dem roten Rückwärts-Licht. Zwei Assis schauen ihn an. „Langsam zurück", rufe ich. Uhu startet die Maschine. Das akkurate, deutliche UHU gehört eigentlich nicht zur Leuchte. Aber wir schauen immer wieder danach. UHU ist von innen auf das Glas geschrieben. Das könnte jeder gemalt haben. UHU kann man vorwärts, rückwärts, hinter Glas und im Spiegel immer gleich schreiben. UHU ist und bleibt UHU! Folgendes sollte ich noch erwähnen. Dass unser Chief sofort wusste, wer mit UHU gemeint ist, liegt einfach daran, dass er gern lauscht. Wir wissen das schon lange und sind auf der Hut. So bietet sich allerdings die Möglichkeit, ihm die Wahrheit zu sagen, ohne ihn öffentlich zu kritisieren. Er schätzt uns als dumme Jungs ein. Auf geheimnisvolle Weise hat er eine gewisse Niedlichkeit aus der Kindheit herübergerettet. Oder sollte man besser nicht zu lange in der Maschine zur See fahren?

Jetzt schreibe ich, was man eigentlich nicht schreibt. Nach dem Frühstück gehe ich, auch auf Seereise, also nach meiner Wache, in die Maschine, mache meinen „Moin"-Rundgang, spreche kurz mit dem Storekeeper und seinen vier Helfern. Dann treffe ich mich mit dem Elektriker im E-Store, so nennen wir die Elektrowerkstatt. Hier ist alles blitzsauber wie der Blitz. So nennt man den Elektriker an Bord, weil er

elektrische Blitze beherrscht, man könnte auch sagen, Blitze vermeidet. Es könnte aber auch am Symbol der Uniform-Schulterstücke liegen, auf denen ein Blitz zu sehen ist. Jeder des Maschinenpersonals möchte eigentlich Elektriker sein, ehrlich!
Heute bin ich beim zweiten oder dritten Moin am Fahrstand. Ein Reiniger leert einen Eimer in das Rohr zum Peilen des Ölstands für Umlauföl des Hauptmotors, ein eindrucksvoller Vorgang, denn das Gewicht zum Schließen des Dichtzylinders muss festgehalten werden, um das Rohr zu öffnen. So steht der Mann auf einem Bein, denn dafür benötigt er ein Knie, damit er mit beiden Händen den schweren Eimer halten und ausschütten kann. Das ist doch total bescheuert! Da wird nur gepeilt, nie nachgefüllt. Nachgefüllt wird ausschließlich vom Reserveölbehälter. „Was war in dem Eimer?" „Diesel vom Waschen der Separatoren-Teller." „Um Gottes willen, das darf niemals da rein, das ist Gift für die Hauptmaschine!" „Der Chief hat aber gesagt, dass es da hinein soll". „Sehen Sie, hier ist das Rohr des Tanks für Altöl. Da hinein soll der Eimer. Dies der Trichter ist zum Einfüllen!" „Das hat mir der Storekeeper auch gezeigt. Aber wenn der Chief sagt, es soll in das andere Rohr, dann mache ich das." Eine beschissene Situation! Hannes fällt aus allen Wolken. Er wird das ab sofort verhindern. Darauf kann ich mich verlassen.
In einem anderen Hafen erfolgt Ölwechsel. Wir pumpen das gebrauchte Öl ab, weil es einen unzulässigen Dieselanteil enthält. Unser Chief ist ein guter Chief. Gute Chiefs lassen das Umlauföl der Hauptmaschine auf Dieselanteile testen! Wir übernehmen 8000 Liter neues Öl, eine dicke Rechnung für den Reeder. Ein Mann im öligen Tankanzug kommt an Bord, fragt mich nach dem Chief. „Kann ich helfen? Ich bin der Zweite." „Ich soll Geld für das Altöl abgeben." „Der Chief wohnt zwei Decks höher." Bald frage ich ihn, ob man das Öl verkaufen konnte. „Nein, das ist wertlos!" Dieser Vorgang ist für mich eine unbekannte Ebene. Ich spüre, dass Unfassbares existiert. Mit wem kann ich darüber sprechen? Wäre ich Würstchen, Petzer oder Retter? Beweisen kann ich nichts. Den Reiniger damit konfrontieren? Mit dem Thema bin ich allein! Schnauze! Dieser Einblick in eine unredliche Welt, mit der man rechnen muss, hat mir die Augen weiter geöffnet!
Eine Anmerkung noch. Unser UHU, oder auch Höllenheizer genannt, erwähnt, dass er aus einem Winkel Ostfrieslands kommt, wo man Priester gern so nennt. Sie erhalten diesem Namen, weil sie auf dieser sündigen Erde Angst verbreiten. Ohne Angst und Gehorsam kein Himmel, kein ewiges Leben!

Lourenco Marques

Wir sind in der Hauptstadt von Portugiesisch Ostafrika, Afrika mit europäischer Prägung. Die Stadt hat einen speziellen Reiz.
Mein Kollege Horst Frasch und ich gehen am Palmsonntag unmittelbar nach dem Mittagessen an Land. Das mit Palmsonntag sehe ich auf dem Kalenderblatt, auf dem ich unsere Häfen eintrage.
Wir tippeln los, setzen uns bald auf eine Bank und genießen in der Sonne die ruhige Umgebung. Nur wenige Passanten sind unterwegs. Wir sind in einer Grünanlage. Uns gegenüber liegt eine geschlossene zweigeschossige Hauszeile. Hier könnte ich wohnen. „Lass uns weitergehen." Horst möchte noch nicht. „Geh und schau mal um die Ecke, dann wissen wir, wohin wir laufen sollen." Ich bummele den Gehweg entlang und verharre. Hier scheint alles recht neu zu sein. Eine Frau kommt flott, streift mich zufällig, oder? Nett sieht sie aus. Sie bleibt neben mir stehen. Wieso? Vorher ging sie schnell und zielstrebig. Dezent lehnt sie sich an, hält wieder Abstand und lächelt. Die Sprache des Lächelns ist international verständlich, klappt also auch mit meinem begrenzten Sprachschatz. Sie spricht Portugiesisch. Ich verstehe nichts. Sie verharrt immer noch. Ich verstehe immer noch nichts und sage nichts. Sie öffnet

die Haustüre, vor der wir stehen und geht hinein, ich hinterher. Durch einen Flur erreichen wir einen schönen geräumigen Wohnraum. Die schwarze Gazelle setzt sich lässig aufs Sofa. Ich schaue mich um. Der Blick auf einen gepflegten Garten hebt den guten Eindruck. Ich sitze auch bald und höre ihr zu. Irgendwann tickt mein Verstand. *„Su casa esta bem."* Ha! Was ist das? Su casa verstehe ich und esta bem? Mein portugiesischer Sprachschatz ist aufs Äußerste gefordert. Das müsste bedeuten: „Dein Haus ist schön." Mama mia! *„Nao minha casa!"*
Und schon bin ich wieder bei Horst. Die Gazelle kommt aus der Türe, winkt lächelnd und geht weiter, wohl dorthin, wo sie ohne mich hinwollte. „Das ging aber schnell", meint Horst, „die sieht doch nett aus." Ich berichte das Wenige, das ich weiß. Wir erklären uns das mit einer Verwechslung. Sie hat gemeint, dass ich dort wohne. Wir wissen, dass z. B. blonde Männer für schwarze, gelbe und rote Frauen blonde Männer sind, die man verwechseln kann. Gut, das ist geklärt. Was nun? Die Sonne steht höher und beginnt zu stechen. Einen Hut haben wir beide dabei.

Angst
Ein Auto kommt langsam heran. Als es neben uns ist, erkennen wir, dass der Fahrer Portugiese ist. Horst reagiert sofort und winkt. Schon sind wir neben dem haltenden Geländewagen. Die Verständigung geht leidlich. Sprachkenntnis von Horst und mir ergänzen sich. Der Mann bietet uns eine Tagestour an. Der Preis ist OK. Ein glücklicher Zufall. Der Fahrer wollte mit seinem neuen Auto eine Rundfahrt unternehmen und hat Zeit. Wir verlassen die Stadt, sehen kleine Siedlungen und Plantagen. Auf guten Pisten fahren wir weiter, schauen und genießen den Fahrtwind bei geöffneten Fenstern. Komfortabel kommen wir heute weit herum und erleben die fremde Landschaft. Es ist Nachmittag, als wir eine abenteuerliche Kneipe erreichen. Also Zeit, endlich etwas zu trinken und zu essen. Das Bier ist gut gekühlt und schmeckt. Dazu reicht man geröstete winzige Muscheln. Mit dem Essen dauert es. Aber dann kommen Steaks, als wären wir in Kanada. Der Wirt ist Europäer und spricht Englisch. Wir plaudern zu viert und fühlen uns wohl.
Eine Gruppe Schwarzer kommt herein. Sie grüßen freundlich. Alle trinken etwas. Die wären hier aus der Nachbarschaft, sind neugierig wegen dem Auto, erfahren wir. Die Leute würden traditionell leben, also in selbst gebauten Hütten. Es wären freundliche Menschen. Das Gefühl haben wir auch. Ich bin neugierig geworden. „Wir könnten hinfahren." „Das ist leider nicht möglich. Nur ein Pfad führt zur Siedlung."
Den gehen wir bald gemeinsam. Wir, das sind ein halbes Dutzend Schwarze und ich. Horst bleibt mit dem Fahrer in der Bar.
Die Frauen sind farbenfroh gekleidet. Männer tragen moderne, mehrfarbige Hosen, richtig schick sieht das aus, wie in Südafrika. Ein junger Bursche ist auch dabei. Er trägt einen Speer. Das täte ich in dem Alter auch gerne. Ich bin also nicht allein, fühle mich richtig wohl unter den netten Leuten, die mich als willkommene Abwechslung sehen. Es ist noch idyllischer, als ich gedacht hatte. Die Hütten sind klein und wohl hauptsächlich zum Schlafen vorgesehen. Sie liegen verstreut ohne erkennbare Zuordnung, so, als hätte sich jeder einen Lieblingsplatz ausgesucht. Es gibt einen größeren Bau mit gemauerten Wänden und Blechdach. Mein Rundgang ist noch nicht komplett, als ich die einbrechende Dunkelheit spüre. Schnell schaue ich hier und dort. Ich muss zurück! Das gebe ich zu erkennen. Man bedeutet dem bewaffneten Jungen, mich zu begleiten. Er möchte nicht, merke ich. Eine energische Frau redet auf ihn ein. Er muss! Ich soll mich nicht verlaufen. Die Dunkelheit beeilte sich selten so wie heute. Nach wenigen Hundert Metern bemerke ich, dass mein Beschützer zittert. Er hat Angst! Es ist so gut wie dunkel. Er läuft zurück. „Gib mir den Speer!" Mein Wunsch bleibt unerfüllt.

Da stehe ich allein im Dunkeln! Nicht in Kairo oder Kapstadt, nein in der Savanne in Portugiesisch-Ostafrika. Ich stehe, aber wie stehe ich? Ich habe dem zitternden Knaben nachgeschaut, habe mich gedreht, wie weit herum? Meine Orientierung habe ich verloren. Kann ich sie wiederfinden? Über mir sehe ich Sterne, fremde Sterne. Ich bin kein Astronom. Und wenn ich die Himmelsrichtung finde? Wo ist die Bar mit Horst und Jeep? Dunst der feuchten Luft versperrt die Sicht in Bodennähe. Ich habe nicht nur keine Orientierung, ich habe auch Angst. Mutterseelenallein beschreibt einen besseren Zustand als meinen. Eine innere Stimme befiehlt: „Rühre dich nicht, besinne dich!" Beim Besinnen kommen völlig unerwünschte Gedanken. Sind hungrige Raubtiere unterwegs? „Bleib ruhig!" Die Stimme ist bei mir, ich bin nicht allein!
Aus meiner Erinnerung vom Hinweg vermute ich, dass hier eine Art Wiese ist. Über die sind wir gegangen, bevor wir die Siedlung erreichten. Auf dieser Wiese führen mehrere ausgetretene Pfade in diverse Richtungen. Wo stehe ich? Nein, nicht auf einem ausgetretenen Pfad. „Das ist auch wurscht!" Diese Erkenntnis erschreckt mich zusätzlich. Ich weiß nicht, in welche Richtung ich gehen soll. Wo ist die Siedlung, wo ist die Bar? Sehe ich neblige Schatten, Gespenster oder Raubtiere? Lieber Gott, hilf mir, ich habe Angst! „Bleib ruhig!" Die Stimme ist noch da.
Ohne einen Schritt zu wagen, schaue ich in verschiedene Richtungen. Dort ist der Bodennebel etwas heller. Es muss viel Licht sein, viele Lichter. Das sind die Lichter von Lourenco Marques! Ist das die richtige Richtung? Wenn ich darauf zulaufe, bin ich übermorgen in der Stadt und habe mehrere Löwen verjagt. Wo ist die Bar? Immer noch viel einsamer als mutterseelenallein, stehe ich da voller Angst. Die Stimme sagt: „Ruhig bleiben, warten!" Und dann taucht ein helleres kleines Licht auf, kaum über dem Nebel. Es ist nicht weit entfernt, erkenne ich. Das müsste die Bar sein. Erst jetzt bewege ich meine Beine und gehe darauf zu. Ich zittere nicht, sondern habe das Empfinden, geschüttelt zu werden. Die Angst schüttelt mich trotz meiner Hoffnung, auf dem richtigen Weg zu sein. Und dann ist da das Schilf, durch das uns der Pfad von der Bar führte. Aber ich bin nicht auf dem Pfad. Die Halme sind höher als ich. Sie stehen weit auseinander, nur wenige auf einem Quadratmeter. Auch das noch. Immer wieder raschelt es. Wilde Tiere mit Pranken und scharfen Zähnen hören mich! Das Licht ist mein Kompass.
„Da bist du endlich!" Ich bin innerlich noch nicht ich, versuche Fassung zu finden. Total erleichtert, fange ich mich nur langsam und berichte von dem schlotternden Burschen und der erlösenden Lampe der Bar. Das Bier schmeckt wie Erlösung!

Von Lourenco Marques geht es für acht Tage nach Durban. Ich bin wieder gerne auf der „Golden Mile" mit Strand und dem Schlager „Downtown".

East London

In Durban erhielt ich kurz vor Auslaufen Formulare zum Bestellen des Aufgebots. Die sind jetzt bereit zum Absenden. Gleich nach Ankunft mache ich mich auf den Weg zur Post, weil ich per Einschreiben senden will. Sonst könnte ich den Brief an Bord abgeben. Ob das besonders klug ist, frage ich mich nicht. Die Stadt liegt auf der anderen Seite. Ich brauche ein Boot. Hier ist momentan keins. Man empfiehlt mir, dem Ufer zu folgen. „Dort hinten bekommt man immer ein Boot."
Das Wetter ist nach Wunsch. Die Vormittagssonne kann ich unter meinem Hut genießen. Ein guter Weg erlaubt ohne Stolpergefahr den Blick auf die erhöht liegende Stadt. Ich kann erkennen, dass ich nach dem Übersetzen ein ordentliches Stück hinaufgehen muss. Ich erreiche einen hohen Zaun neben meinem Weg. Er ist stabil, eher ein Gitter. Und dann kann ich nur noch staunen. Ich schaue wie auf eine

Bühne und sehe einen Steinbruch mit Sträflingen. Jawohl, das ist ein Steinbruch mit Sträflingen. Die Männer tragen blau-weiß gestreifte Kleidung und hämmern. Es sind Europäer, das erkenne ich deutlich. Hier, unter dem Apartheidregime, werden weiße Männer verurteilt und schuften im Steinbruch! Ich stelle mir vor, sie hätten eine schwarze Freundin gehabt. Bewaffnete Wärter sind zu sehen. Ich werde offenbar nicht als störend wahrgenommen. Oder alle nehmen bewusst keine sichtbare Kenntnis von mir. Davon hätte ich gern ein Foto gemacht. Leider habe ich den Apparat nicht dabei. Ein Boot bringt mich über das Wasser. Ist es ein Delta oder eine tiefe Bucht? Egal, es ist ruhig bis auf das Knattern des Motors.
Den langen Hang spüre ich wegen der höherstehenden Sonne. Querfeldein gehe ich langsam eine karge Wiese hinauf, entdecke keine Kuh und keinen Bullen. Es ist still und schön. Oben angekommen, finde ich eine Straße. Nein, eine sandige Piste. Ein Auto hält. Ich darf mitfahren. Nein, das mache ich nicht. Den Antrag zum Aufgebot trage ich zur Post. Diesen bedeutenden Gang ziehe ich durch! Wieder bietet man mir Erleichterung an. So bescheuert wie ich ist hier niemand. Ich gehe also crazy weiter und frage mich innerhalb der Stadt durch zur Post. Man ist dabei, den Schalter zu schließen. Der nette Herr unterbricht den Vorgang und folgt meinem Wunsch, als wären wir verabredet. Nach Germany? Natürlich gern!
Ich gehe eine abschüssige Straße und finde ein Boot, das mich direkt zur „Nordmeer" bringt. „Wir werden bald ablegen, gut, dass du da bist!" Ich erschrecke. Natürlich wusste ich, dass wir hier nur einen kurzen Stopp haben. Nach der verträumten Wanderung genieße ich den Erfolg. Schade, dass wir in dieser Stadt mit der schönen Strandbucht nur kurze Liegezeit haben.

Freundschaft in der Wüste Namib

Am 23. April erreichen wir den winzigen Hafen Walvis Bay in Namibia (während der Kolonialzeit: Walfisch-Bucht in Deutsch Südwestafrika). Es ist der letzte Hafen dieser Süd-, Ost-, Süd-Afrika-Reise.
Ein ungewöhnliches Ereignis: Hans Schütt, 2. Off., soll in Windhoek einen LKW-Tiertransport abholen. Er möchte mich gern dabeihaben. Aber eine Kontrolle an der Maschinenanlage wegen einem verdächtigen Geräusch in der Spülluftpumpe hält mich davon ab. Schließlich werden wir von hier die Heimreise nach Europa antreten und voraussichtlich 18 Tage auf See sein. Bald ist die Ursache gefunden. Es sind zum Glück nur Schrauben des Gehäusedeckels locker. Die Plattenfederventile innerhalb der riesigen Pumpe für die Zylinderbelüftung werden vorbeugend auch geprüft. Sie sind okay.
Aber Hans ist schon auf dem Weg nach Windhoek. Leider entgeht mir dieses Abenteuer. Mit gutem Gewissen bezüglich der Maschinenanlage schiebe ich auf der Anwesenheitstafel das Schildchen „2. Ing." von „an Bord" auf „von Bord" und verlasse das Schiff.
Ein solides kleines Lagerhaus und ein Büro sind schnell umrundet. War das schon alles hier im Hafen? Ein Pritschenwagen kommt flott um die Ecke und bremst abrupt, hält neben mir. „Moin Heinz, ich hätte nicht gedacht, dass wir uns noch in diesem Leben sehen!" Es ist Günter. Er war Bootsmann auf meinem ersten Schiff, der „Nordwind". Auf seiner linken Schulter erkenne ich den schwungvoll in blau tätowierten Schriftzug „Jenny" wieder, ach ja, der Name seiner brasilianischen Freundin. Er wurde von Brasilien aus nach Hause zitiert, weil sein Vater ihn dringend auf der Farm brauchte. Hier hat er Aufsicht über den sporadischen Güterumschlag, ein Nebenjob, der ihn noch mit der Seefahrt verbindet. Auf so ein großes Ereignis, dass ein Schiff seiner Reederei kommt, hat er lange warten müssen. Er gibt mir den Tipp, beim Schlachter abgehangenes Rinderfilet zu kaufen. Das ist schon ein

außergewöhnlicher Gedanke. Weiß er doch, dass unsere Reederei in jeder Hinsicht nobel ist. Das gilt ganz besonders für die Verpflegung. Wir haben je einen Koch, Bäcker und Schlachter an Bord und stets gut gefüllte Kühlräume.
Der Schlachterladen im Städtchen ist mit Günters Hilfe schnell erreicht. Er wartet draußen. *„Good afternoon, I like meat for barbecue“,* melde ich mich bei der schicken Blonden. „Wie bitte, kannst du auch Deutsch?“, fragt sie und lacht. Natürlich wissen alle hier seit Wochen, dass wir kommen! Das blaugrün schimmernde Filet ist beinahe so sympathisch wie die Bedienung. Ich nehme etwa 2 kg. Günters Vehikel steht die nächsten Tage oft an unserer Gangway. Das erstklassige Steak verzehre ich später während der Wache nach und nach mit meinem netten und perfekten Assistenten „James“ Diersen. Ich brate es auf der Warmhalteplatte der Offiziersmesse.

Am Abend bekommt mein Kollege Horst Besuch aus Swakopmund. Mit dem älteren Ehepaar Göthje ist er seit einer früheren Reise befreundet. Die Wiedersehensfreude ist groß und die Begrüßung entsprechend. Horst lädt in seine Kabine ein. Auch ich bin dabei.
Das erste Thema ist die Erinnerung an einen Ausflug in die Wüste Namib. „Ja, es ist immer noch unverändert schön in unserem „Holzrevier“. Ihr könnt euch davon überzeugen. Morgen Nachmittag holen wir euch ab. Für drei Personen ist Platz im Auto“ hören wir. Ich freue mich. Das ehemalige „Deutsch-Südwest“ ist mit seiner Wüste und den Tierreservaten ein lockendes abenteuerliches Ziel.
Der Abend ist zu kurz für die Feier. Wir brauchen auch noch die halbe Nacht. Es gibt unendlich viel zu berichten. Wir Seefahrer von unseren jüngsten Erlebnissen in Süd- und Ostafrika und die Südwestler von einer früheren Safari. Das Ehepaar hat auf Hochzeitsreise mehrere Wochen in der Etosha-Pfanne Tiere beobachtet, in der Wildnis kampiert! Wir staunen über den Mut der damals jungen Leute. Etwa um Mitternacht verabschieden wir uns.

Nach dem Frühstück kann ich mich aufs Sofa legen und lesen. Es ist Sonntag. Kein Dienst heute, keine Bordwache und kein Ladebetrieb. Also nichts zu beobachten. Während des Mittagessens in der Offiziersmesse meint Horst, dass er den Aschenbecher nicht herausgebracht hätte. Die Nacht im Mief der Asche hätte ihm geschadet. Deshalb fühle er sich gar nicht gut. Ja, die Asche. War da nicht noch etwas? Ich habe auch ohne Aschenbecher so ein....
Das gute Essen baut uns auf. Horst berichtet über das Erlebnis im „Holzrevier“. Er will aber nicht zu viel verraten. Seine Schwärmerei steigert meine Erwartung. Eduard Hoehne, unser Funkoffizier, hat Interesse und möchte sich anschließen. Im Hafen haben Funker immer frei.

Hans ruft aus Windhuk an. Es läuft alles nach Plan. Er wird voraussichtlich morgen Mittag zurück sein. Das Abenteuer Tiertransport ist mir entgangen. Aber so habe ich das Glück, gemeinsam mit Südwestern einen Ausflug in die Landschaft erleben zu können. Man kann nicht alles haben.
Bald kommt ein VW-Käfer. Wir werden von Frau Göthje abgeholt. Nachdem Walvis Bay hinter uns liegt, sieht man links den Atlantik und rechts in weiter Ferne eine Bergkette. Irgendwann wird uns eine merkwürdig rechteckige Insel am Ufer als künstliche Plattform für Guano-Gewinnung erklärt. Dann sind wir in Swakopmund. Wir sehen das kleine Kirchlein und überhaupt ein nettes Städtchen. „Krug zum grünen Kranze“ steht an der Gastwirtschaft. Ach ja, da gibt es ein deutsches Volkslied: Im Krug zum grünen Kranze...

Auf dem Werkstatt-Hof der Eheleute werden Tisch und Bänke auf einen Laster geladen. Zwei Söhne, Jürgen, 10 und Heinz-Helmut, 13 Jahre alt, ein weiteres Ehepaar Wachsmuth und Brunhilde, eine stattliche Dame mittleren Alters, begrüßen uns und stellen sich vor. Dann geht es los. Unser VW-Team bleibt unverändert.
Wir erfahren, dass unsere Pad (Straße) aus Salz besteht. Jetzt ist sie griffig, aber wenn nachts der Nebel vom Atlantik in die Wüste kriecht, wird es glitschig. Bald beginnt die normale Pad aus Sand und Schotter. Es ist recht monoton. Das Waschbrettmuster ist beständig und schüttelt uns. Frau Göthje sagt dazu, dass man auf einen Erfinder warte, der dieses Problem behebt. Der würde reich werden. Ein ausgetrocknetes Flussbett wird ohne Problem durchquert. Die fernen Berge scheinen nicht näher zu kommen. Doch dann sind davor einige spitze Nasen auszumachen. Bald sieht man einen nahen Bergrücken darunter. Wir sind seit Swakopmund eine gute Stunde unterwegs. Der Laster folgt unserem Käfer.
Wir verlassen die Pad. Die beiden Jungs hüpfen von der Ladefläche und lassen Luft aus allen Reifen, bis diese richtig schlapp sind. Das ist nötig, damit man nicht im Sand versinkt und die Antriebsräder greifen. Sieh mal an, was ein „Sealord“ noch lernen kann. Es geht weiter, langsam zwar, aber ohne Schwierigkeiten ziehen wir unsere Spuren durch den feinen Sand. Vor dem Bergrücken mit kleinen Felsnadeln obendrauf befindet sich ein riesiger Busch oder ist es ein Baum, der seine Äste bis zum Boden neigt? Ja, so ein Gebilde ist es. Vereinzelt sehen wir weitere kleinere buschige Bäumchen.
Wir sind da. Alle steigen aus bzw. klettern von der offenen Ladefläche des Lasters. Nach dem Abladen und Aufbauen der Möbel fährt man den Lkw an einen großen Kameldorn-Busch. Eine Kette wird an ihm befestigt. Nun reißt der Lkw den Busch mit einem großen Wurzelteil aus dem sandigen Boden und schleift ihn zu unserem Lagerplatz. Schnell ist er angezündet und brennt lichterloh. Unsere Gruppe sitzt wie in einer riesigen Laube im Schatten unter dem Baum. Die Jungs kümmern sich um das Feuer. Alles ist perfekt eingespielt. Einer Kiste wird Bier entnommen. Eis hat es wunderbar gekühlt. Es ist Hansa Bier aus der Swakopmunder Brauerei.
Die Jungs scheinen um das Feuer zu tanzen. Ich bewundere ihren Eifer. Irgendwann haben sie das massive Holz des Strauches beim Herunterbrennen zu einem üppigen Glutbett zusammengeschoben. Wie schon Bier hergezaubert wurde, taucht auch Fleisch auf. Jedes Steak wird in einem gitterartigen Klemmhalter mit meterlangem Griff in die Glut gelegt. „Das ist Breitfleisch“, wird erklärt. Nach kurzem Anbraten wird es hoch über der Glut langsam gegart.
Der Tag neigt sich. Das Tageslicht schwindet. Ich versinke in eine wunderbare Stimmung.
Irgendwann frage ich, wo man denn Pipi dürfe. „Überall, unser Revier ist riesig, verlaufen Sie sich nicht!“
Ich entferne mich. Vor mir plätschert es in den Sand. Wie in Schnee, denke ich und bin jetzt der Schüler Heinz. Das H gelingt ganz gut. Auch neben mir plätschert es. Ist der Sanitärbereich so winzig? Es ist viel Platz hier!
„Sag einfach Heinz zu mir“, höre ich und schaue nach rechts. „Ich bin auch Heinz“, antworte ich. Heinz stupst mich mit der Schulter. Das ersetzt den Handschlag und besiegelt eine wahre Freundschaft. Ich fühle mich „wie angekommen oder treffender: wie angenommen“. Es gibt dieses wunderbare Empfinden, zur rechten Zeit am schönsten Ort zu sein, um etwas Einmaliges zu erleben. Das geschieht auf Reisen meistens aus der Perspektive des Zuschauers. Hier in der stillen Zauberwelt der Wüste bin ich selbst am Geschehen beteiligt.
Ich höre die Jungs. Ihre Stimmen kommen von oben. „Heinz-Helmut und Jürgen schleppen einen Autoreifen und Benzin hinauf für die Fackel“, erklärt Heinz. Der

Anstieg ist steil, und dann muss der Reifen noch auf die höchste Nase. Diese Naturburschen können anpacken und schaffen das.
Die Fackel wird angezündet und brennt nach einigem Qualm mit leuchtender Flamme.
Und dann wird zugelangt. Das Fleisch ist heiß, außen knusprig, innen zart und saftig. Aus der eintretenden Dunkelheit tauchen zunächst einzelne Sterne und die schmale Sichel des zunehmenden Mondes auf. Hier, auf der Südhalbkugel, können wir uns täuschen, der Mond zeigt sich spiegelverkehrt. Je dunkler es wird, desto zahlreicher werden die Sterne und präsentieren dann endlich ein glitzerndes Gewölbe. Das kenne ich schon von See. Aber das hier ist magischer! Einige Male stehe ich auf, entferne mich und genieße diesen eindrucksvollen Sternenhimmel der südlichen Halbkugel mit dem markanten „Kreuz des Südens“. Die Sterne sind viel dichter gesät als im Norden und scheinen kaum weiter entfernt als der Mond. Die Wüste präsentiert sich in einem gewissen Licht, etwa wie ein Schwarz-Gold-Foto. Sträucher regen die Fantasie an und könnten Furcht einflößen. Aber wir sind hier völlig allein, sage ich mir. Geister gibt es nicht! Wir stören auch niemanden mit unserer Fackel und den lauten Volksliedern. Immer noch eins wird angestimmt. Wir Gäste kennen nur die ersten beiden Strophen. Aber die Südwester kennen die Texte komplett. Dann singen unsere Freunde das „Südwester Lied“, die inoffizielle Landeshymne.

Hart wie Kameldornholz ist unser Land
Und trocken seine Reviere.
Die Klippen, sie sind von der Sonne verbrannt
Und scheu sind im Busch die Tiere.
  Und sollte man uns fragen:
  Was hält euch denn hier fest?
  Wir könnten nur sagen:
  Wir lieben Südwest!
Doch unsere Liebe ist teuer bezahlt
Trotz allem, wir lassen dich nicht
Weil unsere Sorgen überstrahlt
Der Sonne hell leuchtendes Licht:
  Und sollte man uns fragen:
  Was ...
Und kommst du selber in unser Land
Und hast seine Weiten gesehen
Und hat unsre Sonne ins Herz dir gebrannt
Dann kannst du nicht wieder gehen:
  Und sollte man dich fragen:
  Was hält dich denn hier fest?
  Du könntest nur sagen:
  Ich liebe Südwest!

Wir sind Freunde unter Freunden! Wir lieben Südwest!
Eine Matratze wird ausgelegt. Dann legt sich Helmut Wachsmuth zur Ruhe. Er hat morgen früh Dienst in der Hansa-Brauerei. Daher das gute Bier! Wir anderen plaudern weiter. Das scheint nicht zu stören. Helmut schläft.

Die Fackel auf der Felsnase wird langsam schwächer, glimmt und erlischt. Auch die Feuerglut des ausgerissenen Kameldorns ist nur noch ein dunkler Fleck im Sand. Die Wüste ist jetzt ursprünglich ohne Feuer und Gesang. Ich wage mich recht weit

hinaus, bin allein und fühle mich geborgen. Die Silhouetten der Büsche sind sympathische Wüstendekoration. Hierher möchte ich immer wieder gern gemeinsam mit den herzlichen Gastgebern zurückkehren!
Nach Mitternacht wird aufgeladen, zuletzt die Matratze. Helmut schläft auf dem Lkw weiter. Dann geht es zurück mit schlabberigen Reifen durch den Sand. An der Pad angekommen, werden sie mit Fleiß aufgepumpt. Wir könnten uns lautstark verabschieden. Aber die Stille der Wüste hat uns umarmt. Diese friedliche Stimmung wollen wir nicht stören. Ich spüre, dass ich etwas Großartiges aus dieser Nacht mitnehme.
Unser VW-Team fährt schon los, als Heinz und seine Söhne noch mit den Reifen des Lkw beschäftigt sind. Kaum gestartet, befinden wir uns im Nebel. Frau Göthje ist jetzt Lilo. Sie fährt sehr vorsichtig, hat kaum etwas getrunken und meint, dass man Männer im Auge behalten muss, wenn gefeiert wurde! Ich bin müde und schlafe trotz des Ratterns der Räder auf der rumpeligen Piste ein.
In Swakopmund werde ich wach. Es ist noch neblig. Jetzt sind es nur 40 Kilometer bis nach Walvis Bay. Auf schnurgerader, guter Straße geht es etwas flotter voran. Ich schlafe wieder ein.
Der Abschied ist herzlich, aber nicht endgültig. Schon bald werden wir uns wiedersehen.

Nach kurzem Schlaf kommt Angelo, unser freundlicher portugiesischer Steward der Offiziersmesse und weckt mich. Ich genieße eine gute Portion „Traum-Ei", meine Bezeichnung für Rührei nach Wunsch. Unser Koch, von uns Keule genannt, kennt mein Rezept. Mit Roggenbrot und reichlich Kaffee fängt der Tag gut an. Horst und ich berichten den weiteren Anwesenden von unserem Erlebnis. Heute ist Montag. Im Hafen haben wir Ingenieure Tagesdienst anstatt Seewache.
Eine Triebwerkskontrolle der Hauptmaschine steht an. Dabei werden alle Lager der riesigen Kurbelwelle und die Kreuzköpfe geprüft. Nachdem am großen Schwungrad die Schnecke der Törnmaschine eingerückt ist, kann die Schiffsschraube durch keine Wellen bewegt werden. Diese Gefahr muss beim Aufenthalt im Triebwerk ausgeschlossen werden.
Die Reiniger, so nennen wir die Maschinenhelfer, lösen nach Anleitung des Storekeepers die Schrauben der sieben haustürgroßen Kurbelgehäuseklappen. Während ich bei akrobatischen Balanceakten auf schlüpfrigem Stahl Spaltmaße mit Fühl-Lehre prüfe und alle Schraubensicherungen checke, steht Horst bereit und achtet auf meinen Zuruf. Wenn ich eine Messung beendet und aus der Maschine herausgetreten bin, dreht er die Kurbelwelle entsprechend meinem Ruf vor- oder rückwärts, bis er Stopp hört. Horst kann mich nicht sehen und ist vorsichtig. So checke ich nacheinander die sieben Kolbenstangen, Kreuzköpfe, Kurbel- und Grundlager.
Nachdem die Kurbelgehäuseklappen geschlossen sind und die Turnmaschine ausgerückt ist, bereiten wir uns zum Mittagessen vor. D.h. duschen und Kaki-Uniform anziehen.

Der tote Strauss

Hans sitzt in der O-Messe. „Sind unsere Haustiere schon an Bord?" „Ja, ihr werdet staunen!" Er berichtet begeistert von dem Tiertransport. Wir beeilen uns mit dem Essen und gehen zu dritt zum Achterdeck. Strauße, Zebras und Geparden schauen mich an, Springböcke hüpfen nervös und stoßen mit ihrer Stirn an die Maschen der Käfigdecke. Dick-Dick Zwerggazellen kuscheln ängstlich in der Streu.

Alle Gattungen wurden in robusten Holzverschlägen, ihrer Größe entsprechend oder in Metallkäfigen angeliefert, die auch für die Seereise tauglich sind. Z. T. haben sie Einzelhaft oder sind in kleinen Gruppen mehr oder weniger zusammengepfercht. Springböcke und Geparden verzurrte man auf der stabilen MacGregor-Laderaum-Abdeckung. Strauße und große Vierbeiner befinden sich am Schanzkleid. Zwischen diesen Verschlägen und dem Laderaum bildet sich auf diese Weise ein Zoodurchgang. An beiden Seiten Tiere! Da haben wir nun unseren bordeigenen Zoo auf dem Achterdeck, kostenfrei können wir diese Attraktion genießen. Was aber nicht uneingeschränkt gilt, denn die Strauße haben mit ihren langen Hälsen eine enorme Reichweite. Trotz der hohen Brüstung attackieren sie uns mit ihren schuhgroßen Schnäbeln auf dem jetzt recht schmalen Weg von mittschiffs nach achtern.
Einige Matrosen erhalten heute noch ihr Mittagessen. Bei uns wird jedem seine persönliche Mahlzeit individuell serviert. Der Smutje duckt sich an den Verschlägen der Strauße vorbei, in jeder Hand einen Teller. Uns anderen geht es ohne Teller besser. Aber auch wir tauchen demütig ab oder wählen die Backbordseite.

Zwei Pfleger sind da und sprechen beruhigend mit den Springböcken und anderen nervösen Tieren. Die beiden werden sich bis Europa um das Wohl ihrer Schützlinge kümmern. Diese Heimreise verspricht angenehme Unterhaltung. Ich hoffe, dass sich alle Exoten an Schiff und Mannschaft gewöhnen.
Nach der Pause inspiziere ich alle sichtbaren Komponenten der Hauptmaschine. Sie hat mit Spülluftpumpe und Drucklager eine Gesamtlänge von 14 Metern und ist vom Fundament bis zu den Schrauben der sieben Zylinderkopfdeckel 7,5 Meter hoch. Ich finde nichts Negatives und bin zufrieden. Horst kümmert sich um die drei Hilfsdiesel-Motoren und weitere Aggregate. 45 °C müssen wir im Maschinenraum ertragen. Trotz starker Ventilatoren spüren wir die Hitze. Deshalb trinken wir oft Kujampel, ein gekühlter Tee mit Mineralstoffen. Woher die Bezeichnung für die aus Extrakt und Trinkwasser zubereitete Limonade kommt, weiß niemand.
Morgen werden wir auslaufen. Über Las Palmas soll es nach Antwerpen gehen. Dort werden alle Tiere die „Nordmeer“ verlassen.
Bei jeder Gelegenheit schaue ich die Tiere an und bin nicht der einzige Besucher. Es wird gefachsimpelt. Einige kennen von der Safari manche Gattung, dazu zähle auch ich. Wir staunen über die jetzige unmittelbare Nähe. Die meisten Tiere sind schon längere Zeit an Gefangenschaft gewöhnt und verhalten sich ruhig. Aber die Springböcke sind bei jedem Annähern nervös und stoßen sich am Käfig.

Und dann sind plötzlich Heinz, Lilo, Marika und Brunhilde da. Marika sehe ich das erste Mal. Gestern war sie zum Pistolenschießen und konnte nicht mit ins Revier. Sie ist 17, hat blonde Locken und blaue Augen. Das ist etwas für unsere Matrosen! Aber ehrlich: für alle!
Wir finden wieder Platz bei Horst. Bald hat jeder etwas zu trinken. Auch Kujampel wird angeboten. Die Wüstenluft macht durstig. Und dann gibt es eine große Überraschung. Heinz und Lilo schenken Horst ein riesiges Rhinozeros-Horn! Ich staune. Noch nie sah ich ein so großes und ebenmäßiges Exemplar. Ich empfinde diesen Akt als sagenhafte Geste! Horst ist glücklich und schenkt Heinz seine neue weiße Uniformmütze, die eigentlich seine alte ablösen sollte. Wenn jemand das großartige Geschenk verdient, dann Horst! Er ist einer der wenigen, mit denen ich mich unter fremde Völker mische. Er hat eine verbindliche Ausstrahlung und wird überall akzeptiert. Ergänzend füge ich hinzu: Schon während meiner ersten Landausflüge stellte ich bei uns Europäern eine vermutlich unbeabsichtigte Herausstellung von Überlegenheit gegenüber anderen Hautfarben fest. Ich gewöhnte

mir an, allein unterwegs zu sein. Nur wenn ich Partner mit der „gewissen Sensibilität“ fand, habe ich gemeinsame Trips unternommen.
Auch ich werde zu meinem Erstaunen bedacht und erhalte eine Wanddekoration, ein geflochtenes Brotkörbchen und eine Viper aus Ebenholz, alles von Buschmännern hergestellt.

Natürlich wissen wir beim Abschied, dass ein Wiedersehen unwahrscheinlich ist. Aber die Hoffnung nimmt man mit. In diesem Fall auch die Adresse.
(Anmerkung: Die Freundschaft hielt über den Postweg bis an Lilos Lebensende im März 1987.)

Die Seereise bei leichter Dünung und Sonnenschein ist für den Südatlantik typisch. Wir „von der Maschine“ können im Gegensatz zu allen anderen nicht ständig den Blick über das Meer bis zum Horizont schweifen lassen, um ein Wölkchen oder ein anderes Schiff zu entdecken. Auch der wunderbare Nachthimmel ist uns während der Wache versagt. Aber wir genießen die Gleichmäßigkeit des Wachdienstes ohne Revierfahrten mit doppelter Maschinenbesetzung und vielen Manövern und dann immer wieder die Umstellung von See- auf Hafenbetrieb und umgekehrt. Der stetige Rhythmus von Dienst und Freizeit erlaubt nach all der Turbulenz der Küstenfahrt mit kurz aufeinander folgenden Häfen endlich eine Phase der Besinnung.
Auf See gibt es keinen Sonn- und Feiertag. Dennoch genieße ich diese Tage und Wochen, solange das Meer friedlich ist.

Diese ruhige See hat eine Gleichmäßigkeit der Haupt-Maschinen-Drehzahl zur Folge. Ich nutze die Chance zum Ermitteln der Leistung der sieben Zylinder. Einen Bericht darüber erhält die Reederei. Die Brennstoffzufuhr wird fein abgestimmt, sodass die Abgastemperaturen gleich sind. Bei einer Drehzahl von 120,0 Umdrehungen pro Minute prüfen wir die vom Hersteller MAN garantierte Leistung. Das sind 4200 PS. Mithilfe eines Indikators entstehen Flächendiagramme. Zusätzlich kann man den Druckverlauf auf diesem Diagramm aufzeichnen, wenn exakt im Kolbenrhythmus und zehntel-sekundengenau von Hand eine Kordel mit passender Geschwindigkeit gezogen wird. So etwas will geübt sein! Mithilfe eines Planimeters findet man die Flächengrößen. Über eine Formel werden die Leistungen der sieben Zylinder ermittelt. Die Summe liegt in der Regel nahe am Garantiewert, vorausgesetzt, dass alle Einspritzdüsen sauber mit 220 atü abspritzen und Verschleißteile wie z. B. Kolbenringe gut abdichten. Meine Auswertung zeigt ein gutes Ergebnis: 4250 PS.
Auch weiterhin zeigt sich der Südatlantik von seiner guten Seite. Ich genieße den Wechsel von Dienst und Freiwache als wohltuende Routine.

Der Tiertransport ist für alle eine wunderbare Bereicherung. Wir kennen interessante Decksladungen wie z. B. Traktoren oder Planierraupen. Aber da schaut man sich diese Monster genau an, und dann ist die Ladung eher nur noch im Wege. Die Tiere jedoch schauen uns an und antworten manchmal. Wir haben uns an die Gäste an Deck gewöhnt und sie auch an uns.

Dagobert, der große Strauß, ist Mittelpunkt der Tierschau. Mit seinen ständigen Bewegungen, oft auch Tritten gegen Wände des Verschlags, lenkt er immer wieder unsere Aufmerksamkeit auf sich. Er hat das Glück, sich nicht zu verletzen ganz im Gegensatz zu den Springböcken. Die Höhe ihres Verschlags entspricht etwa nur ihrer doppelten Körpergröße. Das ist für diese flinken Bergkletterer wie eine

Zwangsjacke. Sie sind scheu und erschrecken oft, springen dann hoch und strapazieren dabei immer wieder die bereits mitgebrachten Kopfverletzungen.

Die Geparde verhalten sich ruhig. Friedlich dösend, lassen sie die Tage dahingleiten. Nur wenn wir uns am Käfig aufhalten, sind sie hellwach. Die Lauscher richten sich zu uns aus, und die Augen fixieren denjenigen, der am nächsten ist. Als ich mit den Fingern das Gitter berühre, ist schlagartig eine Pranke da. OK, jetzt weiß ich, wer schneller ist. Das ist noch einmal gut gegangen.
Von den Pflegern erfahren wir, dass diese Prachtexemplare vor Kurzem gefangen wurden. Das geschieht, wenn sie mit einem Auto aufgeschreckt werden. Sie sprinten los und verausgaben sich in wenigen Minuten. Nun springt man auf das Tier und kann es fesseln. Es soll möglich sein, sie innerhalb von vier Wochen an das Leben im Haushalt zu gewöhnen. Die Zebras scheinen auf uns zu warten. Brauchen sie Unterhaltung?

Eines Morgens liegt Dagobert reglos im Verschlag. Die Betreuer kümmern sich um ihn. Er ist tot! Tragik auf See. Warum ist er gestorben? Zweifel kommen auf. Gestorben wohl nicht. Im Verschlag findet man deutliche Kampfspuren. Die beiden Südafrikaner werden sich einig. Das Tier hat hier um sein Leben gekämpft, vermutlich wegen Gewalt von außen. Mord an Bord! In der Nacht von Sonntag auf Montag. Hat da einer zu viel Bier getrunken und seinem Mut freien Lauf gelassen? Beratung hin, Beratung her, Untersuchung hin, Untersuchung her, das Tier ist tot. Eine Obduktion des Kadavers wird beschlossen und erfolgt unter Beteiligung der Kombüse. Dort kennt man sich mit der Zerlegung von allerlei Getier aus. Unser Koch ist ein erfahrener Experte und kauft auf Märkten auch Exotisches. Der Schlachter wird ebenfalls aktiv.
Eine Erkrankung wird ausgeschlossen, stellen unsere Spezialisten nach der Autopsie unter Aufsicht der Betreuer fest. Blutergüsse am Hals direkt unter dem Kopf können kaum durch Selbstverletzung, z. B. Anschlagen an die Brüstung, entstanden sein. Sie deuten eher auf die Einwirkung von zwei Händen hin als auf eine Seilschlinge. Diese Blessuren sind nach Einschätzung der Pfleger Würgemale.
Ein Würger ist unter uns? Außer uns an Bord kennt niemand unser Unglück. Das ist allein unser Problem, solange nichts nach außen dringt. Alle diskutieren getrennt im Salon, in Offiziers-, Unteroffiziers- und Mannschaftsmesse. Wem traut man so etwas zu? Jetzt gehen alle davon aus, dass das starke, im Verschlag aber wehrlose Tier erwürgt wurde. Während welcher Wache kann das passiert sein. Warum hat niemand den heftigen Kampf des starken Tieres bemerkt? Die Beschädigungen am Verschlag sind beträchtlich. Niemand ist verletzt, verhält sich auffällig. Wie könnte der Bösewicht erkannt werden?
Je länger man, hierarchisch getrennt und auch in gemischten Gruppen, diskutiert, wird nach und nach jedem bewusst, dass unser Kapitän eine harte Nuss zu knacken hat. Außer für Ruhe an Bord zu sorgen, muss er die Reederei informieren. Der Inhalt dieser Mitteilung ist von großer Bedeutung. Wird die Darstellung von Auftraggeber und Versicherer akzeptiert, bleibt nur das schlechte Gewissen des Täters, das ihn hoffentlich bis an sein Lebensende verfolgt. Das ist die vorherrschende Variante der Crew.
Der Tiertransport muss jetzt unter Wachaufsicht erfolgen. Klar, dass Matrosen das übernehmen müssen. Womöglich bewacht nun auch der „Würger“ die Tiere. Das dürfte allerdings kein Risiko sein. Denn beim Wachwechsel schaut sich der Ablösende alle Tiere an.

Unser Koch beweist auch bei dieser Herausforderung seine Klasse. Die Portionen von dem großen Vogel sind gut und mächtig. Es reicht auch nicht nur „für jeden einmal“. Eigentlich ist es eine würdige Bestattung. Dieser Leichenschmaus im wahrsten Sinne des Wortes vermittelt uns ein intensives Gedenken an den Verstorbenen. Aber bei allem Wohlgeschmack ist unsere Frage noch unbeantwortet. Wer ist der Würger? Alle haben vom Braten geschmaust, auch der Täter. Für uns ist es ein befreiender Akt, als unser Zimmermann Dagoberts Verschlag zerlegt und in der Vermessungsluke verstaut. So ist die traurige Erinnerung an unseren munteren Vogel gedämpft. Aber irgendwie ist Dagobert noch da. Ich spürte ihn hinter mir, wenn ich mich dem Geparden-Käfig nähere und gehe dann unwillkürlich in die Hocke.

Wir erleben eine „besonnene Ruhe“ im Schiff. Die weitere Seereise hat einen ungestörten Verlauf. In Las Palmas wird unser Trinkwasser ergänzt, das wir mit den Tieren teilen. Die Biskaya setzt unseren gemeinsamen Schützlingen kaum zu. Wir haben noch viel Freude an ihnen und lassen sie nur ungern von Bord. Die Geparde werden auf einem Gestüt in der Nähe von Köln eine neue Heimat finden. Sie sollen Frau Baronin von O. Gesellschaft leisten.

Behörden werden in der „Sache Dagobert“ nicht aktiv. Wer Urlaubstage angemeldet hat, kann nach Plan das Schiff verlassen. Einige wollen in Hamburg abmustern, hoffentlich auch der „Würger“!

Tafelsilber aus dem Salon wird vermisst. Der Chefsteward ist absolut sicher, dass es in den letzten Tagen verschwand. Es wird gesucht und noch mal gesucht. Es gibt allerlei Vermutungen. Ein Matrose schlägt mir vertraulich vor, im Vermessungsgang hinter der Notdieselstation zu suchen. Das sei logisch, denn als das Bier knapp geworden war, fand man dort etliche Flaschen des achtern vermissten Bestands. Hannes, der Matrose und ich suchen während meiner Nachmittagswache. Bald hat Hannes ein schweres Bündel in der Hand. Eine Persenning (Segeltuch) wurde mit Kordel umwickelt und bildet ein stabiles Paket. Der Stewart hat seinen Satz wieder komplett. Und ich habe die Schnauze zu halten. Ich weiß, dass der Chief in seinem Atombunker einen Corned Beef Vorrat anlegt. Die während der Reise eingekauften Konserven wickelt er genauso ein!

Hochzeitsurlaub und Hamburg
In Rotterdam darf ich am 16. Mai für eine Woche Urlaub aussteigen. Meine Reederei hat sich bemüht und für Vertretung gesorgt, weil ich ein persönliches Anliegen habe. Gründliche Planung um den halben Globus und freundliche Unterstützung machen es möglich. Jutta und ich heiraten am 20. Mai 1966 standesamtlich und dann in der urigen Kirche Esgrus im Kreis Flensburg. Eine unglaubliche Überraschung für uns und unsere Gäste sind ein Blumengebinde mit Absender aus Südwest-Afrika!

In Hamburg steige ich wieder ein. Am Tag vor Auslaufen habe ich auf dem Kontor etwas zu erledigen. An Bord genieße ich schon lange das Familiengefühl innerhalb der Reederei. Jetzt auch auf dem Jungfernstieg 49. Als ich mit dem Paternoster hinauf gefahren bin, begrüßt mich Fräulein Andersen. Sie hat soeben ihre kleine Pause. Da liegt ein Apfel. Sie nimmt ein Messer und teilt ihn, gibt mir eine Hälfte. Eine sehr nette Geste. Klar, dass ich mich wie zu Hause fühle. Ich habe etwas abzugeben. Ob ich gleich wieder an Bord gehe, möchte die Dame wissen. Ja, ich fahre zum Baumwall und mit der Barkasse weiter zum Liegeplatz. „Das passt gut, wir haben einen Brief für Kapitän Steinbeck vorbereitet, Reiseunterlagen und 30 000

Mark. Sind Sie so freundlich und geben ihm das?“ Natürlich bin ich so freundlich und stecke den dicken Umschlag in meine College-Mappe. Ich erhalte auch noch einen Brief für ein Besatzungsmitglied.
Unterwegs klemme ich ständig die Mappe ganz fest in die Achsel. Nur schnell zum Kapitän und abgeben! Als ich das geschafft habe, kommt ein Matrose in meine Kammer. Ob ich seine Bescheinigung dabeihabe. Er hätte auf dem Kontor deswegen angerufen. „Nein, vielleicht ist die im dicken Brief.“ Nach geraumer Zeit kommt er wieder. „Fräulein Andersen sagt, Sie haben den Brief in der Jackentasche!“ Da ist er auch. Offenbar hat der Geldbrief mein Hirn programmiert: „So schnell wie möglich abgeben, nichts links und nichts rechts!“

Nach Lüderitz, Kapstadt und Durban
Über Bremen, Rotterdam und Antwerpen fahren wir nach Südafrika. In Lüderitz sind wir nur wenige Stunden, in Kapstadt nur zwei Tage. Auch in Port Elizabeth und East London sind wir nur kurz. In Durban liegen wir fünf Tage. Wir können etwas verschnaufen, obwohl zwei Kolben und eine Laufbuchse gezogen werden. Wegen der Umstellung auf Tagesdienst können wir nur abends an Land. Das ist nicht das „Gelbe vom Ei“. Wir können zu Fuß die „Golden Mile“ neben dem Strand erreichen. Der ist aber in der Dunkelheit tabu. Schwarze junge Männer trainieren dort, wo sie am Tage keinen Zutritt haben, einen speziellen Kampfsport. Mit dem Fuß trifft man den Kopf des Gegners. Da sollen schon böse Dinge passiert sein. Also gehen wir in einer Gruppe über eine Stahlbrücke hinüber und nur die Goldene Meile entlang. *„Upstairs and Downstairs“* heißt ein Lokal. Wir fühlen uns nicht zum Publikum hingezogen. Hier verkehren Südafrikaner. Die wollen sich etwas heftiger amüsieren als wir. Also wieder Peri-Peri-Chicken mit Blick auf den Himmel über dem Indischen Ozean und die Schiffe auf Reede unter dieser glitzernden Kuppel.

Ich lasse mich für den Besuch eines „besonderen Hauses“ überzeugen. Einer meiner Mannschaft hat dort seine Liebe gefunden. Er ist glücklich, endlich wieder in Durban zu sein. Er nimmt mich mit ins *„Smugglers Inn“.* Ein schlichter heller Raum mit Tresen. Nach meinem Empfinden ist „alles aus Holz“. Der Stil des Hauses ist durchgängig rustikal. Und dann kommt Berta, Hermanns Freundin. Ist sie eine gute Schauspielerin? Es dauert, bis ich erkenne, dass sie genau das verkörpert, was der Name der Bar vorgibt: „Wenn du nicht erwischt werden willst, bist du hier richtig!“ Ich bin nicht Schmuggler und benötige keinen Unterschlupf. Nach einem guten Bier bin ich an der frischen Luft. Aber ich bin hier gewesen und kann das auf der Liste abhaken. Meine Stimmung passt heute nicht hierher. Mir war auch nicht nach Barbesuch zumute.

Lourenco Marques
Ein deutscher Fabrikant mit Frau und zwei Töchtern im heiratsfähigen Alter kommen an Bord. In der Offiziersmesse unterhalten wir uns und erhalten einige Informationen. Wir wundern uns über das selbstbewusste Auftreten der europäischen Minderheit. Das sei kein Problem. Man fühle sich sicher und habe ein gutes Verhältnis miteinander. Man möchte mehr Weiße ins Land locken. Arbeit wird gut bezahlt. Seine Meister verdienen 50 Pfund Sterling die Woche. Wohnungen sind reichlich in Reserve. Bis zu 50 % der Hochhauswohnungen warten auf Mieter. Auch Hotels mit hohem Komfort sind noch lange nicht ausgebucht. Die hier lebenden Europäer sind zufrieden und halten die Apartheid der südafrikanischen Union für weniger gut.

Ein Passagierschiff läuft ganz nah an uns in den Hafen ein. Jemand begrüßt es mit unserem Typhon. Wir sehen die entstehende Schlagseite, denn viele Passagiere wollen das Festmachen miterleben. Sie winken uns fröhlich zu. Sie ahnen nicht, dass wir hart arbeiten, auch an der verbissenen Tradition leiden, die unser Chief in diese Zeit gerettet hat.

Beira / Mosambik, Safari

Kapitän Steinbeck hat eine Safari organisiert. Schon um fünf Uhr geht es los. Wir fahren in den Gorongosa Nationalpark und erleben eine Safari mit vielen Tieren. Zebras haben eine geheimnisvolle Ausstrahlung auf mich. Büffel flößen Respekt ein. Das stöckelnde Laufen der Giraffen ist amüsant. Impalas scheinen zu fliegen, berühren nur knapp den Boden und schweben weiter.
Unsre beiden portugiesischen Scouts haben Erfahrung und Spürsinn. Sie berichten, dass Junglöwen von der Mutter abgewiesen werden, wenn sie ein entsprechendes Alter erreichen. Die sind dann allein nicht in der Lage, Beute zu machen. Sie bilden eine Gruppe und jagen gemeinsam. Die müssten hier unter Bäumen zwischen Sträuchern liegen. Mit dem kleinen Geländebus, der das Verdeck komplett aufgefahren hat, hoppeln wir umher und halten Ausschau. Da! Tatsächlich liegt hier einer und noch einer. Wir zählen neun. Besonders schön scheint ein Junglöwendasein nicht zu sein. Wir sehen große Wunden, z. T. verheilt. Einer hat eine schiefe Schnauze. Dass er damit leben kann!
An einer anderen Stelle sehen wir viele Termitenhügel. Während einer Pause in einer eingezäunten Zone, wo wir unsere Beine bewegen können, werden wir überrascht, man kann sagen erschreckt. Unser Bus hält und schon sausen Affen zwischen uns herum. Unsere Früchte aus dem Gepäcknetz sind im Nu auf hohen Bäumen. Es sind Meerkatzen. Ihr Gekreische aus den Wipfeln klingt freundlich.
Auf der Heimfahrt machen wir Rast. Vor dem Restaurant befindet sich ein riesiger Käfig. Zwei Affen wohnen hier. Sie sind schlank und größer als Paviane. Wir stehen und schauen ihnen zu, stellen Fragen. Die Affen antworten nicht. Wir haben einen unter uns, der sich durch spezielle Einfälle einen Namen gemacht hat. Er kommt mit Bierflaschen aus dem Lokal. „Vielleicht trinken die gern etwas." Eine halb durch die Maschen geschobene Flasche wird zackig hereingezogen. Der größere Affe nimmt einen Schluck, setzt ab und dann trinkt er mit kleinen Pausen die Flasche aus. Wir fragen ihn, ob es geschmeckt hätte. Der Affe schaut zu uns herüber, scheint über eine Antwort nachzudenken. Bald fängt er an zu schreien und zu toben. Er springt an die Decke, hangelt sie entlang und dann von einer Gitterwand zur anderen rund um den Käfig. Mein Gott ist der verrückt geworden? Das Gezeter wird auch drinnen gehört. Der Koch kommt raus und wettert. Er hat sofort erkannt, dass der Affe Bier getrunken hat. Das ist bestimmt nicht das erste Mal. Wir gehen ins Lokal und versuchen, den wilden Affen zu vergessen. Sein Kreischen lässt nach längerer Zeit nach. Er ist wohl müde.
Die Rückfahrt durch eine erstaunlich moderne Stadt mit neuen Gebäuden hätte ich nicht so schick erwartet. Ich höre, dass auf 95 Afrikaner ein Europäer kommt.

Wieder an Bord bin ich auch schon in der Maschine. Der Assi freut sich über die Abwechslung. Ja, die Überholung der Plattenfederventile ist abgeschlossen.
Diese Arbeit hatte ich angeordnet, eine einfache Sache, Verkleidung abschrauben, Ventile ausbauen, klingt kompliziert, ist aber denkbar einfach. Nur eine gesicherte Schraube im Zentrum der runden Ventile ist zu lösen. Sie wiegen etwa acht Kilogramm und werden herausgehoben, sind einfach auseinanderbauen und in

Diesel zu waschen. Dann Flächen und Federn kontrollieren, zusammenbauen und montieren, fertig!
Ich gehe auf die Station der Brennstoffeinspritzpumpen, öffne einen Kontrolldeckel und fühle so, als wäre ich Assi und hätte Wache auf See. Ha? Nein, das kann nicht sein! Ich fühle weitere erreichbare Ventile ab. Sche..., sage ich laut. Der Hilfsdiesel ist lauter. Jetzt teste ich auch die weiteren sechs Zylinder. Sche..! Jetzt führt kein Weg am Storekeeper vorbei.
Alle Ventile ausbauen und anders herum einbauen, keine schöne Arbeit nach Feierabend. Hat der Chief sich gar nicht dafür interessiert? Es ergibt keinen Sinn nachzuforschen, warum und weshalb. Die Arbeit ist ärgerlich für unsere Reiniger. Sie haben allerdings den Vorteil, dass ihre Überstunden bezahlt werden.

Ein junger Mann taucht auf. Er ist Monteur und möchte endlich wieder Deutsch sprechen. Er ist angenehm und willkommen, lässt sich das Schiff zeigen, natürlich auch die Maschine. Zum Abendessen ist er gern dabei. Er hat einen schicken kleinen BMW und lädt uns zu Rundfahrten ein.
Erstaunlich ist, dass er meint, durch uns die Stadt kennenzulernen. Das wundert mich schon. Aber wenn man darüber nachdenkt, ist es halt so, dass wir uns überall zu Hause fühlen wollen. Das haben wir Seefahrer uns angewöhnt. Es zeigt sich in der Weise, dass wir überall hineingehen, als wäre es nicht das erste Mal und auch auf Menschen zugehen, schon allein, um uns durchzufragen. Aber ehrlich: Auch ich begann zögerlich.
Ärgerlich ist eine Beule am hinteren Kotflügel des BMW. Unser Freund wird so forsch wie wir, setzt rückwärts an eine dicke Palme und bums!

Mtwara / Tansania, mit dem Einbaum in der Bucht
Die Seefahrt erlebe ich gerade jetzt von seiner besten Seite. Während meiner Wache hatten wir Ende der Seereise. Die Maschine drosselte ich in mehreren Schritten von 122 auf 115 Umdrehungen. Jetzt habe ich die nicht mehr weit entfernte grüne Küste gesehen und gehe zum Frühstück in die Messe. Das Einlaufen kann ich bald an Deck miterleben. Das Glück hat man selten. Während der Anlegemanöver habe ich Anwesenheitswache. Nur wenn der Ing-Alarm klingelt, muss ich in die Maschine. Ich kann Kaffee, heiße Bohnen und Brötchen in Ruhe genießen. Bald werden wir den kleinen Hafen von Mtwara erreichen. Dieser Name klingt wie ein geheimnisvoller Zauber Afrikas. Ich habe erst wieder um 16 Uhr Anwesenheitsdienst. Ein Tag der Entspannung erwartet mich. Das dumm, dumm, dumm ... der Maschine setzt abrupt aus. Meine Tasse rappelt. Das Rückwärts-Starten der Maschine hat heftige Vibrationen zur Folge. Allerlei Geräusche mischen sich zu einer nicht zu beschreibenden scheppernden Melodie. Dann ist es still. Nein, eine andere exotische Melodie schlüpft durch offene Bullaugen in meine Ohren. Es ist die Melodie des Regenwaldes! Wir sind da! Ich schaue hinaus und sehe nur grünen, satten Wald! Das ist für mich nichts Neues, aber so nahe am Schiff schon. Neugier, ja ich gebe es zu, ein aufgeregtes Kribbeln hat mich gepackt. Ich gehe in meine Kammer, schließe alle Bullaugen und ziehe die Knebelschrauben fest. Bald werden viele Fremde unser Schiff betreten. Man soll niemanden verführen.
Ich gehe an Deck. Tatsächlich, überall üppiges Baumkronengrün. Nur ein rotes Ziegeldach erkenne ich als Farbklecks weit hinter dem flachen Lagerhaus, das sich die Pier entlang zieht. Meine „Nordmeer" ist noch hundert Meter von der Kaimauer entfernt. Ich kann in Ruhe das Frühstück beenden. Es wird eine Weile dauern, bis alle Schlaufen unserer schweren Manilas von den Festmachern über die Poller gewuchtet sind und die Verhol-Winden das Schiff an die Pier gezogen haben.

Nach dem Frühstück steige ich das Treppenhaus hinauf. Vom Schornsteindeck kann ich die Umgebung betrachten.
Eine Bucht beginnt nur wenige Meter vor unserem Bug. Sie hat Hufeisenform und erstreckt sich etwa einen guten Kilometer in westlicher Richtung. Strand bildet einen weißen Saum vor grünem Wald, der von wuchtigen Kronen einiger besonders hoher Bäume überragt wird. Diese grüne Wand umschließt die Bucht bis zum gegenüberliegenden Ufer, wo die Küstenlinie nach Norden führt und sich dem Blick entzieht. Das Panorama ist wie ein Traum. Ich spüre seinen Lockruf. Wieder unten angekommen, sehe ich, wie Funk-Off. Gerd mit der Bordzeitung in die Messe geht. Ich folge ihm und berichte. Er kommt soeben aus der Funkstation und ordert sein Frühstück. Auch er ist von unserer neuen Umgebung begeistert. Gern würde er mit mir an Land gehen. Am „Runden Tisch" sitzen bald Kapitän, 2. Offizier sowie Vertreter von Behörde und Handel. Die „Einklarierung" findet statt. Ich erfahre, dass innerhalb des Ortes kein Landgang-Ticket benötigt wird.
Wieder in meiner Kammer wechsele ich das kurzärmelige Uniformhemd gegen eins mit langen Ärmeln als Sonnenschutz. Die Kaki-Shorts behalte ich an, dann noch Schuhe und Socken aus und Sandalen anziehen. Der Strohhut ist muss. Ich schiebe mein Anwesenheitstäfelchen auf „von Bord" und erwarte Gerd an der Gangway. Mit Winden zieht man die schweren MacGregor-Faltdeckel des Laderaums 3 auf. Unter mir stapeln Hafenarbeiter Säcke in eine Netzbrook. Als Bündel werden sie später mit Ladebäumen und Winden hochgezogen, über den Laderaum geschwenkt und dann in die Tiefe des Schiffsbauches abgesenkt.
Als Gerd kommt, ist es kurz nach halb neun. Jetzt geht es die Gangway hinunter. Auf der Pier wird unser *„Jamboo"* (Gruß auf Swahili) vielfach freundlich erwidert. Die Männer sind leicht und farbenfroh gekleidet. Ich habe auch hier wieder den Eindruck, dass sie gekommen sind, um gemeinsam Spaß zu haben. Arbeit ist vergnüglich, wenn zehn zuschauen, wie zwei arbeiten. Es gibt keinerlei Distanz zwischen den Farbigen und uns Weißen. Ich empfinde das hier beinahe wie eine willkommene Ersatzheimat und liebe diese Atmosphäre!
Wir gehen auf der Pier zwischen freundlichen Menschen in Richtung Vorschiff.
Dort angekommen, erfreut mich ein beeindruckendes Bild. Ein kupferfarbener Mann steht dort wie eine Skulptur. Mit geradem Rücken und rechtem Fuß seitlich auf das linke Knie gestützt, fasst er mit beiden Händen ein Paddel, das ihn überragt. Hätte er einen Speer, würde ich ihn für einen Massai-Krieger halten. Er ist nur mit einer Art Shorts bekleidet und zeigt viel von seinem trainierten Körper. Wir nähern uns von hinten und unterhalten uns. Er müsste uns hören, bewegt sich aber nicht. Er steht barfuß auf dem schmalen weißen Strand, einen Kopf größer als wir. Vor ihm liegt ein Einbaum, bestimmt fünf Meter lang. Wir gehen langsam um den Mann herum und schauen ihn an. Sein Bart ähnelt dem krausen Haupthaar und ist ebenso grau.
Er mustert uns. Sein Blick ist glasklar. Die weißen Augäpfel betonen zwei schwarze Diamanten. Wir grüßen mit dem üblichen Jamboo und sprechen dann Englisch. Er blickt freundlich, darüber hinaus bemerke ich keine Reaktion. Auch als wir uns direkt an seinem Boot befinden, rührt er sich nicht. Er wartet vielleicht auf ein kleines Geschäft? Wir steigen in den ausgehöhlten, etwa achtzig Zentimeter dicken Baumstamm. Die Wände sind am oberen Rand sieben oder acht Zentimeter dick. Vorn und hinten wurde der Stamm verjüngt. In diesen Bereichen ist er nicht gehöhlt. Das ist ein robustes, aber auch schweres Boot, stelle ich fest. Farbe wurde wohl nicht verwendet. Ich tippe auf sonnengebleichtes, naturbelassenes Holz. Die Skulptur steht auch jetzt noch unverändert, als wir versuchen, eine bequeme Sitzposition in dem Monstrum einzunehmen. Das ist gewöhnungsbedürftig, denn es sind keine Bänke oder irgendwelche anderen Einbauten vorhanden.

Eigentlich hatten wir den Strand entlang wandern wollen, bis zur etwa einen Kilometer entfernten Mitte des breiten Strandes, wo riesige Bäume dicht beieinanderstehen und eine hohe grüne Wand über weißem Strand bilden. Der scheint dort hinten wesentlich breiter zu sein als hier. Aber der Einbaum ist verführerisch. Das wäre im Vergleich mit einer Strandwanderung etwas ganz anderes, ein kleines Abenteuer. Wir sind uns einig. Das muss sein!
Wir überlegen. Das schwere Ding müssen wir im Wasser bewegen. Das ist allein kaum zu schaffen. Da nur ein Paddel vorhanden ist, benötigen wir ein zweites. Wir beschließen, dass Gerd mit der Skulptur verhandelt, während ich an Bord ein geeignetes Utensil auftreibe. Ich eile und spüre die schon heiße Sonne.
In unseren Rettungsbooten befinden sich ähnliche Paddel, seemännisch Riemen genannt. Aber das Entfernen der schweren und festgekeilten Holzabdeckung passt nicht in den Zeitplan. Eile ist geboten. Ich habe kein Glück. Unser Zimmermann ist leider nicht in seiner Werkstatt, die sich im Deckshaus zwischen dem zweiten und dritten Laderaum befindet. Also gehe ich in den Maschinenraum. Im Vermessungsgang hinter dem Notdiesel finde ich ein geeignetes Brett. Beim1. Steward hole ich Geld.

Nach vielleicht zehn Minuten sause ich mit meinem Ersatzpaddel die Gangway hinunter. Auch Gerd hatte Erfolg. Er hantiert mit dem langen Paddel, das sehr schwer zu sein scheint. Die Skulptur steht jetzt am Einbaum. Ich reiche ihm kleine Geldscheine, insgesamt für uns ein Schnäppchen, für den neuen Partner wohl ein angemessener Deal. Er nimmt das Geld, schaut und zeigt nach oben, ich in Richtung unseres Ziels. Er reckt wieder seinen Arm hoch. Gerd und ich haben unser Schuhzeug ins Boot geworfen und bemühen uns, das klobige Ding ins Wasser zu schieben. Unser Geschäftspartner kommt und hilft.
Als der Einbaum bereits schwimmt, streut er merkwürdige Klümpchen ins Boot. Aus einem Kasten am Heck holt er mehrmals diese Dinger heraus und verteilt sie mit gezielten Würfen über die gesamte Länge seines Bootes. „Hokus Pokus dreimal schwarzer Kater, Hexerei?“, frage ich intuitiv. Unser Partner scheint sich zum Freund zu mausern. Er hat ein breites Lächeln und zeigt wieder nach oben. „Er wünscht uns glückliche Reise“, rufe ich Gerd zu, der auf den Knien liegt und schon emsig paddelt. Ich bemühe mich auch. Was wir zustande bringen, ist bestimmt eine Belustigung für Zuschauer. Vielleicht beobachtet man uns von der „Nordmeer“. Wir gewinnen an Fahrt und schaffen es, einen schlangenlinienförmigen Kurs zu steuern.
Tropf, tropf, platsch, platsch und dann hören wir anschwellendes Rauschen. Wir schauen nach Steuerbord. Was ist das? Eine Wand aus Wasser? Schon sind wir klatschnass. Es gießt aus allen Kübeln. Wir erkennen kaum noch etwas. Das Wasser um uns herum scheint zu kochen. Die herabstürzende Masse bewirkt ein Hochspritzen des stehenden Wassers. Schneller, schneller, wir paddeln mit äußerster Kraftanstrengung, wollen an den Strand vor uns.
Ich kann Gerd nur schemenhaft sehen. Er kniet und gibt alles. „Heinz“, schreit er, „hier sind dicke Fische im Boot!“ Er springt erschreckt auf. Unser Einbaum dümpelt bedächtig. Er begreift und geht wegen der Balance in die Hocke. „Wo kommen die Biester her? Beißen sie?“ Wir müssen handeln. Das Wasser mit den wabbeligen Tieren steht uns schon bis unter die Waden. Gleich werden wir absaufen. In unserer Notlage überwinden wir uns und packen die großen Fische, werfen sie über Bord, die dicksten zuerst. Sie sind so schwer wie gefüllte Wassereimer, mindestens zwei Dutzend. Wie Melonen sehen sie aus, grünlich mit hellen Streifen. Plötzlich ist es gleißend hell. Die Sonne steht über uns und leuchtet der abziehenden Regenwand hinterher. Petrus schiebt seine Kübel weiter und sorgt auch an anderen Orten für

Überraschungen. Der Schaum auf der Wasseroberfläche löst sich langsam auf. Neben uns taucht eine dreieckige Rückenflosse aus der Oberfläche und bleibt am Einbaum. „Ein Hai!“ Haben wir ihn mit unserer Unruhe angelockt? Bis zum Strand sind es noch etwa 100 Meter. „Da schwimmt jemand“, sagt Gerd. Ich rufe so laut ich kann: *„A shark, look here!“* Ich zeige auf die Flosse. Prompt kommt die Antwort: „Ja, ich weiß!“ Ist der bescheuert? Wir haben Schiss im sicheren Boot und der zieht hier seelenruhig seine Bahn einen Steinwurf Steuerbordseite Richtung Meer. „Der spricht Deutsch, das ist doch nicht etwa einer von Bord?“, denkt Gerd laut. „Wenn er nicht gefressen wird, ist er schneller an Bord als wir“, stelle ich fest. Bevor wir den Strand erreichen, verschwindet die Flosse. Das Boot schiebt sich auf den Sand. Immer noch ängstlich springen wir beide ganz vorne aufs Ufer. Ich sehe, wie Gerd bis über die Knöchel eintaucht. Mir kommt es vor, als lande ich in einer Torte. Übermütig sprinten wir los, genießen den aufgeschäumten Sand. „Au“! Ich bin auf etwas Hartes getreten. Ich setze mich in die Pampe, muss meinen Schreck und Schmerz verarbeiten. Massiere den Fuß.

Oh, es blutet. Vor der Ferse sehe ich einen kleinen Schnitt. Ich fühle vorsichtig, um zu erkunden, was mich da gepiesackt hat. Etwas Scharfes mit mehreren Stacheln. Ich will es wissen. Langsam buddle ich um das Ding den Sand fort und kann einen stacheligen Stein erkennen. Mit beiden Händen umschließe ich sanft das unbekannte gefährliche Objekt und spüle es im Wasser ab. Eine wunderschöne weiße Koralle! Sie gefällt mir. Ich lege sie auf den Bug zum Trocknen. Der Schmerz ist verziehen!

Im Schatten unter den vorderen Bäumen kommen Eingeborene aus einer kleinen Hütte. Es werden immer mehr. Die waren alle in dem kleinen Verlies?

Der Fuß blutet nur schwach. Damit kann ich leben. Wir wollen uns auch den Regenwald anschauen. Dass wir vorsichtig auftreten, bewährt sich, denn es gibt noch weitere Korallen. Wir gehen auf die Gruppe zu und erleben die gewohnte fröhliche Jamboo-Begrüßung. Alle folgen dem Strand. Wir vermuten Hafenarbeiter auf dem Weg zur „Nordmeer“. Jetzt sind wir allein in dieser so ursprünglichen Natur. Die Stimmen des Regenwaldes regen die Fantasie an. Sind das lachende Affen oder balzende Vögel? Kein Tier lässt sich blicken. Es scheint, als würden sich Waldbewohner über weite Strecken zurufen. „Kommt her und schaut euch die nassen Greenhorns an!“

Im Unterholz scheitern wir barfüßig. So gehen wir vorsichtig den Strand entlang in entgegengesetzter Richtung der Männer. Ich staune über mächtige Baumstämme. Eine Art wächst sternförmig aus dem Boden. Erst in mehreren Metern Höhe nimmt der Stamm eine runde Form an.

Man kann es kaum glauben. An einem Baum lehnt ein Fahrrad! Ich schaue es genau an, prüfe den Reifendruck und kurbele ein Pedal. Es ist fahrbereit. Woher es kommt, ist nicht zu erkennen. Der Regen hat alle Spuren ausgelöscht. Es könnte dem Schwimmer gehören.

Die nasse Kleidung ist unangenehm, obwohl es enorm heiß ist. Auch das Gefühl, alles sei gleich, ist Anlass, zurück zu paddeln.

Wir kommen gut zurecht. Die Hektik der Hinfahrt ist vergessen. Wir schauen über und dann in das klare Wasser der Bucht, sehen und hören den Wald mit den Rufen seiner Tiere hinter dem Strand und staunen über die Vielfalt bunter Fische unter uns, die in Schwärmen wie schillernde Wolken hinziehen. Diese Pracht ist in ständiger Bewegung und beschert immer wieder neue Bilder. Ich denke an die Äquatortaufe als Reinigungsritual für den Zugang auf die südliche Halbkugel unseres Planeten. Dass uns hier eine zusätzliche Taufzeremonie auferlegt wurde, kann ich wahrlich einsehen. Den Zutritt in diese wunderbare Welt darf man nicht geschenkt

bekommen. Solche Momente sind einmalig. Ich lege mein Paddelbrett quer über das Boot und habe so eine bequeme Sitzbank. „Gerd, schau her, mach es doch auch so und lass uns eine Pause genießen.“ Das Plätschern verstummt. Jetzt hören wir nur den Wald und sehen die Fischschwärme klarer als zuvor. Auf dem Boden des Einbaums liegt in einer Pfütze die filigrane Koralle wie ein weißer Igel (das Kleinod besitze ich noch).
Nach etwa zehn Minuten nähert sich der kühne Wassersportler mit lautem Prusten. Er schwimmt zurück, ist also nicht von unserer Mannschaft. „Wo ist der Hai?“, rufe ich. Ich muss wiederholen. Er hat den Butterflystil gewählt und ist zeitweise taub. Dann kommt die Antwort: „Der Delphin ist zu Hause!“ Sein Wühlen im Wasser ist das Ende unserer paradiesischen Pause.

Der Bootseigner empfängt uns strahlend. Wir haben unser Abenteuer mit der Wirkung seiner hilfreichen Seegurken überstanden. Wir sind ihm dankbar und wissen es nicht so recht auszudrücken. Ich freue mich, dass er mein Paddelbrett gerne annimmt. Er schiebt den Einbaum ins Wasser, stakt zweimal mit dem Paddel in den Grund und fährt stehend davon! Ein Bild fürs Album!
An Bord wird meine kleine Wunde mit Jod sterilisiert. Ein Pflaster genügt als Schutz gegen Infektion.

Und dann noch eine Überraschung am Abend. Ich stehe an Deck und schaue den Arbeitern zu, wie sie Säcke aus der Lagerhalle heraus karren und in die großen Netze stapeln, als ein Geländewagen hält. Ein drahtiger Europäer steigt aus. Schwarzes Wuschelhaar, Vollbart, Kakihemd, Shorts und barfuß. So kommt er die Gangway herauf. *„Hallo I am Bill“* stellt er sich vor. Er ist Entwicklungshelfer einer englischen Hilfsorganisation. Er und seine Kollegen meinen, dass es nett sein könnte, wenn von uns einige mit ihm fahren. Sie hätten ein kleines Camp mit Kühlschrank. Zu dritt fahren wir mit. Die Tour durch den Regenwald dauert keine halbe Stunde und ist recht abenteuerlich wegen der schwammigen Piste. In einer beachtlichen Klubbaracke auf einer kleinen Lichtung werden wir von zwei Frauen und drei Männern begrüßt, allesamt keine dreißig Jahre alt. Wir erleben einen fröhlichen Abend mit Darts-Spiel, englischem Bier und hören dabei vielfältige Rufe aus dem Wald. Eins von mehreren Themen ist über *„the crazy German“,* dem mutigen Schwimmer. Ja, er hat ein Bike und ist ein typischer Eigenbrötler. Nur noch ein weiterer Europäer, ein Missionar, lebt in Mtwara. Bill bringt uns zurück. Der Ladebetrieb ist abgeschlossen. Alle Arbeiter sind längst von Bord. Es ist wunderbar ruhig. So genieße ich bei offenen Bullaugen auch noch in der Koje die Stimmen des Waldes und schlafe ein wie im Paradies.

Mombasa/Safari
Über Dar es Salam und Tanga geht es nach Mombasa. Am 29. Juli 1966 fahren wir mit einem Kleinbus zum Tsavo-Nationalpark. Fahrer und Ranger sind Afrikaner. Sehr früh holen sie uns ab. Es ist noch dunkel. Beim ersten Licht erreichen wir eine einsame Tankstelle. Der Tankwart schläft beneidenswert tief. Ich habe Zeit, mich über den ostafrikanischen Morgenhimmel zu freuen. Wenige Wolken bilden schwarze Fantasieformen am silbrigen Firmament. Es wird nicht nur getankt, sondern auch ausführlich gesprochen.
Nach vielleicht einer Stunde Fahrt halten wir. Das Kühlwasser dampft. Also ist nachzufüllen. Unser Fahrer beschäftigt sich mit der Vorbereitung. Der Einfüllstutzen befindet sich innen. Ich ahne Gefahr und springe hinaus. Er macht das nicht das erste Mal. Mit Lappen und langem Arm entfernt er die Kappe. Pffffft! Der Dampf quillt

aus den vorderen Türen und hüllt Fahrgäste ein, ohne sie zu verbrühen. Es geht weiter. Bald sind wir am Tor des National Parks. Tor ist ein Kompliment, frei stehendes Fußballtor passt besser. Es gibt keinen Zaun. Das Tor ist da, weil am Eingang eins hingehört. Einen Steinwurf weiter befindet sich ein Häuschen. Aha, hier zahlt man Eintritt.
Zwei Elefanten kommen auf uns zu. Ein Matrose steigt aus. *„No, no! Wild animals!“* Das hört unser Freund nicht. Er geht seelenruhig zum Häuschen, genauso seelenruhig wie die Elefanten jetzt dastehen und uns anschauen. Es ist also halb so schlimm. Unser Kleinbus fährt ganz nah an die Kasse. Gezahlt wird durch das offene Busfenster. Unser Aussteiger steigt wieder ein. Er ist sich keiner Mutprobe bewusst. Klar, er erkämpfte sich bei der Äquatortaufe den Namen Hai! Es passt also alles zusammen.
Wir fahren durch mageres Grasland, Steppe nennt man es wohl. Hoppla, im unregelmäßigen Abstand, von reichlich 100 Metern befinden sich flache, schnurgerade Bodenwellen. Flott sausen wir hindurch. Die nächsten wilden Tiere nach den Elefanten sind Zebras. Sie stehen im dürftigen Schatten von Bäumen. Die Zeichnung ihrer Felle mutet an wie Schlafanzüge. Man möchte sie streicheln. Wir halten uns zurück, wollen die Tiere nicht stören. Zum Fotografieren bitten wir, den Motor abzustellen. Sonst wird das mit Teleobjektiv nichts. Bald sehen wir auch Büffel und Giraffen. Es geht zu einem Viewpoint. Von hier haben wir einen Blick weit in die Landschaft, bis zum Kilimandscharo mit seiner weißen Mütze. Braungelb sind die Farben. Bäume wirken von hier klein. Also sind Tiere auch entsprechend winzig. Wir suchen und finden diverse Herden. Ein Elefant steht ganz allein. Schläft er?
Es geht bergab. Dabei stören wir Impalas. Wie sie davonzufliegen scheinen! Bald erreichen wir dichten Baumbestand. Wir fahren eine Piste entlang. Ein Elefantenbulle versperrt uns den Weg, hebt den Rüssel und trompetet. Es scheint keine freundliche Begrüßung zu sein. Er kommt auf uns zu. Der Rückwärtsgang hilft, den Abstand zu vergrößern. Der Elefant steht und schaut. Auch wir stehen und schauen. Unser Störenfried verschwindet seitlich. Unsere Safarileitung hat Erfahrung. Der Bus wendet. Ganz langsam fahren wir rückwärts Richtung Elefant. Sollte der Bulle auftauchen, können wir schnell im Vorwärtsgang flüchten. Prima, jetzt sind wir vorbei. Das scheint der Bulle auch zu denken. Da steht er wieder mit seiner Trompete und riesigen wedelnden Ohren. Auch jetzt können wir nur im Rückwärtsgang weiter. Der Elefant ist verärgert, Gott sei Dank, nicht wütend. Wir tuckern langsam rückwärts, bewegen uns dennoch zum nächsten Ziel.
Inzwischen habe ich festgestellt, dass ich für ein Foto meistens zu spät schussbereit bin. Deshalb schaue ich jetzt ständig durch den Sucher meiner Kamera. Da, ein Dikdik, eine kleine, scheue Antilopengattung. Habe ich es auf dem Film oder nicht? Wir kommen wieder in offenes Gelände. Zwei Löwen scheinen auf uns zu warten. Als wir näher an sie herankommen, sehen wir einen winzigen Tümpel. Wir halten an der gegenüberliegenden Seite. Die Löwin liefert uns ein schönes Spiegelbild. Der Herr Gemahl liegt etwas abseits. Welche Gelegenheit zum Fotografieren! Wir sind vielleicht fünf Meter entfernt. *„Simba!“* ruft einer unserer Begleiter. Ja, Löwen nennt man hier Simba. Ob wir nur weiterfahren wollen oder noch näher an den mit der Mähne, weiß ich nicht. Der Löwe steht plötzlich auf. Mein Gott ist der groß! Er steht neben unserem Kleinbus und schaut uns an. Schnell die Scheibe zu! Ganz langsam schleichen wir uns davon.
Nachdem mein Film entwickelt ist, freue ich mich bei der gemeinsamen Diaschau über die Ausbeute. Das Dikdik ist gut getroffen. Diese Gattung hat eine maximale Schulterhöhe von 40 Zentimetern und ist selten fotografiert worden.

Straße von Messina

Über Aden und Suez erreichen wir das Mittelmeer. Auf dieser Reise gibt es einen besonderen Anblick. Alle wissen, dass wir zwischen Sizilien und Kalabrien durchfahren werden, die Straße von Messina. Es wird am frühen Nachmittag sein. Wir Wachgänger haben Glück oder nicht. Diesmal gehöre ich zu den Glücklichen. Ich betrete um 08:15 Uhr frisch geduscht in die Messe und genieße gemeinsam mit meinem Assi das Frühstück. Der 2. Off. kommt hinzu. Aus erster Quelle erfahren wir, dass Sizilien schon in Sichtweite ist. Nach einer halben Stunde haben wir die Höhe von Siracusa und kurz nach Mittag von Catania erreicht. Die Sicht ist gut bei strahlender Sonne. Die Rauchfahne des Ätna können wir schon ab Catania sehen. Der Zeitablauf ist für mich wie geschaffen. Wir nähern uns dem 3300 Meter hohen Vulkan, haben ihn querab, lassen ihn dann kleiner werdend zurück. Trotz der Postkartenansicht erlaube ich mir zwischendurch ein kurzes Mittagsschläfchen. Als wir durch die enge, etwa drei Kilometer schmale Passage zwischen Sizilien und dem Stiefel fahren, bin ich unten und höre die Musik der Hauptmaschine und des Generators.

Genua

Nach dem Festmachen in Genua haben wir uns fein herausgeputzt. Das sind der 2. Off., der Chief und ich. Bei Keule merkt man das nicht. Er könnte auch Uniform tragen. Aber als Koch ist er immer im Dienst und zeigt sich in zünftiger Kleidung. Da ist Dekoration fehl am Platz, meint er. Wir warten auf unsere Frauen. Warten ist ein dehnbarer Begriff. Man kann warten. Und nach langer Zeit wartet man immer noch. Nein, Hans, der 2. Off. und ich hören auf zu warten. Wir trinken kühles Bier. Warten wir dabei noch? Nein, warten wollen wir nicht mehr. Das geht auf die Nerven. Oder warten wir doch noch? Ja, aber es ist jetzt bei der zweiten Flasche ein entspanntes Warten.

Und dann sind die Frauen da. Wie wunderbar! Das sehr anstrengende und dann weniger anstrengende Warten hat ein Ende gefunden. Heute ist der 16. August. Jutta hat Geburtstag!

Jutta berichtet von der Frauen-Odyssee. Sie sind von verschiedenen Orten abgereist. Jutta stieg in Flensburg in den Zug. In Frankfurt waren sie vollzählig zu fünft. Mit dem Liegewagen war es komfortabel. Da fällt der Ältesten ein, dass dieser Wagen an der Grenze vor Italien abgehängt wird. Im Laufe des Abends sind alle mehr oder weniger überzeugt, dass man verschlafen könnte und dann auf dem Abstellgleis landet, eine furchtbare Vorstellung! Also verlassen alle den Komfort und quetschen sich zwischen andere Fahrgäste. Nach einer unbequemen und beinahe schlaflosen Tortur erfahren die Damen, sie hätten bis sechs Uhr die ganze Nacht schlafen können.

Um die Mittagszeit wären sie in Genua beinahe nicht ausgestiegen. Jutta verließ den Zug mit der Feststellung: „Genova ist Genua, ich steige aus!" Die ältere Dame kam dann auch zögerlich in Pantoffeln und Schuhen in der Hand hinterher. Die anderen Damen halfen ihr, den schweren Koffer und die Reisetasche auf den Bahnsteig zu befördern. Was nun? Jutta fragt sich durch und ruft den Agenten an. Die „Nordmeer" sei noch nicht da und die Ankunftszeit unbekannt, aber den Liegeplatz kann er angeben. Die ältere Dame hat eine Idee. Ab ins Seemannsheim! Also los mit zwei Taxen. Das Heim ist geschlossen, Siesta! Das zweite Taxi lässt auf sich warten. Es wird beschlossen, zum Bahnhof zu fahren, um die anderen zu treffen. Nach längerem Warten sind alle vereint. Jutta beschließt, in den Hafen zu fahren. Die anderen stimmen zögerlich zu. Das hätte einfacher sein können. Eine Stunde nach Zugankunft machte die „Nordmeer“ fest!

Bei Juttas Anmusterung erkennt Kapitän Steinbeck, dass sie Geburtstag hat. Bald kommt er mit einer Flasche Sekt. „Herzliche Glückwünsche!“ Einen Tag später ist die Torte auf dem Tisch.
Meine Überraschung für Jutta sind Weintrauben vom Kap. Sie sind im Gemüseraum in ihrem Exportkasten gut aufgehoben, eingebettet in Korkkügelchen. Ich habe einen Schlüssel zu den Kühlräumen und kann jederzeit eine Traube holen. Die einzelnen Beeren sind riesig. So etwas hat kaum ein Mensch nördlich des Äquators gesehen! Ich freue mich, dass Jutta die riesigen blauen Beeren mag. Das Leckerlein genießen wir jeden Abend. Fünf Kilo haben eine beachtliche Reichweite.

Genua ist ein Magnet. Wir laufen durch die Stadt und genießen das südliche Flair. Es ist heiß. Schattige Sitzplätze bei Eis oder Cola versüßen die brennende Sonne. Ein Ausflug wird geplant. Unsere Frauen haben sich auf der Anreise über die Alpen angefreundet. Es sind drei gemeint, denn die Frau des Supercargos und die Seniorin vom Chief sind Salongäste und auch reifer.
Wir wollen Rapallo sehen und Portofino. Hans organisiert das. Man hat ihm einen hiesigen Touristenexperten empfohlen. Ein ganzer Tag, beide Ziele mit Führung zum Festpreis pro Person. OK, alle sind einverstanden. Wir wollen unseren Frauen etwas bieten, wenn wir schon mal hier sind!
Der Herr Touristenführer kommt zeitig nach dem Frühstück. Es kann losgehen! An der Gangway steht ein Auto. Bitte einsteigen. Wir sind sechs Personen! „Das haben wir uns anders vorgestellt!“ „Wieso denn?“ „Für so viele Leute benötigt man einen kleinen Bus oder zwei Autos!“ „Nein, nein, wir steigen ein und fahren!“ Wir steigen ein. Zugegeben, es klemmt etwas. Bella Italia!
Wir sind immer in den Bergen, haben oft spektakuläre Ausblicke aufs Meer. Kleine Orte und einzelne Anwesen schmücken sich mit vielen blühenden Blumen und Sträuchern. Wenn es steil wird, spürt man die Kraft des Motors. Das Auto ist schon ok. Wir sind dennoch für jede Pause mit Aussteigen dankbar. Viele Straßenkringel sind recht abenteuerlich. Wir erleben Höhen und Tiefen der Bergwelt. In Porofino flanieren wir im Jachthafen herum. Eine riesige Mahagonijacht hebt sich nicht nur durch ihre Größe ab. Alles sieht edel aus. Die Gangway im Stil einer Holzgräting (begehbarer Gitterrost) könnte auch als Gartentischplatte benutzt werden. An Deck trinkt man Sekt aus schlanken Gläsern. Fröhlichkeit schwappt zu uns herüber. Es ist einfach schön, herumzulaufen und zu schauen. Ich habe Interesse an Beplankung, Lackierung, Takelage usw. Ich bin unerkannter Experte durch den Bau meiner beiden Modelljachten. Jutta schwelgt in Ansichtskarten. Das scheint mir vernünftiger als im Modegeschäft. Ihre Ausbeute ist meinen paar Fotos weit überlegen. Keule ist an Speisekarten interessiert, besser gesagt, an den Angeboten auf handgeschriebenen Tafeln, die vor Restaurants sehen. Ich habe kaum Ahnung von fremden Gerichten. Keule empfiehlt Frutti di Mare zu Spaghetti und vorneweg Antipasti. Wir essen nicht üppig, aber edel. So gehört sich das in der Bucht von Portofino! Es geht dann noch weiter nach Rapallo. Inzwischen sind Wolken aufgezogen, es ist angenehm. Am Strand sieht man kaum Leute. Es ist auch noch Siesta. Einheimische haben sich zurückgezogen. Wir laufen herum. Hier ist es weitläufig. Mir fehlt die kleine Bucht mit schönen Schiffen. Touristen begucken ist nicht so interessant. Zurück geht es flotter über die Autostrada.

Nach fünf Tagen in Genua fahren wir nach Livorno. Kapitän Steinbeck wird für einige Urlaubswochen abgelöst. Und wer ist jetzt Kapitän? Mein Geisterreiter! Ich erinnere mich an Sansibar und den verlorenen Anker.

Livorno

Wir laufen aus nach Livorno. Ich habe Wache. Mein Assi kommt aufgeregt zum Fahrstand. „Der Kompressor für die Posaunenbelüftung ist geborsten." Ich schaue um die Ecke. Tatsächlich, der Gehäuseblock hat einen waagerechten breiten Riss. Ein ungutes Gefühl erfasst mich. Vor einigen Tagen habe ich daran gearbeitet, nicht weil ich wollte, nicht wegen einer Notwendigkeit und auch nicht als vorbeugende Maßnahme. Nein, der Chief wollte das. Warum, wissen alle. Ich habe meine Frau an Bord, bin in Genua, gehe gern mit ihr an Land wie er auch. Man soll keine fummelige Arbeit verrichten, wenn man sie innerlich ablehnt. Ich habe unkonzentriert gearbeitet und Murx gemacht. Jetzt beginnt die Seereise. Wenn ich die Maschine unklar melde, erleben alle an Bord ein seltenes Ereignis. Das lässt sich abwenden. Es gibt eine zusätzliche Posaunenbelüftung mithilfe von Druckluft zur Unterstützung der Kolbenkühlung während der Manöverfahrt. Die ist schnell wieder aktiviert. Das Herumeiern des gebrochenen Teils können wir mit einem eingeklemmten Balken beenden. Gott sei Dank!

In Livorno haben wir nur einen Tag Liegezeit. Unser Storekeeper hat, wie alle der Maschinenbesatzung den Bruch gesehen. Er meint, er könne den Block elektrisch zusammenschweißen. Ich hatte an außen liegende Bolzen gedacht. Das wäre aufwendiger. Prima Reinhard! Er bekommt das gut hin. Wir freuen uns gemeinsam. Ich habe meinen Fehler gefunden. Eine Schraube am Rückschlagventil war zu lang und störte die Bewegung des Kolbens. Wir bauen alles wieder zusammen, turnen den Hauptmotor und kontrollieren danach das Innenleben. Alles ist okay.

Vielleicht hätte ich ohne diese dumme Reparatur mit Jutta einen Landgang unternehmen können. Das ist kaum einen Gedanken wert. Der Chief hätte sich eine andere unnötige Arbeit ausgedacht. Hauptsache alte Schule!

Während der Fahrt nach Marseille genießen unsere Frauen Bilderbuchwetter und ein neues Spiel. Die Shuffleboard-Utensilien kommen nur bei besonderen Gelegenheiten ans Tageslicht. Unter dem Sonnensegel der Steuerbord-Nock schubst man mit einer Art Besen ohne Borsten, Holzscheiben nach einem Ziel. Auf gepflegten Planken geht das prima. Noch besser ist die dezente Erfrischung, die unser Herr Kapitän selber zubereitet. Man trinkt Bier mit Sekt! Das sprudelnde Gemisch transportiert Fröhlichkeit ins Hirn. Ja, auf der Steuerbord-Nock ist Stimmung.

Marseille

Jutta und ich empfangen einen unserer Reiniger auf dem Bahnhof. Wegen eines Krankenhausaufenthalts ist er uns von Ostafrika nachgereist. Wir setzen ihn in ein Taxi. Er fährt allein zur „Nordmeer".

Wir bummeln entspannt los, werden als Touristen erkannt und bedrängt. Wir sollen ein Erinnerungsfoto mitnehmen. Gut, machen wir, aber nur von einem Mann. Gleich drei haben gleichzeitig fotografiert. Jutta erlebt eine neue Welt der Bedrängnis. Bis das Foto fertig ist, könnten wir etwas essen.

Und gleich sehen wir ein Restaurant. Hier ist die feine französische Küche zu Hause mit französischen Gerichten, die französisch auf der Speisekarte stehen und uns französisch erläutert werden. Unsere Augen sehen französische Zeilen und die Ohren hören wohlklingende französische Sätze. Ich nicke, Jutta nickt. Da sitzen wir

und riechen französische Küchendüfte. Wir sind gespannt. Dünne Fleischscheiben in schmieriger Soße sind nichts im Vergleich zu Mamas Karbonade. (Nach vielen Jahren finde ich heraus, dass wahrscheinlich Carpaccio als Vorspeise serviert wurde.)
Auf diese kleinen Bissen haben wir lange warten müssen. Um uns satt zu machen, benötigt man vermutlich noch Stunden. Jutta und ich haben das Gefühl, festgehalten zu werden. Außer uns befindet sich kein weiterer Gast im Raum. Mit meiner Erfahrung im Umgang in feiner französischer Gesellschaft stehe ich ganz am Anfang. Mit Deuten auf Uhr und Geldbörse in der Hand findet das begonnene Menü mit vermutlich vielen Gängen ein jähes Ende. Nein, verstehen kann man uns nicht. Mehrfaches Kopfschütteln begleitet uns zur Tür.

Heimreise über Antwerpen, Rotterdam und Bremen nach Hamburg
Im Mittelmeer und westlich von Spanien haben wir ideales Wetter. Gibraltar und Südspanien sind wieder eine Augenweide. Unsre Frauen genießen wieder Shuffleboard, dazu mit Sekt angereichertes Bier und Frohsinn mit „Geisterreiter".
Die Biskaya beendet das Vergnügen. Seegang erlaubt kein Shuffleboard. Der Faktor Wohlbefinden spielt eine wesentliche Rolle. Die Steuerbord-Nock verwaist, unser Herr Kapitän auch. Jutta kommt mit auf Wache. Artig steigt sie die Niedergänge rückwärts hinunter bis zum Fahrstand. Wenn sie meint, es schaukelt sehr und das Wohlfühlen lässt nach, geht sie in den Wellentunnel, wo die Schiffsbewegungen heftiger sind, aber frische Luft strömt. Und wenn sie herauskommt, stellt sie fest, dass es im Maschinenraum deutlich weniger schüttelt. Sie kommt gut durch die Biskaya.

Hamburg und Flensburg
Ich mache ein paar Tage Urlaub und fahre mit Jutta nach Flensburg. Wir träumen von einer Wohnung, wollen ein eigenes Nest haben und eine Familie gründen. Wir haben Zeit zum Planen. Alles hängt davon ab, ob wir eine passende Wohnung finden. Natürlich wollen wir in Flensburg leben, wo Jutta gute Arbeit hat und ich auch bald C6 machen will. Die Wohnungssuche bleibt an Jutta hängen. Ich muss wieder an Bord. Es wird sich fügen. Wir sind zuversichtlich. Die Basis stimmt. Wir haben beide sehr gute Arbeitgeber und können unsere finanziellen Möglichkeiten einschätzen. Unsere Chancen stehen gut, alles ohne finanzielle Hilfe unserer Eltern zu schaffen.

Port Churchill
Ganz ohne Ladung, nur mit Ballastwasser, fahren wir über den Nordatlantik. Die Schaukelei ist kein Vergnügen. Weit im Norden ist der Atlantik zahm und glatt. Wir sehen Eisberge. Ein dicker Brocken ist uns im Wege, eine Gelegenheit, ihn aus der Nähe zu betrachten. Wir schätzen seine Höhe und wetten. Dabei gewinne ich eine Flasche Sekt.
Und dann sind wir da, liegen an hohen Silos der Hudson's Bay Company. Manitoba-Winter-Weizen fließt durch dicke Rohre in die Laderäume. Bei leichtem Schneetreiben und heftigem Wind gehe ich von Bord. Das Eskimo-Museum sollte man sich anschauen, hatte ich gehört. Kaum von der Gangway runter, pickt mich ein Cadillac-Fahrer auf und bringt mich hin. Ich soll auf keinen Fall herumlaufen. „Das ist hier die Hauptstadt der Eisbären, die ersten dieses Winters werden schon erwartet".
In meiner Erinnerung sehe ich noch einen aufgerichteten Eisbären und einen Timberwolf, beide präpariert, als würden sie sich gleich bewegen. Und dann war da noch ein Kajak mit Ehepaar. Der Jäger sitzt im zugeschnürten Ausschnitt des Decks.

Regen oder Wellenschlag würden nicht eindringen. Und jetzt kommt es: Seine weibliche Begleitung liegt hinten im Boot, sichtbar durch einen Ausschnitt im Rumpf. Dabei denke ich, ob sie dort Geborgenheit oder eher Enge empfindet. Und wie frisch ist die Atemluft? Gleich nebenan ist ein kleiner Shop. Im Fenster liegen Jagdwaffen mit Preisschildern.
In der Nähe wohnen scheinbar Menschen in flachen Häusern. Alle Gebäude sind weiß vom treibenden Schnee. Ich gehe näher. Da sind richtige Iglus! Ein Mann kommt auf mich zu. Ich solle mitkommen. Und schon bin ich in einem halbkugelförmigen Eishaus. Ich sehe nur weiße Wände und ein halbes Dutzend junge Frauen. Alle kichern vergnügt. *„Hallo, welcome“*. Auf einem flachen Sitz darf ich Platz nehmen, ein festes Kissen oder Weizenvorrat? Es ist unglaublich warm, nein heiß. Meine Wahrnehmungen sind reduziert. Der krasse Temperaturunterschied setzt mir zu. Auch die „lustigen Weiber“ entsprechen nicht meiner Erwartung des Einblicks in eine andere Kultur. Wo ist der Mann, der mich hier reinschob? Zwei Damen wollen mir aus der dicken Joppe helfen. Ich bin der Situation nicht gewachsen und flüchte.
Unser Assi Elias segelt achteraus. Ob er so eingefangen wurde? Ist der Damenklub eine „ständige Einrichtung“ nach dem Muster von Goldgräbercamps? Wir wissen noch nicht, ob Elias das Eskimo-Dasein genießt. An Bord ist bekannt, dass es bei Eskimos keine Eifersucht gibt. Man gönnt dem Ehepartner Abwechslung. Eine Theorie besagt, dass dahinter ein tiefer Sinn steckt. Seit Generationen wird versucht, „frisches Blut“ zuzuführen, um nachteilige Folgen vieler Verwandtschaftsehen zu begrenzen. Diese Kenntnis erwarb ich erst, als ich aus dem Rennen war. So muss ich mir nicht vorstellen, dass meine Tochter im Kajak eingezwängt liegt und auf frische Luft hofft.

Nach dem Auslaufen aus Port Churchill mit 12000 Tonnen Weizen führt das Achteraussegeln von Elias zu allerlei Spekulationen. Die Fantasie treibt tolle Blüten.

Barry
Jutta steigt in Barry wieder ein. Sie war nach London geflogen, nahm dann den Zug und wollte selbstverständlich erst in der Hafenstadt Barry aussteigen. Zufällig sah sie mich schon in Cardiff auf dem Bahnsteig! Ich war der Meinung, der Zug ginge nur bis dort. Ohne dieses schöne Missverständnis wäre uns die nachfolgende Taxifahrt durch die liebliche Landschaft Südwales entgangen. Kapitän Steinbeck begrüßt Jutta herzlich mit Kirschen. Man kennt sich von Genua!
Unser Storekeeper Hannes hat in London den falschen Zug erwischt. Ohne Absicht konnte er viel von Schottland sehen. Da er nicht Englisch spricht, kommt er nach einer abenteuerlichen Odyssee endlich an und kann viel erzählen.

In Barry wird ein Teil des Weizens entladen. Dieses sogenannte Löschen hat im Gegensatz zur Technik in Port Churchill eine niedliche Dimension. Die dünnen Saugrohre versprechen lange Liegezeit. Irgendwie werden die Schritte an Bord langsamer.
Wir genießen mit unseren Frauen Landgang und Geselligkeit in der Offiziersmesse. Eines Abends schaut Kapitän Steinbeck durch die Tür und fragt, ob das so recht sei. „Was denn?“ „Die Musik, ich lege oben Platten auf, gefallen Ihnen Walzer und Operetten?“ Die Frauen sind einverstanden. „Danke, wir freuen uns!“ Unser Kapitän fördert das Mitfahren von Ehefrauen. Und dann noch seine charmante Art.

Der Anlass zu einem dieser fröhlichen Abende ist die Flasche Sekt, die ich bei der Eisberglotterie in der Hudson Straße gewonnen hatte. Wir erklären das unseren Frauen. Damals berichtete der 2. Offizier beim Mittagessen, dass wir bald an einem sehr großen Eisberg vorbeifahren würden. Wir gingen alle hinaus und staunten. Das war mir ein Foto wert, gleich den Apparat geholt und geknipst. Eine Wette wird vereinbart. Jeder ist mit einer Mark dabei. Wer mit seiner schriftlich abgegebenen Höhenangabe der Realität am nächsten käme, würde eine Flasche Sekt erhalten. Und dann wurde mit dem Sextanten gemessen. Das Ergebnis: 73 Meter! Mein Tipp liegt mit den anderen in einer Mütze. Mit 75 Metern bin ich nah an der Realität, ich habe gewonnen!

Ein ganz besonderes Ereignis ist das Kapitänsdinner zu Ehren unserer Frauen. Sie geben sich mit ihrer Garderobe alle erdenkliche Mühe. Wir Männer haben es einfach, tragen unsere dunkelblauen, maßgeschneiderten Uniformen. So treffen wir uns im festlich gedeckten Salon. Ein Stuhl bleibt leer. Unser Koch will alles besonders perfekt machen und hat das Angebot des Bäckers und der Stewards, seine Aufgabe zu übernehmen, ausgeschlagen, sagt man. Zum Hauptgang wird Leber aufgetragen. Später sagt Keule, dass Leber gewünscht sei und er diese nicht mag. Deshalb sei er nicht gekommen. Ich nehme eher an, dass ihm etwas über die Leber gelaufen war.

Schülerinnen an Bord

Am dritten Tag in Barry meint Keule so nebenbei: „Die Jungs achtern haben einen sagenhaften Appetit, Eier, Eier und noch mal Eier in allen Variationen! Als wenn sie von Shakespeare inspiriert sind. Und gestern Mittag jede Menge Nachschlag."
„Der Bobby ist wieder da", sagt Carmen. „Der geht nach achtern, will den Bordhund sehen, wie jeden Tag". Eigentlich müsste Susi in Quarantäne-Obhut bis zum Auslaufen. Aber ohne Susi ist unser Bordleben nicht komplett. Great Britain hat Verständnis. Man würde ersatzweise täglich Susis Anwesenheit kontrollieren.
Der Polizist kommt in Begleitung eines Matrosen und Susi von achtern zurück. Es war also alles okay.
Mehrere Frauen versammeln sich auf der Pier. Sie unterhalten sich aufgeregt. Es kommen noch Weitere dazu. Wir haben schon öfter Frauen auf der Pier gesehen. Die riefen dann Darling oder so ähnlich. Das hier ist neu für uns. Die Situation entwickelt sich zu einem interessanten vis-a-vis, denn auch an Deck bildet sich eine Gruppe. *„My daughter",* hören wir aus den Frauenstimmen heraus.
Ein Pkw erscheint. *„Teachers",* vernehmen wir. Ein Herr steigt aus und öffnet der Dame im Fond die Tür. Allgemeine höfliche Begrüßung folgt. Lehrer und Lehrerin kommen an Bord, wollen unseren Herrn Kapitän sprechen. Bald gehen die beiden in Begleitung des Kapitäns und des 1. Offiziers nach achtern. Mitschiffs sind wir inzwischen beinahe vollzählig an Deck. „Da tut sich was"!
Ja wirklich! Nach und nach kommen Mädchen von achtern. Einer von uns zählt laut. „Elf, zwölf, dreizehn, das sind wohl alle". Der Lehrer erscheint zuletzt aus der Unterkunft, bleibt stehen und ruft einen Namen. Eine der wartenden Frauen kommt an Bord. Wir haben schon eine Gasse gebildet. Es knubbelt sich noch mehr, als die Frau dem Gänsemarsch der Mädchen begegnet. Es dauert eine ganze Weile, bis die letzte junge Dame erscheint. Sie wird von zwei Frauen stabilisiert. Es gibt da ein Problem mit dem Gleichgewicht. Die Kleidung müsste noch straffgezogen werden. „Nicht dreizehn, es sind vierzehn!", höre ich. Dann steht die große Gruppe auf der Pier und debattiert heftig. Nur langsam löst sich die Versammlung auf. Unsere Jungs vermissen zum Abschied dankbares Winken der jungen Damen. Warum hat eine

Mädchenklasse den Unterricht auf unsere „Nordmeer“ verlagert? „Na ja, die jungen englischen Ladys verteidigen ihren Ruf“, sagen wir so unter uns.

Das ist Seemannsgarn live, könnte man meinen. Unsere mitfahrenden Frauen haben das gesehen und neigen jetzt dazu, uns mehr Glauben zu schenken!
Solche und ähnliche Ereignisse dienen der Unterhaltung auf langen Seereisen. Für den Landgebrauch sind sie weniger geeignet, denn das klingt nach Spinnerei, es sei denn, eine vergnügte Gesellschaft dürstet nach Seemannsgarn.

Birmingham
Dort erleben wir eine weitere erwähnenswerte Story. Von Cardiff geht es nach Birmingham, wo auch noch gelöscht wird. Danach steht das Ausgasen mit Blausäure an wegen der blinden Passagiere. Ratten hatten wir also auch geladen, nicht nur Weizen. Alle Besatzungsmitglieder und Gäste müssen das Schiff verlassen. Nur die Ratten bleiben an Bord. Ein sehr seltenes Ereignis ist damit verbunden: Totschiff! Alle Motoren werden abgestellt. Eine spezielle Gang übernimmt das Schiff.

Wir erleben einen vergnüglichen Abend und eine spartanische Nacht im Seemannsheim. Am nächsten Morgen fahre ich vor allen anderen allein an Bord. An der Gangway erhalte ich die Erlaubnis zum Betreten des Schiffes. Es besteht keine Gefahr mehr durch tödliches Gas. Schon auf der Gangway fehlt mir das vertraute Motorgeräusch. Das erste Tageslicht ist noch schwach. Beim Betreten des Mittschiff-Hauses benötige ich die Handlampe. Jetzt bin ich mutterseelenallein in dieser gespenstischen Stille. Ich gehe den langen Gang zum Maschinenschott entlang und trete ein. Das Skylight liefert nur spärliches Dämmerlicht. Im Kegel meiner Lampe benutze ich den Niedergang. Jeder Schritt verursacht ein Echo. Nach zwei weiteren Niedergängen und mehreren Kurven komme ich mit einem befremdlichen Gefühl im Bauch unten an. Für alle gewohnten Handgriffe habe ich nur eine Hand frei oder schemenhaftes Licht, wenn die Lampe auf den Flurplatten liegt. Erst seit diesem Erlebnis weiß ich bis heute noch, wie laut so ein Motor ist! Der natürlichen Stille folgt ein regelrechtes Erschrecken. Nach dem Synchronisieren und Zuschalten des Generators erstrahlt die Beleuchtung wie eine Erlösung. Ich bin wieder auf meiner vertrauten „Nordmeer“.

Emden
Jutta steigt am 1. November in Emden aus. Sie wird sich um unseren Nestbau kümmern, eine Wohnung suchen, hoffentlich auch finden und Möbel beschaffen, eine große Aufgabe neben ihrer Arbeit.

Wir laden für Bestimmungshafen Chicago. Bald befinden sich in den fünf Laderäumen der „Nordmeer“ 990 Stahlrollen, hochwertiges Blech für die Automobilproduktion.
Am 4. November sind wir zu viert unten in der Maschine. Die Anlage ist von Hafen- auf Seebetrieb umgestellt. Es soll losgehen.
Der 3. Ing. und sein Assi Hans haben Wache, mein Assi Peter und ich gehen Manöverwache. Nach Seefahrertradition ist dieser zusätzliche Dienst bei Revierfahrt bis zu zwei Stunden vor und nach der Routine-Wache zur Unterstützung der Wachmannschaft zu leisten. Peter tritt auf der Stelle und fummelt nervös am Manöverrad der MAN-Maschine. Hier werden Pressluft zum Start und Treibstoff dosiert. Er will endlich die 4000 PS munter machen. Schon etliche Maschinenmanöver hat er gefahren, aber noch nicht innerhalb des Hafens, wo alles

perfekt klappen muss. Ich verstehe seine Unruhe. Sein Kollege Hans kümmert sich um Drücke, Temperaturen und zig andere Dinge, dreht seine Runden um die 14 Meter lange Hauptmaschine über zwei Etagen. Schon zum x-ten Mal kommt er am Fahrstand vorbei. Das Kommando „Achtung“ und dann der Anruf: „Klar vorn und achtern“ lassen auf sich warten. Der Maschinentelegraf bleibt still. Langsam schleicht sich Ungeduld in unser Gemüt. Ich muss jetzt nicht unbedingt hier unten sein. „Ich gehe nach oben“, teile ich meinem Kollegen Kurt mit, spreche direkt in sein Ohr. Das ist am einfachsten. So verständigen wir uns in der lauten Umgebung, ohne schreien zu müssen.
An Deck stehen einige Männer und schauen über die Reling. Was ist denn das? Die Gangway ist noch nicht eingeholt. Auf der Pier halten sich mehr als ein Dutzend Matrosen auf, eng beieinander bilden sie eine kompakte Gruppe. Es ist merkwürdig ruhig. Da stehen vitale Seemänner, sagen nichts und gucken Löcher in die Luft. „Die Mannschaft weigert sich mitzufahren, wenn einer der neu angemusterten Matrosen nicht aussteigt. Das muss erst geregelt werden“, schnappe ich auf. Ich gehe wieder nach unten und berichte. Nach kurzem Wenn und Aber bin ich in meine Kammer. Bei offener Türe mache ich es mir auf dem bequemen Ecksofa gemütlich und lese.
Nach einer knappen halben Stunde kommen flotte Schritte die Gangway herauf. Ich schaue aus einem Bullauge und sehe die Matrosen einsteigen. Wieder an Deck gehe ich rüber auf die Backbordseite. Ja, die Schlepper sind da. Der Zimmermann geht zum Vorschiff. Wir nennen ihn Graf wegen stolzer Haltung und feinen Manieren, ein echter Hanseat. Sein Bruder ist Senator in Hamburg. Er wird auf der Back die Winde bedienen und so die vordere Manila einholen, während Matrosen diese säuberlich zu einem akkuraten Ring ablegen. Achtern geschieht das dann auch unter der Order des Bootsmanns.

4. November 1966, Seereise nach Montreal

Als ich wieder am Fahrstand bin, kommt das Kommando. Auf der Brücke wird der Maschinentelegraf von Stopp auf voll Voraus dann auf voll Zurück und zuletzt auf Achtung geschaltet. Das geschieht in zwei Sekunden. Dabei klingelt es auf der Brücke wie von einem echten Wecker. Am Fahrstand und im gesamten Maschinenraum meldet sich ein Monstrum von Glocke, unüberhörbar über dem Lärm der Motoren. Das Brücken-Kommando wird genauso hier unten mit dem zentralen Zeiger des Telegrafen abgebildet. Mein Assi bestätigt, indem er den Telegrafenhebel gemäß der Zeigerbewegung wiederholt. Natürlich erklingt wieder der Wecker. Nur wenn die Telegrafen auf der Brücke und in der Maschine synchron stehen, hört das Klingeln auf. So ist sichergestellt, dass die Kommandos in der Maschine ankommen und verstanden werden. Das ist gewohnte traditionelle Routine die ihren Ursprung im mündlichen Wiederholen der Kommandos auf Segelschiffen hat: „aye aye sir!“ auf Deutsch etwa: „Zu Befehl Herr.“
Es geht also endlich los! Die beiden Hilfsdiesel werden lauter. Ein Blick auf die Schalttafel zeigt einen Anstieg der Generatorbelastung. Aha, die Leinen sind losgeworfen und werden eingeholt. Wir wissen, dass uns zwei Schlepper von der Pier wegziehen. Das dauert etwa 10 Minuten. Obwohl in der Maschine die Bewegung des Schiffes nicht sichtbar ist, verfolgt jeder entsprechend seiner Erfahrung diese an eben genannten und auch noch weiteren Informationen wie z. B. der Bewegung des Ruders, die am Fahrstand angezeigt wird. Klingeling, VGL klingeling. Los geht es vorwärts ganz langsam. Peter macht den Job perfekt. Er entriegelt die Sperre des Manöverrades und dreht bis zur Startposition. Nachdem die Pressluft mit 30 atü nacheinander in vier Zylinder zischte, bewegt er das Rad weiter über den Schließpunkt der Luft hinaus in den Bereich der Brennstoff-Füllung. Der

Dieselmotor hat nach diesem Augenblick schon die Drehzahl für Selbstzündung. Peter gibt mit dem „richtigen Gefühl" ein bisschen mehr Füllung und bei Erreichen von 35 pro Minute drosselt er. Ich klopfe ihm auf die Schulter. Er ist glücklich! Ich weiß, was er empfindet. Auch ich war Assi und freute mich über diese Krönung während der Ausbildung. Klingling VL, klingling vorwärts langsam. Peter gibt Füllung für 50 Umdrehungen, zuerst etwas mehr Diesel-Brennstoff, um schnell auf Drehzahl zu kommen. Die „Nordmeer" beschleunigt nur langsam mit ihrem Gesamtgewicht von etwa 17 000 Tonnen auf 5,4 Knoten. Das entspricht einer Geschwindigkeit von 10 Kilometern pro Stunde. Peter und ich werden abgelöst.

An Deck sehe ich die Hafenanlage schon einen Kilometer hinter uns. Auch der leitende Ing. macht noch einen Spaziergang mit seiner Frau. Er wird nur diese Reise auf der „Nordmeer" als Urlaubsvertreter mitfahren. Er hat gehört, dass einer der Mannschaft den unerwünschten Matrosen kennt und ihm Schlimmes zutraut.
Die „Meuterei an Land" war ganz schön clever. Kapitän Steinbeck konnte den fragwürdigen Mann zurücklassen ohne eigene Begründung. Die lieferte der Protest der Matrosen.
Unsere Reederei hat auf allen Ebenen solide Stamm-Besatzungsmitglieder. Wir halten zusammen und sichern langfristig ein gutes Bordklima, in dem Neuzugänge während der Monate dauernden Reisen akzeptiert werden oder, in seltenen Fällen, eben nicht. Aber so schnell und deutlich wie heute erlebten wir das noch nie.

Nach diesem verzögerten und denkwürdigen Auslaufen funktioniert alles routinemäßig nach Plan. Jeder hat entweder „seine Wache" von zweimal vier Stunden täglich oder Tagesdienst. Das Wesentliche der Freiwachen sind die gemeinsamen Mahlzeiten. Allerdings wird in vier Gruppen gespeist, im Salon und in Offiziers-, Unteroffiziers- oder Mannschaftsmesse. Die Themen sind weniger die Arbeit. Nach dem Auslaufen richten sich unsere Gedanken nach vorn. Es geht also in die „Großen Seen". Wer war schon da? Aus der Offiziersmesse niemand! Einige waren, wie ich, den Sankt-Lorenz-Strom hinauf bis Montreal, aber nicht weiter. Da bewährt sich das gemeinsame Band, das uns über die Grenzen der Messen verbindet. Bald sind zwei Männer herausgefiltert, die zu dem Thema etwas wissen: der Bootsmann und ein Matrose. So versuchen wir uns gegenseitig „schlauzumachen". Wir erleben die Fortsetzung des Erdkundeunterrichts unmittelbar auf Weltreisen. Der Pegel der Seen liegt weit über dem Meeresspiegel, 175 Meter! Wir werden durch Schleusen hinaufbefördert. Also mal etwas ganz Neues!

Wir fahren durch den Dollart, vorbei an Krummhörn und erreichen die Nordsee. Hier endet unsere Manöverfahrt. „Anfang der Seereise" wird im Maschinentagebuch vermerkt. Das Bodenlog, ein Rohr mit einer Bohrung in Fahrtrichtung, kann jetzt abgesenkt werden, da keine Grundberührung zu befürchten ist. Der Staudruck ist ein Maß für die Geschwindigkeit im Wasser.

Mein Spaziergang führt mich über die Steuerbord-Nock auf die Kommandobrücke. Der Rudergänger ist auf seinem Posten. Er erwidert mein „Moin". Rudi, 3. Offizier, ist auf der Backbord-Nock. „Moin, was machst Du mit dem Lineal am Kompass?" „Die Peildiopter sind achteraus gesegelt, jetzt versuchen wir, so klarzukommen". Als Rudi seine Peilung genommen hat, bitte ich um das Lineal. „Das musst Du ganz genau quer rüber halten, also 180 Grad gegenüber", hilft Rudi. „Nein so nicht!" „Rudi, ich will dir keine Konkurrenz machen, ich messe den Außendurchmesser der Skala." Rudi erhält das Lineal zurück. Mit einem „Gute Wache" bin ich schon unterwegs.

In meiner Kammer skizziere ich eine Idee und dann eine verbesserte Version. Aus einem 12 mm Messingstab, der Länge nach halb geschlitzt und gespreizt, kann ein Träger für Kimme und Korn entstehen. In der Koje kann ich zunächst nicht einschlafen. Ich tüftele am Detail der Peil-Komponenten und wie ich sie fixiere. Eine Lösung ist bald gefunden. Ich sehe den Peildiopter „Made im Ärmelkanal" schon vor mir und schlafe zufrieden ein.
Es klappt wie geplant. Die Wache verläuft ruhig. In der Werkstatt innerhalb des Maschinenraumes, Store genannt, befindet sich auch der verschlossene „Millionenstore". Hier lagern Stangen und Bleche aus Messing und Kupfer, alles edles Material und andere Kostbarkeiten. Das Schlitzen des Stabes erfordert Konzentration, denn der Schnitt muss genau mittig sein. Das habe ich bei der Flensburger Schiffsbau-Gesellschaft gelernt. Die so entstandenen Schenkel werden gespreizt. Es entstehen drei Auflagepunkte. Ein Blech mit schmalem Schlitz und ein spitzer Stift bilden die Peilvorrichtung. Dann wird noch geschmirgelt und poliert. Das Ergebnis gefällt mir!
Meine Wache endet morgens um acht Uhr. Nach dem Frühstück gehe ich mit meinem zierlichen Apparat auf die Steuerbord-Nock. Durch leichtes Biegen der Schenkel kann der Durchmesser so korrigiert werden, dass das Gerät genau in die Spur für das Originalgerät passt und auch auf Spannung festsitzt, dabei noch leicht drehbar ist. Ich peile und kann dabei den Winkel am Kompass ablesen. Mein Fummeln erregt Neugier. Der 1. Off., Herr Jörg Fischer, kommt näher. „Moin, Spielen auf der Brücke ist verboten!" „Moin, ich darf das nicht, aber spielen Sie doch auch mal ein bisschen peilen". Ich spüre meine Sternstunde gekommen. Nein, voreilig ist der 1. Off. nicht. Nach mehrmaligem Peilen in verschiedene Richtungen schaut er mich an. „Kann man das Ding auch abnehmen und auf der Backbord-Nock benutzen?" „Versuchen Sie es." Er schafft das, als wäre er der Konstrukteur. Auch dort peilt er in diverse Richtungen. „Ich komme damit klar, das Ding kann hierbleiben, dann sehen wir, was die Kollegen davon halten." „Wir sind uns einig. Das hatte ich mir auch so vorgestellt. Gute Wache!"
Als ich fortgehe, sehe ich, wie er das „Ding" abnimmt und betrachtet. Er schaut es an wie ein neues Spielzeug, ohne Spur von seinem stolzen Kapitänspatentinhaberblick. Im Gegensatz zu sonnengebräunten Nautikern sehen wir Ingenieure blass aus und riechen auch noch nach Diesel. Wir können jeden Pluspunkt gebrauchen.
Mit einem guten Gefühl mache ich meinen Rundgang über alle Decks. Ein Schott (Stahltür) pendelt beim anschwellenden Seegang gegen die Stahlwand und macht rhythmisch bum. Ich sichere es mit dem dafür vorgesehenen Haken. Ich mache nur, was alle anderen hoffentlich auch tun.

Die Kreideküste von Dover leuchtet im milchigen Licht der tief stehenden Herbstsonne. Verharren, das schöne Bild genießen und in die Seele zu den Schätzen der Erinnerung legen.

Als 2. Ing. bin ich für den Ablauf der täglichen Arbeiten zuständig und gehe deshalb in die Maschine. Storekeeper „Hannes" Tienken hat ein Problem. Ihm fehlt ein Mann. Überstunden wären nicht zu vermeiden, wie schon seit Port Churchill. „O.k., wir werden klarkommen. Das Putzen der Flurplatten mit Diesel nehmen wir schon mal aus dem Programm. Auf dem Atlantik erwartet uns raue See. Da sind gewienerte Böden zu rutschig. Wir erledigen nur die für den Betrieb notwendigen Arbeiten." Hintergrund ist das Achteraussegeln von Elias. In Port Churchill hat er unsere Abreise verpasst. Wir hatten gehofft, ihn in Barry, dem ersten Hafen nach der Atlantiküberquerung, zu begrüßen. Nun erfahren wir über die Reederei, dass oben in der Hudson Bay schon Winter herrscht. Elias muss bis April bei den Eskimos bleiben. Dort sind genug Damen, die sich um ihn kümmern. Also machen wir uns keine Sorgen. Bei Elektro-Off. Günter Zinnbauer spüre ich Zuversicht, alles klar!

Herbststurm auf dem Nordatlantik

Es brist auf. Schon jetzt, bei Windstärke vier, spüre ich die 12 000 Tonnen Stahl ganz unten in den Laderäumen. Sie haben den Schwerpunkt verlagert. Die „Nordmeer" versucht wie ein Stehaufmännchen dem Seegang zu trotzen.

Die Frauen von Keule und dem Chief fahren mit nach Chicago. Sie wehren sich wacker gegen die Seekrankheit. Auf der Höhe von Irland nehmen Wind und Wellen zu. In den folgenden zwei Tagen werden 10 Windstärken erreicht und eine steile See. Das raue Wetter hält an. Der Nordatlantik und unsere „Nordmeer" kennen sich schon in guten und in schlechten Zeiten. Jetzt trifft das zuletzt Genannte zu.

Nach etwa zwei Tagen erleben wir eine sogenannte ausgereifte See. Der Rhythmus ist jetzt so gut wie ungestört.

Fünf Tage lang kommt die See von Steuerbord. Der Begegnungswinkel liegt bei etwa 70 Grad. D.h. die Wellen treffen uns nicht im rechten Winkel seitlich, sondern etwas von vorn. Sieben Sekunden rollen wir nach Backbord bis auf einen Krängungswinkel von 32 Grad und dann bewegen wir uns sieben Sekunden lang nach Steuerbord, auch bis auf 32 Grad. Das sehe ich am Krängungsanzeiger auf der Kommandobrücke. Dabei denke ich an meine Ausbildung in Flensburg. Genauso ein Instrument fertigte ich in der Lehrwerkstatt für die „Nordwind" an, das jüngste Schiff der Reederei. Zu dieser Rollbewegung kommt dann noch das Stampfen, also das auf- und absteigen von Bug und Heck. Wer sich auf dem Hauptdeck mittschiffs aufhält, z. B. in einer der Messen, wird während dieser Rollperiode wechselweise etwa 10 Meter und 7 Sekunden nach rechts und 7 Sekunden zurück nach links und auch 10 Meter nach oben und unten befördert. Gleichzeitig kommt das Schiff 70 Meter voran. In Summe bewegt er sich innerhalb von 14 Sekunden entlang einer Spirale von 70 Metern Länge und 10 Metern Durchmesser. Das geschieht unter enormen Beschleunigungskräften. Ständig hält man sich fest, Tag und Nacht. Da muss alles gut gezurrt sein. Unverhofft wird das Schiff von großen Wellen getroffen, sogenannten Schwestern, ein mulmiges Gefühl. Schwesterwellen sind zwei Wellen, die sich noch nicht zur Monsterwelle addiert haben. Der Sieben-Sekunden Rhythmus verschiebt sich just dann um eine oder gar zwei Sekunden bei größter Krängung. Kentern wir jetzt? Nach langen zwei Sekunden geht es wieder aufwärts, aber mit Bravour! Tarzan würde nicht glauben, was wir ohne Liane und lockende Banane mitmachen!

Und das ist nicht alles. Steht man z. B. in einer Nock hinter dem Windabweiser, sieht man die wilden Wellen mit ihren fortfliegenden Schaumkronen und das kleine Schiff rollend und stampfend mittendrin. Ab und an kommt außer ständiger Gischt auch grüne See über Bug und Reling, die dann über das Deck nach hinten rauscht. Der Sturm musiziert in Wanten und an Kanten. Kein Mensch kann sich vorstellen, in einem unserer offenen Rettungsboote dieses Wasser-Sturm-Inferno zu überleben. Also achten wir auf Schiff und Maschine. Irgendwie empfinden wir uns als Teil der „Nordmeer". Vielleicht sind wir ihr Hirn?

Unsere Kojen sind parallel zur Mittelachse des Schiffskörpers eingebaut. Man könnte bei diesem ständigen Hin- und Her-Schleudern herausrollen und auf den Boden stürzen. Dem wird mit einem Einsteckbrett vorgebeugt.

Auf dem Achterdeck sind von mittschiffs bis zu den Quartieren der Matrosen Laufleinen zum Festhalten gespannt, möglichst weit von der Reling. Von

überschwappendem Wasser darf man dabei nicht erwischt werden. Da würde man mitgerissen, auch wenn die See nur bis an die Waden reicht. Das Vorschiff ist tabu. Seekrank ist kaum einer. Aber unser Kapitän leidet. Das weiß jeder. Es hilft kein Trösten. Da muss er durch. Er ist tapfer und macht seine Aufgabe gut. Alle vertrauen seinem seemännischen Können. Aber auch unser Schiff genießt volles Vertrauen. Die „Nordmeer" wurde als Bau Nr. 648 auf der Werft in Flensburg von perfekten und zuverlässigen Männern konstruiert, gebaut und 1954 ausgeliefert. Dank ihrer eleganten Linienführung galt sie in der Fachpresse als eins der schönsten Schiffe der deutschen Handelsflotte. Sie ist für den Einsatz im Winter auf dem Nordatlantik konzipiert und besonders solide ausgelegt. Sie ist ein geschlossener Schelterdecker und hat MacGregor-Patent-Luken. Die lassen sich mit Windenkraft öffnen. Die einzelnen Deckel stehen dann platzsparend senkrecht nebeneinander. Alle Attribute meines Schiffes helfen mir bei schwerer See nicht, genauer gesagt, meinem Darm. Einige Tage geht das gut. Aber dann ist meine Verdauung abwechselnd zu schnell oder zu langsam. Auch die Anstrengung des ständigen Festhaltens macht sich bemerkbar. Der Muskelkater am zweiten Tag ist kein wirkliches Problem.
Bei schwerer See wird uns bewusst, wie wichtig die Qualität des Schiffes ist und worauf die Mannschaft besonders zu achten hat. Auf der Brücke und in der Maschine sind Sorgfalt und Aufmerksamkeit erforderlich. Auch der Rudermaschinenraum ist zu kontrollieren. Er befindet sich achtern, wo die Mannschaft wohnt. Die Laufleinen haben jetzt auch für uns von der Technik große Bedeutung, denn nach jeder Wache erfolgt eine Ruderanlagen-Kontrolle.

Der Zimmermann misst die Pegel der Ballasttanks und Bilgen der Laderäume. Wenn irgendwo Seewasser eindringt, macht er Meldung. Auf der Peiltafel trägt er die Werte ein. Sie ist in der Nähe des Salons so angebracht, sodass die Herren der Schiffsleitung zu jeder Mahlzeit hinschauen können.
Und dann gibt es die Kombüse. Bei schwerer See steigt ihre Bedeutung enorm. Die Crew will und soll fit bleiben. Auf meinem morgendlichen Rundgang schaue ich beinahe immer hinein. Nur wenn Dringendes anliegt, muss ich darauf verzichten. Diese Anlaufstelle ist stets für einen kleinen Plausch gut, denn auch andere kommen. Das ist keine Tradition der christlichen Seefahrt. Das liegt an Keule, der stets ein bisschen Spaß mit anderen teilt.
Es riecht an Bord nirgendwo besser! Und man kann durch die großen rechteckigen Bullaugen nach achtern schauen. Das ist bei jedem Wetter interessant. Der frei stehende Elektroherd hat eine Fläche von etwa drei Quadratmetern. Bei Seegang werden die Kochtöpfe zwischen Eisenschienen fixiert.
Warum wir unseren Koch Keule nennen, wissen wir nicht. Entscheidend sind seine Heiterkeit und natürlich das gute Essen. Man muss wissen, dass unser Reeder dem Koch den Einkauf überlässt. Der macht das prima. Es ist besser, als wenn pauschal bestellt würde.

Aber jetzt sind wir auf dem Nordatlantik und halten uns fest. Jeder bekommt bei ruhiger See sein Essen entsprechend seinem persönlichen Wunsch auf dem Teller gebracht. Bei diesem Seegang gibt es abwechselnde Eintopfgerichte. Die Suppe wird in Kannen vom Smutje nach achtern zu den Matrosen gebracht. Unsere Mittschiffs-Stewards stellen Terrinen auf die Tische. Gegen Verrutschen sind nasse Tücher untergelegt. Es können auch Schlingerleisten an den Tischkanten hochgeklappt werden. Wir schöpfen unsere Portionen selbst nach „Gefühl und Wellenschlag". Es gibt noch eine weitere Besonderheit. Der Nachtisch ist immer kugelrund, entweder Apfel oder Orange. Es geht um Vitamine und nicht um das

aussichtslose Versuchen, ein ausgebüxtes Objekt zur Gaudi der anderen einzufangen. In der Offiziersmesse haben wir außer dem runden Tisch für Gemütlichkeit einen großen und kleinen Esstisch. Jeder hat seinen festen Platz. Wer auf einem der Sofas sitzt, ist bei Seegang sicher untergebracht. Die Assis haben Sessel. Sie müssen das Sofa-Privileg noch auf der Ingenieurschule erwerben. Die Sessel werden oft mit Unterstützung des Stewards nach dem Hinsetzen am Tisch festgegurtet.
32 Grad Backbord, 32 Grad Steuerbord, wir halten uns die Gänge entlanggehend an den Handläufen beider Seiten fest. So queren wir rollend den Atlantik mit etwa 10 Knoten anstatt 13 und freuen uns auf die Einfahrt in den Sankt-Lorenz-Strom. Denn da wird es ruhiger, auch bei Sturm.
Während der Wache erfolgen stets Kontrollgänge durch den Wellentunnel. Er wird von den Laderäumen 4 und 5 umgeben. Eines Nachts dröhnt es regelmäßig. Die über 10 Tonnen schweren Stahlrollen könnten Unheil anrichten. Ich melde das zur Brücke und denke an die Matrosen, die jetzt versuchen werden, die Ladung mit Keilen zu fixieren. Keine halbe Stunde später ist der Spuk vorbei, Hochachtung!

Die Frauen von Chief Sievert und Koch Wöllmann (Keule) hatten sich das so nicht vorgestellt. Kein Spazieren an Deck ist möglich. Von Barry bis Emden war es angenehm und ist jetzt nur noch Erinnerung. Die Wetterprognose lautet Orkan voraus und erlaubt kein Ausweichen. Auch das noch!
Meinen Mittagsschlaf versuche ich einigermaßen komfortabel auf dem Ecksofa zu gestalten. Diesen Platz habe ich gern zum Ausruhen und Lesen. Besonders bei tropischer Hitze, wenn die Zimmertemperatur 35 Grad beträgt, ist es bei offenen Bullaugen vorn und an der Seite durch den Fahrtwind angenehm. Da liege ich dann lang ausgestreckt wie in der Koje in Fahrtrichtung. Jetzt aber quer, Kopf und Füße am Polster. So fixiert, lasse ich mich vom heftigen Seegang in den Schlaf schaukeln.

Vor der Wache steige ich hinauf auf die Steuerbord-Nock. Der regelmäßige Rhythmus der Wellenfolge ist vorbei. Die Bewegungen des Schiffes sind nicht mehr kalkulierbar. Ich schaue auf das wilde Meer. In den letzten Tagen hätte man das Wellenmuster des ausgereiften Seegangs mit einem gut gepflügten Kartoffelacker vergleichen können. Jetzt sieht es aus, als hätte eine Herde Rinder die Ordnung zertreten. Einzelne Wellenberge erheben sich weit über die scheinbar kochenden Kronen des Wirrwarrs. Der Sturm hat gedreht, kommt direkt von vorn. Wellen- und Windrichtung passen nicht zueinander. Da haben wir noch einige besonders unangenehme Stunden vor uns, bis sich diese gefürchtete Kreuzsee zu einer jungen, halbwegs geordneten See verändert hat.
Unten in der Maschine haben wir den Vorteil, in der Nähe des Schwerpunktes zu sein. Die Schaukelbewegung ist weniger heftig. Heute schleicht sich eine unangenehme Erscheinung ein. Die Maschinendrehzahl schnellt in Sekundenbruchteilen hoch. Das Propeller-Durchgehen beginnt! Die Schiffsschraube taucht aus dem Wasser und wirbelt in der Luft! Um Schaden abzuwenden, gibt es den Drehzahlbegrenzer. Den Eingriff dieses Fliehkraftreglers intensiviere ich mehrmals. Das anfängliche gelegentliche Phänomen wird gegen Ende meiner Wache zur Regelmäßigkeit. Alle fünfzehn Sekunden schnellt die Drehzahl innerhalb von etwa fünf Sekunden dreimal von 30 auf 120 Umdrehungen pro Minute hoch. Der Regler hat einfaches proportionales Verhalten und nicht die Intelligenz heutiger Systeme. Um Schiff und Maschine zu schonen, fahre ich mit möglichst kleinster Drehzahl, bei der die Selbstzündung des Dieselmotors noch sicher erfolgt. Ohrenbetäubendes Aufheulen und Abschwellen, ein Mix aus Quietschen und Heulen

aus den Elementen Eisen und Luft im selben Rhythmus kommen hinzu. Wenn man das zum ersten Mal erlebt, ist das der reinste Horror. Als Techniker staunt man über den schier unglaublichen Vorgang. Zu den rotierenden Massen von Schraube mit 50 Meter langer Schiffswelle plus 10 Meter Kurbelwelle kommen noch die oszillierenden Massen des Triebwerks mit sieben Kolben, Kreuzköpfen und Pleuelstangen hinzu. Eine Gesamtmasse von bald 100 Tonnen wird hochgejubelt und vom Regler gebremst, wiederkehrend und sekundenschnell. Das sind die Semester auf See. Den Umgang mit solcher nervlichen Belastung kann man auf der Uni nicht lernen. Das Bodenlog zeigt eine Geschwindigkeit von drei bis fünf Knoten und immer wieder auch null. Denn im Intervall von fünfzehn Sekunden taucht der Bug tief in die entgegenkommende Welle. Das Schiff scheint stecken zu bleiben, wenn es in die Masse schneidet und Wasser schöpft. Dann steigt der Bug mit der Welle steil auf. Es folgt der Moment, wo das Schiff auf dem Wellenkamm reitet. Bug und Heck schweben in der Luft. Ich habe das Gefühl, als wäre das Schiff eine lange Latte, die ein Riese in der Mitte schüttelt. Dazu kommt dann das Jaulen der hochschnellenden Motordrehzahl. Heftige Vibrationen stellen sich rhythmisch ein. Geländer der Niedergänge scheppern. Mein Assi und ich beginnen, das Vibrieren mit dem Spannen von Tauen zu dämpfen. Die Wachablösung kommt. Wir sind jetzt zu viert. Das trifft sich gut. Ein Laufsteg, der vom Umgang des Hauptmotors zur Werkstatt führt, rüttelt bedenklich. Mit Flaschenzügen und vereinten Kräften gelingt es, den Schüttelteufel zu besiegen. Abschließend gehe ich noch in den Wellentunnel. Alle Lager sind nicht zu warm. Auch die Simplex-Abdichtung ist trocken. Hier verlässt die Schiffswelle den Tunnel. Hinter einem meterlangen Lager aus Pockholz befindet sich die Schiffsschraube auf einem Konus der Schwanzwelle. Hier, am Ende des Tunnels, ist die Fahrstuhlwirkung am größten. Beim Hochsteigen sind die Knie steifzuhalten. Das Körpergewicht ist beinahe verdoppelt. Beim Fallen hat man das Gefühl, die Bodenhaftung zu verlieren. Und darüber wohnt die Mannschaft. Die Jungs haben am meisten auszuhalten.
Diese Wache ist vorbei. Sie dauerte 20 Minuten länger wegen der Uhrenumstellung. Die Zeitverschiebung wird bei der Seefahrt aufgeteilt nach dem Motto: „Nicht alles auf einmal, jeder bekommt etwas ab“. Auf dieser Seereise geschieht das jeden zweiten Tag, viermal auf dem Atlantik.

Der auf und ab heulende Lärm lässt sich nicht abduschen. Er begleitet mich in die Koje. Ich lege mich hin, obwohl es erst halb neun Uhr abends ist. Die steile See trifft das Schiff von vorn. Das mehr oder weniger sanfte Rollen der letzten Tage hat sich zu heftigem Stampfen, Schütteln und Vibrieren gewandelt. Ich spüre das Dröhnen des Bugs in der brechenden Welle und höre das vorn geschöpfte Wasser über das Vorschiff rauschen. Das Sicherheitssteckbrett ist nicht mehr notwendig. Ich weiß, dass das Gejaule im Maschinenraum anhält und hoffe, dass alle tausend Teile des Motors durchhalten. Eine solche Tortur versucht man, wenn irgend möglich zu vermeiden. Man kann auch wie ein Großsegler kreuzen, Rollen bei zehn anstatt Stampfen bei vier Knoten. Aber das hat Umwege zur Folge und bald weiß man nicht mehr, wo man ist, wenn nicht Sonne und Sterne den Weg weisen. Wir müssen gegen die wilde See ankämpfen.

Ich gehe auf die Brücke und sehe dieses faszinierende Bild des Gegenanfahrens. Immer wieder taucht der Bug ab und schöpft viele Tonnen Wasser. Dann steht der Wachoffizier, er ist doppelt so alt wie ich, ganz nahe bei mir, lehnt sich an meine Schulter und sagt: „Ich habe Angst!“ Ich fühle mich wie betäubt und brauche eine Weile, bis sich diese Worte gesetzt haben. Er hat recht. Da kann man wirklich Angst

haben. Nach einiger Grübelei versuche ich mein Vertrauen zu dem Schiff und unserer Sorgfalt zu vermitteln. Wir haben keinen Weizen geladen, wo es auf solide gebaute Getreideschotten ankommt, um das Verrutschen in den Laderäumen zu verhindern. Ich weiß, dass sein Bruder mit der PAMIR unterging. Die Getreideladung war nach Expertenmeinung verrutscht. „Wir haben Stahlbleche geladen, die liegen unten in den Laderäumen und rühren sich nicht!“ Uns verbindet eine tiefe, vertrauensvolle Freundschaft.
Dieses Erlebnis hat mich zu genauerer Beobachtung des Seegangs angeregt und auch der Art und Weise der Ladungssicherung.

Meine nächste Wache lebt auch von Hoffen und Bangen. Zu erwähnen ist, dass Wachen grundsätzlich gehend und kaum im Stehen, im Sitzen schon gar nicht, absolviert werden. Dabei umrundet man im Wesentlichen den Hauptmotor und macht wechselnd Abstecher zu weiteren Aggregaten. Das Getöse beim Austauchen der Schraube ändert sich entsprechend den wechselnden Orten. Leider gelingt es mir nicht, einen Parcours ausfindig zu machen, der mir eine angenehme Melodie beschert.
Zusätzlich melden sich immer wieder einzelne Alarmsignale, ausgelöst von wild tanzenden Schwimmern, die Pegelstände überwachen. Fatal wäre, wenn die Pumpe für Motorkühlung kein konditioniertes Umlauf-Kühlwasser ansaugen würde oder die Seewasserpumpe wegen eingedrungener Luft das Kühlwasser nicht rückkühlt. Schätzungsweise alle fünf bis zehn Minuten wird die Temperatur der Zylinderkühlung kontrolliert. Wir fassen im Vorbeigehen die 200 mm dicke Kupferleitung an. Jeder hat die 61 Grad intus und würde, ohne auf das Thermometer zu schauen, jede kleine Abweichung erkennen.
Beim Frühstück merke ich, dass der Sturm viel schwächer ist. Die Wellen brechen noch. Die Kämme werden aber nicht mehr fortgetragen. So erlebe ich das seltene Bild einer heftigen See bei glasklarer Sicht.
Ich bin wieder auf der Nock und beobachte ein mit uns vergleichbares Schiff, das eine knappe Meile entfernt unseren Kurs hält. Welches Bild! Der Abstand der Wellen entspricht etwa der doppelten Länge des Schiffes. Das sind also ca. 300 Meter. Aus dieser Distanz sieht es irgendwie niedlich aus. Das Schiff scheint seinen festen Platz zu behaupten. Die Wellen laufen unter ihm hindurch und lassen es auf und niedersteigen. Die herannahende Welle hebt zunächst den Bug, schiebt sich weiter unter den Rumpf. Der Eindruck einer Wippe kommt auf. Als die Wellenkuppe die Schiffsmitte erreicht, hebt sich das Heck bei gleichzeitigem Niedergehen des Vorschiffs. Einen Moment liegt das Schiff waagerecht auf der Wellenkuppe. Bug, Schraube und Ruderblatt schweben gleichzeitig über der Welle. Danach erfolgt ein Kippen nach vorn. Das sieht dann so aus wie hinunterrutschen auf der Rückflanke der Welle. Die folgende Fahrt durch das Wellental arbeitet die Schraube in ihrem Element und sorgt für Antrieb. Das Schiff befindet sich jetzt mitten im Wellental. Ich kann davon ausgehen, dass die Wellenhöhe bei etwa 15 Metern liegt. Ein spontaner Einfall inspiriert mich, in die Hocke zu gehen. Den Mahagoni-Handlauf der Reling justiere ich genau über die Wellenkuppen. Was sehe ich jetzt noch von unserem Begleitschiff? Nur ein wenig vom Schornstein und die Mastspitzen! Beinahe genau in diesem Rhythmus von 14 Sekunden bewegt sich unsere „Nordmeer“ unter mir. Das andere Schiff kommt etwas schneller voran. Nach zwanzig Minuten ist es eine Welle vor uns. So befinden sich beide Schiffe für einige Minuten gleichzeitig auf der Welle reitend und dann im Wellental. Aus dem Tal sehe ich nur noch die Spitzen der Masten. Irgendwie ist es gespenstisch, wenn sich ein anderes Schiff in der Nähe so deutlich zeigt und dann immer wieder verschwindet.

Bei dieser Gelegenheit eine kleine Rechenaufgabe. Wie schnell sind die gewaltigen Wellen unterwegs? Bekannte Daten: Wellenlänge: ca. 300 m, Intervall: 14 s, Geschwindigkeit des Schiffes: 10 km/h. Wir rechnen: 0,3 km x 3600 s/h und teilen durch 14 s. Ergebnis: etwa 77 km/h. Da das Schiff der Welle mit 10 km/h begegnet, ergibt sich eine Wellengeschwindigkeit von 67 km/h. Das entspricht dem Wert von Orkanwellen auf dem Nordatlantik, die bis über 70 km/h erreichen können. Da sind wir ja auch. Es passt alles zusammen. Bei heftigem Sturm unterhalb Orkanstärke beträgt die Wellenlänge etwa 200 m und hat eine Geschwindigkeit von ca. 60 km/h. Man muss wissen, dass die Welle keine Strömung ist. Sie hebt das Schiff, ohne es mitzureißen. Ein Demonstrationstest veranschaulicht das auf einfache Weise: Man nehme eine Münze, lege sie auf ein Tischtuch und fahre mit einem Bleistift unterhalb des Tuches unter der Münze hindurch. Die Münze liegt danach beinahe noch an der ursprünglichen Stelle. Das Überkommen von Wasser an Deck geschieht meistens durch weites Überhängen und Brechen der Wellenkrone. Gerät das Schiff mit dem Bug darunter, schöpft es diese Wassermasse ab. Das können viele Tonnen sein, die dann nach achtern rauschen, weil das Schiff von der Welle vorn angehoben wird. Gegenanfahren mit Maschinenkraft begünstigt das Wassernehmen. Je heftiger das Schiff boxt, desto heftiger rappelt und dröhnt es auch. Eine Mindestfahrt muss eingehalten werden, damit das Ruder greift.
Probleme können sich aus verschieden schnellen Wellen entwickeln. Das geschieht z. B. bei aufkommendem Wind. Man nennt das „Junge Windsee“. Bei anschwellendem Wind sind die jüngeren Wellen schneller als die vorlaufenden. Wenn sich eine nachfolgende Welle angenähert hat, nennt man diese Formation „Schwestern“. Das Unglaubliche ist, dass die schnellere Welle die langsamere überholt. Nach der Vereinigung bildet sich für wenige Sekunden eine besonders große Welle. Dann trennen sich die Wassermassen wieder. Es wurde nachgewiesen, dass sich auch drei und sogar vier Wellen gleichzeitig an einer Stelle überholen und sogenannte Monsterwellen und Kaventsmänner bilden. Wir stellen fest: Auch ein Schiff sollte nicht zur falschen Zeit am falschen Ort sein!
Ich studiere noch dieses glasklare Bild. Die Sonne blinzelt für einen Augenblick aus einer Wolkenlücke und überflutet den wilden Atlantik mit ihrem Glanz. Über dem Bug leuchtet bei jedem Aufsteigen fein zerstäubtes Wasser in allen Regenbogenfarben.

Unser 1. Off. kommt hinzu und teilt mit, dass wir bald den amerikanischen Kontinent erreichen. Morgen werden wir durch die Cabolstraße fahren. Sie liegt zwischen Neuschottland und Neufundland. Im Kartenraum zeigt er unseren Kurs bis nach Montreal. Bevor wir den St. Lorenz-Strom erreichen, fahren wir noch durch den riesigen St. Lorenz-Golf. Vom Atlantik bis nach Montreal sind es noch 860 Seemeilen, also 1600 Kilometer! Ich danke freundlich für die ausführliche Information und wünsche im Fortgehen Gute Wache!

Der Sturm wird im Laufe des Tages zum Wind. Über Nacht schläft er ein. Dem Atlantik scheint das zu gefallen. Die Wellen brechen nicht mehr. Nur kleine Schaumkronen sind noch vorhanden. Die Wolkendecke ist geschlossen.

Auf meinem Rundgang des folgenden Tages ist nach dem kurzen Gespräch mit dem Storekeeper die Brücke mein nächstes Ziel. Land in Sicht! Der 1. Offizier arbeitet mit dem Selfmade-Apparat. Der ist jetzt zum „Peiler“ aufgestiegen, gehört zum Bestand des nautischen Bestecks. Kapitän Steinbeck empfängt mich gut gelaunt. Er kündigt eine Flasche Schampus an. Die hätte ich wahrlich verdient für das Instrument. Wir sind beinahe 200 Seemeilen weiter als gerechnet. Die Geschwindigkeitsanzeige bei

heftiger See ist zu ungenau, um unsere exakte Position zu bestimmen. Und mit dem Sextanten war das bei Sturm und bedecktem Himmel auf dieser Überfahrt nicht möglich. Jetzt werden verschiedene vermessene Landmarken angepeilt. So erhält man die exakte Position. Wir wissen endlich wieder, wo wir genau jetzt sind. An dieser kleinen Tatsache kann man ermessen, welche enormen Entwicklungen seit dieser Reise im Jahre 1966 stattgefunden haben.
Kapitän Steinbeck ist zufrieden. Der Peiler sei eine wesentliche Erleichterung, besonders auf der kommenden Route durch die vorgelagerten Inseln auf dem St. Lorenz-Strom. Und dann folgt noch der Wirrwarr von Seen, Flüssen und Kanälen bis zum Lake Ontario. Die Großen Seen werden wir nach dem Wellandkanal mit seinen gewaltigen Schleusen erreichen. Die nachjustierten Anschütz-Diopter werden in Montreal erwartet.

Die Nähe der vorgelagerten Inseln Neuschottland mit Halifax und Neufundland mit St. John's wecken Erinnerungen an frühere Reisen. Ich denke an die rustikale Gemütlichkeit dieser Häfen, an die Gummiüberschuhe vor den Shops, in die man vor Eintreten mit Schuhen hineinschlüpfte. Auch an tiefen, festgefahrenen Schnee, der ohne irgendwelche Streugüter wie Asphalt befahren wurde. An freundliche Kanadier, die einen immer mit ihren breiten Autos aufpickten, die gewaltigen Douglastannen in der Vorweihnachtszeit mit langen, verschieden farbigen Lichterketten geschmückt. Ein Land, in das man sich beinahe überall verlieben kann!
Die Crew der „Nordmeer“ erlebt im St. Lorenz-Golf nach einer harten Woche endlich Normalität. Die wird nach einem Tag aber schon wieder durch anschließende Flussfahrt abgelöst. Der gewaltige St. Lorenz zeigt seine Ufer zunächst nur zögerlich.

Und dann sehe ich Quebec mit dem imposanten Chateau Frontenac auf der Anhöhe! Diese Harmonie von Landschaft und Architektur vom Fluss zu schauen, ist ein Augenschmaus. Wie gern bin ich hinaufgestiegen, habe das Gebäude umrundet und gestaunt. Welche Pracht! Und dann die davor liegende Planken-Promenade. Es gibt magische Orte, die man gern immer wieder besuchen möchte. Meine Liste wird länger, je mehr ich in der Welt herumkomme.

15. November, Ankunft und Abreise Montreal
Montreal bereitet sich auf die EXPO 1967 vor. Als wir unter der Brücke hindurch sind, die allererste damals seit der Mündung, sehe ich ein riesiges Gerippe, eine Konstruktion für einen Pavillon der Weltausstellung, erfahre ich. Aber wir haben keine Chance auf Landgang.
Ein Brief von Jutta ist gekommen. Sie hat eine Überraschung vorbereitet. U. a. schreibt sie: „Tante Jenny erwartet dich in Chicago.“ Juttas zweiter Vorname ist Jenny nach ihrer Patentante, die seit vielen Jahren in Chicago lebt. Ich freue mich. Da werde ich sicherlich einiges von der riesigen Stadt sehen. Zum Löschen der Autobleche brauchen wir mindestens zwei Tage.

In einer Werft schneidet man in das Schanzkleid vorn und achtern exakte meterbreite Löcher für vorbereitete Rollklüsen. Das sind Rahmen mit zwei dicken Rollpollern, die beim Schleusen das Senken und Heben des Schiffes erlauben, obwohl die Leinen an Land festgemacht sind. Die Männer liefern perfekte Arbeit ab. Ich schaue mir die Schweißnähte an und erkenne Qualität. Aber in Flensburg schweißt man nicht nur gut, sondern auch schön! Farbe wird bald alles schön aussehen lassen.

Dann geht es los in Richtung Große Seen. Noch immer ohne die beiden Peildiopter von Anschütz für die Töchter des Kreiselkompasses, der im E-Store arbeitet und mit seinen beiden Kreiseln, die um 90 Grad zueinander versetzt, mit 40000 Umdrehungen pro Minute exakt den Kurs anzeigen. Der selbst gebaute „Peiler" wird also gebraucht. Jetzt ist seine Hilfe besonders wichtig. Wir fahren durch eine Region von Seen, Flüssen und Kanälen. Die Navigation erfolgt oft in kritischen Abständen zu Klippen und Ufern.

1959 wurde hier ein Riesenprojekt fertig und von Elizabeth II. und US-Präsident Dwight D. Eisenhauer eröffnet. Die „Britannia" passierte dieses Revier, den sogenannten „St. Lorenz-Seeweg" am 26. Juni als erstes Schiff. Erst ab da konnten Hochseeschiffe mit großem Tiefgang aus dem Atlantik zu den Großen Seen gelangen. Zusätzlich entstand ein gigantisches Wasserkraftwerk.
Das Projekt liegt zum größten Teil auf kanadischem, aber auch auf US-Gebiet. Vorher mussten 22 kleine Schleusen passiert werden. Sie hatten die Maße 77 x 13 x 4 m. Diese wurden alle überflüssig durch eine einzige mit den Massen 243 x 24 x 9 m (L x B x T). Das entspricht den Abmessungen der Wellandkanal-Schleusen, die schon seit 1932 den Seeverkehr vom Ontario zu den anderen Großen Seen mit gigantischen „Laker-Schiffen" ermöglichten.
Die „Nordmeer" hat die Maße 145 x 18,5 x 9 m. Es fehlten nur die Rollklüsen für diese spezielle Fahrt.

Die Manöverwachen der Flussfahrt setzen sich hier fort. Nur ab und zu, wenn ein größerer See durchfahren wird, kann man Glück haben, dass man verschont bleibt. Ein Lakemaster ist an Bord. So nennt man in diesem speziellen Revier den Lotsen. Die allererste Schleuse entgeht mir optisch. Ich bin in der Maschine auf meinem Posten, wie man so sagt.
Die Revierfahrt durch Flüsse und Kanäle zieht sich über 400 weitere Kilometer hin. Peter und ich fahren die Maschinenmanöver abwechselnd. Ich bin froh, dass ich nicht ständig am Fahrstand stehen muss.

Endlich sind wir im Lake Ontario, 75 m über dem Meeresspiegel. Das ganz große Abenteuer, die Wellandkanalfahrt mit seinen 8 gigantischen Schleusen rückt näher.

18. November, Schleusen Wellandkanal
Parallel zu den Niagarafällen hat man einen 43 km langen und 80 m breiten Kanal gebaut und mit Schleusen versehen, die insgesamt einen Höhenunterschied von 99,5 m überwinden.
Bisher erlebte ich Nord-Ostsee- und Suez-Kanal. Da waren die Ufer in respektabler Entfernung. Hier sind es nur etwa 30 m auf beiden Seiten. Da darf der Rudergänger nicht träumen.
Dann die erste Schleuse. Wir fahren in die Fifth Avenue, New York, oder? Ein riesiger Kasten mit Seitenwänden wie Wolkenkratzer. Ganz langsam schleichen wir hinein. VGL-Stopp, VGL-Stopp, ZL-Stopp. Ich habe Manöverwache, kann nach dem letzten Stopp an Deck und sehe eine enorm dicke Stahltrosse einige Meter vor dem Schleusentor quer gespannt, eine Sicherheitsmaßnahme. Eine Beschädigung des Schleusentors durch Havarie würde riesige Wassermassen entfesseln. Ich gehe in die Nähe der Rollklüsen. Sie laufen recht flott, denn der Flutkanal füllt bereits die Schleuse. Das hintere Tor ist geschlossen und auch mit Trosse gesichert.
„Baumgart, da haben Sie nichts verloren!" kommt es aus dem Lautsprecher. Ja, das stimmt. Hier gehöre ich nicht hin. Es ist gefährlich. Auch die Decksleute halten sich

fern. Aber besser ein Rüffel, nachdem ich etwas gesehen habe, als nichts mitzubekommen. Das ist wie mit dem Fotoverbot, das man erst zur Kenntnis nimmt, wenn das Bild im Kasten ist.
Insgesamt durchfahren wir den Kanal mit seinen acht Schleusen in etwa 9 Stunden. Dann sind wir auf dem Eriesee und befinden uns 174 m über dem Meeresspiegel und oberhalb der Niagara-Wasserfälle.
Wir sprechen über Trinkwasserübernahme von außenbords. Das ist was ganz Neues. Eine solche Aktion ist im Planungskonzept des Schiffes nicht vorgesehen. Aber auch Landratten haben schon mal etwas über „Bordmittel" gehört. Wir bekommen das hin und füllen die Trinkwassertanks mit kostenlosem Lake-Wasser. Und jemand will dann das Duschen mit üppig viel Süßwasser aus der Seewasserbrause genießen, ein Schock! Wir von der Maschine wissen, dass es eiskalt ist, nur 3 °C! Zugegeben: Den Genuss des über 30 Grad warmen Außenbordwassers in den Tropen vermissen wir hier schon. Nach der Sonderaktion des Wasserbunkerns von außenbords nehme ich das warme Duschwasser aus der Trinkwasserwasserleitung und genieße es besonders ausgiebig. Wir haben Wasser satt an Bord und unermessliche Reserven!
Der Lake Erie liegt hinter uns, wir fahren in den Detroit River und erleben erneut eine Manöverfahrt. Der dann folgende kleine See St. Claire bringt kaum Aufatmen. Und schon sind wir im St. Claire River. Das waren noch einmal 140 km Manöverfahrt. Wir sind jetzt im Lake Huron, 176 m über dem Atlantik! Er ist der zweitgrößte der Großen Seen, die aufgrund ihrer Ausdehnung selbst Ebbe und Flut haben. Unsere Überstundenpauschale begünstigt uns meistens. Aber hier zahlen wir drauf, erhalten aber auch einmalige Eindrücke zum Ausgleich!

20. November / Lake Huron
Und dann entwickelt sich eine Pflicht der Berichterstattung an die Reederei zur Forschungsphilosophie. Während jeder Reise ziehen wir sog. Indikator-Diagramme zur Bestimmung der Motorleistung. Die Auswertung ist gleichzeitig ein Vergleich mit den Garantiedaten des Herstellers MAN. Bisher entstanden diese Daten immer auf Ozeanen. Wir haben jetzt die Chance zum Vergleich mit einer Süßwasserfahrt. Das Schiff ist voll beladen und hat den richtigen Trimm. Es taucht etwas tiefer ein durch das geringere spezifische Gewicht des Süßwassers. Aber das Wasser ist weicher, bietet weniger Widerstand. Es kommt nicht zum Abschluss einer Wette, aber der Plan steht. Zum Vergleich wählen wir eine Messung vom Südatlantik bei 123,2 Umdrehungen pro Minute und einer Leistung von 4350 PS.
Während der 8-12-Wache justieren der Chief und ich die Brennstoffzufuhr so, dass die Abgastemperaturen aller Zylinder gleich sind. Die Drehzahl können wir zwar in kleinen Schritten regulieren, aber nicht stufenlos. Wir hoffen, dem Südatlantikwert 123,2 möglichst nahezukommen. Ich verlasse die Maschine bei einer Drehzahl von 120,8. Der Chief und seine Ablösung übernehmen eine Anhebung auf den gewünschten Wert. Die ruhige See hier und heute im Herzen des nordamerikanischen Kontinents ist ideal für unsere Messung. Der enorme Wassertemperaturunterschied zwischen Tropen und hier liegt bei 30 Grad. Welchen Einfluss das hat, wird uns zu einer wissenschaftlichen Diskussion anregen.

Als ich um 16 Uhr die Wache übernehme, läuft der Motor schon lange mit exakt 7404 Umdrehungen pro Stunde, das sind 123,4 pro Minute, prima! Mithilfe eines Indikators entsteht für jeden Zylinder ein Flächendiagramm. Auch heute möchte ich den Druckverlauf auf demselben Blättchen aufzeichnen. Also wieder exakt im Kolbenrhythmus und zehntel-sekundengenau von Hand eine Kordel mit passender

Geschwindigkeit ziehen. Aber darüber habe ich schon berichtet. Auf dem Diagramm des Zylinders 1 vermerke ich: 20.11.66 17:00 Uhr, t Abg. = 320 °C, n = 123,4 U/min, tW = 2 °C, tL= 6 °C, See glatt. Die Auswertung ist Sisyphusarbeit. Das werde ich morgen erledigen oder später.
Der wissenschaftlichen Diskussion: Seewasser-Süßwasser und Temperaturdifferenz von 32 und 2 °C als zusätzliche Faktoren sehen wir mit großem Interesse entgegen. Das wird spannend und vermutlich ein unerschöpfliches Thema auf Heimreise.

Alle Männer, die Wachdienst haben, müssen Schlaf nachholen. Meine Wache endet um 20 Uhr. Wie üblich erscheinen der Chief und sein Assi fünf Minuten vorher. Ich zeige die gezogenen Diagramme. Es ist also vollbracht! Dann ist Feierabend! In meiner Kammer angekommen, hole ich das Kästchen mit dem Planimeter aus der Schreibtischlade, lege die Diagramme hinein und lasse es auf der mit Tesafilm fixierten Mannschaftsliste zur Auswertung liegen. Sonst befindet sich nichts auf dem Schreibtisch. Bei uns Seefahrern ist Ordnung ein Muss. Sonst liegt alles, was nicht seefest gesichert ist, irgendwo in der Kammer.
Ich bin dann im Bad und mache mich frisch. Anschließend gehe ich zu Keule auf die Backbordseite. Er und Carmen haben gern noch eine kleine Geselligkeit am frühen Abend. Ich teile nur mit, dass ich heute schlafen möchte. „Setz dich doch noch einen Moment“, meint man. OK, ein kurzer Plausch zum Ausklang des Tages kann nicht schaden.

20. November, Bordzeit 20:38 Uhr, Schiffbruch
Während wir über dies und jenes plaudern, habe ich unvermittelt das Gefühl, in einer Schubkarre zu sitzen, die flott über Kopfsteinpflaster geschoben wird. Das hört nicht auf und wird von schrillem, irre lautem Pfeifen begleitet. Ich springe hoch, renne vorne bei der Pantry an Deck. War das ein Zusammenstoß? Kein anderes Schiff ist in Sicht. Ich laufe durch das Treppenhaus und schaue an Steuerbord. Auch hier ist kein anderes Schiff! Jetzt erkenne ich die Ursache des schrillen Geräusches: Es sind die Entlüftungsrohre unserer Tanks! Wir nehmen Wasser!
Ich sause in den Waschraum, schnappe meine Taschenlampe und bin auch schon in der Maschine, haste nach unten. Oberhalb der Schalttafel angekommen, erschreckt mich ein Bild. Ich bleibe unvermittelt stehen und begreife die Szene nicht so schnell, wie ich sie wahrnehme. Der Chief schaut auf die Schalttafel. Hinter ihm dringt aus dem Ventilraum ein Wasserschwall, der den gesamten mannshohen Zugang ausfüllt. Die Wassermasse verschwindet in der Bilge. Nein, jetzt werden die Flurplatten überspült. Unser Chief steht schon eine oder zwei Sekunden später im Wasser. Gleich wird die Beleuchtung ausfallen. Eine Treppe höher bereite ich das Notstromaggregat zum Start vor. Der Chief ruft: „Raus hier, das Wasser kommt!“ Er steigt vor mir den Niedergang hinauf. Wie Roboter gehen wir zum roten Handrad und schließen mit vereinter Kraft das Wellentunnel-Schott, das von hier oben über ein Gestänge zu bedienen ist. Mehr können wir nicht tun. Dass inzwischen Hilfsdiesel und Hauptmaschine ausgefallen sind, ist mir beim Hantieren im Notdieselraum entgangen. Ich habe meine Handlampe und finde meinen Weg. Gurgeln von Wasser ersetzt Maschinengeräusche.
Wir verlassen den Maschinenraum auf Backbordseite. Warum ich auch? Ich folge dem Chief, vermutlich ohne irgendeine Überlegung. In Keules Kammer ist etwas zu hören. Carmen versucht in der Dunkelheit eine lange Hose über den Rock zu ziehen. Ich leuchte ihr und gehe zurück in die Maschine. Im Schein meiner Lampe sehe ich nur einen Besen schwimmen. Die Zylinderköpfe der Hauptmaschine sind im Wasser versunken. Auf Steuerbordseite wird mir auf dem Gang zu meiner Kammer die

Taschenlampe entrissen, eigentlich ein Grund, mich aufzuregen. Aber irgendwie bin ich wie betäubt. Gleich darauf bin ich in meiner Kammer und habe meine Notfall-Taschenlampe in der Hand. Die steckt immer in der Koje auf der linken Seite am Kopfende.
„Warm anziehen und das Schiff verlassen“, nebelt es im Kopf. Die Lampe liegt jetzt auf dem Schreibtisch und leuchtet zum Spind hinüber. Mein Ausgeh-Anzug hängt gewendet auf dem Bügel, damit er beim Schaukeln des Schiffes nicht blank scheuert. Ich ziehe ihn so über meine Uniform-Kleidung. Mit Stopfen und Ziehen gelingt es. Dann noch die Schuhe an und die Joppe. An der Tür erfolgt ein zwanghaftes Zögern. „Du verlässt jetzt endgültig deine Kammer, hast du auch an alles gedacht?“ Und schon folgt die Antwort: „Mütze, Notkoffer und Mannschaftsliste.“ Der kleine Koffer steht wie beinahe immer mit meinen Papieren und Wäsche unter dem Schreibtisch bereit, fixiert vom Sessel. Die Mannschaftsliste muss noch hinein. Das Kästchen mit dem Planimeter wird zur Seite geschoben. Ratsch, schon ist die Crewliste gelöst und verschwindet im Koffer. Der schnappt zu. Auf dem Korridor höre ich Klappergeräusche.
In den Kammern von 4. Ing. und Elektriker ist niemand. Die Geräusche dringen aus den Assi-Kammern. Jemand setzt Stahlschutzplatten in die Bullaugen, ist in der ersten Kammer damit fertig und kommt mir entgegen. Es ist der Kapitän. Wortlos geht er in die zweite Assi-Kammer, ich nebenan ins Hospital.
Als ich die Stahlplatten aus dem Klappsofa heraussuche, sehe ich die Schwimmweste. Die habe ich vergessen. Aber jetzt habe ich eine. Das Hospital war unbewohnt. Ich nehme also niemandem die Weste. Ich bin allein. Was ist eigentlich mit dem Schiff? Saufen wir ab? Mir ist unheimlich. Ich stehe vor dem Ausgang mittschiffs achtern Steuerbord. Innentür und äußeres Stahlschott sind geschlossen. Ein mulmiges Gefühl meldet sich: „Geh direkt zum Bootsdeck“! Das mache ich dann auch, steige die Treppe hinauf und begreife endlich, dass Eile geboten ist.
Auf dem Steuerbord-Bootsdeck treffe ich auf die halbe Mannschaft. Der Himmel ist klar. Ich komme aus der Dunkelheit und kann alles um mich herum gut sehen. Es qualmt, stelle ich erschreckend fest. Ruhig bleiben und keine Aufgeregtheit zeigen! Ich will jemanden leise fragen: „Brennt es“? Ich spüre meinen trockenen Mund, bekomme keinen Ton heraus. Ein Mann begreift meine Unkenntnis der Situation: „Die Notraketen wurden abgefeuert, daher der Qualm!“ Dieselöl ist aus einer Entlüftung ausgetreten. Das erkenne ich an den Spuren einiger Männer und sehe dann auch die große Pfütze auf dem Hauptdeck unter uns.
Das Rettungsboot hängt inzwischen außenbords im Schwerkraft-David, passend zum bequemen Einsteigen. Schnell haben wir unsere Sitzplätze eingenommen. Ich bekomme keinen Speichel in meinen Mund. Wie Leder fühlt sich das an. Ich sitze und spüre die gespenstische Situation. Das Boot gleitet langsam nach unten. Die Jakobsleiter reicht bis ins Wasser und erscheint irgendwie tröstlich. Man könnte auch wieder zurück an Bord klettern.
Es wird gerudert. Langsam entfernen wir uns. Das andere Rettungsboot folgt. Nach vielleicht 300 m höre ich: „Warum noch weiter?“ Unsere „Nordmeer" liegt friedlich unter leuchtendem Sternenhimmel mit Mondsichel. Wir sehen eine grazile Silhouette auf ruhigem Wasser.
Aus der Stille dringt die bekannte Stimme des Zimmermanns herüber: „Es ist alles okay. Das Schiff liegt sicher auf Grund“.
Welche Besonnenheit der Mann hat! Uns ist in dem Moment bewusst, dass „Der Graf“ außenbords an mehreren Stellen gelotet hat und das Ergebnis als zuverlässig einschätzt. Das andere Boot setzt sich in Bewegung, verschwindet auf der abgewandten Seite der „Nordmeer“ und taucht bald wieder mit weniger Männern auf.

Unheimliches Knattern kommt näher, wird lauter. Es könnte ein Hubschrauber sein. Ja, ein leuchtender Punkt wird sichtbar und größer. Mächtiger Wind bläst bald auf uns herab, als der Helikopter über uns schwebt. Wir begreifen das alles gar nicht so schnell. Unsere Ruderer versuchen zu flüchten. Als eine Schnur mit einem Knubbel herabgelassen wird, ergeben wir uns in unser Schicksal und begreifen: Das krächzende Ding ist ein Walki Talki.
Nah 20 Minuten würde ein Laker-Schiff kommen und uns aufnehmen, versteht jemand aus dem Geknatter heraus und wiederholt es zur Bestätigung. Dann sind wir wieder allein, rufen die Frohe Botschaft zum Backbordboot hinüber und legen unsere Aufgeregtheit langsam ab. Ich kann jetzt leise sprechen. Mein Mund ist noch trocken wie Leder.

Wir haben den idealen Regisseur für unseren Film mit Titel: „Ein bequemer Schiffsuntergang". Toplaterne und rotes Backbordlicht tauchen unter dem Sternenhimmel auf. Das ankommende Schiff wird größer, gleitet geräuschlos heran. Der Motor wurde längst abgeschaltet. Ein Zurück-Manöver erschreckt uns in der gespenstigen Stille. Das andere Boot ist schon gleich an der fallenden Jakobsleiter. Mit Staunen sehe ich, wie Bordhündin Susi aus einem Kästchen schaut und sich hochziehen lässt, als wäre das ganz normal.
Irgendwann darf auch ich hinaufklimmen. Es gibt ein Problem mit dem kleinen Koffer. Ich kann nicht gleichzeitig die dicke Sprosse und den Griff des Koffers packen. Nach einigen schwierigen Versuchen begreife ich den Trick. Ich muss eine Hand durch den Koffergriff stecken und unter Schmerzen hochhangeln. Beim nächsten Schiffsuntergang werde ich einen Umhänge-Gurt dabeihaben. Man soll aus jeder schwierigen Situation lernen!
Ich komme irgendwie auf die Kommandobrücke und finde ein komfortables Ruhe-Sofa, genau was ich jetzt brauche. Warum bin ich so erschöpft und müde? Beim Einschlafen höre ich wiederholt und dann hartnäckig: *„Nowbody with crewlist"?*
Meine Mannschaftsliste wird dringend gebraucht. Die Müdigkeit wehrt sich, aber die Pflicht siegt. Jetzt wird es ganz genau und amtlich. Alle Personen werden abgefragt. Der Kapitän befindet sich mit weiteren sieben Männern an Bord der „Nordmeer". Diese Personen können von den Insassen des Backbord-Rettungsbootes mehrfach bestätigt werden. Schnell sind wir bei mir und den weiteren Mitgliedern der Maschinen-Mannschaft. Bis auf den Ltd. Ing. sind alle da. Ein ungeahntes Problem taucht auf. Ich kenne etliche der Decks-Mannschaft nicht. Wie auch? Wohl mehr als die Hälfte hat neu angemustert. Auf dem Nordatlantik laufen im Winter keine Arbeiten an Deck. Ich habe kaum jemanden kennenlernen können. Die aufgerufenen Männer müssen sich gegenseitig bestätigen.
Am Ende ist die Liste abgearbeitet. Ein fremder Mann bleibt übrig. Der ist erledigt, muss Schreckliches erlebt haben, denke ich und empfinde Mitleid. „I am the pilot", sagt er kaum vernehmbar. Mein Gott, der hat uns auf die Rocks gesetzt!
Ich falle mehr, als ich mich lege und höre, wie Schränke abgeschlossen werden. Man lässt mich hier auf der Brücke schlafen.

Erst morgens werde ich wach. Mein Nacken schmerzt, denn ich lag mit dem Kopf auf meinem Koffer. Mir wird alles gezeigt und gegeben, was ich brauche. Einem armen Schiffbrüchigen wird jede erdenkliche Hilfe gewährt.
Wir sind auf der SAMUEL MATHER, einem speziell für die Schleusengröße der Große-Seen-Fahrt gebauten Frachter, ein Monstrum im Vergleich mit unserer „Nordmeer". Bald erscheinen Offiziere in Uniform der Küstenwache. Ein Eisbrecher liegt beinahe längsseits. MACKINAW lese ich. Ein Boot bringt uns hinüber. Es geht

alles schnell. Unser neues Gästeschiff ist bestens ausgestattet. Da sind z. B. Deckskräne zum Versetzen der Boote. Und mehrere Schlafsäle gibt es mit Etagenbetten. Wir erfahren, dass man mit solchen Schiffen letzte Indianer einsammelt, damit sie den Winter in Camps überstehen und nicht in der Wildnis umkommen. Man spricht ein Verbot aus: *„No trips!“* Wir sollen nicht auf dem Schiff herumlaufen. Das ist hier keine christliche Seefahrt, nein, es ist Militär! Es ist nicht in meinem Sinne. Aber ein junger Kadett, ich nenne ihn einfach mal so, möchte Näheres wissen und wendet sich an mich. Und schon habe ich das Glück, mit ihm über Deck zu gehen und kann dort alles anschauen. Er macht Fotos und schenkt mir zur Erinnerung ein Bild von seiner MACKINAW. Ich stelle dann auch fest, dass meine Uhr falsch geht. Meine kanadische Uhrzeit passt nicht zu dieser US-Region. Wir werden gut versorgt. Wohl keinem von uns ist bewusst, dass wir Totensonntag haben.

21. November, Alpena Bay Motel
Am Montag bringt man uns Schiffbrüchige in Alpena/Michigan an Land. Wir werden von der Behörde erfasst und einzeln befragt, ob man Verwandte oder Bekannte in den USA habe. Ich erwähne Tante Jenny nicht. Ich kenne keine Anschrift, denn sie wollte mich an Bord abholen. Keule will einen Scherz machen, nennt Mr. Lynden B. Johnson als guten Bekannten. Das kommt nicht gut an. Zur Beschwichtigung schiebt er nach, er sei auch mal Polizist gewesen. „East or West?“ Diese schnelle scharfe Frage erschreckt ihn. Er begreift und antwortet: „West!“ Das hätte ein Problem werden können, denn er war Vopo.

Wir werden alle im „Alpena Bay Motel“ untergebracht. Nette Menschen kümmern sich um uns, laden uns ein, bringen uns Zeitungen, in denen unsere Havarie geschildert wird. Auch der Zeitunterschied taucht auf, und einige unserer Koffer.

Ein Senior, ehemaliger Direktor bei HURON PORTLAND CEMENT fährt mich in seinem schicken Buick in der Gegend herum. Auch einen Tagebau darf ich sehen. Eine tiefe Schlucht bis zum Horizont. Ich wusste noch nicht, dass man Landschaften so weg graben kann. Alles ist fort. Nur noch ein riesiges Loch.
Ich genieße die Touren mehrere Tage. Alpena ist auch Ferienort. Es liegt schön am Huronsee und wird im Sommer gut besucht. Man sieht es an zahlreichen Motels. Ein Drive Inn weckt mein Interesse mit merkwürdigen Gestellen. Ich brauche einige Zeit, um zu begreifen, dass hier auf verschiebbaren Tabletts, Speisen und Getränke durch offene Fenster ins Auto gefahren werden. So können Reisende bequem auf ihrem Sitz satt werden. An der Ostsee wird es noch etwas dauern, bis man das auch kann. Beeindruckt bin ich von einem Abfallberg. Soweit das Auge reicht: Waschmaschinen und Kühlschränke!
Thanksgiving steht bevor, ein großes Fest in den USA, bedeutender als unser Erntedank. Unsere Abreise soll erfolgen. Es passt nicht mehr zueinander. Schließlich sind wir in Deutschland zu Hause und stellen uns jetzt gedanklich darauf ein.

24. November, Abreise über Detroit, New York und Frankfurt nach Hamburg
Nachts um eins geht es los. Wir sind 35 Männer. Mit dem Greyhound werden wir nach Detroit gebracht. Von dort fliegen wir nach New York.
In der Maschine erlebe ich eine beschämende Situation. Ein deutscher Passagier schäkert mit einer Amerikanerin. Sie findet das toll und albert selig. Ich sitze am Gang links und die beiden zwei Reihen vor mir rechts. Ich sehe nur ab und an das Gesicht der Dame von der Seite.

Ob der Knabe zu meinem Team gehört? Der Mann wird zärtlich gegen den Willen der Frau. Sie wird laut. Er ebenfalls und verlangt Whisky. Die Stewardess lehnt ab. Ein Steward kommt. „No Whisky!“ Der Rüpel wird lauter. Jetzt wird es spannend, denn der Herr Kapitän kommt. Obwohl er bestimmt gut informiert ist, erkundigt er sich höflich. Selbstverständlich erhält der „Herr Randale“ Whiskey, so viel er möchte! Bald herrscht Ruhe, besser gesagt, zufriedenes Schnarchen.

In New York erwarten mich zwei Probleme. Das erste: Es gibt zwei Terminals. Bis zu einer verbindlichen Information habe ich zweimal meinen Koffer hin- und hergeschleppt. Das zweite: Endlich sitze ich in der Mitte der Riesen-Sofaschnecke in der Halle des John F. Kennedy-Airports. Einige der Mannschaft entdecken mich als Anlaufstelle für alle möglichen Probleme. Sie wollen telefonieren und vor allem Geld. Es wird schnell kompliziert. Ich habe seit Monaten stets einen 100 US $-Schein dabei, umgerechnet 400 DM. Das habe ich mir angewöhnt, seit ich die an Südkorea verkaufte „Nordstern“ als einziger Europäer begleitete und Dollars erhielt. Aber es müsste alles genau dokumentiert werden, wer bekommt wie viel? Wie erhalte ich das Geld zurück?
Jeder zeigt sein Flugticket als Ausweis für Notizen auf meinem Zettel, eine vage Angelegenheit. Ich erreiche die Reederei. Man verspricht Hilfe in Frankfurt. Das ist schon mal gut. Was kann die Reederei auch tun? Auf jeden Fall kann später vom Kontor aus endgültig abgerechnet werden. Bei so einem Unglück läuft zunächst alles irgendwie. Und dann begreifen Einzelne, was am besten zu tun ist. Schließlich sind wir alle ein Teil der Reederei. Man schickt uns in die Welt hinaus und vertraut darauf, dass wir klarkommen.
Die Diplomatenmaschine nach Bonn wird aufgerufen. Ich sehe flotte Damen mit winzigen Köfferchen und staune. Die sind wohl nur mal eben tagsüber in New York! Andere schleppen ihre schweren Koffer mühsam durch die Halle.
Den Atlantikflug verschlafe ich. Zum Glück bin ich so müde, dass mich das schrille Turbinengeräusch nicht stört.

In Frankfurt werde ich wieder von geplagten Schiffbrüchigen bedrängt. Einige wollen nicht nach Hamburg, wo die Reederei uns empfangen wird. Sie möchten direkt nach Hause und benötigen Fahrgeld. Es wird beinahe dramatisch. Ich muss Zeit gewinnen, vertröste auf bald. Die Reederei will einen Boten mit Geld senden. Der Treffpunkt ist schwer zu definieren. Irgendwie schrumpft das dicke murrende Knäuel. Einige Verwandte oder Freunde kommen und holen ihre Lieben ab.
Dann melden sich richtig schwere Jungs. Ich staune, dass man das Team so schnell organisieren konnte. Auch in Frankfurt weiß man, wie Geldbündel verteidigt werden. Jetzt, wo ich alle Möglichkeiten habe, ist kaum noch jemand da, der Hilfe benötigt. Die Männer sind nicht nur sichtbar gut trainiert, sondern auch freundlich. Sie haben Zeit für mich und richten mich moralisch auf. Für evtl. doch noch auftauchende Fälle erhalte ich Bares.
Unsere Assis verabschieden sich, eine klasse Truppe. Auch sie wollen nicht nach Hamburg. Wir sind jetzt noch 18 Männer. In mehreren kleinen Gruppen fahren wir mit der Bahn nach Hamburg. Dort empfängt man uns freundlich und fürsorglich. Jeder kann so schnell wie möglich nach Hause weiterreisen. Die Reederei wird sich melden, wenn unsere letzten Koffer eingetroffen sind. Einen Teil unseres Gepäcks erhielten wir bereits in Alpena.

25. November, Flensburg

Am Freitag, den 25. November um 01:20 Uhr bin ich auf dem Bahnhof in Flensburg. Unter Berücksichtigung der Zeitverschiebung habe ich für die lange Reise weniger als einen Tag gebraucht. Die Welt ist durch die Lüfte viel schneller zu umrunden als über die Meere. Aber auf dem Wasser kann man mehr transportieren!

Nachbemerkungen und weitere Informationen zur Havarie

Am 28. November, einen Tag nach dem 1. Advent, durfte ich in Hamburg meinen Koffer abholen. Zwei Überraschungen: Das Kästchen mit dem Planimeter, damit auch die auf dem Lake Huron gezogenen Diagramme des Hauptmotors und eine Flasche Schampus sind dabei. Wieso die Flasche? Als Belohnung für den „Peiler“ erfuhr ich im späteren Schriftwechsel mit Kapitän Steinbeck. Er hat meinen letzten Koffer gepackt.

Die Presse berichtete über das weitere Schicksal der „Nordmeer“. Am 1. Dezember erscheint in Hamburg folgende Meldung: „Nordmeer“-Kapitän Ernst Georg Steinbeck in einem Telefon-Gespräch mit BILD: „Es knallte wie Kanonenschläge – da wussten wir: Jetzt müssen wir von Bord. Das Schiff ist durchgebrochen“. Kapitän Steinbeck und seine sieben Getreuen konnten nur gerettet werden, weil der wilde, schwere Schneesturm, Witch of November genannt, der über den amerikanischen Huron-See pfiff, für einen Augenblick nachließ. Diesen nutzten die Hubschrauberpiloten, die acht Männer in Sicherheit zu bringen. Der US-Pilot zu BILD: „Gott war mit uns. Kaum hatten wir den letzten Mann der „Nordmeer“ von Bord geholt, da fing es wieder an zu schneien und zu stürmen“. Auch die erste Pressemeldung in Alpena war spektakulär. Die Fachwelt würde sich wundern, dass die „Nordmeer“, bei klarem Himmel und leichtem Wind aus Südost, direkt an der Warnboje, mit schnell wechselndem weißem Signallicht, welches das Riff in der Thunder-Bay kennzeichnete, überhaupt auflaufen konnte.

Es gab da ein Gerücht. Die Automobilbranche hätte unter wildem Streik gelitten. Die Fabrikarbeiter konnten ihre Forderungen nicht durchsetzen, weil die Kasse leer war. Man auf eine einfache Lösung gekommen: Den Materialnachschub stoppen. In diesem Fall: Schiff versenken!

Auf folgenden Seeamtsverhandlungen wurde in den USA der Kapitän schuldig gesprochen. Der Lotse sei damals schon tot gewesen, hörte ich. Er habe sich das Leben genommen. Aber das gebe ich nur so weiter, wie es bei mir ankam.

In Deutschland sprach man den Lotsen schuldig. Ein verständlicher Einwand unseres Wachoffiziers, man habe nur eine an Bord selbstgefertigte Peilhilfe gehabt, wäre mit einem Lob des Seeamtes gewürdigt worden. Es sei anzuerkennen, dass man sich selber helfen konnte! Darüber freue ich mich!

Schon unmittelbar nach der Havarie war uns bewusst, dass wir einen Schutzengel hatten. Wäre unser Schiff vom Felsen abgerutscht und gekentert, hätten wir es nicht in die Boote geschafft. Das eiskalte Seewasser hätte uns ganz schnell den Garaus gemacht. Unser Tiefgang betrug nur ein wenig mehr als die Wassertiefe über dem Riff, was das Aufsetzen des Schiffskörpers erlaubte. Nach etwa 25 Sekunden und einem „Bremsweg“ von ca. 80 Metern blieb die „Nordmeer“ stecken, so schön waagerecht, als würde sie noch schwimmen. Das Schicksal bescherte uns beste Voraussetzungen zum Ausbringen der Boote. Außer einem gewaltigen Schreck erlitt niemand Schaden. Aus dem Bauchgefühl sahen alle im Lotsen den Verursacher. Hat er seinen Auftrag erfüllt und sich selbst und uns am Ende gerettet?

Die Reederei hat unsere Sachwerte über eine Versicherung ersetzt. Allerdings gingen auch ideelle Werte verloren, z. B. exotische Souvenirs der Mannschaft. Neben allerlei Ersetzbarem waren das bei mir ein indischer Militär-Tropenhelm und eine kostbare Füllfeder, die ich als Anerkennung für die Schulung koreanischer Ingenieure von der KOREA SHIPPING CORPORATION erhielt.

Mannschaftskontakte blieben erhalten, schon dadurch, dass ich wieder bei „Mackprang“ auf der „Nordwind“ anmusterte, die mein erstes und so auch mein letztes Schiff wurde. Nach fünf Jahren auf Weltmeeren und 29 in großen Industrie-Kraftwerken bestehen noch Kontakte.
Kapitän Steinbeck wurde durch Pressemitteilungen bekannt. Wer möchte nicht unter seinem Kommando die Welt umrunden? Eine Fügung wollte, dass ich sein Programm „Weihnachten in der Floridastraße“ gleich nach Erhalt in meinen Notkoffer legte. So konnte ich seinen Verlust nach dem Zerbersten der „Nordmeer“ ersetzen. Diese Feier dürfte für alle Besatzungsmitglieder eine der schönsten Erinnerungen sein. Herr Kapitän Steinbeck hat uns mit regelmäßigen Exkursionen die Welt nähergebracht. Ich empfand ihn als fürsorglichen Vater und erinnere mich dankbar an die wunderbare Zeit unter seinem Kommando.

Stammbesatzung
45 Mann: Kapitän, 3 Offiziere, 3 Ingenieure, Funkoffizier, Elektriker, Unteroffiziere (Bootsmann, Zimmermann, Storekeeper, Koch), Matrosen und Reinigungskräfte (arbeiten unter dem Storekeeper in der Maschine) und Stewards/Küchenhelfer.

Informationen
wurden Berichten „DER ST. LORENZ-SEEWEG, Planung und Gestaltung einer Stromlandschaft“ von Ernst Winkler und „Entstehen von Monsterwellen“ von Peter O. Walter entnommen.
Witch of November (Novemberhexe) nennt man Herbststürme, die bis Orkanstärke über die Großen Seen fegen.

2. Schiffsingenieur auf M.S. „Nordwind“ 8656 BRT Große Fahrt

Januar - August 1967

Ein Traum wird wahr

Am 11. Januar fliege ich von Hamburg nach London und fahre mit der Bahn nach Barry/Großbritannien. Ein als Lehrling geträumter Traum wird wahr. Als ich die Werftprobefahrt der „Nordwind“ in Flensburg erleben durfte, schaute ich in die Kammer des 2. Ing. und meinte, hier würde ich gern wohnen. Jetzt darf ich! Wände sind weiß mit leichtem Blaustich. Das Mahagoni der Möbel ist ein markanter Kontrast. Schmuckstück ist die Eckvitrine mit feinen Gläsern. Die Lage ist Hauptdeck mittschiffs steuerbord vorne. Es fängt gut an und geht auch gut weiter. Einige Besatzungsmitglieder kenne ich von Schwesterschiffen. Ein Offizier und Matrose Uwe waren schon vor vier Jahren an Bord, als meine Seefahrt als Ing.-Assi begann.

Wir fahren Leerschiff mit Ballastwasser nach Halifax, Neuschottland. Zehn Tage kämpft sich das Schiff im Winter durch steile See über den Nordatlantik. Vier Tage können wir uns von der Strapaze erholen. Ein wenig Landgang mit guten Eindrücken hilft. Wie man hier mit viel Schnee fertig wird, ist bewundernswert. Man kümmert sich nicht darum und fährt einfach darüber. Mehr als einen halben Meter liegt festgefahrener Schnee auf den Straßen. Ich muss von der Fahrbahn vorsichtig hinuntersteigen und dann in riesige Überschuhe und hinein in die gemütliche Stube! Ja, so empfinde ich es. Ein bisschen wie nach Hause kommen. Ob es die Post ist oder ein kleiner Laden, immer habe ich das Empfinden, willkommen zu sein.
Natürlich laden wir Weizen. Hier am eisfreien Atlantik können Schiffe auch im Winter anlegen. Der St. Lorenz-Strom ist gefroren. Mit fünf bis unter die Luken vollgepumpten Laderäumen geht es wieder hinaus auf den Atlantik. Jetzt kommt die See von achtern und ist nicht zimperlich. Die „Nordwind“ ist für solche Einsätze gebaut. Ihr geht es bei dem Höllenritt bestimmt besser als der Besatzung. Nach acht Tagen sind wir auf der Reede von Southampton am Ärmelkanal. Endlich liegt das Schiff ruhig!
Mit englischer Gründlichkeit werden wir abgefertigt. Ein Teil der Ladung findet durch Saugrohre in Silos.
Dann fahren wir noch zur Hauptstadt von Schottland, nach Edinburgh. Eine schöne Vorstellung, aber die Stadt liegt nicht am Meer. Wir machen fest in Leith Docks. Kaum angekommen, geht alles ganz schnell. Schottland ist nicht England, könnte man meinen. Und schon sind wir unterwegs nach Hamburg. Schade, dass ich Edinburgh nicht sehen konnte. Es heißt nicht Sehfahrt, sondern Seefahrt. Es geht nicht um unsere Neugier auf die weite Welt, sondern darum, Waren über die Meere von einem zum anderen Hafen zu bringen.

Hamburg, Westeuropa und Seereise

Von Hamburg kann ich für drei Tage nach Flensburg fahren. Am 21. Februar beginnt die Reise nach Indien. Auch in Bremen, Rotterdam und Antwerpen wird geladen. In Rotterdam besucht uns ein Kollege. Er lebt in Holland, hat Urlaub und bringt uns holländische Lakritze und deutsche Zeitschriften. Nach allerlei Gedankenaustausch nimmt er Post für unsere Lieben mit. Am 4. März laufen wir aus Richtung Indien.

Laut Plan ist die Renovierung meiner Kammer dran. Nach meiner Meinung ist es noch nicht nötig. Aber gut, ich kann Farbtöne aussuchen. Warum sollen alle Wände gleich aussehen? Zwei Tage wohne ich im Hospital und bin in Nachbarschaft der Ing.- Assis.
Einer hat Kummer. Seine Kamera lässt sich nicht auslösen. Irgendetwas blockiert. Ich biete ihm einen Versuch an, das Problem zu lösen. Einverstanden! Auf sauberem Tuch, damit nichts wegrollen kann, beginne ich mit feinem Werkzeug. Schräubchen und Hebel der Mechanik kommen unverzüglich in eine Schachtel. Defekt ist nichts. Aber ein stumpfer Belag lässt sich abreiben. Der könnte die Blockade verursacht haben. Nach dem Zusammenbau und einem Hauch Knochenöl kommt der Klack-Ton! Mit Bordmitteln repariert. Wir machen alles Mögliche selbst von fein bis grob! Hilfsdiesel 3 erfährt eine Grund-Überholung. Alles, was man auseinanderbauen kann, wird kontrolliert. Das ist Teamarbeit und geschieht nur auf See, weil wir dann mit einem Aggregat auskommen und ein weiteres als Reserve verfügbar ist. Um in Aden fertig zu sein, arbeiten wir auch am Sonntag.

Im Mittelmeer kommen Sommergefühle auf. Das Wetter ist einmalig und manches Mal ist Land in Sicht. Wir richten uns ein schönes Plätzchen auf dem Bootsdeck ein für Freizeit an frischer Luft.

In der Bullenhitze von Rotsee erleidet der 3. Ing. einen Schwächeanfall. Er soll sich schonen. Seine Wache teile ich mir mit dem Chief. Das heißt, täglich 12 Stunden Dienst in der Maschine. Die gute alte Zeit, wie man gern sagt, als der Chief keine Wache ging und es einen 4. Ing. gab, ist vorbei.

Aden/Jemen

Nach 16 Tagen Seereise erreichen wir Aden. Hier wollen wir bunkern. Der Ansturm beschert uns beinahe zwei Tage Wartezeit. Nie konnte ich hier an Land. Immer waren wir Händlern ausgeliefert, die ihre Waren aus Booten anpriesen. Aber jetzt soll es sein! Ich möchte eine Spiegelreflexkamera kaufen. Mir wird abgeraten. Es gäbe Unruhen. Ich bin hartnäckig. Es gibt ein Recht auf Landgang. Man spricht mit Agenten. Und dann darf ich nicht losgehen, wie ich möchte, sondern erhalte eine Ausgehzeit. Was soll das? Es sei eine besondere Vorsichtsmaßnahme angeraten. Ich erhalte Begleitung. Na schön, dann eben mit Begleitung.

Und jetzt stehen unten an der Gangway fünf Soldaten. Einer trägt eine Antenne und hat einen Kasten auf dem Rücken. Er sieht aus wie ein Fahnenträger. Die anderen vier halten Schnellfeuergewehre. Unter Beobachtung von etlichen Besatzungsmitgliedern starte ich meine Mission, gehe neben der Antenne. Die Beschützer halten korrekte Formation, sind Eckpfosten eines Quadrats. Ein beklemmendes Gefühl! Automatisch folge ich dem Gleichschritt. Es fehlt nur noch Musik. Der Antennenmann spricht in ein Mikrofon. Ab und zu unterbricht er für eine kratzende Stimme aus der Antenne. Hätte ich diesen Parademarsch geahnt, wäre ich an Bord geblieben. Mein Traum von einer Spiegelreflexkamera sollte hier im zollfreien Aden in Erfüllung gehen, aber nicht so spektakulär. Die Antenne spricht ständig. „Wir schützen Hein-Seemann aus Germany beim Einkaufen. Eine wichtige Angelegenheit für die Armee von Großbritannien!" Das wird er so oder ähnlich der Zentrale melden. Schon nach wenigen Hundert Metern erreichen wir Geschäfte, einfache Holzhäuser. An Tafeln und durch offene Türen erkenne ich Warenangebote, Elektronik aus Asien, Radios, Plattenspieler und Tonbandgeräte, natürlich auch

Kameras. Hier bin ich richtig und betrete das Geschäft. Meine Beschützer warten draußen. Ich frage nach einer Kowa SE. Man spricht Englisch.
„Ja, die habe ich." Und gleich öffnet der Herr die Packung und zeigt das gute Stück mit zwei Vorsatzlinsen. Der Preis ist fix, verhandeln will er nicht. Ich darf alles in die Hände nehmen, betrachten und probieren. „Danke, ich schaue noch in andere Geschäfte wegen des Preises." Der Parademarsch geht weiter. Ob die sich hier an bewaffnete Schauspiele gewöhnt haben? Einige Geschäfte weiter sind wieder Fotoapparate zu haben. Draußen steht ein Mann. Schon bin ich drin und er auch. Aha, der Händler. Ich frage nach einer Kowa SE. „Die habe ich aber nicht für dich!" „Warum?" „Du warst bei meinem Konkurrenten und willst mir weniger geben als ihm!" Und dann sehe ich den Krummdolch unter meinem Kinn. Mein Gegenüber ist schlagartig wütend, vibriert vor Hass, aber warum so heftig? *„Sorry, I don´t understand, excuse me."* Ich höre Arabisch mit vielen Ch's und abgehackt. Es sind bestimmt keine Komplimente. Instinktiv rührt sich nichts an mir. Ich stehe wie ein Stein und schaue auf die zitternde krumme Klinge. Mein Gott ist die scharf. So einem Ungläubigen die Kehle durchschneiden wird im Himmel belohnt! Mein Schiss schaut mir aus den Augen. Ich spüre, dass er meine Angst genießt. Nach empfundenen Minuten senkt sich die Klinge. Ein verachtender Blick verweist mich aus dem Geschäft. Mein Schlottern beginnt erst neben der Antenne und fällt nicht auf, weil wir automatisch losmarschieren. Haben meine Begleiter nichts mitbekommen? Wollten sie mein Problem ignorieren? Ich bitte um Wendemanöver. Also gehen wir zurück. Die Soldaten haben offenbar nur Order zur Begleitung auf der Straße, zum Sprechen wohl nicht. Der Händler meiner ersten Anlaufstelle steht jetzt draußen und lächelt sein arabisch-kaufmännisches Lächeln. Das kenne ich und liebe es auch. Irgendwie fühle ich mich verstanden und zu ihm hingezogen. Ich schwatze und handle gern mit Arabern. Diese Freundlichkeit ist wohl mit kaufmännischer Raffinesse zu erklären. Scheißegal, jetzt brauche ich arabische Freundlichkeit! „Schau her, die Schachtel ist noch offen, ich dachte, dass du wiederkommst, selber Preis!" Er sortiert bedächtig alles in den Karton und meint, ich hätte ein schönes Schiff. „Ja, ein schönes Schiff und jetzt auch noch eine Kowa SE! Er begleitet mich fürsorglich hinaus. Nur nicht stolpern mit der edlen Kamera!
Mit meinen Soldaten erreiche ich im Gleichschritt die Gangway. Die Antenne ruft etwas. Wie auf Kommando, es ist wohl auch eins, bleiben meine Getreuen stehen. *„Thank you, bye bye!"* Sie schlagen die Stiefel aneinander und heben die Hände an ihre Helme, zackig, wie es Hein-Seemann aus Germany mit einer Kowa SE erwarten darf! Gleichschritt und Antennendialog entfernen sich.
„Diese Szene sollten Sie wiederholen. Ich hole meinen Fotoapparat", empfängt mich mein Assi an der Gangway. Ich lade ihn zum Bier ein und freue mich über meinen erfolgreichen Einkauf. (Anmerkung: 1967 wurde der Südjemen unabhängig von Großbritannien. Wir erlebten die Unruhen unmittelbar davor.)

Karachi / Pakistan
Am 22. März fahren wir nach dem Bunkern weiter Richtung Karachi in Pakistan. Karfreitag und Ostern sind wir auf See. Das sammelt Urlaubstage.
Vor Karachi liegen wir auf Reede, haben keine Landverbindung und können die dicken Arbeitsbrocken dieser Reise an der Hauptmaschine erledigen.

Der Fischreichtum ist eine Zauberwelt. Fische, groß wie Heringe, bilden riesige Schwärme. Sie teilen sich, wenn Barrakudas ihre Bahn ziehen. Der Supercargo angelt einen Wels und einen Hai. Die Wasseroberfläche ist so klar, dass man sie nicht erkennt und glauben könnte, unser Schiff und die Fische würden in der Luft schweben. Ich möchte in der Dunkelheit Tintenfische fangen. Im Licht des Sonnenbrenners schwimmen sie dicht umher. Mein Stellnetz ist etwa einen Quadratmeter groß. Wenn einige Fische darüber schwimmen, ziehe ich hoch, nichts! Jemand neben mir angelt eine dicke Moräne. Die kringelt sich in der Luft, ist sehr vital. „Die kann man nicht essen. Was soll ich machen?“ „Schneide die Schnur und lass sie frei!“ Der erfolgreiche Angler genießt seine Beute und lässt die festgebundene Schnur durch die Hand gleiten. Als die Moräne ins Wasser gelangt, sausen die Tintenfische in Panik umher. Ein Geistesblitz regt mich zu einem Versuch an. Ich ziehe die Moräne aus dem Wasser und lasse sie neben meinem Netz baumeln. Die Tintenfische schwirren munter im Licht der Lampe neben und über meinem Rahmen. Der Angler kommt mit einem Messer und will die Schnur trennen. „Warte, halte bitte die Schnur. Wenn viele Fische über dem Netz schwirren, lass das Biest ins Wasser fallen.“ Welch eine Beute! 13 Tintenfische mit einem Versuch! Wir sind jetzt ein Team. Bald ist ein Eimer voll, alle etwa so größer als Heringe. Wir halten sie unter Wasser. Wenn ich hineinfasse, sprudelt eine dicke Wolke. Mein Arm ist schwarz von körnigem Glibber. Im Wasser lösen sich die glitschigen Körner auf und färben es intensiv. Unser Koch weiß mit dem Fang umzugehen. Den trichterförmigen Muskel schneidet man in Ringe und bereitet diese zu wie Bratkartoffeln.

Unsere Freude bleibt auf diesen Fang begrenzt. Die Moräne hat die Schnur durchtrennt, vermutlich an der Muschel-bewachsenen Schlingerleiste. Mein Fangpartner angelt voller Hoffnung weiter. Nie wieder geht eine Moräne an seine Angel. Niemals fangen wir auch nur einen Tintenfisch. Aber dann ist ein Barrakuda dran. Wie von Sinnen tanzt er auf dem Wasser. Manchmal steht er senkrecht auf gekrümmter Schwanzflosse. Der Kampf dauert etwa zehn Minuten. Der über einen Meter lange Fisch begreift seine Chance. Er verlässt das freie Wasser und verschwindet unter der „Nordwind“. Es zappelt und ruckt, bis die Schnur frei wird. Den Haken hat das starke Tier mitgenommen.

Wir haben 16 Tage Zeit zum Angeln. Um uns herum ankern weitere Schiffe. Einheimische Fischer sehen wir mit Ausleger-Segelbooten über das Wasser gleiten. Je nach Windstärke oder Kurs ändert der Mann auf dem Ausleger seine Position. Ein Degenfisch und ein kleiner Manta werden gefangen. Es reicht für unsere Messe. Matrosen angeln achtern und haben mehr Erfolg mit besserer Ausrüstung und Erfahrung. Sie schlachten selbst und filetieren. Und wenn ihr Fang üppig ausfällt, rufen sie eine Einladung herüber, wunderbar! Der Bootsmann hat aus einem Fass eine Räucherkammer gebaut. Am Freitag ist jetzt Fischtag. Goldbraun werden die Fische, noch heiß, aus der Hand genossen.

Am Tage ist es in der Sonne nicht auszuhalten. Ich habe keinen Strohhut dabei und trage ein Schweißtuch über dem Kopf. Das ist auch nötig, wenn man nur wenige Minuten über Deck klettert. Ja, wenn ich einen stillen Rundgang über das Vorschiff mache, muss ich ständig über Ladung steigen. Baumaschinen, Mannschaftswagen aus Aluminium, ein Feuerwehrauto und weitere Fahrzeuge sind raumsparend gezurrt. Ich steige über Deichseln und Traktoren. Aber mal Stille genießen tut gut und dann in der Dunkelheit den Sternenhimmel schauen, himmlisch!
Wir unternehmen eine Rettungsbootsfahrt, sind fünf Stunden unterwegs. Ein Assi wird seekrank, beißt aber die Zähne zusammen, um nichts zu vermasseln. Auf einer riesigen Dau sehen wir Fische, große und kleine, die meisten kennen wir nicht.

Der nächste Tag beschert uns bedeckten Himmel. Ich habe den Motor des Arbeitsbootes kontrolliert. Der 3. Off. ist für eine Testfahrt bereit. Schon ist die Besatzung vollzählig. Mit Ladegeschirr setzt man uns ins Wasser. Und los geht es. Parallel zur „Nordwind“ fahren wir nach langem Anlauf Full Speed. Ich stoppe die Zeit zwischen Bug und Ruder und errechne sieben Knoten. O.k., das ist gut. Wir fahren in die Nähe des Bugs. Ich will endlich ein Foto von der „Nordwind“. Jetzt, wo sie frei im Wasser liegt, bietet sich hier auf Reede eine gute Gelegenheit. „Dort liegt eine riesige Dau!“ Nichts wie hin! Wir sind willkommen und dürfen an Deck. Was die alles gefangen haben! Große, kleine, helle, dunkle, dicke und platte Fische. Man zeigt uns auch noch etwas. Den Himmel! Ich habe nicht gemerkt, dass eine Wetterfront heraufzieht. Nichts wie ins Boot und zurück! Der Wind erfrischt, bildet aber auch schnell Wellen. Unser Boot scheint immer kleiner zu werden. Wir erreichen das Heck der „Nordwind“, biegen um es herum, geraten in einen Wellenschwall an der Bordwand. Eine einzige Woge füllt unser Boot. Schon stehen wir auf. Ich halte den Fotoapparat hoch, um ihn vor Spritzwasser zu schützen. Wir dümpeln auf und nieder, sind zu weit entfernt, um den Haken des Ladegeschirrs zu erreichen. Unser Motor ist abgesoffen und macht keinen Mucks. Aufregung an Deck. Man beginnt, das Steuerbord-Rettungsboot klar zu machen. Inzwischen wurden wir nah an die Bordwand gespült und können die Öse des Tragegeschirrs in den Haken hängen. Ich spüre, dass das Boot gehalten wird. Sachte steigen wir einige Dezimeter hinauf. Die Wellen versetzen uns in Schaukelbewegung, die wir noch verstärken. Wasser schwappt aus dem Boot. Das ist auch nötig, sonst würde es beim Herausheben auseinanderbrechen. Das Abenteuer endet glimpflich.

Nach 16 Tagen auf Reede laufen wir in den Hafen ein. Jetzt bekommen wir die Post unmittelbar vom Agenten. Nur zwei Tage ist sie von Flensburg unterwegs, denn die Lufthansa hat einen Direktflug Hamburg – Karachi eingerichtet.

Ich besuche eine riesige Moschee und darf hinein. Das Glück hatte ich bisher nie. Das Bauwerk ist prächtig, außen und innen. Ich überlasse einem Knaben meine Schuhe und darf auf Socken eintreten. Es sind nur wenige Gläubige anwesend. Jetzt ist keine Gebetszeit.
Wieder draußen, umspült mich ein Schwarm Wahrsager. Ich treffe keine Vereinbarung, erfahre dennoch einiges. „Du bekommst bald ein Telegramm und gehst auf die Universität. Deine Frau liebt dich und ist traurig, dass du mit dem Schiff unterwegs bist. Sie ist schwanger und wird einen gesunden Knaben gebären.“ Auch ohne Vertragsabschluss erhält der gute Mann etwas in die Hand. Er will leben und benötigt Geld. Und über die Ankündigung eines Sohnes freue ich mich.

An einem Abend bietet sich eine Kutschfahrt an. Der Chief und ich lassen uns in die Stadt fahren. Die Luft ist angenehm auf dem offenen Wagen. Der Kutscher versteht Englisch. Ich frage, wie das mit Indern funktioniert, die man hier eher sieht. Die würden für sich in einer Enklave leben.
Das bunte, gemächliche Leben am Straßenrand zu beobachten, ist ein Genuss. In der Stadt unterbrechen wir und spazieren umher. Alle Leute sind freundlich, niemand bettelt. Es ist sauber. Teppiche liegen bis auf die Straße. Und dann lassen wir uns zurückfahren. Ein entspannter Feierabend und Tagesausklang.

Zu dritt unternehmen wir eine Autotour. Der Fahrer nennt seinen Preis und wir akzeptieren. Dreieinhalb Stunden sind wir unterwegs und lassen uns die von ihm empfohlenen Ziele erklären. Das sind Märkte und schöne Aussichtspunkte. Zoo,

Museum und ein Botanischer Garten sind die Hauptattraktionen. Wir geben ihm 25 Rupien anstatt den geforderten 20, für jeden von uns knapp 7 Mark.
Ich gehe auch noch mit dem Funker an Land. Die Stadt scheint mich ständig zu rufen. Am Zoll sollen wir unser Geld zeigen. „Wieso, kostet die Stadt Eintritt?“ „Ohne Geld ist Landgang nicht erlaubt.“ Wir zeigen unser Geld. „Du hast geschmuggelt. Das wird bestraft!“ „Warum soll ich geschmuggelt haben?“ „Du hast einen 50 Rupie-Schein. An Bord gibt es nur neue Zehner!“ „Den habe ich noch von der vorigen Reise.“ Der Zöllner öffnet die Lade seines Pultes und entnimmt eine Liste. „Hier zwei Engländer, ein Italiener und sieh mal diese deutschen Namen. Alle wurden verurteilt.“ Der Funker sagt: „Halt die Klappe!“, er legt 20 Rupien auf den Tisch, natürlich zwei neue Scheine. Da stehe ich nun wie bedeppert. Die zwei Scheine verschwinden mit der Liste. Der Fünfziger liegt unangetastet. Ich strecke meinen Arm und fasse den Geldschein. Der Zöllner zeigt keine Regung, als der Schein zwischen uns schwebt. Der gute Mann schaut fort. „Gehen wir“, höre ich den Funker. Und schon sind wir draußen.
Auf einem nahen Markt wollen wir Obst kaufen. Verführerisch sind die sauber geordneten Sachen. Aber wir können an keinem Stand etwas kaufen, weil kein Mensch diesen Schein wechseln kann. Der Funker hatte nur die beiden Zehner dabei. Was machen wir, haben reichlich Geld und können nicht zahlen? Ein Taxi hält auf unser Winken. Wir steigen ein. Jetzt haben wir einen Fuß in der Tür zur Wechselstube! Er fährt uns zur Wäscherei, ein Teich mit Steinen, auf die Frauen mit Inbrunst die Wäsche schlagen. Endlose Leinen sind zum Trocknen gespannt. Nett sieht das aus. Dann fahren wir zum Büffelmarkt. Tiere werden herumgeführt und taxiert. Wir wollen keinen Büffel. „Was gibt es noch?“ Der Fahrer zählt diverse Sehenswürdigkeiten auf. Etliches haben wir gesehen, einiges interessiert uns nicht, einiges verstehen wir nicht. Also gut, fahren wir an Bord. „Wie viel kostet die Fahrt?“ „Zwölf bis zum Schiff.“ „Kannst du wechseln?“ „Nein, keinen Fünfziger! Mit dem kann ich selbst nichts bezahlen.“ „Wieso das?“ „Wir haben keine großen Scheine. Wir müssen in einem internationalen Hotel wechseln.“ Also ins Hotel. Zufällig hat der Mann in der Rezeption nur 45 Rupien. Es tut ihm leid. Na ja. Meine Strafe von bisher nur 20 Rupien muss halt aufgestockt werden. Am Schiff kostet das Taxi jetzt 15. Als wir an der Gangway stehen, rechne ich ab. Der Funker erhält 13, der Fahrer 15 und ich habe noch 17 Rupien. Mir fällt ein, dass bei der Aufzählung vor unserer Rundfahrt auch ein Kamelmarkt genannt wurde. „Kannst du noch zum Kamelmarkt fahren? Wie lange dauert das?“
„Nur eine Viertelstunde.“ O.k., dann los. Der Funker will nicht mit. Der Handel auf dem Kamelmarkt scheint so gut wie abgeschlossen zu sein. Einige Kamele werden abgeführt. Drei junge Männer in zünftiger arabischer Kluft, sprechen mich an. „Nein, ich kaufe kein Kamel, darf ich reiten?“ „Natürlich kannst du reiten, suche dir eins aus und steige auf.“ Das ist schnell passiert. Die Kamele liegen auf dem Bauch und haben die eingeknickten Beine unter sich. Mein auserwähltes Tier steht umständlich auf. „Liebes Kamel, verzeiht mir bitte die Bezeichnung Kamel, es ist nicht böse gemeint, bitte, bitte, wirf mich nicht ab!“ Ich muss akrobatisch Balance halten. Aber dann schreitet es ruhig und bietet Komfort. Ein Beduine führt mein Reittier an einer Leine und feuert es zum Traben an. Ich schwebe, als wäre ich auf einer Wolke. Die freundlichen Männer machen Fotos mit meinem Apparat eine schöne Erinnerung. Sie möchten mir eine Freude bereiten und auf keinen Fall Geld. Schade nur, dass ich ihre Sprache nicht verstehe.

Bombay / Indien

Nach kurzer Seereise sind wir in Bombay. Ein Vergleich mit Kalkutta offenbart unglaubliche Unterschiede. Hier ist das Stadtbild sauber. Die Bevölkerung scheint versorgt zu sein. Taxifahren ist billig wie andere Dienstleistungen auch. Ich lasse meine Schuhe besohlen und genieße auch Hand- und Fußkosmetik. Wir machen das nicht in der Hoffnung, nach Hollywood zu kommen, sondern um den Menschen Geld zu geben. Unser Koch hat schon in Pakistan Speisereste, gut sortiert, im Kühlraum gesammelt. Unseren Dienstleistern, aber auch Schauerleuten bietet er Portionen zum Mitnehmen an. Die Männer sind überglücklich. Auch wir, denn gefährliche Ladung, Chloroform, Nitrozellulose, Phosphor und Schwefel sind endlich entladen.

Es gibt hier ein nobles Freibad für Europäer. Da kann ich im Wasser oder im Schatten die Seele baumeln lassen. Der Abstand zum Bordleben wird dort richtig deutlich. An Bord ist man auch während der Freiwache Anlaufadresse für diverse Probleme. Wenn man Vertrauen gewonnen hat, gehört das dazu. Aber raus aus dem Trott in eine andere Welt, ist immer wieder schön.

Bombay ist eine gute Adresse. Das Ausgehen zum Essen ist wunderbar und preiswert. Man erhält exotische Dinge wie Shrimps, Haifischflossensuppe, viel Chicken und unbekannte Gewürze. Ich mag Curry und Reis. Also geht es mir gut bei riesiger Auswahl. In gehobenen Häusern erlebt man feine Leute in landesüblicher Kleidung ein wunderbares Bild. Man spricht überall Englisch. Verständigung in der Umgebung einer anderen Kultur ist ein Schlüssel für Kontakte und Informationen. Man sitzt lange beim Dinner, wohl auch wegen der Klimaanlage. An Bord sind wir bei dieser Bullenhitze immer schnell am Miefquäler (Ventilator) in der Messe oder in der Kammer.

Beim späten Bummel nach dem Dinner sehe ich ein anderes Bombay. Vor einigen Hauseingängen halten sich Wächter auf. Meist sind es alte, spindeldürre Männer, die einen dicken Knüppel als Kopfunterlage dabeihaben. Sie liegen mit ihren verschlissenen Kleidern auf der Schwelle oder dem Pflaster. Es sind diejenigen, die nicht mehr arbeiten können, sich nur noch an den Hauseingang bewegen und für ein paar Rupien als Wächter verdingen.
Eine im Gegensatz zu Kalkutta komfortable Schlafstelle entdecke ich zufällig. Als ich an einer Seitenstraße vorbeigehe, höre ich ein unbekanntes Geräusch. Es scheint aus der Nähe zu kommen. Ich gehe darauf zu und erkenne im schwachen Lichtschein einen Platz. Das Geräusch wird lauter. Kann das sein? Auf Gestellen, etwa wie Feldbetten, liegen dicht beieinander Hunderte schlafende Menschen. Die Masse der Schnarcher produziert diesen monotonen Ton. Merkwürdig ist, dass ich bei der Wahrnehmung sicher war, dass die Quelle keine Maschine sein kann. Meine Ursachenforschung beschert mir diese Überraschung.
Als ich am Tage diese Stelle wiedererkenne, gehe ich in den Hof. Ich betrachte die Schlafgestelle aus Bambus und weiten Maschen, wohl aus Kokosfasern geflochten. Ein Mann ist dabei, die einzelnen Geräte anzuheben und auf den Boden zu werfen. Anschließend sammelt er nach Anheben der leichten Schlafmöbel kleine Dinge auf. Krabbeln die? Mir ist es, als wenn ich etwas Intimes störe und ziehe mich zurück. In der Rückschau war das falsch.
Während eines Stadtbummels sehe ich ein Schild. SCHNEIDERMEISTER, ja, auf Deutsch.
Nichts wie rein. Ein gepflegter Herr begrüßt mich. Sein gut verständliches Englisch passt zu meinem dürftigen Schulenglisch. Was ich möchte, bitte sehr? „Ich möchte

nur wissen, wie es innen aussieht, wenn draußen Schneidermeister dran steht." „Du kannst einen Anzug bestellen oder alles andere. Hier ist eine Mappe mit Anzügen, Hosen, Hemden und Jacken. Ich nähe europäischen Stil." Ich erkläre, dass in der schwülen Hitze jede Kleidung zu viel ist. Dazu hat der geschäftstüchtige Herr eine Idee. „Nimm einige Frotteetücher mit. Direkt auf dem Körper ist es angenehm und nimmt den Schweiß auf."
Ich darf mich umschauen. An mehreren Nähmaschinen sitzen Männer und arbeiten konzentriert. Auf einem Podest sehe ich Weitere im Schneidersitz, jawohl im Schneidersitz! Sie nähen mit Nadel und Zwirn. Ich darf fertige Teile sehen. Mir wird die Qualität erklärt. Die erkennt man an Einschubtaschen und der Einfassung des Futters. Was er zeigt, sieht sehr gut aus. Als ich Frottee-Stoffbahnen und flauschige weiße Ware entdecke, habe ich eine Idee. „Kann man daraus auch Hemden mit kurzen Ärmeln nähen? Geht das mit dem dicken Stoff?" „Natürlich komm, ich nehme die Maße!"
Die großen Frotteetücher kann ich bei der Hitze gut zum Schlafen gebrauchen. Nachdem ich meine Hemden erhalten habe, spricht sich meine Errungenschaft schnell herum. Meine Werbung spült Aufträge ins Geschäft des Schneidermeisters. Bald sind beinahe alle bei ihm gewesen. Die Jungs bestellen diese Hemden und einige auch tolle Anzüge.

Goa-Margao und Veraval

Am 27. April verlassen wir Bombay. Wir sind in der Phase, wo noch Fracht abzuliefern ist und auch schon neue an Bord kommt.
In Goa soll es sehr schön sein. Also nichts wie los. Es ist auch schön. Mit dem Funker bin ich auf einem gepflegten Platz, wo man meinen könnte, man sei in Portugal. Wir spazieren gemächlich umherschauend an schönen alten Gebäuden entlang. Leute sitzen an Tischen, rauchen und trinken Kaffee. Bald fällt uns merkwürdige Stille auf. Alle scheinen uns anzustarren. Ein beklemmendes Gefühl steigt in mir auf. Auch mein Begleiter empfindet es bedrückend. Nach kurzer Zeit sind wir sicher. Man meint uns und will uns ängstigen! Kann man sich so etwas überhaupt vorstellen? Was hat man gegen uns? Wir beschleunigen unsere Schritte und büxen aus. Ja, wir sehen zu, dass wir hier so schnell wie möglich verschwinden. Momentan herrscht in Goa eine politische Unruhe. Die Bevölkerung verhält sich jetzt gegenüber Europäern, wie im Dezember 1961, kurz vor der Befreiung nach 450-jähriger Kolonialherrschaft. Das findet unser Funker an Bord heraus. So war unser schönes Goa mit einprägsamem Erlebnis.
In Veraval sind wir kaum einen halben Tag. Eine Gelegenheit für Landgang bietet sich nicht.

Wieder in Bombay

An Deck schaut sich ein Herr mit Turban um. Er wirkt seriös, ist erkennbar eine bedeutende Person. Der 2. Off. und zwei Inder begleiten ihn. Ich mische mich unhöflich dazu, warte auf eine Gelegenheit, mich zu offenbaren, spreche ihn an. Sinngemäß: „Entschuldigen Sie bitte. Ich habe ein Anliegen. Mich lockt die Stadt. Was würden Sie mir empfehlen?" *„I am Parse, you know, I am Parse!"* So stellt er sich vor. Er sei Überseekaufmann und interessiere sich hier für eingehende Ware. Wenn wir gemeinsam Zeit haben, wird er mir einiges zeigen. Er freut sich über mein Interesse. Wir verabreden uns für den kommenden Tag.
Ich gab mir einen Schubs und habe es geschafft! Vorab beglückwünsche ich mich: Hurra!

Kurz vor der verabredeten Zeit stehe ich an der Gangway. Bald kommt ein nobles Auto und hält. Mr. Parse steigt aus. Schon bin ich unten und es geht los. Er sitzt mit mir im Fond, neben dem Fahrer befindet sich ein weiterer Mann. Zuerst sollten wir von „Hanging Gardens“ zur Orientierung einen Blick über Bombay haben. Wir fahren quer durch die belebte Stadt, auf Tuchfühlung mit buntem Verkehr, sind also nicht allein unterwegs. Außer Pkw, meist Taxis mit gelben Dächern, sind Fahrräder und Dreiradtaxen um uns herum auch einige von Hand gezogene Karren. Dann geht es bergauf. Schöne Villen in gepflegten Gärten fangen meinen Blick. Dann sind wir oben. Aussteigen ist eine kleine Zeremonie. Mr. Parse wird die Tür von seinem Vordermann und mir vom Fahrer geöffnet. Es hat nicht nur einen Anstrich von vornehm, sondern ist auch hilfreich durch die schützende Haltung des Diners. Die Aussicht ist grandios. Man sieht die Stadt am Ozean beinahe wie auf einer Karte. Jeder würde auf die Idee kommen, auf dieser Halbinsel eine Siedlung zu errichten. Leute in traditioneller, edler Kleidung gehen bedächtig spazieren. Auch Familien mit Kindern im Sonntagsstaat. Nach einer halben Stunde fahren wir hinunter ans Meer. Vor einem Tor steigen wir aus. Mr. Parse und ich gehen in die Gartenanlage. An einer Rezeption stellt er mich vor. Er spricht mit schick gekleideten Herren und geht dann mit mir zum Pool. *„Every time you want, you may swim here or sit in the bar. I invite you.”* Ich soll mich nur anmelden, meinen Namen nennen und sagen, dass ich sein Gast bin. Das ist hier der BREACH CANDY CLUB. Jeder Taxifahrer kennt die Adresse am feinen Marine Drive. Und dann höre ich wieder: „I am Parse, you know, I am Parse!” Ich spüre, dass das hier seine Welt ist. Man grüßt ihn immer wieder und wechselt mit ihm im Vorbeigehen ein paar Worte. Die Eindrücke sind für mich erdrückend. Das ist nicht meine Welt. Aber das ist hier ein Spalt, durch den ich in die Welt des Wohlstands schauen kann.
Dann fahren wir den Marine Drive weiter entlang, steigen aus am Gateway of India. Das symbolische Tor am Meer ist ein Touristenziel. Gut gekleidete Inder und Europäer in legerer Tracht schauen einem Schlangenbeschwörer zu. Ich auch. Der Gaukler spielt auf einer Flöte und die Schlange pendelt davor, erhebt ihren Kopf weit empor. An Ufermauern, auf denen man bequem sitzen kann, stehen in grellen Farben irgendwelche Worte. *„Vote“* sehe ich mehrfach. Es scheint einen Zusammenhang mit einer Wahl zu geben.
Dann fahren wir die kurze Strecke zum Taj Mahal Hotel. Prächtig, kann ich dazu nur sagen. Es ist riesig. Ob ich hinein möchte. Nein, sage ich vielleicht zu schnell. Aber meine Birne ist schon übervoll von neuen Eindrücken. Morgen sollte ich in den Klub gehen, meint Mr. Parse. „See you after tomorrow same time!” “Thank you, Mr. Parse, I enjoyed the day, bye-bye!” Ich stehe auf der Gangway und winke dem Auto hinterher.

Am folgenden Tag gehe ich in Richtung Hafentor. Der englische Schleusenwärter ist im Dienst. Er kommt mir vor wie ein hoher Offizier in Uniform mit indischem Tropenhelm. Man erzählt, seit dreißig Jahren wäre er jeden Tag an dieser Schleuse im Einsatz.
Und dann klappt im Klub alles wie gewünscht. Man begrüßt mich freundlich. Was wünscht der Herr? Baden, gerne, folgen Sie bitte. Hier können sie sich umkleiden. Benötigen sie eine Badehose?
Bevor ich in den Pool steige, fragt ein Ober nach Wünschen. „Nein? Aber ein Softdrink vielleicht?“ „Gerne, aber ich möchte ins Wasser.“ „Bitte, der Drink wartet!“ Und dann schwimme ich herum und schaue den Leuten zu, die an Tischen unter Schirmen sitzen oder unter einem Baldachin. Es ist alles traumhaft gepflegt. Blumen und blühende Sträucher verbreiten freundliche Stimmung und exotische Düfte.

Niemand ist laut. Die Unterhaltungen der einzelnen Gruppen stören niemanden. Ich beobachte, wie sich eine Dame an der Pool-Wand festhält. Sogleich kommen zwei Bedienstete, einer mit zwei Tüchern und einer mit Tablett. Schon liegt ein Tuch auf der Mauer und die Schwimmerin sitzt darauf. Das zweite Tuch lässt sie sich über die Schultern legen. Sie nippt am Drink, stellt es wieder auf das Tablett des geduldigen Obers. Das wiederholt sich einige Mal innerhalb von fünf Minuten. Dann schwimmt die Dame erfrischt davon. Schon vorher sind die Tücher verschwunden. Nur wenige Personen sind im Pool. Ich drehe eine gemütliche Runde und entdecke einen Kanal. Und dann bin ich in einer Schwimmhalle. Hier sind mehr Leute. Es ist angenehmer ohne Sonne. Auch hier funktioniert der Service am Pool. Ich lasse das gerne über mich ergehen. Mein georderter Longdrink kommt aus der Lotterie. Die Bezeichnungen der Drinks sind mir fremd und so bestelle ich nach Wohlklang des Namens. Das Ergebnis ist erstaunlich gut, ein bisschen herb und rosa. Das Wasser ist angenehm, nicht zu warm. Ich halte es annähernd eine Stunde aus mit kurzen Erfrischungspausen. Mein Beobachten der Leute soll nicht zu deutlich sein. Ich kann mir nicht vorstellen, hier Kontakt zu bekommen. Dazu bin ich zu schüchtern. Mein Englisch ist für gebildete Inder bestimmt holperig. Europäer sehe ich nicht.
Als ich an der Leiter aus dem Wasser steige, habe ich auch schon gleich ein Tuch und jemand begleitet mich in den Umkleidebereich. Für meine nasse Badehose erhalte ich einen Beutel. Bei der Bedienung frage ich nach der Rechnung. Oh nein, ich sei Gast. Er nennt den Namen von meinem „Parsen", den ich mir nicht merken kann. Ob ich einen Lunch wünsche. Wirklich nicht? Danke, vielen Dank! Ich werde von einem Herrn angesprochen, woher ich käme und was ich in Bombay mache. Mit meinem Kurzbericht kann er sicherlich bei seinen Freunden im Klub punkten. Mein Lunch findet an Bord statt. Ich komme gerade noch rechtzeitig.
(Anmerkung: BREACH CANDY ist auch heute noch der exklusivste und teuerste Klub überhaupt, mein Tipp: googeln)

Und dann holt mich Mr. Parse wieder in Hafen ab. Wir besuchen die Ghats von Bombay. Im Vergleich zu Kalkutta wirkt die Anlage gepflegt. Das verwendete Sandelholz besteht aus dicken geraden Stücken, die so lang sind, dass die Leiche überragt wird. Stimmung der Leute und der allgemeine Geruch sind vergleichbar. Nach der Hindubestattung darf ich auf das Gelände der Parsenbestattung. Mir wird erklärt, dass die Anlage *„Tower of Silence"* nur Parsen zugänglich ist. Mein Gastgeber möchte mir dennoch einen Eindruck vermitteln. Wir werden jetzt durch das Tor fahren. Ich soll mich wegducken und nur schauen, wenn er sagt „Look" und gleich abtauchen bei „stopp". Und dann sind wir auf dem Gelände. Die beiden runden Türme habe ich schon von Weitem gesehen. Jetzt sind wir unmittelbar an ihnen und auch noch sichtbar, wenn ich mich ducke. Das Gelände ist riesig, mitten in dieser Metropole! Ich werde unterrichtet. Die Toten bringt man oben auf eine nicht einsehbare Terrasse. Geier bedienen sich, bis die Bestattung beendet ist. Man sieht sie oben auf der Umgebungsmauer sitzen. Wir verlassen das Gelände, ohne aufzufallen. Welchen Narren hat Mr. Parse an mir gefressen, dass er mich so bevorzugt und verwöhnt? Das kann doch nicht nur der Whisky sein, den ich ihm gebe! Wir sind am Schiff. Bei der Verabschiedung ist mir bewusst, dass sich heute zwei Kulturen begegneten. Das hat er gewollt, denke ich. *„Thank you, so much!" „See you tomorrow, same time!"*

Mit Chief Bartels habe ich kein Problem wegen meines häufigen Landgangs. Er ist für Kunst und Kultur und erfasst wohl mehr als ich die Dimension meiner Bekanntschaft.

Und schon sind wir wieder unterwegs, sehen zunächst einen Fischmarkt. Ein Barsch ist über zwei Meter lang. Kann das sein? Wir fahren durch das Viertel der Botschaften und Diplomaten. Nobel, nobel! Ein Hindutempel auf einer gepflegten Anlage ist ein Touristenmagnet. Erstaunlich ist der Inland-Tourismus hier in Bombay. Es gibt genug Inder, die es sich leisten können, eine attraktive Stadt zu genießen und einige Tage im Hotel zu wohnen. Aber hier findet momentan eine Hochzeitszeremonie statt, erfahre ich. Diese Leute leben in Bombay. Die Gesellschaft ist riesig und auch die Menge der Schaulustigen. Mr. Parse sagt, ich solle mich einfach in die Hochzeitsgesellschaft mischen. Er würde sich zurückhalten. Plötzlich befinde ich mich zwischen heiteren Menschen, darf sagen, dass ich ein German bin. Das ist wunderbar, ein German hier zur Hochzeit! *„I have no invitation!" „No problem, look all you want!"* Alle scheinen sich einig zu sein, wo ich hinsoll. Und dann stehe ich an einer Art Tisch und die fein herausgeputzte Braut steht dahinter mir gegenüber und sieht mich aus schwarzen Augen an und lächelt. Ich könnte mich fühlen wie der Bräutigam. Diese Unbefangenheit entwaffnet mich, besser gesagt, macht mich auch unbefangen. Ich sage was von Glückwunsch und biete ihr eine Geste wie ein betender Buddhist. Ich merke, dass die Bewegung nach rechts führt. Hier hat jeder Gelegenheit, der Braut nahe zu sein, auch ich! Mr. Parse sei Dank!

Ich spreche mit meinem Begleiter über die geheimnisvolle Kunst, Saris anzulegen. Hm, er überlegt. „Du kannst Damenbegleitung z.B. für ein Dinner haben. Geh am besten in das Haus Red Number 47!"
Er meint dann noch, dass ich ein würdiges Andenken mitnehmen sollte, vielleicht ein Gemälde. Darauf würde ich nie kommen. Ich denke in der Regel an Skulpturen.

Bald sind wir in der PUNDOLA ART GALLERY. Für mich ist so etwas Neuland. Als, wenn man Ausstellungsstücke in einem Museum kaufen kann. Der Kunsthändler will uns beraten. Mr. Parse spricht mit ihm und sagt dann zu mir, ich sollte am besten ohne Rat und Einfluss meinem Gefühl folgen und mir dafür Zeit nehmen. Menschen, Gruppen, Gesichter beeindrucken mich, scheinen mir aus den Bildern etwas sagen zu wollen, fangen mit ihren Augen meinen Blick. Die Darstellungen sind überwiegend naturalistisch. Auch Landschaftsmotive und Straßenszenen sprechen mich an. Meine Aufgabe ist schwierig. Nachdem ich viele Bilder angeschaut habe, trinken wir Kaffee. Mein Blick schweift verunsichert über Wände voller Kunst.
Augen zu und Augen auf, sagt mein Bauch. Ich bin in Indien und hier hängt Indien vielfach um mich herum. Und dann erkenne ich Indien an der Wand! Nicht erdrückend mittendrin, sondern aus überschaubarer Distanz. Ja, so kann ich die Sphäre dieser Zeit, auch später, weit entfernt von hier, nacherleben! *„I take this!"* Und dabei bleibt es. Mr. Parse zahlt. Das überrascht mich, Indien und Mr. Parse meinen es gut mit mir. Ich erhalte eine Quittung für den Zoll in Germany.
Das Bild ist eine Ölspachtelarbeit, das Werk eines jungen, aber schon bekannten Künstlers auf Leinwand. Über den Spannrahmen gemessen, ist 80 x 50 cm groß. Der Titel lautet *„Viev of Benares"*. Das Geschenk wird solide verpackt. Jetzt weiß ich auch, warum der Beifahrer mitgekommen ist. Er ist Buttler und nimmt seinem Sahib alle Arbeit ab. Der Sahib hat seine Hände immer frei. Nein, ich darf mein Bild nicht selber tragen. Man könnte sagen, das wäre protziges Verhalten. Man kann aber auch erkennen, dass diese Art von Präsentation des Wohlstands Leute beschäftigt.

„House Number 47" höre ich. Ich bin noch in Indien. Weitermachen, weiter erleben! Das begreife ich deutlich, weil es in Kürze heißt: Auslaufen nach neuen Ufern und bald soll meine Seefahrtzeit zu Ende sein. Dann sind Souvenirs und Erinnerungen

das Band zur weiten Welt. *„Ask for Lakshmi."* Ich werde hineingelassen. Ja, hier ist ein Wächter. Ich werde akzeptiert, eine junge Dame führt mich zu einer älteren Dame. Dass sie eine Persönlichkeit ist, würden die allermeisten erkennen. In dieser Situation wollte ich sein, jetzt bin ich in genau dort, ein riesiger Unterschied! Die Frau ist nicht nur viel älter als ich. Sie kennt auch ihr Handwerk. Mit solchen Pimpfen, wie ich hier einer bin, kann sie gut zurechtkommen. Ich darf mich setzen. So auf Augenhöhe ist es schon angenehmer als nur blöde *„good afternoon"* zu sagen. Natürlich muss ich mein Anliegen vortragen, obwohl ich gern ihren Lebenslauf hören würde. Sie spricht ein gut verständliches Englisch. Und als sie mein Anliegen kennt, lacht sie laut, als wäre sie meine Mutter, die mit Graf Luckner über das Klauen von Pflaumen spricht. Lakshmi kommt bald. Mit Knicks und Hände aneinander schaut sie mich an. Ich bin ganz bestimmt mehr überrascht als sie. *„Good afternoon Sire, I am Lakshmi." „Good afternoon, I am Henry." „Nice to see you!" "Thanks!"* Die Damen sprechen zwei indische Sätze, kichern und lachen! Das wenige Eis ist gebrochen und geschmolzen. Ich bin wieder mittendrin in der weiten Welt, von der ich als Knabe träumte.
Wenn ich Zeit habe, kann es heute schon sein. *„O.k., seven pm." „Was it possible to see Lakshmi?"* Mr. Parse gibt mir noch mit auf den Weg, dass meine Tischdame gern von seinen Geschäftspartnern gebucht wird. Wir wissen, dass wir uns nie wiedersehen werden. Er hat mir einen Blick auf Bombay vermittelt, den ich nicht vermuten konnte. Wohlhabende schaffen sich ihre Parallelwelt jenseits von Normalität und Armut. Aber Bombay ist im Vergleich zu Kalkutta sauber und nicht so sehr überfüllt. Die Mehrzahl ist gepflegt gekleidet. Allerdings, ich habe nur das Zentrum erlebt. Und hier gibt es Parsen. *„You know I am Parse!"*
Das werde ich nie vergessen! Wir verabschieden uns an der Gangway. Der Butler trägt das Bild hinter mir hinauf und legt es auf meinen Tisch. Er verbeugt sich freundlich mit zusammengelegten Handflächen. Ich erwidere seinen Gruß. *„Thank you, bye-bye!"*

Ich bin pünktlich, sehr pünktlich. Lakshmi ist noch im Bad, frisch geduscht und nass. Sie wird abgetrocknet und noch mal mit weiteren Tüchern getrocknet und gerieben. Dann wird der Raum gewechselt, Lotion aufgetragen und einmassiert, sehr gründlich. Die Haare werden wiederholt mit Tüchern gerubbelt.
Die Prozedur beginnt also bei null! Was ich damit meine, ist mein höflicher Versuch, eine für die Damen eigentlich peinliche Situation ohne Räuspern zu schildern. Ich empfehle, den Namen Lakshmi zu googeln. Mir fehlen die Worte, diese Attribute, diese Schöpfung zu beschreiben.
Ein weißer Rock wird ihr über die Schultern gestreift. Er reicht beinahe an die Knöchel und hat kein Gummiband, wird mit Kordel geschnürt und mit Schleife verschlossen. Dann wird ein Rock gewickelt. Einfarbig und auch ohne Gummi oder Gürtel. Das Ende wird in den Rockbund gesteckt. Das Ganze geht nicht so schnell wie das Berichten. Jetzt kommt ein knappes Jäckchen. Der Saum befindet sich eine Handbreit über dem Nabel. Vorne wird es mit mehreren Schleifen geschlossen. Und jetzt geht es richtig los mit einer langen Stoffbahn, über den Daumen geschätzt, etwa fünf Meter lang und mit schillerndem Muster. Zwei Frauen machen das. Lakshmi tut nichts weiter als Haltung bewahren, schön aufrecht. An einem Ende wird die gut einen Meter breite Bahn zigmal über eine Handspanne gefaltet. Das geschieht mit Bedacht und penibel. Dies Faltenbündel wird auch vorn in den Bund gesteckt und bildet einen Kontrast zum Wickelrock. Jetzt kommt das Finale! Das freie Ende der Stoffbahn wird über die linke Schulter gelegt. Und siehe da, hinten reicht es auch an die Knöchel wie vorn.

Mehrere Sandalen tauchen auf. Ein zum Sari passendes Muster ist dabei. Neben ihr fühle ich mich schon so ähnlich wie ein Maharadscha. Sie spricht gutes Englisch und erklärt mir einiges über klassische Muster. Und dann kommt der Schmuck. Feine Goldplättchen werden in die Nasenflügel gesteckt. Die Formen sind Glücksbringer. Sieh einer an, da sind Löchlein, wie sie unsere Kultur in Ohrläppchen hat. Der rote Punkt kommt auch noch auf die Stirn. Man nennt ihn Bindi, das dritte Auge. Rot steht nach der Tradition für verheiratete Frauen. Fertig! Es hat gedauert, war aber keineswegs langweilig. Die Frauen haben ständig geplaudert, immer wieder die Haare gebürstet, gekämmt und gekichert. Der Witz ist dieser einmalige Akt meines Zuschauens.
Aber noch ist das Spektakel nicht vollendet. Haare erscheinen wie ein Strauß und werden Lakshmis Schopf hinzugefügt. Mit flinkem Fummeln sind sie eine Ergänzung zu der an sich schon üppigen Pracht. Es muss wieder gekämmt und gebürstet werden. Diese lange Fülle ist ein Hingucker! *„Very nice, tanks for this Ceremony!“* Da steht sie, fertig ausgeschmückt für ein Dinner im NANKING, dem feinen Chinesen in Bombay. Erst jetzt bin ich neben ihr. Sie ist beinahe auf Augenhöhe in ihren Sandalen, stattlich für Indien!
Lesenden Damen möchte ich mitteilen, dass keine Brosche, kein Knopf und kein Gummiband beteiligt sind.
Zum Glück bin ich einigermaßen angezogen mit langer weißer Hose und weißem kurzärmeligem Hemd. Es sind Uniformsachen, zum besseren Ausgehen in den Tropen tauglich.
Ich darf zur Chefin und zahlen. Als eine der jungen Ankleidedamen ein Taxi herangewinkt hat, steigen Lakshmi und ich ein. Ich bin verlegen und weiß nicht, wie ich ein Gespräch anfangen soll. Man kann schnell im Fettnapf feststecken. Sie kennt sich mit solchen Situationen aus. Es ist doch ganz einfach: Woher kommst du? Was machst du in Indien und was in Deutschland?

Im NANKING legt sich meine Spannung. An Bord der „Nordwind“ hatte ich über die Verabredung mit einer Inderin berichtet. Der Funker und mein Assi haben erstaunlich schnell das Thema aufgegriffen, sind losgesaust und hatten Erfolg, wie ich jetzt bei der Ankunft sehe. Meine Anregung wird mit einem Abend in netter Runde belohnt! Zu sechst sitzen wir an einem Tisch, man kann sagen, unauffällig in internationaler Gesellschaft. Bei etlichen Paaren kommen die Damen aus Indien. Wir können uns gut verständigen. Wenn es irgendwo klemmt, kann Lakshmi aushelfen. Sie ist in vertrauter Umgebung, kennt das Restaurant, die chinesische Küche und kann uns die Speisekarte erklären. So erhalten wir genau das, was wir möchten. Bei meinen vorhergehenden Besuchen dieses Restaurants kamen die Speisen wie aus der Wundertüte.
Heute ist ein besonderer Tag. Der Tag ohne Reis! Zunächst bin ich enttäuscht, wo ich diesen Reis so gern mag. Aber Reis ist ein Sattmacher. Jetzt essen wir viele kleine Häppchen, Muscheln, Schnecken, Shrimps, diversen Fisch, Salat, Gemüse und natürlich Haifischflossensuppe. Die Suppe zieht sich sämig wie die lange Bezeichnung. Das Essen mit kantigem Porzellanlöffel ist befremdlich. Aha, man kann ihn mit der Seite zum Mund führen. Dank Tischdame mit Tischmanier, so schaffe ich wieder einen weiteren Schritt zur Kultur ins Land des Lächelns. Wir arbeiten lustige und kaum ernsthafte Themen ab. Die Welt wollen wir nicht verändern, sondern sie genauso haben, wie hier und jetzt!
Fragen will ich Lakshmi nichts. Leicht rutscht so etwas in die falsche Richtung, z. B. Herkunft, warum machst du das usw.? Aber eine Frage darf sein. „Hier genießen wir chinesische Küche. Du bist Inderin. Was würdest du am liebsten essen?“ *„I´ll think*

about it!" Nach einer Weile sagt sie, eine Überraschung würde ihr gefallen. Das begreift mein Kopf nicht. Es scheint besser zu sein, als ich dachte, ist wohl nicht nur eine einfache Antwort auf meine Frage. Sie erklärt, dass es eine traditionelle Speise wäre. Es gibt eine Familie, die diese zubereitet, kein Restaurant besitzt und deshalb liefert. Wenn das Essen gebracht wird, weiß man nicht, was auf dem Tisch ist. „OK, ich bin neugierig, erzähle weiter." Wenn ich Zeit hätte, könnte sie mich damit überraschen. Sie wüsste, dass ich die Speise mag, an die sie jetzt denkt. Es wäre ihr Lieblingsessen. Ihr Vorschlag, ich könnte sie besuchen. Wir würden bei ihr essen. Im Taxi verabreden wir uns. *„Tomorrow, five thirty pm."* Morgen Abend um halb sechs. Natürlich bin ich wieder pünktlich. Lakshmi trägt über einem Wickelrock ein bauchfreies Oberteil ohne Sari. Wir gehen in ein schönes geräumiges Zimmer, sitzen da und plaudern. Mein Befinden ist einfach zu beschreiben: Verlegenheit! Diese Situation ist völlig anders als die Begegnung in Gegenwart anderer. Aber das ändert sich. Nachdem wir ein wenig Wasser getrunken haben, steht sie auf und bittet mich ans Fenster. Die tropische kurze Dämmerung tickt in Richtung Dunkelheit. Unter uns liegt ein Platz mit Baldachin als Mittelpunkt, vermutlich ein kleiner Tempel. Viele Menschen, ich schätze mehr als hundert, haben sich versammelt. Es wird dunkler und dann dunkel. Dezentes Licht quillt aus dem Tempel und einigen um den Platz angeordneten Lampen. Die Menschen bewegen sich im schwachen Lichtschein wie Schattengestalten um die Mitte. Die Szene erinnert mich an den wunderbaren Tisch, den ich in Kalkutta sah. Über dem Platz schwebt Wortgemurmel wie eine dezente Melodie. Wieder dringt das geheimnisvolle Indien in meine Seele.

Es klopft. Nach Lakshmis Ruf öffnet sich die Türe weit. Zwei Frauen bringen das Essen. Essen? Eine Kugel, beinahe so groß wie ein Kopf. Das Gebilde befindet sich jetzt in einer stabilen Holzschale mitten auf dem Tisch. Über mein Staunen ist man belustigt. Mit einem Messer, eher einer Machete, spaltet man die Kugel. Die Hälften teilen sich und geben ein grünes Knäuel frei. Lakshmi und ich sind allein, zwischen uns liegt das geheimnisvolle Etwas. „Bananenblätter!", höre ich. Sie werden behutsam auseinandergefaltet. Ich erkenne und höre „Chicken". Da liegt ein ganzes Huhn im grünen Bett. Der Kontrast ist prächtig! Auf Anweisung fasse ich eine Flügelspitze, während sie die andere hält. Auf Kommando ziehen wir beide und haben dann auch die Flügel zwischen den Fingern. Ein dezenter Curry-Geschmack überwiegt. Es sind bestimmt mehrere Gewürze beteiligt. Bald wiederholen wir das Spiel mit Schenkeln. Es ist urig, aus der Hand zu essen. Nach und nach pulen wir immer noch einen Happen ab, eine heitere Veranstaltung! Ich erfahre, dass sie diese kleine Zeremonie als Mädchen erlebte und jetzt die Erinnerung genießt. Mir geht es ähnlich. Ich erzähle vom Überleben im Wald, wo ich einen kompletten Unterschenkel vom Hirsch in den Händen hielt und fleißig davon knabberte. Ich werde gefragt, ob ich Whisky möchte. Ja, lass uns einen trinken. Es kommen zwei Wassergläser, dreiviertel voll.
So viel Whisky? *„Taste, it is not strong!"* Goodbye Bombay!

Karachi
Pfingsten sind wir unterwegs nach Karachi. Wir freuen uns über zwei weitere Seesonntage, die dem Urlaubskonto gutgeschrieben werden.
Auf dem ersten Landgang kaufe ich 50 Pampelmusen. An Bord sind die Getränke knapp geworden. Bier ist schon beinahe aufgebraucht, auch Limonade ist kaum noch da. Der Steward streckt die Bestände. Mit meinem Einkauf fördere ich die Gesundheit. Die Früchte sind im Kühlraum gut haltbar. Ich entwickle eine eigene Schältechnik. Oben und unten schneide ich möglichst große Scheiben ab. Die noch

vorhandene Schale, die wie ein breiter Ring die Frucht umschließt, trenne ich mit einem Schnitt und kann dann den kompletten Rest als langen Streifen abschälen. Dabei entstehen nur drei Abfall-Teile. Bei der großen Zahl meiner Früchte ist rationelles Arbeiten angesagt. Ich genieße jeden Tag eine Pampelmuse.

Von zu Hause kommen gute Nachrichten. Jutta hat im Zentrum von Flensburg eine Wohnung ergattert. Sie hat schon Gardinen beschafft. Mit Unterstützung ihrer Familie hat sie auch Möbel transportiert. Ich freue mich. Von dort kann ich bequem zu Fuß zum Studium. Holm ist eine feine Adresse.

Mit dem Funker bin ich oft und gern unterwegs. Wir sind mitten im Gedränge. Vor uns fährt ein typisches Dreiradtaxi. Zwei Personen sitzen hinten im offenen Kasten und schauen. Die verschleierte Frau kann mich sehen, denn sie erwidert mein Winken. So aus der Laune heraus benehme ich mich daneben, ohne es zu wissen. Der junge Mann hält der Frau den Sehschlitz zu! Es ist ein ernst zu nehmender Vorgang. Das ist hier keine lustige Kirmesveranstaltung. Wir erleben dieses quirlige Straßenbild ganz anders als die Bevölkerung. Aber wo wir uns immer bewegen, alle begegnen uns freundlich, auch die Frauen, die Kopftuch, aber keine Gesichtsmaske tragen.
Am Strand empfängt uns eine Wüste. Erst weit hinten ist das Wasser zu sehen. Wir gehen barfuß und tragen unsere Schuhe mit hinein gestopften Socken in der Hand. Eine Karawane kommt näher, eine richtige Kamelkarawane! Sie zieht in Richtung Stadt. Den Fotoapparat habe ich nicht dabei. Mit Sand verträgt er sich leider nicht. Es gibt kleine, gemauerte Schattenhäuser mit zwei großen Eingängen. Wir beobachten die Situation und beschlagnahmen eins. Teilflächen sind mit farbigen Kacheln verziert, alles ist sauber. Drinnen ist nichts, außer dem Sand, genau wie draußen. Das Haus ist das Richtige hier in praller Sonne. In Badehose gehen wir zum Wasser. Eigentlich zu warm, also weiter hinein. Es ist auszuhalten. Noch weiter hineingehen und angenehmer empfinden! Man schreit hinter uns. Und schon begreifen wir. Soweit wagt man sich hier nicht hinaus. Die Einheimischen gehen nur hinein, bis die Knie nass werden.
Gefahr droht nicht allein im Wasser. Wir flüchten schon nach Minuten vor der Sonne und genießen den Ausblick aus unserem Haus.

Der Kapitän möchte eine Siamkatze. Hannes ist Katzenexperte. Wir finden zu einem Tiermarkt. Aber das allein nützt nichts, wenn das gesuchte Tier nicht angeboten wird. Also ein weiterer Tiermarkt! Immer noch ist keine Siamkatze in Sicht, aber Perlhühner. Hannes ist hin und her. Das ist etwas für seine bunte Hühnersammlung. „Mensch sind die laut! Das ist nicht auszuhalten!", stelle ich fest. Aber schön sind sie, filigran wie fein gemusterte Perlen, vergleichbar mit arabischer Kunst! „Ich nehme alle fünf!" Ein anhänglicher Mann, aufdringlicher als die anderen, scheint zu verstehen, dass wir eine Katze suchen. Er tut jedenfalls so und ist auch behilflich, den kleinen, recht schweren Hühnerkäfig zu tragen. Er führt uns auf einen weiteren Markt. Ich habe noch nie eine Siamkatze gesehen, weiß aber sofort, dass das eine ist, nein, ein Kater! Der ist schön! Jetzt geht es mir so wie Hannes bei den Hühnern. Man nimmt das stattliche Tier aus der kleinen, mit Maschendraht abgedeckten Kiste. Und schon habe ich Kater Moritz in den Armen. Mit dem Namen bin ich hier voreilig. Nein, ich weiß noch nicht, dass der Kapitän ihn so nennen wird. Ich bleibe aber bei Moritz. Der schmust sich an und schnurrt. Mein Gott, die Welt ist so groß und ich begegne hier der einzigen Katze, die mich liebt!

Es wird noch besser. Die Hühner benötigen Futter. Aha, Mais soll es sein. Gibt es den in Karatschi? Ja, den kann man kaufen. Es wird kompliziert. In welchem Hafen kann Hannes wieder Mais beschaffen? Wir fahren durch den Suezkanal. Da bekommen wir nichts. Der nächste Hafen ist London. Wer weiß, wie viel Mais fünf Perlhühner bis dort fressen? Die Unbekannten müssen definiert werden. Wie viel frisst ein Huhn? Hannes meint zwei volle Hände pro Tag. Das wären zehn für fünf Hühner und könnten ein Kilo sein. Jetzt rechnen wir mit drei Wochen bis London. Also wären 25 Kilo genug. OK, das kann klappen. Ein Auto haben wir dabei. Rein damit zu den Tieren. Futter ist nicht alles. Hannes benötigt Maschendraht für einen Auslaufkäfig. Er kann die Hühner nicht in seine Kammer nehmen. Irgendwann stehen wir neben Maschendrahtrollen. Wir haben Hände und Köpfe frei. Unsere tierischen Errungenschaften sind sicher im Auto. Hannes ist schon mitten im Projekt. „Der Käfig kommt auf die grüne Wiese." „Warum? Das wird der Alte nicht erlauben." „Wenn er das ablehnt, behältst du den Kater. Er wird schon weich!" Na gut. Dann wird das Ding nicht groß. Wir einigen uns auf 2 x 3 Meter, einen halben Meter hoch. Einen halben Meter wählen wir, weil es dieses Maß hier gibt und es für aufgerichtete Perlhühner reicht. „Heinz, wie viel Draht brauche ich, rechne!" Laut rechnen ist gut, Hannes kann mitrechnen. „Für die Seiten benötigst du 2 x 3 Meter und 2 x 2 Meter, für das Dach 4 Bahnen, je 3 Meter lang. Zählen wir zusammen: 2 x 3 = 6 + 2 x 2 = 4 + 4 x 3 =12, also 6 + 4 +12 = 22 Meter zusammen." Der Händler hat eine komplette Rolle und sagt, das wären 25 Meter. „Das sind nie im Leben 25 Meter!" Hannes ist skeptisch, ich nicht. Wir beschließen zurückzufahren, wenn der Maschendraht nicht reicht. Hannes könnte dem Händler die Ohren lang ziehen und sich den fehlenden Rest geben lassen.
Dies ist nur eins von vielen Beispielen, welche schwierigen Probleme die christliche Seefahrt aufbürdet.

Richtung Suezkanal
Am 24. Mai verlassen wir zufrieden Karatschi. Unsere Heimreise beginnt. Auf der „Grünen Wiese" steht ein Käfig mit fünf Perlhühnern. Außerdem sind 25 Kilo Mais an Bord und ein 3 Meter langes Stück Maschendraht. Geeignet für einen Korb zum Fischfang?
Mehrere Tage, immer nach dem Abendessen, hobelt Hannes Späne als Streu im Zimmermannshock für seine Lieblinge, man könnte sagen, nach Bordmittelrezept. Der Kapitän kommt in meine Kammer und holt seinen Moritz ab. Jedes Mal sagt er, ich solle ihn nicht füttern. Er glaubt nicht, dass es Liebe ist, was seinen Moritz zu mir führt. Aber das ist nicht die ganze Wahrheit. Moritz liebt nicht nur mich, sondern auch den Fahrtwind, der über meinen Sessel streicht. Hoffentlich erwischt der Alte uns nicht, wenn wir beide auf dem Ecksofa liegen. Hier gibt es auch erfrischenden Wind! Und Hannes muss mit seinem Knüppel loslaufen, wenn seine Perlhühner Zeter und Mord gackern. Es erfolgt kein ernsthafter Mordversuch an seinen Hühnern seitens der Matrosen. Nein, man will das beschützende Verhalten von Hannes sehen. Ein Bild, das alle wenigstens einmal erleben wollen. So etwas fällt unseren Matrosen ein, wenn sie nach dem Abendessen gemütlich beisammensitzen. Auf See gibt es Horizont und Firmament oder Wolken, aber jetzt auch die Perlhühner von Hannes!

Wir erhalten ein Telegramm. In Aden wird gestreikt. Dort könnten wir nicht bunkern. Also fahren wir nach Dschibuti und müssen leider einen Tag warten. Dann bunkern wir so viel wie reingeht. Es ist Intermediate, ein Mix aus schwerem und leichtem Heizöl.

Die Luft in Rotsee ist im Vergleich zu meinen bisherigen Erfahrungen weniger schwül.

Ist dies wirklich meine allerletzte Heimreise? Immer wieder erfasst mich das bedrückende Gefühl, dass ich die Weite dieser wunderbaren Welt vielleicht zu früh verlasse. Ich plane nach dem zweiten Studium an Land zu bleiben, um bei meiner Familie zu sein. Jutta und ich erwarten Nachwuchs. Dieser Schritt ist nicht unbedingt endgültig. Das tröstet mich. Sollte es mit einer guten Landstelle nicht klappen, könnte ich durch weitere Seefahrt meine Familie über Wasser halten.
Ich freue mich immer wieder über meinen treuen Freund. Moritz büxt bei seinem Herrn Kapitän gern aus und leistet mir Gesellschaft. Wenn ich meine Kammer auf See verlasse, vergesse ich absichtlich, die Türe zu schließen. Wenn ich zurückkomme und Moritz zur Begrüßung kurz den Kopf hebt, lösen sich alle dummen Gedanken in Luft auf.

Großer Bittersee
Schluss mit lustig! Aufgeregt schreibe ich an Jutta: „Bittersee, 5. 6.1967. Es ist jetzt halb zehn. Um uns herum sind soeben Bomben gefallen. Die Luft riecht nach Pulver. Man bekommt jedes Mal einen Schrecken. Ich dachte, das Vorschiff wäre getroffen. Vier Maschinen flogen so dicht über uns, dass man meinte, sie könnten in den Mast rasen. Und immer wieder kommen vier Jets und beschießen ein Tanklager, das gewaltig qualmt. Aber wir werden schon durchkommen." Ich gehe zur Messe. Der Funker, Gerd Münchinger, kommt herunter und spricht laut und betont: „Meine Herren, wir haben Krieg!"
Im Großen Bittersee gehen wir um 09:45 Uhr an Anker und schauen betroffen auf das brennende Tanklager des ägyptischen Militärflughafens. Man reicht dem Lotsen ein Transistorradio. Bald hören wir seinen Bericht. Nasser verkündet, dass Ägypten einem großen Sieg über Israel entgegensehe.
In den kommenden Tagen werden mit den Rettungsbooten der am Anker liegenden Handelsschiffe unseres Konvois ägyptische Soldaten von der Sinaihalbinsel über den See geschippert. Sie sind durstig und müssen wahnsinnig enttäuscht darüber sein, dass man sie nicht versorgte. Ich fahre nicht mit, will nichts Schreckliches sehen. Bilder unserer Flucht aus Ostpreußen tauchen auf. Wir haben zwei Assis, die beim Bund gedient haben. Sie machen das mit dem Bootsmotor gut. Womöglich sind ihre militärischen Kenntnisse nützlich.

Ich werde zum Funker in die Kabine gerufen. Der Saarländische Rundfunk wird sich gleich melden, möchte wissen, wie es uns geht.
Nach wenigen Tagen lädt Kapitän Gerhard Lomer ein. Chief Jürgen Bartels. 1.Off. Peter Haak und ich sitzen im Salon. Es geht ums Essen. Der Plan des Kochs scheint vernünftig. Um die Vorräte zu strecken, regt er täglichen Eintopf an. Damit hätte er eine größere Reichweite. O. k., das wird beschlossen. Ich erfahre, dass wir 112 verschiedene Artikel geladen haben, darunter 600 kg Reis für die indische Botschaft in London. Ladung ist aber tabu.
Eine weitere Besonderheit ist das Verbot von Funkverkehr. Wir liegen im Hoheitsgebiet von Ägypten und müssen uns fügen. Das tut richtig weh! Meine Pampelmusen-Reserve ist auf 20 Stück geschrumpft. Ich habe auch noch einige CO_2-Patronen zum Herstellen von Sprudelwasser. Bier wurde rationiert.
Die Deutsche Welle richtet eine Sendung für uns ein. Mit mehreren Transistorradios können wir empfangen. Schon am 8. Juni werden Grüße übermittelt. Auch ich erhalte einen von Jutta, ein kleiner Lichtblick!

Ich habe die Idee, ein Tagebuch zu führen. Das liegt dick auf meinem Schreibtisch. Beinahe täglich berichte ich über irgendwelche Kampfhandlungen. Am 15. Juni erhalten wir Trinkwasser.
Ich schwimme entspannt. Plötzlich kommt ein Marineboot hinter dem Bug hervor, nimmt die Fahrt raus. Vorne taucht ein Soldat auf und winkt mir zu verschwinden. Ich soll Platz machen. Lieber würde ich die Gangway hinaufsteigen. Der Weg ist abgeschnitten. Dort legt das Boot an. Ich dümple im Wasser herum und weiß nicht, was sich da tut. Ich sehe, dass bewaffnete Soldaten das Schiff betreten. Das wird ja immer bunter! Nach kurzer Zeit fährt das Boot fort.
Zwei ägyptische Soldaten wurden gebracht. Sie tragen schwarze Uniform und Baretts als Kopfbedeckung. Daran befindet sich ein großes Messingschild. Sie haben Karabiner dabei. Eine Flinte ist betagt. Holz und Metall sind mit Draht verbunden. Mit Bordmitteln würden wir das eleganter lösen. Wir versuchen einen Dialog. Das ist schwierig, aber Lachen ist international. Jemand gibt ihnen Politur für das Messingschild. Der folgende Glanz überzeugt alle. Unser Kapitän möchte die beiden nicht mit Essen versorgen. Es kommt aber niemand von der Armee und bringt ihnen etwas. Ich will keinen Ärger und gebe ihnen heimlich Trauben. Ich habe bald das Empfinden, dass sich unsere Matrosen um sie kümmern. Achtern fällt das weniger auf.

Zufällig bin ich am folgenden Tag auf der „Killara“, ein Schwede, als dort zwei Soldaten „abgeliefert“ werden, für mich eine interessante Veranstaltung. Der Zutritt wird ihnen verwehrt. Ein Offizier ist auch auf dem Boot. Er spricht Englisch. Der Kapitän teilt sehr betont mit, dass Schweden ein neutrales Land sei. Das Schiff ist schwedischer Boden. Bewaffnete dürfen nicht an Bord. Der Offizier hat einen Befehl, der Kapitän einen Standpunkt. Der Klügere gibt nach, stimmt heute nicht. Obwohl der Kapitän der Klügere ist, gibt er nicht nach. Er lädt die Soldaten als Gäste ein. Sie würden untergebracht und verpflegt. Waffen kommen nicht an Bord! Das wird akzeptiert. Die Soldaten haben in ihrem Gepäck Eingewickeltes. Das wäre Verpflegung. Eindeutig ist, dass das Gepäck komplett durchsucht wird. Der Kapitän schlägt vor, dass man die Einladung vertrauensvoll annehmen sollte. Wenn die Verpflegung zurückgelassen wird, müsse man sie nicht öffnen. Auch das wird akzeptiert. Der Kapitän heißt die Soldaten willkommen. Das gefällt mir.

Baden wird jetzt offiziell von „unseren Soldaten" erlaubt. Man kann wunderbar schwimmen. Das Wasser enthält sehr viel Salz. Wenn ich mich senkrecht stelle, schauen ohne Körperbewegung, Kopf und Hals heraus. Man kann dabei den schwerelosen Körper entspannen. Die Temperatur beträgt 26 Grad. Die Luft ist trocken und heiß, auch über dem Wasser beim Baden. Hornhechte, mit etwa Bleistiftkaliber, sind zahlreich unterwegs. Sie springen erschreckt aus dem Wasser und können einen treffen. Einer der Mannschaft hat eine Stichwunde vom spitzen Schnabel im Gesicht. Also schön auf die Augen achten!
Wir haben nicht nur Freude beim Schwimmen in See, sondern auch mulmige Gefühle an Bord. Über Versorgung mit Proviant und Wasser haben wir keine Information. Ein großer Teil der Mannschaft will kündigen und die Arbeit niederlegen. Die Ursache für diese Entwicklung ist wohl, dass wir von der Reederei nichts hören können wegen der versiegelten Funkstation.

Am 23. Juni kommt eine Proviant-Lieferung. Die Eier sehen so aus, als wenn arme Leute anderen Armen etwas abgeben. Das Boot nimmt Post mit. Der Bootsführer meint, dass nach drei Tagen einige von uns nach Hause können. Aber drei ist eine magische Zahl. Ich denke an Aladin und die Wunderlampe. BBC verbreitet, dass bald viele Besatzungsmitglieder die englischen Schiffe verlassen können und nur wenige als Wachen an Bord bleiben. Das ist jetzt Keim meiner Hoffnung. Von der „Münsterland“ werden einige abgelöst. Das dämpft meine Hoffnung wieder. Ich habe aber noch etwas Zeit. Mein Semester beginnt am 14. August.

Nach allgemeiner Auffassung haben wir Anspruch auf „Außerordentliche Kündigung“. Am 12. Juli nimmt der Kapitän die Kündigung eines Besatzungsmitgliedes nicht an. Bald darauf gehen beinahe alle im Gänsemarsch zu ihm. Er lehnt alle Kündigungen ab. Die Stimmung ist schlecht. Das nicht ohne Grund. Die Crew der „Münsterland“ wird komplett abgelöst, hat man mitgeteilt. Hapag zahlt doppelte Heuer und jeder Sonntag zählt als Seesonntag. Aber die fahren auf Rechnung der Reederei. Unser Reeder ist an einen Chartervertrag gebunden.
Am 20. Juli erhalten wir die Information, dass für alle eine Versicherung abgeschlossen wurde. Für den Fall von Invalidität gibt es 40 000 Mark und im Todesfall 80 000. Wer nicht kündigt und an Bord bleibt, erhält 50 % Zuschlag auf die Heuer. Das beruhigt ein wenig. Aber ausgerechnet heute wummert es von heftigen Kämpfen herüber. Schon ist die Stimmung wieder unten. Viele kündigen außerordentlich und legen die Arbeit nieder. Auch mein Assi kündigt, geht aber weiter seine Wachen bis zur Abreise. Das mit der Arbeitsverweigerung hängt mit der Besonderheit dieser Kündigung zusammen. Ich bemühe mich nicht um den rechtlichen Hintergrund. In der Maschine haben wir damit kein Problem.
Jetzt sind die vielen Fliegen noch schlimmer als sonst. Woher kommen die bloß? Wir hören und beobachten mehrere Kampfhandlungen. Deshalb kommt wieder eine Unsicherheit wegen Proviantlieferung auf. Wir haben inzwischen zögerlich Kontakte zu anderen Schiffen aufgenommen. Es war uns verboten, mit Booten unterwegs zu sein. Jetzt fahren wir einfach los und hoffen, dass man nicht schießt. Endlich akzeptierte auch die „Münsterland“ unseren Besuch. Der Kapitän will sich korrekt verhalten und Ärger vermeiden. Das ist vernünftig. Aber dann wurde ihnen der Brennstoff für Hilfsdiesel knapp. Wir hatten das Problem schon und konnten es lösen. Es funktioniert auch mit dem schwereren Gemisch für die Hauptmaschine. Ein Brennstoff-Angebot für einen irren Preis veranlasste uns zu diesem Versuch. Es gab Einspritzprobleme mit starker Rußbildung. Mit Bordmitteln bastelte ich einen zusätzlichen Filzeinsatz und hatte damit Erfolg. Jetzt haben wir beinahe noch 1000 Tonnen Vorrat! Und wir wissen auch, wie man damit klarkommt. Eine solche Chance hat man auf der „Münsterland“ nicht. Dort erfolgt der Hauptantrieb mit Schweröl.
Wir sind uns schnell einig, geben Heizöl ab und erhalten Kühlfleisch, Eier, Birnen und Weintrauben aus Australien! Auch Trinkwasser können wir übernehmen!
Wir haben auch Verbindung zu den Schiffen Killara (Schweden), Djakarta (Polen), Nippon (Schweden) und Scottish Star (Britannien). Die Kontakte zu anderen Menschen können wir gut gebrauchen. Wir begreifen auch bald, dass wir Seeleute über die Weltpolitik hinaus eine Gemeinsamkeit haben: Die christliche Seefahrt!

Wir fahren zum Ostufer und holen Sand. Der Alte möchte für Moritz ein Katzenklo einrichten und Hannes braucht ihn auch für seine Perlhühner. Wir füllen einige Säcke und fahren zurück. Herumlaufen will ich nicht. Da sieht man schreckliche, vom Krieg hinterlassene Spuren.

Die Perlhühner sind ein erstaunlicher Unterhaltungsfaktor. Kommt man in ihre Nähe, produzieren sie mächtigen Lärm. Es ist logisch, dass man diese Tiere als Wächter nutzt, die Alarm schlagen, wenn es nötig ist. Hannes hat Bedenken, jemand könnte

Appetit auf Hühnerfleisch haben. Wenn er zu unchristlicher Zeit das Gackern hört, saust er mit dem stets bereitliegenden Knüppel an backbord die Treppen zur grünen Wiese hinauf. Auf der anderen Seite steigt jemand vergnüglich pfeifend hinunter. Hannes hat Freude an seinen Perlhühnern und ich an Moritz. Der kommt auch jetzt, obwohl im Bad ein feines Katzenklo eingerichtet wurde. Der Kapitän muss sich etwas noch Besseres einfallen lassen!

Stets zur selben Zeit sendet die Deutsche Welle speziell Wünsche für uns im Bittersee. Am 21. Juli erlebe ich ein Wunder. Jutta berichtet, dass es ihr gut geht, woran sie denkt und worauf sie hofft. Sie spricht länger als fünf Minuten. Zum Abschluss wird unser Lieblingsschlager gespielt. „Kleine Annabell, sollst nicht traurig sein…“ Nach dem Satz mit der Treue wird der Schlager abgeschaltet. Herr Fricke, der Redakteur, sagt dazu trocken: „Herr Baumgart, da wird Ihnen im Großen Bittersee nichts anderes übrig bleiben!“ Auch Juttas Schwester Margrit meldet sich anschließend. Damit konnte ich noch weniger rechnen. Bisher wurden Wünsche nur vorgelesen. Es ist für alle ein Ereignis. Ich bin ganz aus dem Häuschen, aber nur innerlich. Jetzt weiß ich auch, dass Jutta meinen 3. Brief erhielt. Da hatte ich für unser Kind einen Namen vorgeschlagen. Jutta hat mir jetzt über Funk mitgeteilt, dass ihr Gunter gefällt. Dazu sollte man auch wissen, dass wir an Bord über Namen für unser Kind diskutierten, wir hatten Zeit genug. Gunter wurde immer mehr zum Favoriten. Auch in mir wuchs die Überzeugung: Der ist richtig! Mädchennamen wurden überhaupt nie erwähnt. Alle wussten, es wird ein Junge! Ich denke an den Wahrsager von Karatschi. Es war im April, ist also gar nicht so lange her. Er sagte, dass es ein gesunder Knabe wird. Bis jetzt hat alles gestimmt. Und das mit dem Knaben werde ich im September selbst sehen. Es wird ein Junge!

Gespräche über das weitere Schicksal der Mannschaft werden konkreter. Unzufriedenheit treibt schlechte Stimmung. Für uns ist der Vergleich mit den Fakten der „Münsterland“ ein Nachteil. Unser Reeder kann solche Zusagen nicht bieten. Im Salon weiß man vermutlich mehr. Ich bin verwundert, dass der Chief von einer Aufgabe an Land Abstand nimmt. Anders als noch vor wenigen Tagen. Jeder Schiffsingenieur stellt sich die Frage, ob er ewig fährt oder sein Glück an Land sucht. Die Aussage unseres Reeders, dass alle, die an Bord bleiben und nicht kündigen, einen Zuschlag zur Heuer erhalten, hat ihn umgestimmt. Er rechnet sich aus, dass er verhandeln kann und will für 200 Prozent an Bord bleiben. Er möchte, dass ich mich anschließe. Auf keinen Fall! Mein Semester beginnt im August und im September kommt der Sohn auf diese Welt. Dann will ich zu Hause sein.
Jetzt hängt für mich der Segen schief. Sein Konzept ist, dass wir Ingenieure und drei Assis bleiben. Alle anderen der Maschinencrew würden das Schiff verlassen. Wir würden auch gut verdienen, wenn wir mit so wenig Leuten bleiben. Weiß er mehr, als er mitteilt? Aber das ist seine Sache. Vielleicht möchte er nicht als einziger Ing. an Bord bleiben. Aber auf einen Ing. wird es sowieso hinauslaufen. Wenn die Liegezeit endlos wird, entspricht das einem geregelten Hafenbetrieb. Der Kanal ist blockiert. Beginnt man mit der Räumung, hat man Zeit, die Mannschaft wieder aufzustocken. Würde Jutta nicht schwanger sein und ich keinen Studientermin haben, wäre ich bereit, als einziger Ing. zu bleiben. Harald sollte nach meiner Überzeugung nach Hause. Er verträgt die Hitze nicht. Die letzten drei Tage auf See haben der Chief und ich seine Wache übernommen, das zweite Mal diese Reise. Ein schöner Schlauch mit 12 Stunden täglich in der Maschine!
Aus Sicht der Reederei ist es logisch, mich als einzigen Ing. an Bord zu lassen, denn ich bin 2. und nicht so teuer wie der Chief. Aber ich habe ein Ziel, von dem ich nicht

abweichen will. Ich setze einen dritten Brief an die Reederei auf, erinnere an mein Semester und bitte um rechtzeitige Ablösung.

Das Trinkwasser wird knapp. Nach einem Bombenhagel am 14. Und 15. Juli bleibt die Versorgung über Schiffshändler aus.
Aber es kommt noch schlimmer, viel schlimmer. Übermorgen werden 17 Männer ohne mich abreisen! Ich bin auf einem Tiefpunkt, denke an Kaiser's Kaffeegeschäft und sehe Limonade im Regal und viele Weckgläser in Mamas Speisekammer. Und dann würde ich auf den Gesang der Buchfinken verzichten und mit dem Schilpen von Spatzen zufrieden sein. Ich möchte auch wieder eine Wolke sehen und mich nass regnen lassen. Eigentlich müsste ich wütend sein, aber auf wen hier an Bord? Ich schreibe an Jutta. Den Brief werde ich meinem Assi mitgeben. Jutta möchte bitte versuchen, Rolf Mackprang anzurufen.

Es macht mir nichts aus, meine Kammer sauber zu halten und die Koje zu richten, eigentlich Aufgabe des Stewards. Schon seit Wochen ist die Disziplin eingebrochen. Es ist Unzufriedenheit wegen mangelnder Information. Die meisten machen ihren Job lustlos und nachlässig. In dieser Situation sind wir Vorgesetzten gefordert. Wir haben Zeit und müssen unsere Männer ansprechen und ihnen Gelegenheit geben, ihren Unmut zu äußern. Mit wem sollen sie sonst sprechen? Wir sind hier von der Welt abgeschnitten. Mein Kummer ist und bleibt mein Kummer. Aber den Kummer der Mannschaft kann und muss ich teilen. Wir alle können aber eines nicht erklären bzw. einsehen. Wir erhalten Post über den Schiffshändler. Warum ist von der Reederei nichts dabei, oder doch?

Der 1. Steward ist „auf Turkey", zittert und ist unfähig, etwas zu erledigen. Wir haben keinen Alkohol mehr an Bord. Ich hatte nicht gedacht, dass er so weit ist und hoffe, dass er mit dem Entzug klarkommt.
Am 27. Juli erhalten wir endlich wieder Proviant, aber kein Wasser. Der Händler hat Post dabei. Ich erhalte den 4. Brief von Jutta und auch einen von zu Hause.
Unser Wasser ist aufgebraucht. Man überlegt, gegen das Verbot der Ägypter einen Notruf abzusetzen. Auch andere Besatzungen wissen von unserem Problem und denken über Hilfe nach.
Und dann erleben wir eine große Freude. Als wenn wir hier in der Wüste einen Brunnen gefunden haben, wir bekommen Wasser! Die „Münsterland" hat einen 7000-Liter fassenden Tank in ein Rettungsboot gelegt. In 12 Touren holen wir 80 t von den beiden schwedischen Schiffen „Nippon" und „Killara". Die sind mit Meerwasser-Entsalzungs-Anlagen ausgerüstet. Endlich wieder Gesicht und Hände mit Frischwasser waschen! Zwischendurch konnten wir nur mit Seewasser duschen.
Wir essen fleißig Weintrauben, die sind schon überreif. Alle 14 Schiffe könnten Jahre davon futtern, so viel hatte Australien übrig. Ohne die Hilfe der „Münsterland", stünde es schlecht um uns. Wir geben der „Scottish Star" unser letztes Benzin. Auf den Außenbordmotor können wir verzichten.
Der Franzose „Sindh" liegt einsam und pflegt keinen Kontakt zu anderen Schiffen. Drei Kapitäne, unserer ist auch dabei, fahren hin. Und warum haben die keinen Kontakt gesucht? Sie haben keinen Motor im Rettungsboot! Nach 7 Wochen baut man zu ihnen Kontakt auf!
Der 29. Juli ist für mich ein besonders schwerer Tag. Die angekündigte Abreise der 17 Männer findet statt. Mein Assi nimmt Post an meine Eltern mit und den 8. Brief an Jutta.

Ich grüble hin und her. Soll ich auch beim Kapitän eine „Außerordentliche Kündigung“ abgeben? Mir behagt das nicht. Ich habe immer viel von der Reederei gehalten. Man hat sich stets um uns gekümmert, gut verpflegt und gekleidet. Außergewöhnliche Situationen, wie z. B. Krankheit im Ausland oder Mitfahren der Ehefrauen wurden großzügig geregelt. Außerdem hat mich Tante Paula, die Frau des Senior-Reeders, als Assi eingestellt. Ich möchte nicht kündigen. Es ist schade, dass diese extreme Situation den Reeder und uns erwischte und dass dadurch unglückliche Momente entstanden. Man soll alles sauber trennen. Das harmonische Verhältnis vor dem Sechstage-Krieg und das eingetroffene Unglück. Wir hatten Pech! Wir im Bittersee und auch die in Hamburg.
Etwa eine Woche später teilt die Deutsche Welle mit, dass ich nichts unternehmen solle. Jetzt wissen Kapitän und Mannschaft, dass ich stillhalte. Dabei weiß ich nicht mehr als die anderen. Aber wenn der Sender es so steril mitteilt, dann ist es begründet. Meine Hoffnung keimt.
Wir müssen wieder Wasser über den Großen Bittersee schippern. „Nippon“ und „Killara“ sind spendabel. Zehn Touren sind 70 Tonnen. Die Abreisenden haben wohl gründlich geduscht und die „Nordwind“ blitzsauber verlassen.

Und dann geht alles ganz schnell, Koffer packen und gemeinsam mit einem größeren Trupp der „Münsterland“ am 12. August abreisen.
Es ist so weit. Ich verlasse diese Kammer, die ich mir als Lehrling anschaute. Sie erschien mir wie ein nicht erreichbares Berufsziel, ein Traum. Auch Träume können sich erfüllen, wenn man hartnäckig daran arbeitet.
Moritz gibt seine Schlafposition auf, sitzt und schaut, als ich den Koffer nehme und mich verabschiede. „Es war schön mit Dir, schlaf gut, mein lieber Siam! Die Türe bleibt offen“. Als ich den Koffer packte, hat er nur ab und zu ein Auge geöffnet. Jetzt schaut er mich mit seinen blauen Augen an. Mit Koffer, Aktentasche und meinem Bild aus Bombay verlasse ich meinen Freund.
Ist es nicht merkwürdig, dass auch jetzt die Türe für ein Tier offenbleibt? In Ostpreußen für Muschke, als wir mit Pferdegespann auf die Flucht gingen, in Pommern für Fiffi wegen der Abreise in den Westen und jetzt für Moritz, dem ich den Namen Siam gab. Das ist unser Geheimnis. Der Kapitän darf das nicht wissen. Das dicke Tagebuch lasse ich zurück. Der Chief will es weiterführen.

Der 1. Off., Peter Haak, steigt auch aus. Ein Boot bringt uns ans Westufer des Bittersees, dort steigen wir in einen Reisebus. Es ist Abend und wird dunkel. Während der Reise rieche ich mehr, als ich sehen kann, obwohl ich am Fenster sitze. Es riecht verbrannt. Kommt das von abgebrannten Gebäuden oder riecht die karge Region während des Sommers immer so? Wir müssen einige Mal an Militärposten halten. Nach etwa drei Stunden sind wir in Kairo. Das Hotel Atlantik ist unser Quartier. Mein Zimmer ist gut, nur die Klimaanlage läuft nicht.
Ich gehe in die Hotelhalle und stelle mich an die offene Eingangstür, um frische Luft zu schnappen. Absichtlich trete ich nicht hinaus. Wir Deutsche sind in dieser Situation Freunde Israels, werden also dem Feind zugeordnet. Eine Gruppe russischer Offiziere verlässt das Hotel. Sie wollen das Nachtleben genießen, wo sie schon mal hier sind, vermute ich.

Sehr früh geht es zum Airport. Heute ist Sonntag. Ich habe ein Ticket der Lufthansa. Es geht über Frankfurt nach Hamburg. Meine Eltern stehen dort am Zoll, als ich abgefertigt werde. Ich habe das große Bild von Bombay dabei. Es ist eingepackt. Der Zöllner möchte sehen, was da drinnen ist. Ich erkläre, dass das Öffnen umständlich

ist. Das empfindliche Ölbild sei sorgfältig verschnürt. Ich bin verärgert. Natürlich müsste ich aufschnüren. Ich sage frech. „Da sind Reporter, die machen schöne Fotos.“ (Das Foto ging durch die Tagesschau und war in den Zeitungen das Pressebild zur Ankunft von Seeleuten nach zehn Wochen im Großen Bittersee.) Ich passiere die Kontrolle, ohne aufgehalten zu werden. Gleich bin ich bei meinen Eltern. Nach der Begrüßung bitte ich sie um schnelle Flucht. Ich möchte jetzt nicht mit Reportern sprechen, nicht, wo meine Eltern mich für sich haben wollen. Dass sie hierhergekommen sind, ist schon eine Leistung. Wir fahren mit unserem Auto Ford 12 M nach Sterup, Kreis Flensburg. Und hier steht Jutta vor mir mit kugelrundem Bauch. Gunter möchte ans Licht dieser Welt. Ob er auch so viel über Menschlichkeit, Kummer und Freude erleben wird? Nach wenigen Stunden fahre ich mit Jutta in unsere neue Wohnung. Endlich haben wir uns! Auf Kante genäht, könnte man sagen. Heute ist Sonntag, unser Rest des Sonntags, morgen ist Montag und Beginn des Semesters.
Eine Frage habe ich Jutta mitgebracht: Die Durchsage der Deutschen Welle, ich solle nichts unternehmen. Die Anonymität des Hintergrundes kann Jutta aufklären. Als sie meinen Brief Nr. 8 erhielt (er wurde von meinem Assi nach seiner Heimkehr in Deutschland abgesendet) folgte sie meiner Bitte, einen Kontakt zu Rolf Mackprang zu versuchen. Sie ging zum Spediteur, Herrn John, und teilte sich mit. Der freundliche Herr erreichte in Juttas Anwesenheit den Reeder: „Neben mir steht die kleine hochschwangere Frau und wartet auf ihren Mann.“ „Den holen wir raus, er soll selber nichts unternehmen“. Das ist hanseatisch, darauf kann man sich verlassen. Juttas Schwester Margrit hat das dem Sender mitgeteilt. Der kann aus verständlichem Grund nicht den Reeder zitieren, wenn er nicht selber um die Durchsage bittet.

Hinweis

Nach beinahe acht Jahren verlassen „Nordwind“ und „Münsterland“ den Großen Bittersee mit eigener Kraft. Starker Muschelbewuchs reduziert die Geschwindigkeit. Am 24. Mai 1975 erreichen beide gleichzeitig um 14 Uhr die Landungsbrücken, an denen nach einer Ehrenrunde festgemacht wird. Hamburg erlebt ein nie gekanntes Volksfest.
Zitat aus der Presse: Rheinische Post, vom 26. Mai 1975: „Hamburg war aus dem Häuschen. Begleitboote, 200 sind es wohl zuletzt, Barkassen, Hafenfähren, Jachten, Jollen und Schaluppen, schließlich Löschboote, die graues Elbwasser in den grauen Himmel strahlen. Die hunderttausend Menschen ringsherum, die Ufer und Straßen sperren, vervollständigen eine Kulisse, die in Hamburg vorher niemand sah. Sie stehen und jubeln Tränen reibend, als hätten sie vorher nie ein Schiff gesehen. Aber solche Schiffe, das ist richtig, hat die Welt zuvor noch nie gesehen.“
Kurz nach diesem Ereignis kam ein Reporter (Rheinische Post) zu mir nach Hilden und befragte mich zu den Vorgängen im Bittersee. Ein ausführlicher Bericht wurde veröffentlicht.
Im FLENSBURGER TAGEBLATT erschienen während meines Aufenthaltes im Bittersee mehrmals mitfühlende Berichte über mein Schicksal. Das erfreut mich nach meiner Heimkehr. Jutta hat alle Artikel aufbewahrt.
Über das auf der „Nordwind“ zurückgelassene Tagebuch habe ich keine Information.

Studium C6
Staatliche Schiffsingenieurschule Flensburg

August 1967 - Juni 1968

Vorgestern noch im Großen Bittersee und heute Morgen auf der Ingenieurschule. Das ist nicht mein Plan, eher „Höhere Gewalt" mit glimpflichem Ausgang. Heute ist der 14. August. Um 9 Uhr beginnt das Semester.
Bevor ich mich im plötzlichen Wechsel der Umstände verliere, helfen Fragen alter Bekannten: „Hallo Heinz, bist du braun! Du hattest wohl einen schönen Urlaub?" Ich bin tatsächlich nicht mehr im Bittersee. Da würde niemandem diese Frage einfallen. Werner Bitter ist auf Juist zu Hause. Wir haben gemeinsam C5 gemacht. Er hat ein gutes Gedächtnis, merkt sich auch Unscheinbares. In diesem Fall sind es zwei Pfennige, auf die er mich drei Jahre warten ließ. Rolf Schöttler ist Flensburger. Ihn erlebte ich in der Berufsschule und als Assi-Kollegen auf der „Ludwigsburg". Er lebt momentan in Dänemark, nicht weit hinter der Grenze. Es sind auch noch andere „alte Bekannte" dabei. In den Pausen können wir Altes und Neues austauschen.

Der Unterricht läuft wie beim C5. Wir sitzen auf unseren Stühlen und folgen artig dem Vortrag des Dozenten. Bald merke ich, dass sich der Ton geändert hat. Anfänglich dachte ich, dass vereinzelte Dozenten netter geworden sind. Nein, alle! Na ja, eigentlich alle. Wir haben als Wachingenieure mit der C5-Theorie die Bordpraxis mit Hintergrundwissen intensiver erlebt als vorher in der Rolle von Assistenten. Jetzt geht es darum, Kenntnisse zu vertiefen und zu erweitern. Vorherrschend sachliche, z. T. kollegiale Atmosphäre fördert den Lernprozess.
Dazu kommt, dass ich einen deutlichen Wandel verspüre. Hier sitzt nicht mehr der C5-Aspirant. Und das ist bei allen so. Wir haben die Hürden dieser Ausbildung weitgehend bewältigt, haben uns bewährt, sind jetzt am Anfang der Zielgeraden. Also schön auf der Bahn bleiben und besonnen sein wie im Dienst.

Die von Bord mitgebrachte Post erledige ich im Auftrag der im Bittersee gebliebenen Kollegen so schnell wie möglich. Wochen lang spüre ich noch den zermürbenden Druck des Bittersees. Dann kommt langsam Erleichterung. Eine gute Zeit hat begonnen. Jutta fühlt sich wohl, hat schon arbeitsfrei wegen Mutterschutz. Die Wohnung Holm 38 ist prima. Sie liegt ruhig hinter einem kleinen Hof und gehört Familie Hinrichsen, die hier ein Elektrofachgeschäft betreibt. Wir sind mittendrin in Flensburg! Bald kann ich einen Parkplatz vom „Restaurant Borgervoreningen" mieten. Die Zufahrt erfolgt auch vom Holm, liegt unserem Eingang schräg gegenüber. Mir kommt es so vor, als wollte mich das Schicksal entschädigen. Ich nehme alles dankend an!

Nach drei Wochen, es ist der 8. September, höre ich während des Unterrichts: „Herr Baumgart, erstes C6-Semester, bitte im Sekretariat melden!" Natürlich denke ich sofort an Jutta, packe meine Tasche und bin raus.
Ja, es sind die Wehen. Wir haben darauf gewartet und sind vorbereitet. Jutta schafft es ins Auto. Bald sind wir in der „Privat-Frauenklinik Mürwik". Der Knabe, der Gunter heißen soll, hat es nicht sehr eilig. Wir haben vereinbart, dass ich bei der Geburt dabei bin. Die Hebamme meint, dass ich nicht durchgängig bleiben müsste. Es wird

noch dauern. Jutta fühlt sich gut aufgehoben und meint auch, dass ich das Transistorradio holen sollte und nicht bei ihr sitzen bleiben muss. Also bin ich mit all meiner Aufregung allein. Ich telefoniere mit meiner Mutter, natürlich aus der Telefonzelle und solange die Münzen reichen.

Ich bin dann wieder bei Jutta. Ein Glück, denn die Hebamme wiederholt, dass es noch lange dauern werde. Wenn Juttas Schmerzen nicht wären, könnte das ein Trost sein. So bin ich der Trost, wenn auch ein Schwacher mit Händchenhalten. Es kommt die Zeit, wo Jutta kämpfen muss. Die Natur weiß es besser als die Hebamme. Gott sei Dank! Dr. Wittwer kommt hinzu. Alles normal, meint er zu mir, kein Grund zur Beunruhigung. Er stützt Juttas Rücken. Und dann wird es eng für das Kind, meint der Arzt. Jutta sollte nach Betäubung einen Schnitt erhalten. Plötzlich ist alles anders. Der Arzt entscheidet nicht, er empfiehlt. Jutta ist hilflos, bekommt das gar nicht mit. Ich soll für sie entscheiden. Ja, natürlich, wenn es Jutta hilft. Dann wirkt die Spritze. Jutta ist nicht mehr zu sprechen. Sie ist wie abwesend, als Gunter das Licht der Welt erblickt.
Dann liegt der Knabe auf der anderen Seite des Zimmers auf dem Rücken und schreit, nachdem er, an den Füßen gehalten, einen Klaps auf den Po erhielt. Ich bin bei Jutta, möchte ihr helfen, sie trösten. Sie ist noch betäubt. Ich begreife jetzt, dass noch jemand da ist und gehe zu Gunter. Er macht alles, was er kann, schreit, strampelt und rudert. Ich versuche, seinen Blick zu fangen. Das klappt nicht, aber er macht Pipi! Kann er hinunterfallen? Er liegt nah an der Kante. Nein, Neugeborene krabbeln noch nicht, meint die Hebamme. Das wird stimmen. Juttas Wunde wird versorgt.
Ihr Erwachen geschieht mit einem plötzlich einsetzenden Schüttelfrost. Mein Gott Jutta, was ist das? Der Körper und alle Glieder zucken und zappeln. Dr. Wittwer sagt, dass sich jetzt die monatelang anhaltende belastende Anspannung löst. Mein Gott, Jutta schüttelt sich immer noch. Langsam, endlich werden die Zuckungen schwächer.

Wir sind bald zu dritt in unserer Wohnung. Für den Nachwuchs ist alles vorbereitet. Gunter isst gut, ist fit und schreit nachts regelmäßig. Das gehört dazu. Wir haben reichlich Windeln. Ich habe ein Verfahren zur Grobreinigung entwickelt, halte sie am Zipfel ins WC und ziehe mit der anderen Hand ab. Das Ergebnis ist gut. Wäsche kochen wir im großen Topf. Das Trocknen ist auf Ständer langwierig. Wir kaufen eine Trockenschleuder unten im Geschäft von Hinrichsen. Das spart Auswringen und beschleunigt den Trockenprozess. Bald erwerben wir auch eine kleine Waschmaschine, eine AEG-Turnette. Unser Haushalt ist komplett und perfekt! Und wir haben einen wunderbaren Engel. Frau Hinrichsen ist bereit, Gunter zu hüten, wenn wir ausgehen. Sie macht das gern. Welches Glück!

Das nächtliche Schreien unseres Nachwuchses wird ein Thema im Kreis unserer Bekannten. „Lass ihn schreien, bis er aufhört!" Jutta und ich hören es mehrmals. Kann, anders gefragt, darf man so streng sein? Das tut einem selber weh! Wenn wir allen Mut und auch verdrängtes Mitleid einkalkulieren, können wir es wagen, hart zu sein. Heute Nacht wollen wir das Projekt durchstehen!
Wir wissen, wie es ist, schlecht zu schlafen. Also wollen wir auch heute schlecht schlafen und auf das Schreien warten wie an jedem späten Abend. Routine hat uns schlau gemacht. Wenn wir ihn betüddeln, bevor wir einschlafen, können wir auf eine längere ruhige Phase hoffen. Wir warten und hoffen, sprechen uns Mut zu. Eltern müssen auch streng sein. Wir warten und warten, sprechen über strenge Eltern und

schlafen darüber ein. Der krähende Wecker morgens ist wie eine Erlösung aus tiefem Schlaf. Seit diesem „Härtetest" hat Gunter immer ruhig am Stück geschlafen. Wir fühlen, dass wir uns zu dritt verstehen. Wir sind uns einig, sind eine Familie! Das hat der Kleine, ganz ohne Worte, deutlich mitgeteilt!

Am 9. Oktober empfängt die „Deutsche Welle" im „Deutschen Haus" Angehörige von Seefahrern. Man kann über Äther Grüße senden. Frau Hinrichsen kümmert sich gern um Gunter.
Wir sind zeitig da und lernen den Redakteur, Herrn Herbert Fricke, persönlich kennen. Er hat mich während meiner Zeit im Bittersee mit Juttas beruhigenden Nachrichten versorgt. Bald geht es los. Angehörige und Freunde von Seefahrern sprechen ins Mikro. „Reden Sie so, als wenn Sie ein Telefongespräch führen müssten. Erzählen Sie von zu Hause, denn Kleinigkeiten machen die Sendung farbig und erfreuen vor allem den Mann oder den Sohn auf hoher See oder im Hafen." (Zitat Flensburger Tageblatt 10.10. 1967) Wir dürfen die Grüße etlicher Personen miterleben. Und dann bin ich dran. Ich werde vorgestellt und zitiert: „Gast im provisorischen Studio war gestern Nachmittag auch der Flensburger Ingenieur Heinz Baumgart, der seinen Kollegen auf der „Nordwind", die bekanntlich jetzt noch im Suezkanal festliegt, die herzlichsten Grüße übermittelte. Baumgart hatte mehrere Monate in der Gluthölle aushalten müssen, bis er in die Heimat zurückkehren durfte. Er dankte im Namen seiner Kameraden der Deutschen Welle, die jede Woche eine Funkbrücke nach Ägypten herstellte und so die eingeschlossenen deutschen Seeleute moralisch aufpolierte."

Das Vorgespräch zur Taufe mit Pastor Adolfsen empfinde ich „wie unter uns". Er möchte unseren Weg bis hier erfahren und berichtet über „seine Kirche", die doch schon recht alt ist und noch zu unseren Lebzeiten ihre 500 Jahre feiern wird. Es ist an der Zeit, darüber nachzudenken. Eine zweite Reformation steht eigentlich an. Er hat das im Kreis mit mehreren Pastoren diskutiert. Es gibt eine konkrete Vorstellung. Na gut, in Flensburg baut man schöne und solide Schiffe, in Flensburg akzeptiert man das Ostpreußenmarjell Beate Uhse mit ihrer Ehehygiene, warum nicht auch die Zweite Reformation?
Die Taufe beginnt feierlich mit Orgelmusik und findet ihren Fortlauf mit Gunters Plärren, dass sich zu vitalem Geschrei entwickelt. Dank der Zweiten Reformation bleibt Pastor Adolfsen gelassen. Seine Worte sind kaum vernehmbar, aber wir wissen, was Pastoren bei der Taufe sagen.

Jutta holt mich gern von der Ing.-Schule ab. Sie schiebt mit Gunter über den stillen Friedhof oberhalb vom Südermarkt und kommt dann zur Pforte der Schule. Es kann nicht schöner sein! Der Sommer ist freundlich und Glücksburg nicht weit. Mehrmals fahren wir wöchentlich am Nachmittag zum Parkplatz vor dem Forst und schieben unseren Gunter unter dem grünen Buchendach durch die frische Luft des Kurortes.

Uns besuchen Kommilitonen zum „Büffeln" (eine inzwischen beinahe unpassende Bezeichnung für „voneinander lernen durch Diskussion").
Werner wohnt mit Hannelore und dem Knäblein Torsten nur zehn Gehminuten von uns entfernt. Sie haben keinen Hüte-Engel wie wir. Deshalb sind Jutta und ich mehr bei ihnen als sie zu dritt bei uns. Wir genießen Schallplattenmusik vom Feinsten, wie man sagen sollte. Werner befeuchtet die Schellackplatte mit destilliertem Wasser, bevor er den Ohrenschmaus startet. Torsten ist trotz perfekter Musik eher unzufrieden.

Aber das Beste kommt noch. Zurück gehen wir über den Südermarkt. Auch wenn Hannelore uns mit ihrer Kochkunst verwöhnt hat, muss die Bratwurst sein. Wie kann man an diesem Duft vorbeigehen? Jeder Flensburger weiß, das ist ein Unding. Wenn wir sehr satt sind, teilen wir eine, sagen wir vorher!

Die wahre Liebe möchte ich nicht vorenthalten. Ein Kommilitone, Horst Schwärmer, lädt zur Taufe ein. Die Zeremonie erleben wir nicht, aber die Feier danach. Das Baby hat etwas in der Windel. Als die japanische Mutter das Töchterlein auf den Arm nimmt, fällt das Produkt heraus. „Entschuldige bitte", sagt sie und kümmert sich um Reinlichkeit. Vater Horst ist entspannt, denn seine Frau ist umsichtig und perfekt. Er hat eine lange „Durststrecke" bewältigt. Nachdem er sich in Japan verliebt hatte, wurde ihm klar, dass er seine Liebe beweisen muss. Japanisch konnte er nicht. Was mit Worten nicht möglich ist, zeigt man mit Taten. Mehreres war zusammen zu puzzeln. Das Ergebnis ist wie folgt: Horst erhält einen Auftrag, Ware nach Japan zu bringen und mietet einen Lkw, lädt auf und fährt los. Nach etlichen Wochen erreicht er das Haus seiner Angebeteten. Ihre Eltern sind erstaunt, denn Yoko ist zu ihm nach Dänemark gereist! Sie konnte es nicht mehr aushalten!
Horst wird in Dänemark von Yoko empfangen. „Ich liebe Dich!" Sie hat inzwischen Deutsch gelernt!

Wir besuchen Rolf. Er wohnt in Dänemark an der Flensburger Förde. Niedliche Wohnung, ostpreußische Frau, liebe Tochter, nette Vermieter und eine schöne Windmühle. In der schraubt er an Bootsmotoren. Rolf überrascht mich nicht das erste Mal. Beim C5 hatte er einen Opel Kapitän, ein Superschlitten, wie man so sagt. Ich durfte damals günstig bei seinem Vater im Hafen tanken. Jetzt beim C6 hat er eine Isetta! Wir denken zurück an die „Ludwigsburg", als wir Assi-Kollegen waren.

Es wird auch gefeiert. Eine große bunte Gesellschaft trifft sich in verschiedenen Lokalen. Wir speisen, singen und tanzen. Dann kommt die Melodie von Schmidtchen Schleicher mit den elastischen Beinen. Die Tanzfläche ist sofort leer. Wir warten auf Peter. Peter kommt nach befehlendem Beifall mit seinen elastischen Beinen. Das hat die Welt noch nicht gesehen. Wir dürfen Peters elastische Beine bewundern, aber nur wir!
Familie Hinrichsen hat eine Überraschung. Die größere Wohnung über uns wird frei. Wir können sie haben. Und es kommt noch besser. Man trägt unsere Möbel hoch! Wir freuen uns. Jetzt wohnen wir mit der älteren Dame des Hauses auf einer Etage. Wir genießen ihre Nähe und Unterstützung. Ein Familienanschluss, der besser nicht sein kann.

Alles um mich herum ist gut geordnet und friedlich. Dass sich das Leben so harmonisch, ja anhaltend glücklich zeigt, ist ein Geschenk. Aber allzu viel ist ungesund. Wie kann man meine Ruhe stören? Das geht spektakulär mit dem Abbruch des Nachbarhauses, ein riesiges altes Kaufhaus. Es ist nicht nur laut, es rappelt auch.
Wir sind gern nachmittags in der Natur. Jetzt, wegen des Abbruchs, länger als sonst. Bis spät abends wird gearbeitet. Am Ende sieht man den freien Giebel unseres dreistöckigen Wohnhauses, abgestützt mit riesigen Baumstämmen.
Als man die alten Fundamente stückweise entfernt und unser Fundament frei wird, möchte ich am liebsten ausziehen.
Es ist zwei Uhr in der Nacht. Unser Haus bebt. Schnell in Hose, Schuhe und Jacke. Vom Südermarkt rufe ich die Polizei an und erreiche eine Zusage. Wir treffen uns an

der Baustelle „Abbruch Haurand“. Der Polizist ist hochgerüstet. Auf dem Rücken trägt er eine Funksprechanlage. Er erweist sich als guter Partner. Nachdem wir uns unterhalten haben, gehen wir in die Baustelle, die Kellerdecke ist schon tragfähig. Der Polizist hat einen ordentlichen Strahler dabei und ich meine Stablampe. Wir hören Geräusche im Keller, finden eine Treppe. Dort unten würde ich eine fertige Kellersohle vermuten. Es sieht eher aus, als würde man immer noch an alten Fundamenten knabbern. Ich möchte wissen, warum nachts gearbeitet wird. Es gäbe Termine, sagt man. Eine Erlaubnis zur Nachtarbeit kann man nicht nachweisen. Feierabend! Der Polizist steht in Verbindung mit seiner Dienststelle und untersagt weiteres Arbeiten.
Der Bau stört unser Leben bis ans Ende meines Studiums. Pech gehabt! Aber alles hat seinen Preis. Eine bessere Wohnung gibt es kaum für uns und dann noch in dieser Lage. Familie Hinrichsen hat das genauso auszuhalten wie wir. Unter dem Strich: Danke Familie Hinrichsen, es war schön bei Euch und mit Euch!

An Neujahr gehe ich früh auf den Holm. Es mag sein, dass ich Brötchen hole. Herr Hinrichsen steht an der Durchfahrt Holm 38/40. Wir wünschen uns gegenseitig ein Frohes Neues Jahr. Auf meinem Weg stelle ich fest, dass sich die meisten Eigentümer vor ihren Anwesen aufhalten, ein beeindruckendes Bild, denn außer mir geht niemand über den Holm. Sie stehen und sprechen miteinander oder rufen sich Grüße zu. Das ist wohl immer an Neujahr so. Für mich ist es liebenswertes Flensburg!

Bis auf die Beeinträchtigung durch die Baustelle haben wir es bequem und mollig durch die gute Zentralheizung. Innerhalb der Stadt können wir fußläufig alles erreichen was nötig ist. An Sonntagen fahren wir zu unseren Eltern in Sterup und Wippendorf. So könnte das Leben bleiben. Ich träume von einer Arbeit auf der Werft.

Im Frühjahr häufen sich unsere Touren in die grüne Umgebung an der Förde. Gunter krabbelt flott, ist im Laufgitter gut aufgehoben, wenn Jutta sich um den Haushalt kümmert. Gern schiebe ich ihn in der Sportkarre durch die Stadt und finde ruhige Zonen.
Am Strand krabbelt er auch gern flott durch den Sand, als wolle er, dass man die Zeit stoppt. Dabei entfernt er sich manchmal recht weit von uns. Einmal taucht ein Schäferhund auf. Gunter verfolgt ihn. Ich erschrecke und renne los. Dem Hund scheint das zu gefallen. Er lässt Gunter heran, sich aber nicht packen. Als ich da bin, saust der Hund davon. Gunter ist so richtig in Fahrt, kriecht ins Wasser und quietscht vor Vergnügen. „Das ist viel zu kalt, komm zurück!“ Der Kleine scheint die Kälte nicht zu spüren. Er ist bald zufrieden und kommt zu mir. Wir hatten damit gerechnet, dass er sich am Saum des Wassers vorsichtig mit dem nassen Element auseinandersetzt. Deshalb ist er als Adam unterwegs. Er zittert in meinen Armen. Jutta hüllt ihn ins Badetuch, reibt ihn warm und trocken.

Der Unterricht bleibt interessant und trägt Früchte. Die Gemeinschaft mit den Kommilitonen ist prima. Es gibt auch Ungewöhnliches, z. B. das Auftreten des blinden Pastors. Dass man uns auch Stunden der Entspannung gönnt, ist lobenswert. Der Pastor findet allein in unseren Unterrichtsraum. Und da sitzt er vor uns und scheint zu uns zu gehören. Der Heilige Geist begleitet ihn unaufdringlich. Er plaudert mit uns über das ganz normale Leben, Freundschaft, Familie, Liebe, Leid, Verantwortung. Man benötigt im Leben nicht nur eine Ausbildung zur Sicherung der Existenz, sondern auch Charakter!

An irgendeinem Tag teilt er uns mit, er sei Vater geworden. Wir gratulieren. Er meint danach, es würde noch etwas fehlen. Wir sind schon so gut wie erwachsen und kennen ein wenig Etikette aus der Off.-Messe. Aber einer sagt dann zaghaft in die Stille hinein: „Bier!“ Bald hebelt jeder sein „Flensburger“ auf. Plopp und prost auf den gesunden Knaben!

Anknüpfend hierzu möchte ich einen Aufsatz in „Sachliche und personelle Betriebsführung“ erwähnen. Das Thema sinngemäß: „Schildern und bewerten Sie das Verhalten Ihres unbeliebtesten und beliebtesten Vorgesetzten. Welche Schlüsse ziehen Sie und wie wollen Sie als Vorgesetzter gesehen werden?“ Ein Leben lang darf man versuchen, diesen Nagel auf den Kopf zu treffen!

Eine weitere Erweiterung der Horizonterweiterung, extra dreifach gemoppelt, denn wir sind nicht auf monotoner See, ist die Kultur an Land. Die wird uns im Deutschen Haus geboten. Es sind in der Regel Theater- und Konzert-Generalproben. Mitreißende Szenen und Melodien sind großartige Abwechslung. Die Kunstberieselung steht in krassem Gegensatz zur Technik. Brotlose Kunst, sagt der unbedarfte Volksmund gelegentlich. Darin steckt nach meinem Verständnis Wahrheit. Wenn kreative Menschen Überschuss erwirtschaften, wollen sie sich über Lohn hinaus etwas Besonderes leisten, etwas wie Übermut. Die Antwort heißt Luxus! Kunst ist Luxus, Luxus, den man begehrt. Also in die Hände spucken und Künstlern Brot geben!
Heute kein Luxus, keine Kunst, heute wird unsere Ausbildung in Erster Hilfe durch Szenen aus dem realen Rettungsdienst aufgepäppelt. Schlimme Verletzungen und Blut, richtig rotes Blut im Farbfilm! Die Vorstellung ist nicht appetitanregend, im Gegenteil! Klapp und bald wieder klapp, höre ich. Natürlich schaue ich durch das spärliche Licht des Projektors in die Richtung der Geräuschquellen. Ach so, wenn jemand aufsteht, klappt der Sitz hoch. Einige schleichen sich aus dem dunklen Saal. Der Filmregisseur versteht sich in Steigerung von Erschrecken und Ekel. Es klappt immer öfter. Nach der Vorstellung geht die Beleuchtung an. Ich schätze, dass etwa ein Viertel ausgebüxt ist. Dennoch finde ich diesen Härtetest nicht schlecht. Egal was uns an Schrecken begegnet: Wenn Hilfe benötigt wird, muss ich helfen!

Dieser Abschnitt des Studiums stellt unsere Ausbildung mitten ins wahre Leben. Wir gehören zur Gesellschaft. Unser Beruf fordert Stärke und Verpflichtung. Unser Boss, Oberbau-Direktor Mau, vermittelt uns eine Mitgliedschaft zum „Verein Deutscher Ingenieure“. Dafür benötigt man Bürgen. Wir erhalten das „Bekenntnis des Ingenieurs“.
Ich zitiere nur die ersten beiden Thesen von sechs:

Der Ingenieur übe seinen Beruf aus in Ehrfurcht vor den Werten jenseits von Wissen und Erkennen und in Demut vor der Allmacht, die über seinem Erdendasein waltet.
Der Ingenieur stelle seine Berufsarbeit in den Dienst der Menschheit und wahre im Beruf die gleichen Grundsätze der Ehrenhaftigkeit, Gerechtigkeit und Unparteilichkeit, die für alle Menschen Gesetz sind.

Düsseldorf im Mai 1950
Verein Deutscher Ingenieure

Wir sind unserem Ziel sehr nah. Die Prüfung steht an. Das ist natürlich aufregend und anstrengend zugleich. Wir sind nach meinem Eindruck eine starke Gruppe. Keiner strampelt ums Überleben. Es geht also um Benotung. D.h. mit Besonnenheit vorbereiten, eine Gesamtnote anpeilen und die schwächsten Fächer trainieren. Nach diesem Prinzip habe ich schon während dieses Studiums meinen Lernaufwand gelenkt. So habe ich das Glück, ausgeglichen und sicher eine Drei zu verteidigen. Wäre ich meinen Neigungen gefolgt, hätte ich mehrere Zweier und der Rest? Unaufgeregt schreibe ich die Klausuren. Kein Thema hebt den Puls. Ich erkenne, dass mein Nachbar eine Aufgabe falsch interpretiert. Er ist von seiner Auffassung schwer abzubringen. Meine Hinweise sind dezent auf zur Seite rutschenden Blättern abzulesen. Als er die Kurve kriegt, mache ich mich intensiv an meine Arbeit. In diesem Fall nutze ich die zur Verfügung stehende Zeit voll aus, lese gründlich Korrektur. Mein Nachbar ist froh, dass er seinen Irrtum einsah. Jutta wartet draußen. Zu dritt freuen wir uns. Jeder hat seine Aufgabe selbstständig gelöst. Es ging nur um das richtige Erkennen der Fragestellung.
Die mündliche Prüfung läuft an mir vorbei. Wir lutschen in Warteposition Traubenzucker bis zur Erlösung. Schon allein diese Beschäftigung wirkt beruhigend. Gibt es eine bewährtere Methode?
Am 14. Juni erhalten wir das Zeugnis „Schiffsingenieur I".

Jutta und ich wollen gern auf Römö zelten. Gunter wird bei meinen Eltern verwöhnt. Er hatte Windpocken und ist wieder fit. Bei Oma und Opa war er gern, auch wenn ich mit Jutta zum Test eine Stunde fortblieb, hat er nicht gequengelt. Das Wagnis ist nicht zu groß. Wir wollen regelmäßig anrufen. Also Zelt kaufen und los!
Es ist alles schön bis auf das Wetter. Es regnet oft und ist kühl. Aber wir haben Abstand von allem, was uns auf Trab hielt.

Bei der Flensburger Schiffsbau-Gesellschaft frage ich, ob man an meiner Bewerbung interessiert sei. Herr Baumgärtner, 1. Vorstand, bietet einen Vorstellungstermin an. Er hat mich als Lehrling persönlich verabschiedet. Ich erhalte einen Vertrag! Die größte Ungewissheit ist beseitigt.

Anmerkung
Drei von vier Schiffen meiner Reederei begleitete ich beim Abschied aus dem Überseehandel. Ich konnte mir ausrechnen, dass dort kein Personalbedarf besteht und hatte auch das Empfinden, eine „merkwürdige Pechsträhne" erwischt zu haben: Die „Nordstern" verkauft, die „Nordmeer" auf ein Riff gesetzt und die „Nordwind" eingesperrt. Und dann fielen auch noch Bomben in Kalkutta und im Bittersee. Was verfolgte mich bei der Seefahrt? Also an Land bleiben!

Hilfreich für diese Erinnerungen waren Berichtshefte der Lehrzeit, Kalendernotizen, Postkarten und Briefe an Jutta, die bis heute erhalten sind.

Erhaltene Urkunden
CI-Patent von „Wasser- und Schiffahrtsdirektion Kiel"
Der Inhaber dieses Zeugnisses ist befugt, Maschinenanlagen jeder Leistung in allen Fahrtgebieten zu leiten.
Diplom-Ingenieur von „Der Kultusminister des Landes Schleswig-Holstein"

Diese Urkunden und weitere Dokumente über meinen Werdegang befinden sich im Flensburger Schifffahrtsmuseum.

Lesen Sie auch den ersten Teil meiner Erinnerungen:

Heinz Richard Baumgart
1943 – 1957

Kein schöner Land

Von der Wolfsschanze bis Haithabu

Überblick

Auf einer endlosen Wiese mit Bach und Teichen sieht man Kinder, Fische, Störche, Frösche, Trakehner, Gänse, Enten und Hühner. Ich bin Heinzke, ein drolliger Ostpreußenjunge, sagt man. Meine Erinnerungen an diese wunderbare Welt sind voller Überraschungen. Die Tage sind zu kurz. Eine Leidenschaft zum Werkeln zeigt erste Erfolge. Selten verlasse ich mein Paradies. Ein Zufall führt mich in die Wolfsschanze. Der Krieg grummelt, wird lauter und vertreibt meine Familie. Mit Pferdewagen wollen wir entkommen. Vergeblich, die Front holt uns ein. Überfälle und Kämpfe begleiten uns. Querfeldein durch Schnee, über das Eis des Haffs, durch Wälder und über Flüsse irren wir Richtung Westen, erreichen nach drei Monaten ein pommersches Forsthaus. Zwei Jahre ernähren wir uns überwiegend von Beeren, Pilzen und Wild. 1947 erfolgt die Ausweisung in ein DDR-Lager. Papa kommt wie aus heiterem Himmel dorthin. Wir büxen aus, werden erwischt und erreichen wohlbehalten den Bauernhof im Kreis Flensburg, wo Papa arbeitet. Nach freundlichem Empfang setzt sich eine glücklich begonnene Kindheit fort, mit unbeschwerter Schulzeit zwischen Ostsee und Schlei. Mit großer Freude begegne ich hier vielen Menschen, die mein Heranwachsen begleiteten, mir Chancen boten, Türen und Herzen öffneten. Euch allen gilt mein herzlicher Dank. Einige Leser können sich selbst, Verwandte, Freunde oder Bekannte entdecken.

Inhalt

Kapitel 1: Falkenau, Kreis Bartenstein / Ostpreußen

Kapitel 2: Flucht von Ostpreußen nach Pommern

Kapitel 3: Charlottenhof, Kreis Stolp / Pommern

Kapitel 4: Ausweisung aus Pommern in die
DDR und weiter nach Schleswig-Holstein

Kapitel 5: Bremholm, Kreis Flensburg

Kapitel 6: Sterup-Dingholz, Kreis Flensburg

Kapitel 7: Sterup, Kreis Flensburg

Impressum

ISBN Softcover: 9789403631349, ISBN Hardcover: 9789463989015
Erhältlich: www.Heinz_Richard_Baumgart-Bookmundo Direct, portofrei mit DHL
oder im Buchhandel
Covergestaltung: Jeanette Zeuner
Diese Publikation befindet sich im Verzeichnis der Deutsche Nationalbibliothek